豐富食材×完整流程×極品料理

法式料理全技術

OGINO 荻野伸也

法式料理全技術

Contents

豬肉

雞肉・鴨肉

野味

內臟

加工肉品

蔬菜・水果

洋食

甜點

本書規則

・如果沒有特別標明，奶油全部使用無鹽奶油，橄欖油使用的是特級初榨橄欖油。

・關於鹽以及其他的調味料、香料的分量。在所需的g數後面，像（12g／kg）這樣標記在括弧中的數值，意思是相對於材料總量1kg，要調配12g。

・帕瑪森乳酪、葛瑞爾乳酪等乳酪類是使用磨碎的產品。

・如果沒有特別標明，胡椒是磨碎的胡椒。

・鮮奶油使用的是乳脂肪含量38%的產品，蛋是使用M尺寸（淨重50g）。

日文版工作人員
攝影／天方晴子
設計／山本 陽
法文校對／千住麻里子
編輯／佐藤順子

何謂法式料理

在世界各國被稱為一流的飯店中都會有好幾家直營的餐廳，與母國的料理店並列的幾乎總是法式料理店。雖然各國都有自己的飲食文化，但是在宴請國賓的場合幾乎都是採用法式料理。

第一，法式料理不需要特殊的調味料，以鹽、胡椒這類簡單的調味，發揮素材原有的味道；第二，能夠巧妙地採用當令食材或當地食材的菜單結構；最後，能夠因應各種不同的TPO（時間、地點、場合）的氣氛和服務等，也許這幾點就足以證明，法式料理是可以滿足任何國籍的舌頭，非常優雅高尚的飲食文化。

雖然原本法式料理應該是法國的東西，身為日本人的我們卻硬是要在日本製作法式料理的意義為何？享用法式料理的理由為何？

2 在日本製作的法式料理

如同繪畫和音樂一樣，法國人一直都將料理和食物當作純粹的藝術來看待。從中世紀延續下來的宮廷料理，在16世紀左右受到義大利料理的影響，在法國革命時廚師們自立門戶，有了輝煌的成果，另一方面從歐洲各國和家庭的餐桌創造出來的，那塊土地的鄉土料理變得精緻優雅，變成現在這種宮廷料理和鄉土料理混合在一起的形式。

因為在維也納會議聲名大噪的安托南・卡雷姆（Antonin Carême）的登場，法式料理頓時成為全世界的料理基準，從奧古斯特・埃斯科菲耶（Auguste Escoffier）的《烹飪指南》（*Le Guide Culinaire*）和普羅斯珀・蒙塔涅（Prosper Montagné）的《拉魯斯美食》（*Larousse Gastronomique*）等著作中推廣到全世界，超越了烹調方法的框架，到達了一種思想的境界。

法式料理從今以後也會永遠是所有料理的基準吧。

全世界的廚師們學習了那個思想之後，使用在地的食材，以新的觀點製作各式各樣的料理，但是所謂全新的料理已經不存在，全部都只不過是在前人反覆試驗的地圖上重複漫無目的的朝聖之旅。

但是，經過系統化的方法不光只是極致美食這種高級料理（haute cuisine），還可以見到完全不會產生浪費的合理的加工技術，以及使庶民素材吃得美味的方法論。在這個方法中，加進作為日本人的特性和東洋思想，使食材產生附加價值，於是在法國本國也沒有的，已經進化的日本法式料理就此誕生。

讓我們繼承前人絕佳的智慧，扎實地踏在基礎上，在日本以日本的顧客為對象，製作我們的法式料理吧。

唯有在現場才能學習

在使用網際網路，隨時可以擷取各種情報的現代，第一時間就知道巴黎三星級餐廳今晚的菜單，連主廚仔細傳授作法的影片也公開播映。如果好奇的話，在交流網站上甚至可以幫你翻譯成法文，讓你提問。

在這個時代，作法和食譜在網路上應有盡有，所以菜單誰都可以寫，作法也可以輕鬆獲知。

如果記住食譜是為了獨當一面的條件，像為了考試用功讀書一樣硬塞知識，只用身體記住基本的操作就可以了，但是記了多少的食譜其實沒什麼意義。

在吃飽喝足的現代，廚師製作料理這件事，應該把它想成就像畫家畫圖、歌手唱歌一樣，是廚師透過料理傳達出自己是什麼人的一種表現方式。

主廚決定了那個表現的全部，而只有跟在主廚這樣一位人物的身邊工作才能獲得的經驗到底是什麼？

將主廚的個性照單全收並不是研修。主廚的個性是為了表現出料理的完成品，如果這個是目的的話，與其在主廚身邊工作，應該作為客人來用餐才對。

那麼，研修時，在誰的身邊工作、努力學習的意義為何呢？

所謂研修就是 每天持續地製作料理

所謂研修就是每天每天一直製作要給客人吃的料理的這種行為。

在廚房現場，必須判斷素材、在有限的時間裡安排前置作業的程序。營業時段要同時進行複雜的烹調方法，主素材的調理、各種配菜、醬汁等，將各個配件在最適當的時間點完成，是以法式料理為職業的專業廚師的真工夫。

廚房的人數越少，每個人必須擔當的範圍越多，流程的複雜度增加，要順利做完所有的料理，其難度堪稱是專業技能。

在「OGINO餐廳」，從前菜到甜點一路算下來，單單是晚餐時段，2個人就要不斷製作超過120盤的料理。再加上午餐時段的話分量是直接加倍。從廚師的觀點來看，每晚客人都很多，但是必須為每一位客人製作最好的料理。要製作120盤最好的料理，首先要得用餐的客人很多才辦得到。

不論是分工作業是基本的高級餐廳，或是少數幾個人進行一切作業的個人店家，送到面前來的料理，品質同樣都會受到評價。

不論看了多少的書籍或影片，學習一連串的流程，實際與「複數的個人」面對面，製作料理接受評論，賺取賴以為生的費用，這種行為沒有實際上場是學不到的。

營業現場不是學校，也不是教育的場所。對於作為個人表現的料理，說明所需的知識和步驟，卻無法藉此教授法式料理的一切。在現場每天的基礎訓練中，「了解」料理，以及根據自動自發用功學習知識來「學習」，兩者應該要同時進行。

追求自己擅長的領域

徹底追求最喜歡的料理類型之後，把它當成自己的武器，在將來經營店鋪方面會很有用。會做一般的料理是前提，既不是特色也不是武器。

以我個人來說，我對於日本過去不太常見的Charcuterie，也就是加工肉品這個領域，懷有強烈的憧憬，像解開一條又一條交纏的線一樣，將滿肚子的疑問都逐一解決。當時的網際網路還不像今天一樣普及，日本也沒有可供參考的書籍，所以經常直接到巴黎的書店，或直接拜訪詢問加工肉品的店家。反覆經歷嚴重的失敗和改善，總算做出接近自己心中想達到的成果，那段時期和那份辛勞是我最珍貴的寶藏。

其中的動機起源，來自於自己對身為日本人的DNA中，所沒有的料理文化懷有憧憬和情結，要做出那樣的料理該怎麼做呢？對此充滿發自內心的渴望。

雖然現代是個可以把自己喜歡的事情當成工作的時代，但是沒有全心投入其中埋頭苦幹的話，也許就無法實現了。

為了製作美味的料理 而提升生產效率

在長時間勞動已是常態的餐飲業界，人手不足的問題今後會變得更嚴重，依然以舊有形態經營的話，終將難逃被淘汰的命運。今後，一定會有更進一步縮短勞動時間的要求，所以必須以最少的員工達到最大的生產效率，繼續提升利益。

因此，能夠省略的前置作業或步驟，如果不盡可能排除的話，就也沒有時間去思考下一個創意及付諸實行。

當然，費時費工有時會做出美味的料理，有時則是因為這樣而累積了許多之後可以派上用場的經驗。但是，為了要提升生產效率而採取的作為，如果費時費工，就必定會產生「名為時間的成本」。

法式料理是「加法」的料理，想要加上去的話，無論多少都可以將構成要素增添上去。花費最多工夫和時間的是醬汁。舉例來說，將烤過的雞肉切下來之後，炒雞骨頭，加入蔬菜，以酒或醋溶解鍋底的精華，倒入高湯之後，慢慢煮乾水分，完成醬汁。要執行這整個流程，需要有個負責調製醬汁，被稱為醬汁師（saucier）的專門人員。

但是在小規模的餐廳裡，肉或魚的加熱、溫熱的前菜、溫熱的甜點、每道配菜等，所有的工作都必須同時進行。客人上門的時間差距、更換會造成過敏或不敢吃的食材等，在尖峰時段必須正確地處理完各式各樣非常態的課題。

雖然這正是在現場工作的專業人員工作的本質，但是各項流程全照著教科書執行，已經是不可能的事。除了適切地決斷，動腦筋和花工夫減少步驟，找到可以快速供餐的做法之外，沒有其他的辦法。

本書將告訴大家抄捷徑的烹調流程和標準的配方等，而其中的前提是有效率且實際的概念、個人店家持續經營下去的方法論，試舉幾個例子予以說明。

1
準備基本的醬汁

以「鴨胸肉 佐柳橙醬汁」為例，一般認為是在將醋和砂糖焦糖化而成的「酸甜焦糖醬」（gastrique）當中，加入柳橙果汁和經過水煮去除澀味的柳橙皮之後，煮乾水分，然後加入用鴨骨頭萃取出來的高湯，煮乾水分，最後加入奶油，完成醬汁。

在與多道料理同時進行時，真的可以進行這個操作嗎？結果會變成其後的料理要等待相當長的時間吧。那樣的話，就應該預先準備完成品，或者一邊簡化步驟一邊尋找令人滿意的味道，不是嗎？

我的做法是，預先準備作為基底的紅酒醬汁，用於肉的醬汁大致上會用於全部的料理。

因為紅酒和洋蔥的甜味已經煮乾水分，小牛高湯也維持在相當的收乾狀態，所以稍後只需要將素材調配在一起，進行最後的操作之後加入奶油增添風味和光澤，十足美味的醬汁就完成了。

主素材的骨頭先炒過之後，加入紅酒慢慢煮乾水分製作而成的醬汁，雖是法式料理的真功夫，但是餐廳的料理，只有在提供給客人之後才完成。太過於追求理想中的味道，而無視於用餐客人的進度和時間點是不行的。

味道、擺盤、溫度、時間點，一應俱全，不正是專業主廚的工作嗎？

2
重新思考菜單和備料的結構

關於菜單與隨之而來的備料程序，必須要有相同的想法。

全部的菜單，如果都是每次點餐就需要或炸或烤，有許多加熱步驟的料理，作業會變得很複雜。但是，如果菜單裡面有只需要分切開來的法式肉凍，或只需要盛盤即可的冷盤料理，提供餐點的速度會更加快速。

OGINO的主菜料理，雖然全都是加熱調理，但是除了嫩煎和燉煮之外，像是派皮包烤或岩鹽包烤那樣，只需要放入烤箱內一定時間就完成的料理，或是不需要擔心加熱狀況的油封料理等加工肉品，因為多半是可以完全事先就決定味道，而且能夠長期保存的料理，所以使用起來非常便利。

空出來的時間，廚師就可以用來烤全雞，或是慢慢煎很厚的肉。如果菜單上登載的全都是嫩煎料理，那只會讓廚師綁手綁腳，無暇顧及配菜和醬汁，結果就是端不出自己滿意的料理。即使每天每晚都坐滿客人，如果不能從容冷靜地管理全部的料理，就說不上是專業的工作。

營業時段中的作業盡可能只有很少的流程是最理想的，但是前置作業的工作量也不可以增加太多。配菜限定只有幾款，事先準備好，再依照主素材的不同來更換組合，我覺得像這樣簡單明確的做法就可以了。

在餐廳裡，用餐的流程很重要，一切以客人為中心。將自己想要完成的料理，和簡化步驟之後效率的提高，兩相權衡，必須找到能使自己滿意的方法。我一直認為那絕對不是妥協，而是永無止盡的反覆試驗。

3 思考套餐的內容

近年來，只推出主廚精選套餐的店家越來越多，只以主廚推薦的料理構成，沒有其他選項。因為運作很簡單，所以是很容易備料，可以集中採買，損耗也減少的理想形式。

不過，若是遇到會引起過敏或很怕吃到的食材，必須有個別替換的因應措施，有時候也會有這樣的缺點，所以我採用的是保留選項的固定價格套餐（prix fixe）。雖然要事先花工夫準備數種料理，但是可以有所選擇，就能夠迴避掉相當多非常態的狀況。

現場工作的樂趣之處，或是所謂的專業技巧，指的是同時進行並完成多樣且複雜料理的過程，這之中如何取捨則是個人的選擇。

4 思考招牌料理

將主廚的強烈個性展現在招牌料理上面有很大的好處。否則，甚至可能被埋沒了。

以我來說，因為徹底堅持投入加工肉品和野味等拿手的領域，使對此產生共鳴的顧客來店光顧，匯集了商機。招牌料理的固定如果進展順利，就沒有必要準備其他沒有關連的料理，對於目標客群來說，也能夠成為良性循環。

必須注意的重點在於，招牌料理要降低成本，提高收益率。雖然和牛和松露這類高級食材深具魅力，但是因為成本很高，如果沒有以很高的翻桌率賣出去的話，利潤就會很低。試圖提高利潤的話，售價就會變高，會造成招牌菜難以推廣的惡性循環。

招牌料理，以能反映出廚師的堅持和個性，而且素材成本低廉的料理為佳。廚師工作的本質是「加工帶來的附加價值」，所以，比起以高價販售高檔食材，更應該費盡心思在要如何對低廉的食材附加更高的價值。

而且，擁有多道招牌料理比較有利。在定期變更菜單的時候，只要更換招牌料理以外的料理就可以了，所以能夠快速地提出新的菜色。

如果能夠每季準備招牌料理，也可以增加顧客來店的動機。

5

以講述故事來表達想法

料理吃起來很美味已經是前提，不是特色。從因為效率化而發展成專門店的整個外食產業來看，以招牌料理為號召也是稀鬆平常的事了。因此，要再往前跨出一步，也就是需要講述素材或料理的故事。

料理是一種表現的方法，是把製作者的思想詮釋出來的、食用的瞬間藝術。

我們身為廚師，就像沒有食客就無法製作料理一樣，沒有生產者的話就無法成立。用來製作那道料理的素材，也一定要有生產者，而那位生產者也懷抱著熱情。

餐廳作為居於兩者之間的職業，必須發出訊息告訴大家，為什麼要買這塊肉，為什麼希望大家吃那種蔬菜。將我們自己最重視的策略和態度，投射在素材生產者的身上，也可以透過社群網路發布訊息給顧客。此外，最近菜單上都只刊載素材名稱，將烹調法的講究之處或生產者的故事當成交流的工具，增加附加價值的店家也增多了。

法式料理還是屬於小眾的餐飲類型。當初作為高級料理傳到日本也造成影響，至今門檻很高的印象仍然不受動搖。反過來說，不知道法式料理的美味程度和用餐樂趣的潛在顧客還有很多。為了擴大法式料理的範圍，使這樣的人對法式料理感興趣，以廚師的話語，藉由社群網路講述對於料理的想法或講究之處，會產生很大的影響。

日本在全世界已經是個成熟的消費社會，比起物質上的豐富，民眾更想追求的是體驗上的豐富，從物品到事件，正在改變需求的現代，對於用餐樂趣和美味體驗的欲求，今後也不會消失。也因此，要了解料理和素材的背景，過去委由他人去做的，把素材的故事傳達給客人的工作，對今後的廚師來說，也成為很重要的學習，不是嗎？

6

餐廳營運的手動和自動化

經營一家店，除了料理之外還會加上各式各樣的作業。從訂位或詢問的電話接聽，到會計和勞務相關事宜、接受採訪等，幾乎沒有停過。成為經營者，這樣的業務也許占去了一天當中大部分的時間。

即使其中一部分可以委託員工代辦，也不是根本的解決之道。可以代辦的部分轉移到系統之後，就能夠集中工作時間，把時間用來進行原來的工作，也就是料理的前置作業。

網路訂位、工作時數的管理，和顧客資料管理等，雖然費用很高，卻是很容易系統化的範圍。

加工肉品和糕點等很容易整理出流程的類型，將食譜紙本化之後共同使用比較有效率，如果在紙本上加進不同季節的素材，就很容易發展出新的變化。

製作料理、端出料理、享用料理——凡事都可以在線上交換價值、為手機充電這類無機質的用餐環境漸漸變多的現代，在悠閒地享受時光的餐廳裡用餐，仍會是無可替代的存在。

將只能提供與人有關的部分，與轉移到系統，試圖效率化的部分，清楚地區隔，可以想見必須劇烈轉型的時期已然到來。

7
關於損耗

食材損耗，不只是外食，對於整體食品產業來說是深刻的問題。單就餐館來看，突然取消訂位或庫存管理的疏失等都可以列舉為損耗的原因，而有食物吃剩這點也是一大原因。雖然我們無法推估到客人的胃容量大小，但是如果在客人點餐時，先問一下關於提供量的增減，對彼此都有很大的好處。順便一提，我們店裡甚至提供大碗來因應，甚至可以說是本店的招牌之一。

在流通發達的都市地區，如果有2天份的庫存就足以應付臨時的預約，但是郊區的流通，多半還要經由物流公司之故，因前置時間（從訂貨到交貨為止所需要的時間）的關係，有時候手邊必須要有多一點的庫存。一般在都市地區，冷藏室都很寬敞，郊區則是冷凍室很大。

主廚精選套餐如果能控制庫存的話很好，但是如果採用單點或固定價格套餐，要怎麼把賣剩的食材賣掉，這一點總是令人苦惱。

作為一個解決的對策，不是寫完食譜之後就買素材，還需要具備由素材去發想料理這樣的靈活性。說起來，素材是貼近大自然所培育出來的東西，當令的素材，價格便宜，品質也很高。我覺得，在12月使用番茄製作的料理之類的，本來就沒有必要。尤其是與堅持有機栽培的農家交易，因為由大自然決定的部分很大，所以不確定的因素也很多。就算先擬好了菜單，也未必會依照我們所預想的送來素材。

從農家直接送來的當天的蔬菜，和親自前往市場選購的食材等，以當時現有的食材來設計料理，然後組合成套餐的作業，就是主廚表現的工作了。

在這個發出電子郵件或傳真，隔天就什麼都會送來的時代，特地配合素材的情況來製作料理，也許會覺得太費事了，但那正是所謂「加工帶來的附加價值」這種廚師的存在價值，是系統化辦不到的重要部分，不是嗎？

資源是有限的，栽培素材的農業變得需要很大的能源。減少損耗直接關係到經營上的好處；但是在那之前，身為與飲食相關的人，對於供給食物給我們的地球環境所造成的負擔，我們也擁有責任，這樣的社會使命感也是必須考慮的。

對於食品損耗的問題，希望廚師這個工作，不是成為原因，而是可以成為解決問題的一分子。

2019年4月
荻野伸也

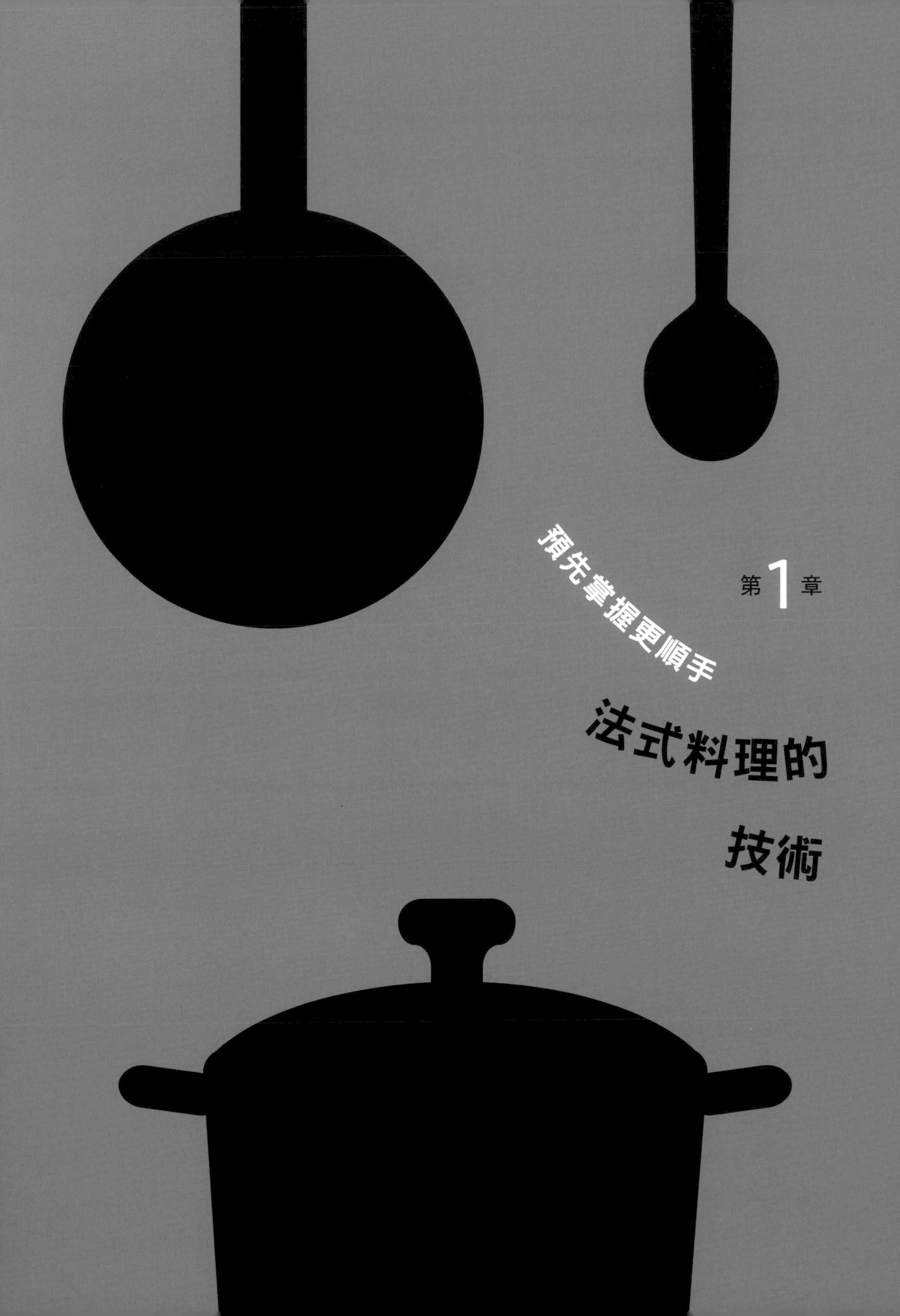

第1章

預先掌握更順手 法式料理的技術

平底鍋中的溫度**靠奶油來判斷！**

使用平底鍋煎肉或是在將肉煎上色時，只要在煎油中加入奶油，就能藉由奶油的氣泡或顏色的變化，大略判斷什麼時候開始煎比較好，或是當奶油變成褐色的時候差不多是幾℃。

奶油不僅能用來增添風味，在判斷溫度時還擔任重要的角色。

奶油剛融化之後、奶油的水分大量消失時會冒出很大的氣泡。

漸漸變化成慕斯狀的細小氣泡，開始稍微帶點褐色之後，代表溫度漸漸上升。這正是開始煎肉的好時機！變成慕斯狀時，表示奶油的水分蒸發，變得很少，平底鍋已經充分變熱了。

將平底鍋的溫度**保持均等的訣竅**

使用平底鍋煎肉等的時候，因為沒有被肉蓋住的空白鍋面，溫度會變高，溫度從肉的邊緣開始升高把肉煎熟，所以會造成加熱不均的情形。這種時候，只需將平底鍋移離熱源，搖晃平底鍋使油流動，空白鍋面的溫度就會下降，油溫變得均等。此外，澆淋油汁也是一個方法。將變熱的油澆淋在肉的上面（arroser），溫度就會下降。不過，像是裹粉香煎之類的情況，如果溫度變得過低的話容易脫粉，請注意。

烤箱的溫度保持一定，以時間來調整

餐廳的烤箱數量有限。如果想要使用烤箱分別烘烤各式各樣的料理，先將烤箱的溫度保持一定，以加熱時間來調整是較為實際的做法。
以OGINO餐廳來說，營業時會將烤箱設定為220℃。多的時候，有10種以上的料理會放入1台烤箱裡面。想要以各自適當的溫度加熱的話，可以讓料理時進時出烤箱，也會利用餘溫加熱，或是改變各自的加熱時間予以適度地加熱。例如，如果必須將想要以180℃烘烤的料理放入220℃的烤箱烘烤，就必須安排在中途從烤箱取出料理，利用餘溫繼續加熱。
無論如何，首先要了解自己店裡烤箱的特性（前後、左右等不同的位置經常是不一樣的溫度）很重要！溫度的度數就只是當作參考吧。

以附網架的長方形淺盆從四面八方均等地加熱

肉在烤箱內部加熱的時候，或是用平底鍋煎過，中途要以餘溫加熱的時候，請利用附網架的長方形淺盆吧。如果直接放在普通的長方形淺盆中，熱力會從肉和淺盆的接觸面直接傳導進去，與其他部分的加熱方式就會變得不一致。如果使用附網架的長方形淺盆，肉就不會直接接觸到淺盆，擁有很容易從四面八方均等加熱的優點。
順帶一提，煎烤好的肉多少會流出一點肉汁，想讓成品的表面維持酥脆不會變濕，要放在附網架的長方形淺盆中靜置一會兒再盛盤。

帶骨煎烤的理由為何？

不論採用哪種加熱方法，肉都一定會緊縮。肉一旦緊縮就表示失去了多汁的肉汁。帶骨煎烤的話，就能減少煎烤緊縮的情形。因為骨頭周圍的薄膜等的膠質很美味，所以也有些人似乎喜歡吃帶骨的肉，為了不要失去美味的肉汁，建議大家將肉帶骨煎烤。

預先掌握更順手
法式料理的
技術

要選用大小適中的鍋子

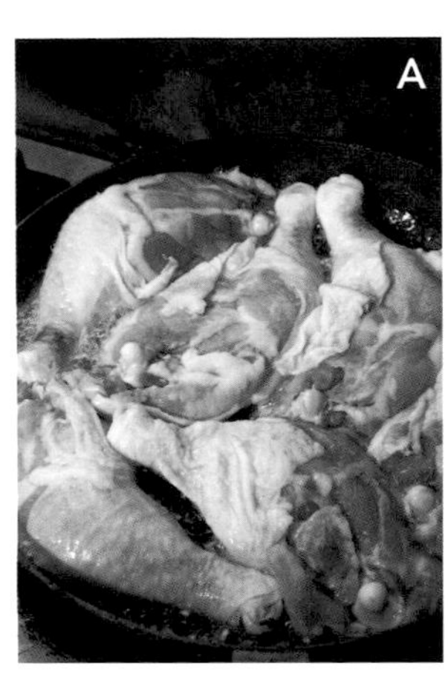

A／要將肉的表面煎上色（rissoler）的時候，如果鍋子的尺寸太大的話，鍋面空白的部分溫度會變高，從肉的周圍開始加熱，所以無法煎出均勻漂亮的顏色。而且附著在空白部分的鮮味會燒焦，所以最好盡量不要留有空隙。

B／燉煮的時候，把肉毫無空隙塞得滿滿的，以剛好蓋過肉的水分燉煮的話，煮汁的鮮味就會變濃（因為相對於很多的肉只有很少的水分）。再加上，使用較少的煮汁（高湯等的水分），所以很節省。請務必以剛好的水分燉煮。

燉菜或高湯的香味蔬菜
要依照烹煮的時間改變切法

使用香味蔬菜是為了替燉菜或高湯增添蔬菜的甜味或鮮味，減少異味。為了能夠充分煮出蔬菜的鮮味，不會煮到潰散（煮到潰散的話煮汁會變得混濁），要根據燉煮的時間改變切法。

薄片
如果要燉煮30分鐘～1小時，要切成薄片。

1～2cm小丁
如果要燉煮1～2小時半的話，要切成骰子般的大小。

5cm塊狀
如果要燉煮3小時以上的話，要切成大塊。

肉的熟度，如果**鐵籤能迅速插入，插起時肉塊會直接滑落**，就太完美了！

製作燉肉的時候，大部分會先將肉的表面煎上色之後再燉煮。雖然肉會因為加熱而暫時緊縮，但是如果持續加熱的話，肉的組織鬆開之後會漸漸變得柔軟，然後分解零散。
對於燉煮料理來說，最佳的時間點就是肉快要變得零散之前。鐵籤不能迅速插入肉塊的話就是太硬了，插不起來的話則是肉的組織已經變得零散。此時鮮味已經流出，變成淡而無味的狀態了。

製作褐色的燉菜時肉必須要有**很深的焦色**

因為要靠肉的焦色來決定煮汁的顏色，所以要製作褐色的燉菜時就把肉煎出很深的焦色吧。製作的訣竅在於煎肉時不太去翻動肉塊，只將肉的表面以大火煎上色。有時候也會使用多一點的油，形成半煎炸的狀態。
順帶一提，香味蔬菜的洋蔥最好也是帶著褐色的外皮直接下鍋去炒。

真空包裝的肉採隔水加熱，**以80℃的熱水對100g的肉加熱10分鐘**

牛肉、雞肉、豬肉，不論哪種肉的哪個部位，因為都是將蛋白質加熱，所以基本上以80℃的熱水將每100g的肉隔水加熱10分鐘為標準。換句話說，製作500g的烤牛肉時，變成以80℃的熱水隔水加熱50分鐘。感到困惑的話，就以這個溫度和時間為標準。
不過，隨著肉品的不同，按照這個標準操作，有時候溫度會太高，有時候則會太低。牛肉等肉品也可以用70℃左右的熱水隔水加熱，但是帶有細菌的禽肉和豬肉等，要將水溫再稍微升高一點加熱會比較好。

＊本書中特別指定溫度和時間的食譜，是以做出更高級的料理為目標。

預先掌握更順手
法式料理的
技術

美味關鍵在
醬汁

為什麼要熬煮到汁液快要變乾？

這個作業又稱為收乾汁液。顧名思義，就是醬汁材料的調味料、香味蔬菜或酒類，充分熬煮直到水分消失為止。煮乾水分可使醬汁產生具透明感的色澤。此外，這是為了使酸味等消散，鮮味濃縮時不可欠缺的作業。

為醬汁增添**濃度**的方法

想要為醬汁增添濃度時，有煮乾水分、以麵粉製作奶油炒麵糊（roux）、加入豬血、加入用水調勻的玉米粉液這些方法。添加奶油不是為了濃度，而是為了增添風味和光澤。雖然醬汁要在快要上菜前以小火煮乾水分，但是一旦有好幾樣料理都趕著上菜，時間就會變得不夠，造成來不及上菜。為了避免這個問題，如果在製作時預先以用水調勻的玉米粉液增添濃度，就可以迅速地上菜。

以小火煮乾水分，增添濃度。

加入用水調勻的玉米粉液，增添濃度。

在最後將冰冷的固狀奶油
溶入醬汁當中的理由
＝不同形狀的奶油具有不同的功能

在醬汁的完成階段，關火之後將奶油溶入其中。賦與奶油的風味和香醇的這項作業，法文稱為monter。因為是為了將奶油這種油脂慢慢地溶入液體之中使之乳化而進行的作業，所以使用冰冷的固狀奶油。一旦加入融化的奶油就很容易造成油水分離，請注意。

增添風味和光澤的奶油（照片左）是冷冰呈固狀的奶油。順便一提，膏狀的奶油（照片中）可以用來塗抹模具，或是製作糕點時為了與打成乳霜狀的材料一起混合，需要相同的軟硬度，所以使奶油軟化成膏狀。如果是膏狀的奶油，雖然冷卻之後能恢復原狀，但是會產生油水分離。照片右是融化的奶油。可以用於塗抹模具，或直接使用等。在木書中是在製作荷蘭醬時，用來取代澄清奶油。融化的奶油即使冷卻之後也不會恢復成原來的奶油。

左圖為焦香奶油（beurre noisette）。指的是加熱到變成褐色的奶油。用來拌入糕點等的麵糊中，增添獨特的香氣或顏色。繼續加熱到顏色變得更深的奶油則稱為黑奶油（beurre noir）。

第2章

預先備齊更順手 餐廳的基本材料

●高湯

小牛高湯
Fond de veau

如果使用傳統的材料製作小牛高湯，成本會非常驚人。以全部的高湯來說，我所重視的共通之處就是萃取出膠質。因此，以小牛的骨頭加上成牛的阿基里斯腱，萃取出含有豐富膠質的高湯。將每天產生的各種肉類的邊角肉或硬筋、蔬菜切除的碎屑等冷凍保存起來，然後加上呈塊狀的膠質，也就是豬皮等，只需經過熬煮，也能萃取出充滿鮮味的高湯。任何材料，只要去血水，充分烘烤避免烤焦，去除腥臭味之後，都能萃取出美味的高湯。

（內徑36cm・高36cm的高湯鍋1鍋份）
小牛的骨頭 — 6kg
牛的阿基里斯腱 — 6kg
香味蔬菜
- 洋蔥（切半）— 3個份
- 胡蘿蔔（切成1/4）— 3根份
- 西洋芹（切成大塊）— 3根份
- 大蒜 — 10瓣

沙拉油 — 40cc
番茄醬 — 滿滿3大匙
紅酒 — 1公升
水 — 15公升

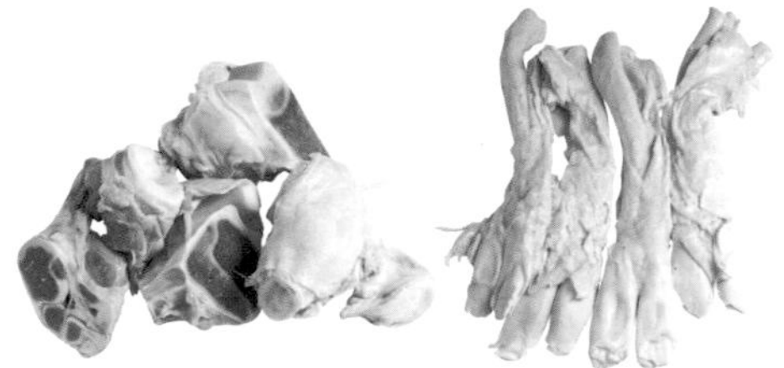

小牛的骨頭。採購已經切成某個程度大小的骨頭（左）。牛的阿基里斯腱。含有豐富的膠質（右）。

1 將小牛的骨頭排列在烤盤上，以240℃的烤箱烘烤2小時。中途翻面，檢視烘烤的狀況。

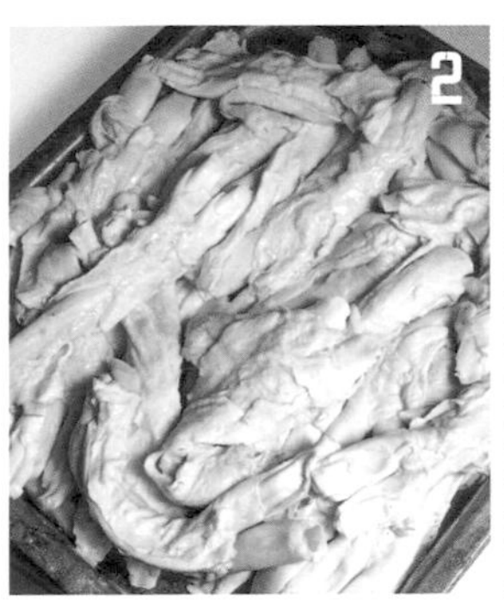

2 將牛的阿基里斯腱排列在烤盤上，以240℃的烤箱烘烤2小時。中途翻面，檢視烘烤的狀況。

3 預計要熬煮2小時以上，將香味蔬菜切成大塊。
＊蔬菜的外皮也會釋出鮮味，所以全部帶皮熬煮。

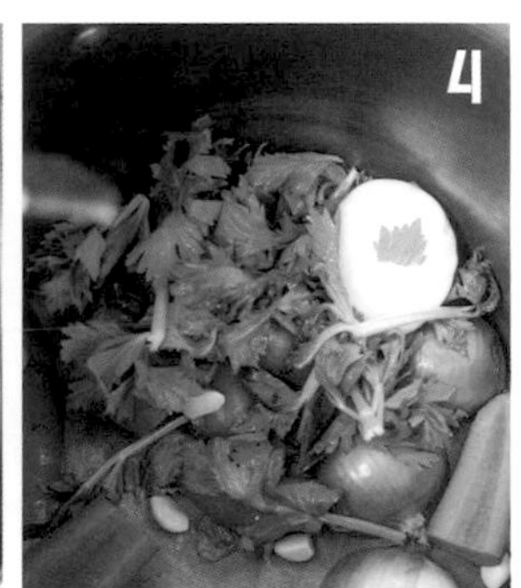

4 將沙拉油倒入高湯鍋中，以大火加熱，放入**3**的香味蔬菜一起炒。

蔬菜的表面炒上色之後，加入番茄醬繼續炒，然後加入紅酒1公升。

小牛的骨頭和牛的阿基里斯腱烤成漂亮的金黃色之後，放入5的高湯鍋中。

＊因為不想加入黏在烤盤上的焦渣，所以不以液體溶解鍋底的精華（déglacer）。

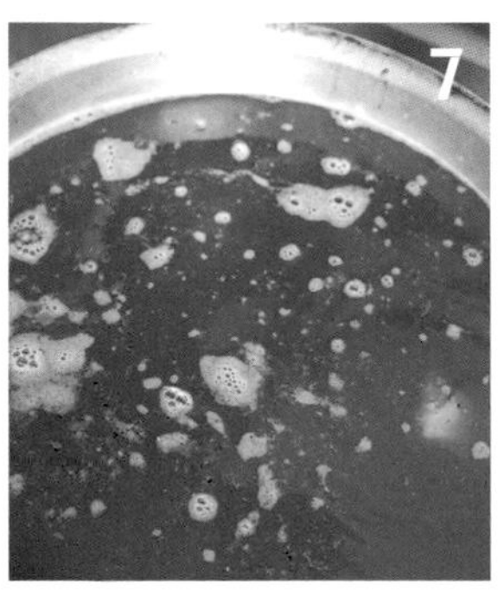

將水15公升倒入高湯鍋中，以大火加熱到沸騰。

如果有浮沫和油脂浮上來，每次都要用湯勺撈除。以小火煮6小時。

＊與隔天合計花費12小時萃取高湯。

隔天也以大火加熱至沸騰，煮滾之後一邊撈除浮沫一邊以小火煮6小時。

準備另1個大型高湯鍋，用大網篩過濾小牛高湯。

＊不要按壓，靜待高湯自然地流下來。

第1次高湯。

將高湯的剩渣倒回原來的高湯鍋中，倒入大約可以蓋過剩渣的水，以大火加熱，萃取第2次高湯。

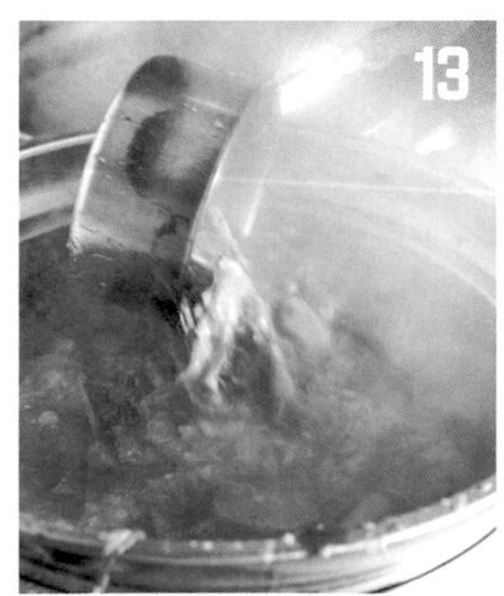

第2次高湯煮滾之後，以網篩過濾倒入11之中。煮乾水分直到剩下15公升。

＊這個作業是為了萃取高湯剩渣周圍的鮮味。

過濾高湯，倒入保存用的容器中。放涼之後，放在冷藏室中保存。

肉汁清湯
Bouillon

作為雞高湯使用於全部的料理。通常，熬高湯的材料會以流動的清水漂洗，去除血水之後才使用，但是為了縮短時間，所以省略了這項作業。取而代之的是徹底撈除浮沫。在高湯鍋中加入冷水之後溫度下降，再次煮滾時，浮沫會不斷地浮出來。反覆進行這個作業，仔細地撈除浮沫，萃取出高湯。剛開始是血液和油脂等有顏色的浮沫不斷地冒出來，之後浮沫的顏色逐漸變淡。浮沫變成白色之後，就可以停止撈除浮沫了。將火勢轉小一點熬煮，萃取出鮮味。

肉汁清湯使用的材料。上起為牛骨、廢雞（採卵期已經結束的母雞）、雞架骨。不需以清水漂洗就直接使用。

（內徑36cm・高36cm的高湯鍋1鍋份）

牛骨（拳骨）— 2kg
廢雞 — 4kg
雞架骨 — 6kg
水 — 15公升

香味蔬菜（白色蔬菜）
- 洋蔥（切半）— 3個份
- 西洋芹葉 — 1把（3根份）
- 茴香葉 — 1把（3根份）

1 將骨頭和肉放入高湯鍋中，倒入水，以大火煮到沸騰。
＊因為要仔細地撈除浮沫，所以要倒入多一點的水。

2 以大火煮到咕嚕咕嚕沸騰。

3 煮滾之後，將火勢稍微轉小一點，仔細撈除浮沫。

4 因為加入冷水（分量外）之後轉為大火，浮沫就會不斷地浮出來，所以反覆進行這項作業好幾次。

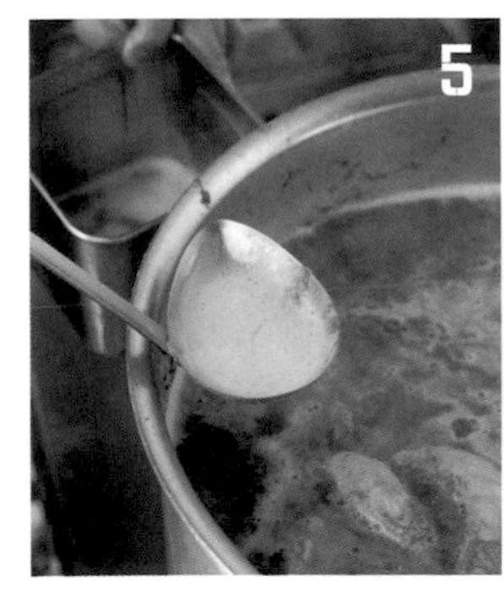

5 漸漸變得清澈。浮沫變白之後，就可以暫停撈除浮沫的作業了。

6 放入香味蔬菜。煮滾後，將火勢轉小一點。
＊要萃取出白色高湯，所以不使用胡蘿蔔和番茄等蔬菜。

7 以這個程度的火勢煮5小時，萃取出白色高湯。

8 過濾之後再次煮滾，撈除浮沫和油脂，然後移入保存用的容器中，放入冷藏室中保存。

澄清湯
Consommé

一開始準備將素材長時間熬煮出味道的高湯，在那裡面混入蔬菜、蛋白和絞肉之後，慢慢地升高溫度，當蛋白凝結的時候，會一邊凝結一邊吸附混雜在高湯中的蛋白質雜質，利用這個作用萃取出清澈的液體（consommé）。這個為了使高湯澄清所進行的一連串作業稱為「淨化（clarifier）」。

此處介紹的作法，將以雞架骨當基底的高湯，用牛肉和蛋白進行淨化，是一般澄清湯的形式。但是，譬如將製作魚湯（soupe de poisson）的魚高湯，或製作美式龍蝦醬的蝦高湯進行淨化的話，就會變成魚或蝦的澄清湯。此外，以野味的骨頭萃取高湯，使用鹿肉等赤身肉進行淨化的話，就會變成野味澄清湯。

了解淨化的原理就能應用在各種不同的高湯上面。這是無論如何都想要掌握的技術。

透明清澈的澄清湯，只用鹽來調味。因為胡椒浮在表面會破壞成品的純淨，所以不使用胡椒，但是如果想要添加胡椒的風味（例如鹿肉澄清湯等），在最後用紗布過濾的時候，將大略壓碎的胡椒用紗布包住，從上面倒下液體過濾，就能藉此增添風味。

澄清湯的湯品。將第1次澄清湯加熱之後加鹽調味，以獅頭碗盛裝端上桌。

（容易製作的分量）
- 牛赤身絞肉 — 2kg
- 香味蔬菜
  - 洋蔥（順著纖維切成薄片）— 1個份
  - 胡蘿蔔（切成薄片）— 1根份
  - 西洋芹（切成薄片）— 1根份
  - 大蒜 — 10瓣
- 番茄醬 — 100g
- 紅酒 — 500cc
- 蛋白 — 400g
- 上色用的洋蔥（切成1/4等分的瓣形）— 1個份
- 肉汁清湯（→27頁）— 5公升

●第1次澄清湯

將大蒜以外的香味蔬菜切成薄片，放入高湯鍋中。

將染色用的洋蔥切成4等分，放在網架上烤焦成黑色。外皮不要剝除，保留備用。
＊要充分烤焦。

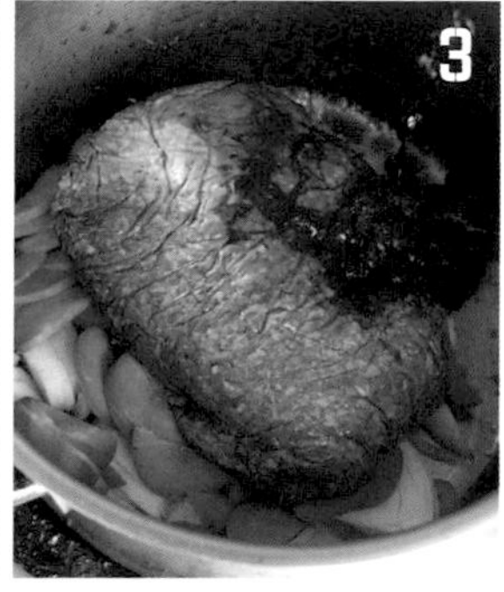

將香味蔬菜、洋蔥的外皮、牛赤身絞肉、紅酒、蛋白放入高湯鍋中。

充分揉拌，將肉撥散。
＊先將肉撥散，有助於澄清的作業順利進行。

加入冷的肉汁清湯，以木煎匙攪拌均勻。

＊因為冷的肉汁清湯比較容易全體攪拌均勻，所以澄清湯變得不容易混濁。

一邊以木煎匙持續攪拌，一邊以中火慢慢煮滾。

＊持續攪拌很重要。不要中途停止攪拌。

煮到熱度變得無法將手指伸入湯中的程度時，加入2的洋蔥，轉為非常小的小火，停止再攪拌。

＊注意不要煮到沸騰冒泡。

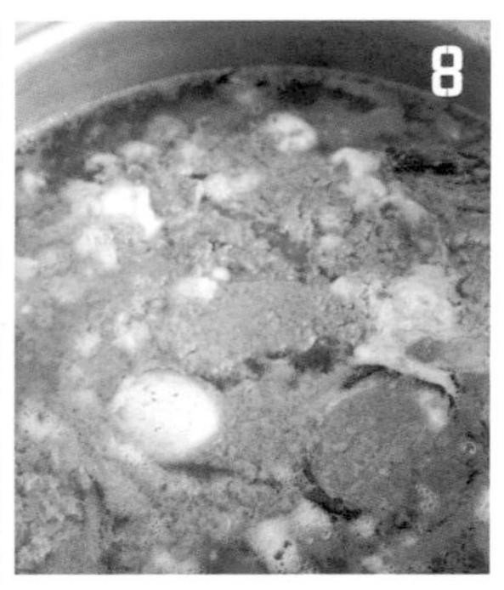

肉、蔬菜和蛋白凝結之後浮上來時，會有一些地方開始產生對流。

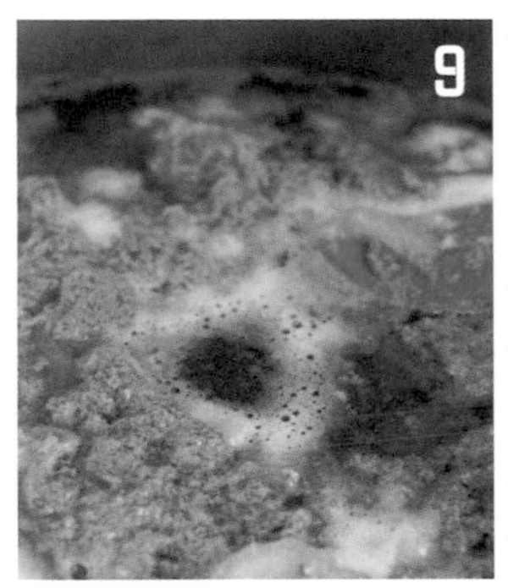

用湯勺在產生對流的地方撥開一個洞。

＊一旦轉動鍋子或移動鍋子，就會在別的地方開始產生對流，所以最好不要移動鍋子。

以這個程度的火勢煮4小時。

將輕輕撈起的澄清湯以粗孔的網篩過濾。保留高湯剩渣，用來製作第2次澄清湯。

過濾之後用鹽稍微調味，一邊撈除浮上表面的油脂和浮沫一邊煮乾水分。

＊如果想將澄清湯做成湯凍，要另外取出少量之後煮乾水分，或是添加明膠之後放在冷藏室中冷卻凝固。

以浸濕的紗布過濾。

＊想要增添胡椒味時，最好將弄碎的黑胡椒放入紗布中，從上方倒入澄清湯過濾。

●第2次澄清湯

倒入大約能蓋過11的高湯剩渣的水量，煮滾。

煮滾之後以錐形過濾器過濾。

＊因為高湯變混濁也沒關係，所以要用力按壓殘渣，毫不保留地榨取鮮味。

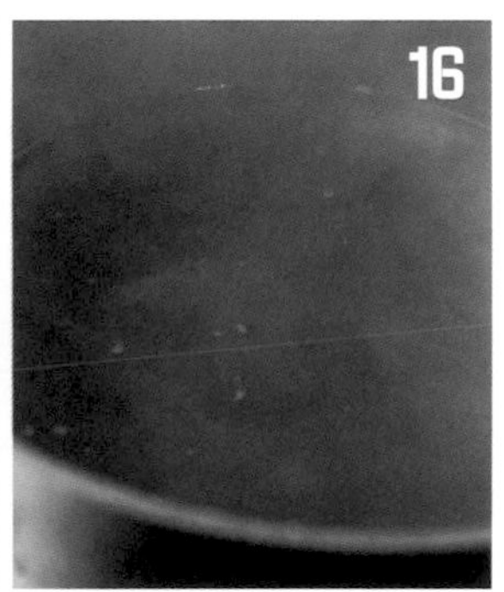

第2次澄清湯製作完成。可以用來製作焗烤洋蔥湯或燉煮料理。

●醬汁

紅酒醬汁

Sauce vin rouge

作為使用於肉料理的大部分醬汁的基底。要有耐性，將洋蔥和紅酒慢慢煮乾水分，萃取出鮮味，加入小牛高湯之後收乾汁液直到剩下大約半量為止。如果要增加濃度，先以玉米粉等增加濃度的話相當便利。此外，為了縮減成本，將原本使用的紅蔥頭替換成洋蔥。

（完成醬汁300cc）
洋蔥（切成細末）— 1/2個份（150g）
紅酒 — 500cc
小牛高湯（→25頁）— 600cc
用水調勻的玉米粉液 — 適量
鹽、胡椒 — 各適量
奶油 — 20g

將切成碎末的洋蔥、紅酒放入鍋中，以大火加熱。

煮滾之後轉為中火，煮乾水分。
＊以大火煮乾水分的話，在萃取出洋蔥的鮮味之前水分就已收乾。

充分煮乾水分直到可以看見鍋底的程度，將鮮味濃縮起來。

將小牛高湯加入3之中，以大火煮滾。

煮滾之後，一邊撈除浮沫，一邊以小火煮乾水分直到剩下半量。

水分收乾之後，像要榨出最後一滴鮮味，按壓洋蔥將醬汁過濾到鍋子裡。

過濾之後開火加熱鍋子，煮滾醬汁。
＊幾乎完成的味道。可以藉由氣泡冒出的方式來判斷濃度。以湯匙舀取醬汁，確認濃度。

如果需要更濃稠的醬汁，就加入少量用水調勻的玉米粉液備用。
＊為了縮短完成時醬汁所需的時間，先以玉米粉增加濃度。

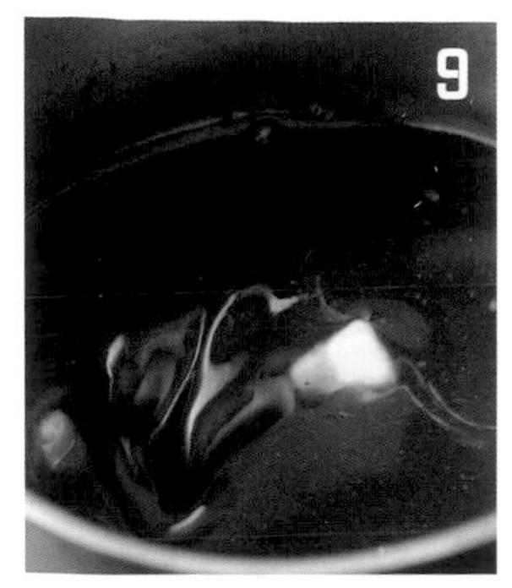

上菜時，用火加熱，以鹽、胡椒調味，移離爐火之後，放入固狀的奶油溶入醬汁中。

佩里格醬汁

（由紅酒醬汁衍生出來的醬汁）

Sauce Périgueux

味道和香氣濃郁，是肉料理和肥肝等不可缺少醬汁。馬德拉酒、波特酒、松露、紅酒醬汁是基本的要素，而加入少許松露油，就能更加突顯松露的香氣。如果買得到的話，也可以加入松露汁（jus de truffes）這種水煮松露的煮汁。

（容易製作的分量）
紅波特酒 — 70cc
馬德拉酒 — 70cc
松露（切成碎末）— 5g
紅酒醬汁（→30頁）— 80cc
用水調勻的玉米粉液 — 少量
鮮奶油 — 20cc
奶油 — 20cc
松露油 — 數滴

將紅波特酒、馬德拉酒倒入醬汁鍋中。

將松露切成碎末之後放入醬汁鍋中，以大火加熱。

煮乾水分直到剩下1/3的量。

收乾之後加入紅酒醬汁，煮乾水分直到剩下半量。

移離爐火之後，加入少量用水調勻的玉米粉液補足濃度，然後加入鮮奶油，放置在溫暖的場所備用。

上菜時，用火加熱，醬汁變熱之後，移離爐火，放入固狀的奶油溶入醬汁，然後滴入數滴松露油。

普羅旺斯醬汁

（由紅酒醬汁衍生出來的醬汁）

Sauce provençale

在紅酒醬汁當中加入番茄乾和酸豆等南法的香氣，就能簡單製作出搭配小羊肉等的醬汁。在完成時，不只加入奶油增添風味和光澤（monter），還加入橄欖油的話，就會散發出南法的香氣。

（容易製作的分量）
紅酒醬汁（→30頁）— 60cc
橄欖油漬番茄乾
（切成碎末）— 2塊份
黑橄欖（切成碎末）— 2個份
鹽、胡椒 — 各適量
奶油 — 10g
橄欖油 — 15cc

將紅酒醬汁倒入醬汁鍋中煮滾。

加入番茄乾和黑橄欖。

如果想使醬汁更濃稠，就加入少量用水調勻的玉米粉液稍微增添濃度，然後以鹽、胡椒調味。

上菜時，在爐上加熱之後移離爐火，放入固狀的奶油溶入醬汁中。

將一部分的奶油替換成橄欖油溶入醬汁中。

＊南法風味的料理，最好使用橄欖油，增添輕盈感和香氣。

製作完成的普羅旺斯醬汁。

油醋醬汁

Sauce vinaigrette

為了保留突出的酸味，所以要勤快地製作。只需將鹽溶解在紅酒醋、雪莉醋之中，再加入橄欖油做成的簡單油醋醬汁。將這個醬汁裝入酒瓶中，用力搖晃後使用，而既然沙拉已經直接撒上鹽、胡椒了，所以只淋上最低限度的分量。切忌淋上過多的油醋醬汁。將香藥草的莖部（龍蒿、百里香或蒔蘿）等放入瓶中，增添複雜的香氣。

（容易製作的分量）
- 雪莉醋 — 100g
- 紅酒醋 — 100g
- 橄欖油 — 400g
- 鹽 — 8g
- 香藥草的莖 — 依個人喜好

將雪莉醋、紅酒醋、鹽一起加入缽盆中，以打蛋器攪拌均勻。

＊鹽溶解之後就OK了。

加入醋的2倍到3倍的橄欖油，再攪拌均勻。

移入空瓶中。

＊配合要移入的瓶子的容量，來決定材料的分量。

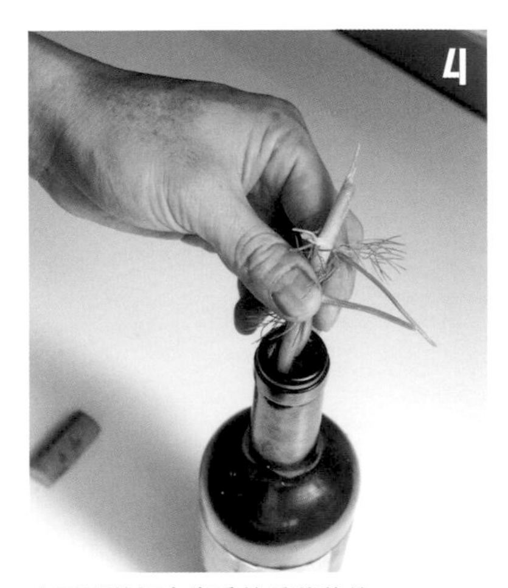

也可以將個人喜愛的香藥草的莖部浸入醬汁中，轉移香氣。使用時要搖一搖，攪拌一下。沒有放入香藥草也沒關係。

＊可以在常溫中保存。

美乃滋
Sauce mayonnaise

比起使用市售的商品，自己做的美乃滋更能調製出適合料理的味道或狀態。製作美乃滋是可以體驗「乳化」這種變化的作業，所以想請大家務必試做看看。如果要自己製作的話，最好先知道幾件事。其一是相對於1個蛋黃，油可以加到330cc為止。此外，如果在蛋黃當中一口氣加入大量的油，很容易產生油水分離的現象，所以一開始加入少量的油攪拌。待乳化之後，一口氣加入全量也沒問題。

（容易製作的分量）
蛋黃 — 2個份
鹽 — 1撮
法式芥末醬
— 1大匙
雪莉醋 — 少量
沙拉油 — 250g

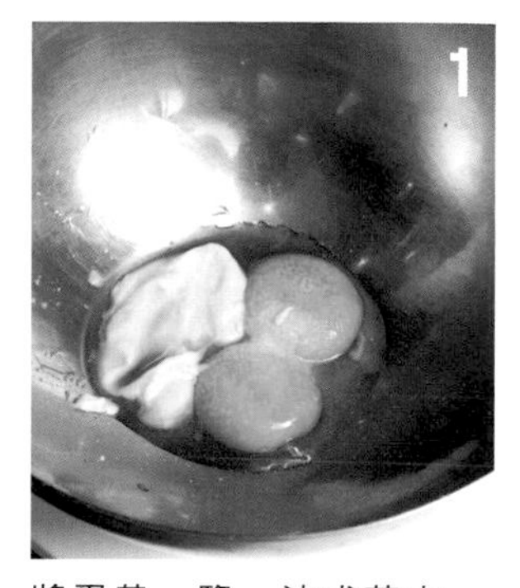

將蛋黃、鹽、法式芥末醬、雪莉醋加入缽盆中。

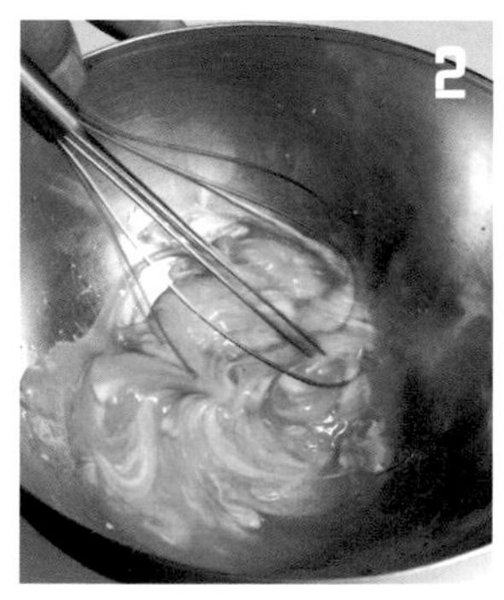

以打蛋器攪拌到鹽溶化為止。

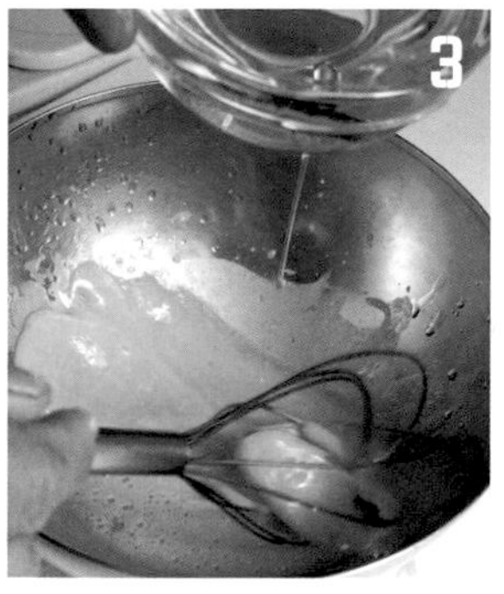

加入少量的沙拉油之後以打蛋器繼續攪拌。輕輕抵著缽盆的底部，左右來回微微地攪動。
＊用力抵著缽盆的底部會染上鐵鏽味，所以輕輕抵住即可。

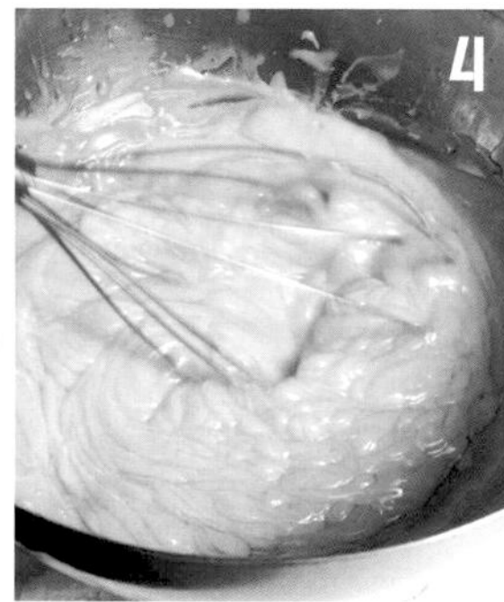

蛋的水分和沙拉油的油分滑順地混合之後（乳化之後），一口氣倒入剩餘的沙拉油一起攪拌。

乳化得很滑順的美乃滋。移入密封容器中，放在冷藏室中保存。

【如果產生油水分離】

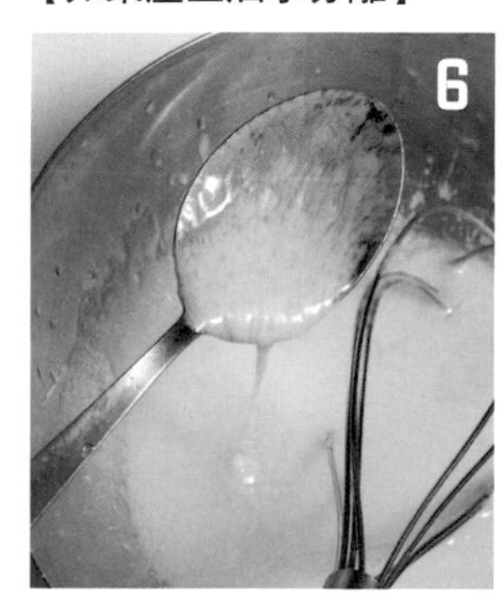

剛開始倒入過多的油，在無法順利乳化的情況下，產生油水分離的現象。
＊也可以用手持式電動攪拌器（電動攪拌棒）一口氣攪拌。

將已經油水分離的蛋液移入別的容器中，在清空的缽盆中倒入一點水，逐次少量地加入蛋液攪拌。

攪拌方式與正確的作法相同。將打蛋器左右來回微微地攪動。
＊想要濃稠一點的話，就多加點油，想要稀軟一點的話，就多加點醋。

油水順利地融合在一起。

多蜜醬汁

Sauce espagnole

原本是將褐色醬汁煮乾水分而成的法式料理醬汁，但是在日本的洋食中自行完成進化。這裡是以法式料理店常備的小牛高湯為基底，嘗試製作了洋食的多蜜醬汁。調味方面，使用醬油和砂糖等，做成適合搭配米飯的味道。

（容易製作的分量）

香味蔬菜
- 洋蔥（1cm小丁）— 1個份
- 胡蘿蔔（1cm小丁）— 1根份
- 西洋芹（1cm小丁）— 1根份
- 大蒜 — 5瓣

橄欖油 — 15cc
水 — 適量
紅酒 — 1公升
整顆番茄罐頭 — 400g
小牛高湯（→25頁）— 2公升

奶油炒麵糊
- 奶油 — 50g
- 高筋麵粉 — 50g
- 紅酒 — 50cc

濃口醬油 — 40cc
伍斯特醬 — 50cc
砂糖 — 30g
番茄醬 — 30g
胡椒 — 適量

將橄欖油均勻塗布在鍋中，放入香味蔬菜，以大火炒。

香味蔬菜開始黏在鍋底時加入適量的水，刮取黏在鍋子底部的鮮味。

＊水不只能吸收鮮味，也能使蔬菜快點變軟。

煮乾水分之後，加入紅酒、整顆番茄罐頭、小牛高湯。

以大火加熱到沸騰。煮滾之後，轉為中火，撈除浮沫，然後就這樣煮乾水分，直到剩下半量。

煮乾水分到剩下一半的狀態。

將奶油炒麵糊的奶油放入另一個鍋中，加熱融化。奶油融化之後，加入已經過篩的高筋麵粉，以小火炒麵糊。

＊使用形狀適合平坦鍋底的木製煎匙，將麵糊炒到呈乾鬆的狀態。

麵糊變得乾鬆，而且變成褐色之後，加入紅酒。

繼續炒到這個狀態。

將**8**的奶油炒麵糊加入已經收乾汁液剩一半的**5**之中，煮滾。煮滾之後，以錐形過濾器過濾。

＊一邊連續快速地按壓，一邊過濾。充分濾出鮮味。

將濃口醬油、伍斯特醬、砂糖、番茄醬、胡椒加入**9**之中調整味道之後煮滾。放涼之後，放在冷藏室中保存。

貝夏梅醬汁

Sauce béchamel

這是法式料理的醬汁，又稱為白醬，成為日本的洋食中不可欠缺的醬汁。基本的配方是各為同量的奶油和高筋麵粉。以這個配方製作奶油炒麵糊，然後用牛奶稀釋。配合要使用的料理去增減基本配方中牛奶的分量或高筋麵粉的分量，調整濃度就可以了。譬如可樂餅等料理，想要醬汁濃稠一點的時候，就稍微增加高筋麵粉的分量。這裡是以供焗烤料理使用的白醬來解說。

（容易製作的分量）

奶油 — 50g
高筋麵粉 — 50g
牛奶 — 500cc

奶油加熱融化之後，將高筋麵粉過篩加入其中。

＊加熱油脂和麵粉時，主要成分澱粉的顆粒因為被油脂覆蓋住，所以不容易變成糊狀。此外，油脂能防止麵粉的蛋白質產生麩質，所以等奶油完全融化再使用吧。

開小火加熱，以木煎匙攪拌均勻，使高筋麵粉與奶油融合在一起。

漸漸變得乾巴巴。

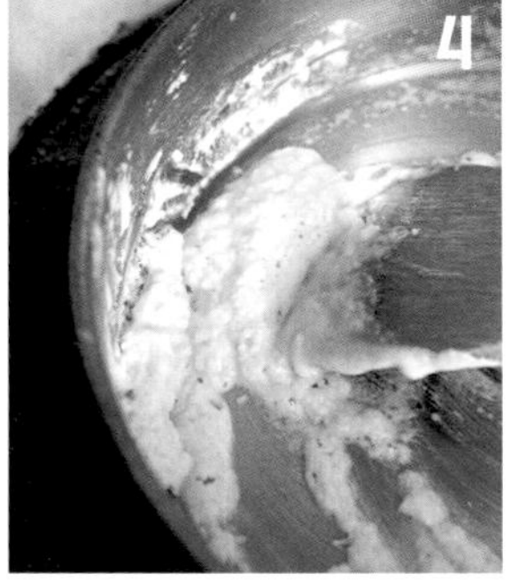

繼續充分地拌炒，這次會變得滑順。

＊以高溫加熱的話，麵粉的澱粉產生變化，減少釋出黏性的性質。

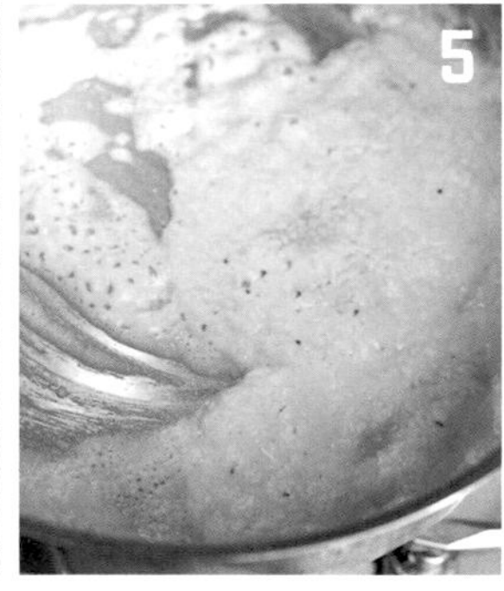

完全去除筋性，開始出現黏稠的光澤。

＊充分炒到這個程度，溫度上升之後，加入冷的牛奶時就不容易產生結塊。

在熱騰騰的奶油炒麵糊中一口氣加入冷的牛奶，以打蛋器攪拌。

＊即使這裡會稍微產生一些結塊，但因為之後會再以濾篩過濾，所以也不用在意。

暫時變成液狀。

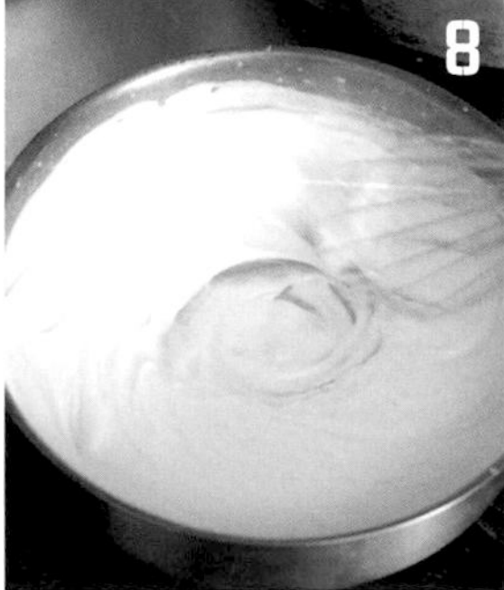

以小火加熱至漸漸變得黏稠。視需要加以調味。

＊奶油炒麵糊的麵粉開始糊化，漸漸變得黏稠。

咕嚕咕嚕沸騰之後，以錐形過濾器過濾。以小湯勺按壓，一邊以橡皮刮刀刮下附著在錐形過濾器外側的奶油炒麵糊一邊過濾。貝夏梅醬汁製作完成。

蓋上蓋子，或是將保鮮膜緊貼著液面包覆，防止水分蒸發。

●麵團

千層派皮（簡易法）
feuilletage rapide

烤好的成品會形成層層相疊好幾層的摺疊派皮。用來製作料理和糕點。正規的作法是製作基底麵團（détrempe），把奶油包起來，一邊靜置一邊摺疊好幾次而完成的，但是簡易法可以縮短作業流程和靜置的時間。又稱為速成法千層派皮（Feuilletage à la minute）。以三折→四折→三折2次的順序製作。

（容易製作的分量）
低筋麵粉 — 250g
高筋麵粉 — 250g
鹽 — 10g
冷水 — 200～250g
奶油 — 450g
＊材料和器具先冷卻備用。

將粉類和鹽混合過篩之後，放入食物調理機中，逐次少量地加入冷水，以低速攪拌。根據濕度調整水的分量。
＊最少加入200g。濕度低的時候，一邊觀察狀況一邊加水。

攪拌到漸漸變成乾鬆狀。加入的水分大約為輕輕抓握即可集中成一團的程度。

將切成2cm小丁的奶油全部加入這裡面，輕柔地攪拌。

攪拌到快要黏在一起之前就可以了。注意不要讓奶油融化。
＊就這樣保留方形的樣子也可以。

取出麵團放在大理石工作台上。一邊撒手粉，一邊以掌腹用力按壓。

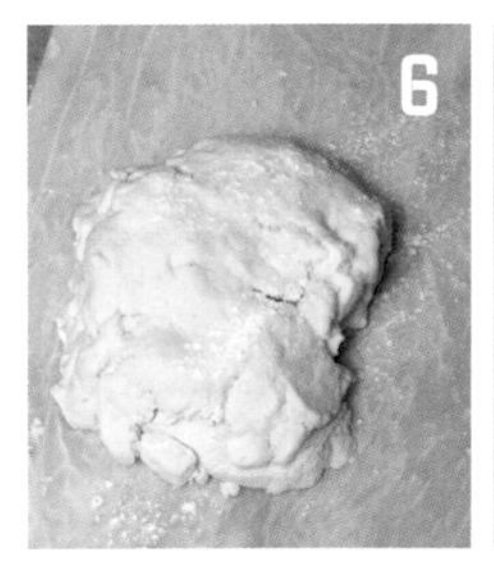

好不容易漸漸集中成團，奶油還是呈塊狀也沒關係。

以擀麵棍敲打，延展麵團。奶油塊就這樣殘留在麵團中。

麵團不必靜置，直接摺成三折。麵團的長度要擀開變成寬度的3倍左右。

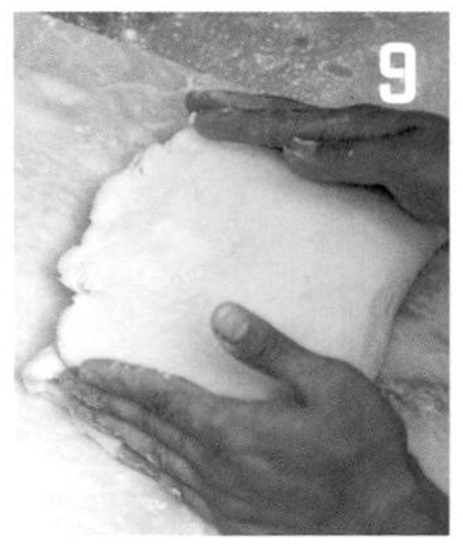

先從遠端摺進來，再將近端摺過去，重疊在一起。包覆保鮮膜，放在冷藏室中靜置1小時左右，使麵團冷卻變硬。
＊包覆保鮮膜以免麵團變乾。

從冷藏室取出之後，將方向轉90度，撒上手粉，以擀麵棍按壓擀開。

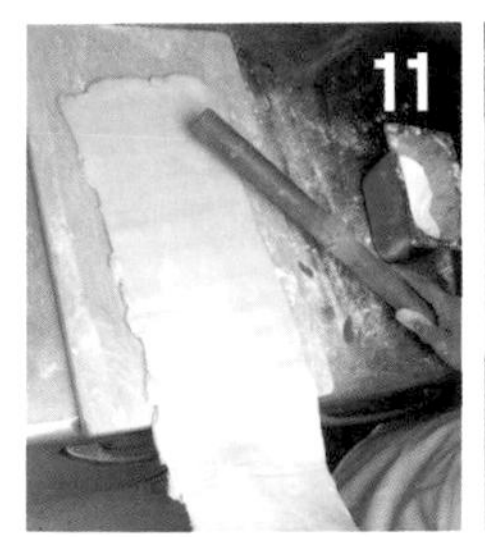

接著摺成四折。麵團的長度要擀開變成寬度的4倍左右。

先從遠端摺進來，摺到長度一半的地方，再將近端也摺到長度一半的地方。

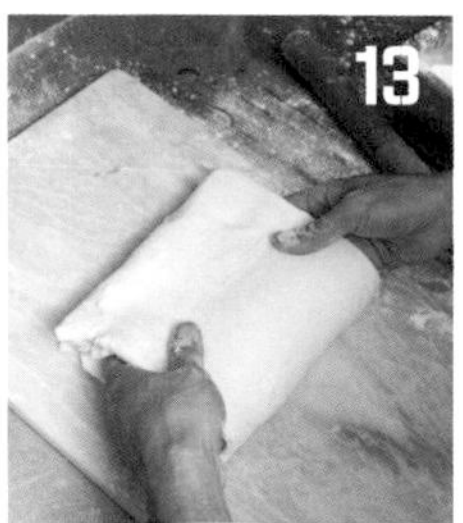

從近端再摺成一半。這樣就完成四折了。

摺疊結束時，最好只將已摺疊的次數先以手指戳洞。包覆保鮮膜，放在冷藏室中靜置1小時。之後重複做2次摺成三折。

已經完成的簡易法派皮。保存的方式是包覆保鮮膜，然後冷藏或是冷凍。

＊採用冷凍保存的話，要放到冷藏室中解凍之後再使用。

酥脆塔皮

Pâte brisée

這是鹹味的塔皮，用來製作料理和糕點。雖然是有層次的塔皮，但是比起千層派皮稍微沉重一點。因為想要做出酥脆的口感，所以奶油是以冷硬的狀態混合進去。如果奶油是柔軟的，低筋麵粉會變得容易出筋。一旦出筋，麵團會變得容易收縮，而且口感也會變差。

（容易製作的分量）

低筋麵粉 — 500g

奶油 — 300g

鹽 — 4g

全蛋 — 3個

＊材料和器具先冷卻備用。

● 製作麵團

將已經過篩的低筋麵粉、鹽和冷硬的奶油小丁放入食物調理機中攪拌。

＊因為不想要麵團出筋，所以奶油要先放在冷凍室冷卻得很硬。低筋麵粉、食物調理機也要冷卻。

奶油變細之後，漸漸均勻地拌入低筋麵粉中。

＊變成顏色偏黃的麵粉就可以了。

加入全蛋3個攪拌。

即使麵團攪拌得還不太均勻，只要蛋拌入全體之中就可以了。

● 鋪進模具中

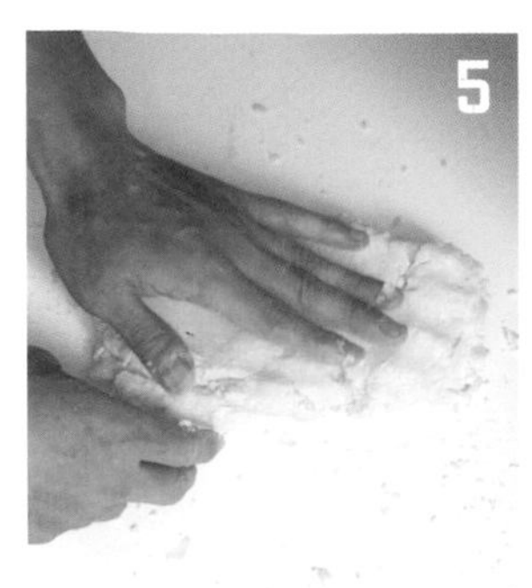

取出麵團，不要揉麵，而是以按壓的方式聚攏成一團。

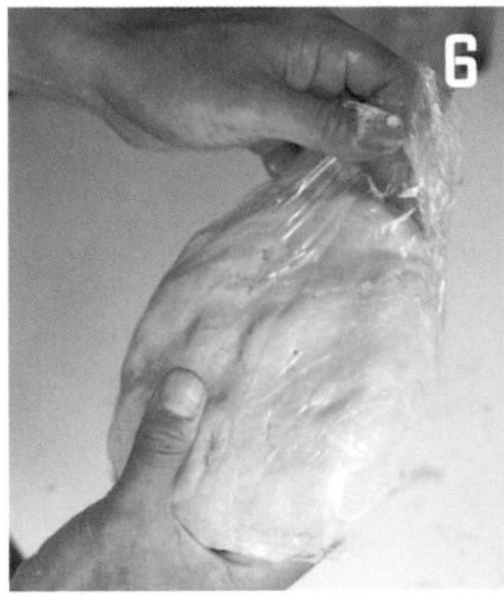

以保鮮膜包覆，放在冷藏室中至少30分鐘，使麵團緊縮變硬。

＊為了使筋度穩定。此外，也為了使已經變軟的麵團比較容易處理。

將麵團切下所需的分量，以擀麵棍敲軟。

＊麵團要先冷卻備用。烘焙新手的話要準備多一點。

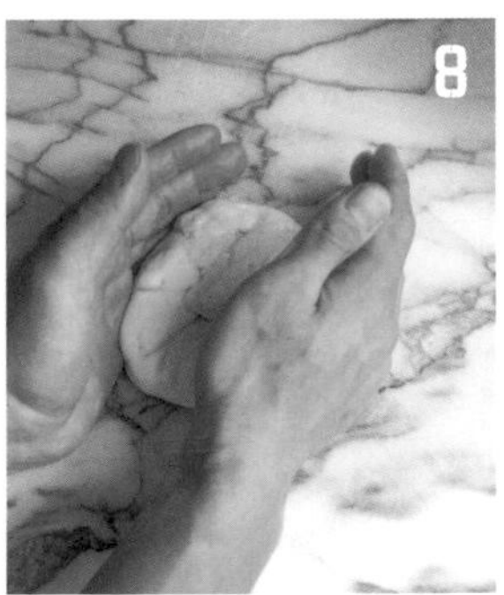

以雙手扶起邊緣的方式，將形狀整圓。

撒上最少程度的手粉，以擀麵棍邊敲邊延展開來。

＊手粉太多的話，會不容易烤上色，口感也會變得沉重。

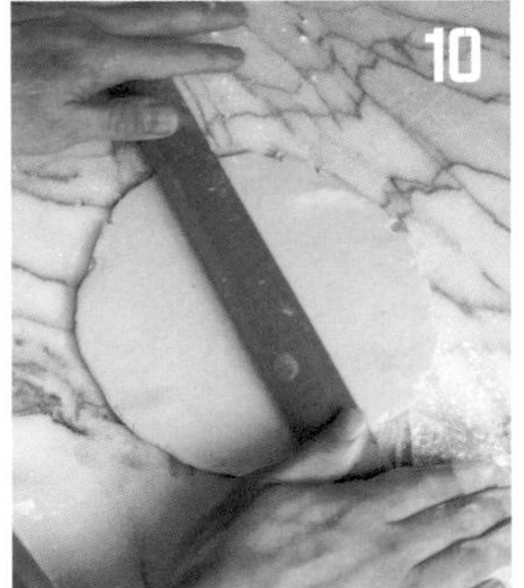

將雙手拇指的位置對著麵團的兩邊擀開麵團，就能均等地用力。

＊只要均等地施力，就能擀平成相同的厚度。

一邊轉動麵團一邊擀成比模具大上一圈的麵皮。

＊擀開之後，變尖的部分只要往近身處的左邊轉動擀平，就會變圓。

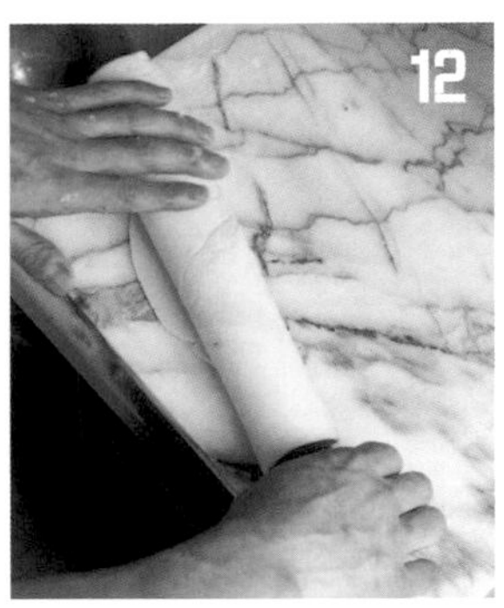

以擀麵棍捲起麵皮。

將麵皮攤開，鋪在模具上面。

用手指按壓，毫無空隙地鋪進模具底部的邊角。

在比模具的邊緣高出5mm左右的地方，切掉多餘的麵皮，然後放在冷藏室中冷卻變硬20～30分鐘。

＊因為有時候麵皮會回縮，所以要預留少許空間。

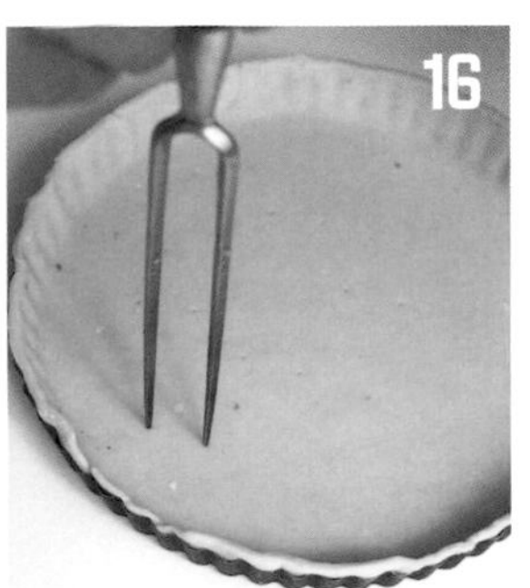

使用時，以叉子等器具在底部平均地戳出小洞。

●盲烤

未經烘烤，要使用的時候就這樣直接使用。

要盲烤的話，為了避免麵皮浮起來，將岩鹽等以均等的厚度鋪滿麵皮裡面，然後以200℃的烤箱烘烤25分鐘。

烘烤完成之後，除去岩鹽，放入1個蛋黃，以刷子抹勻。

＊以蛋黃填平戳出的小洞，防止水分流出。此外，也有防止塔皮因水分而變軟的用意。

放入200℃的烤箱1分鐘，將蛋黃烤乾。乾了之後，填入內餡。

甜塔皮

Pâte sucrée

糕點專用的甜味塔皮。主要用來製作塔和小塔。因為不易出筋，所以特徵是容易崩散、入口即化。此外，盲烤的方法比照酥脆塔皮的作法。填滿模具之後剩餘的第2次麵團很容易回縮，所以下次要使用的時候最好混入第1次麵團當中。精確地擀開麵團，盡量設法不要產生第2次麵團。

（容易製作的分量）
- 全蛋 — 1個
- 低筋麵粉 — 300g
- 糖粉 — 300g
- 鹽 — 1撮
- 奶油 — 200g

＊材料和器具先冷卻備用。

將已經過篩的低筋麵粉、糖粉、鹽、切成小丁的冷硬奶油放入食物調理機中。

＊因為想將奶油打碎之後，讓奶油分散在粉類當中，所以使用冷硬的奶油比較好。

以食物調理機攪拌成乾鬆的狀態。

加入全蛋攪拌。

攪拌到這個程度即可。沒有攪拌到完全變得滑順就可以了。

＊攪拌到差不多能集中成一團的程度就OK。

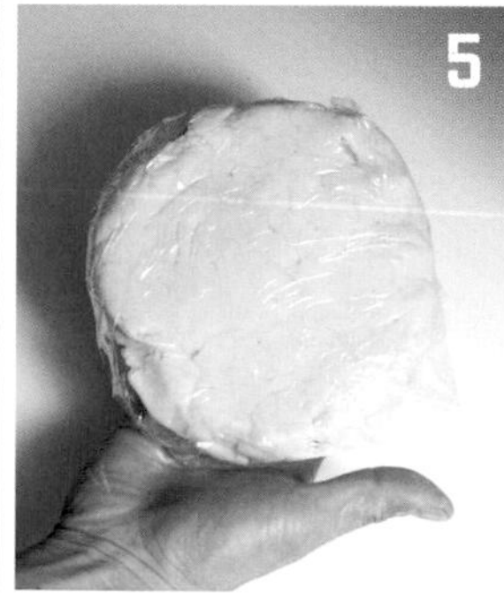

以保鮮膜包覆，放在冷藏室中靜置30分鐘。之後的步驟比照酥脆塔皮作法**8**以後的作法。

＊這是為了使奶油升溫後已經變得柔軟的麵團變得比較容易操作。

●水果切片・配菜

將柑橘類水果逐瓣取肉

將柑橘類水果從果囊中切出變成只剩果肉的狀態，稱為逐瓣取肉（quartier）。如果用刀子切入好幾次，切口會變得不平整，請注意。

將水果的上部和下部平整地切除，切到很貼近果肉處，沿著果肉的弧度由上而下去除果皮。上半部壓著切，下半部以拉開的方式切，切除1片果皮。

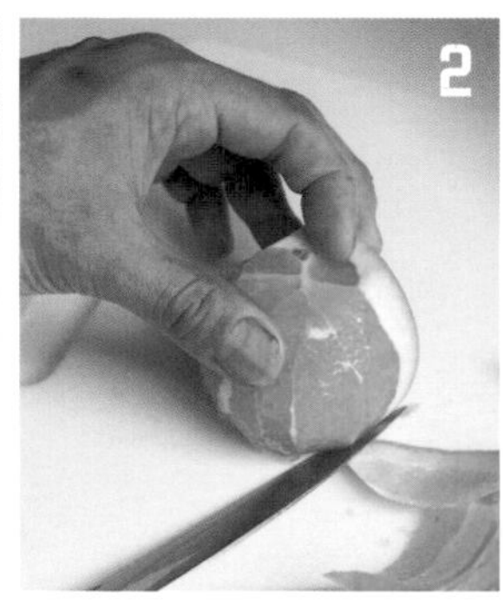

一邊將水果往右轉動一邊切除全部的果皮。

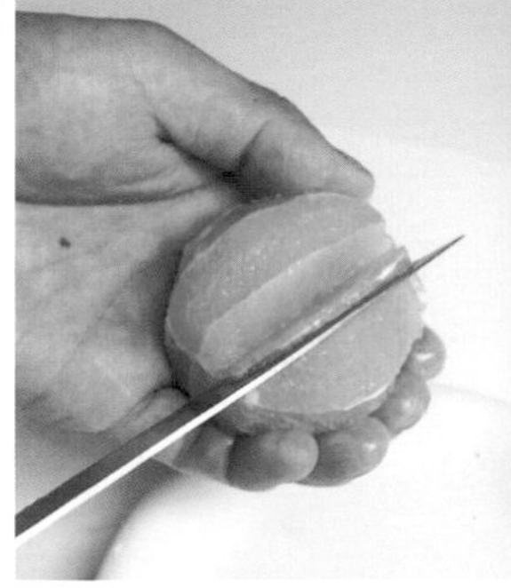

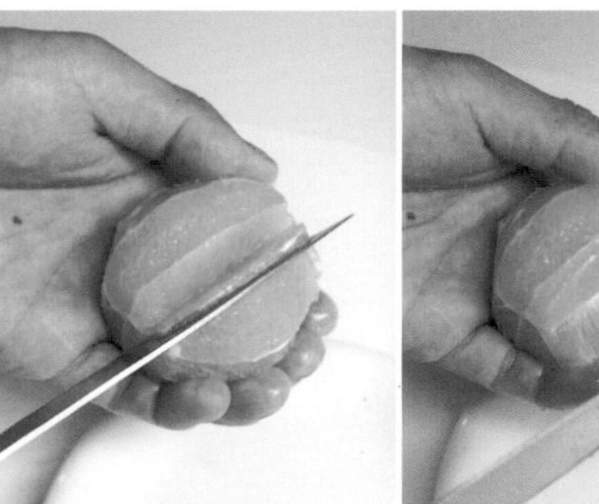

逐瓣從果囊裡切出果肉。先用刀子切開果囊的左側，再以翻起果肉的方式切開右側。全部逐瓣取肉之後，從殘留的果囊擠出果汁加以利用。

巴黎風味炸薯塊

巴黎風味炸薯塊的特色是要油炸2次。薯類切開之後，表面有很多澱粉質，長時間油炸的話，很可能會焦掉。尤其是長時間存放之後已經變甜的馬鈴薯，很容易炸焦，但是只要在油炸之前，先用水煮過，再將水倒掉，就能避免炸焦。澱粉質在油之中長時間以低溫加熱，水分消失之後會產生糖化作用，做出強調薯類甜度的炸物。因此，不是使用新馬鈴薯，而是已經存放了一陣子的舊馬鈴薯，比較能做出好吃的味道。第1次很有耐性地從低溫開始慢慢地炸，第2次則稍微提高溫度，將表面炸成金黃色，炸得酥酥脆脆。

●第1次

馬鈴薯切成瓣形。為了能平均地加熱，最好能盡量切成一樣的大小。

使用大量的水來煮馬鈴薯。

煮滾後以網篩撈起，然後倒掉熱水。

＊馬鈴薯表面的水分會因熱氣而蒸發，所以可以炸得很漂亮。

將水蒸氣已經蒸發的馬鈴薯放入炸鍋中，倒入冷的炸油，然後開小火油炸，慢慢地去除水分。

＊油的溫度升高後，整鍋會冒出很多大氣泡，水分會隨同氣泡蒸發。

● 第2次

氣泡漸趨平靜，變成小氣泡之後，以竹籤試插馬鈴薯。中心不是硬的就可以了。

將馬鈴薯瀝乾油分。用餘溫加熱至鬆軟。

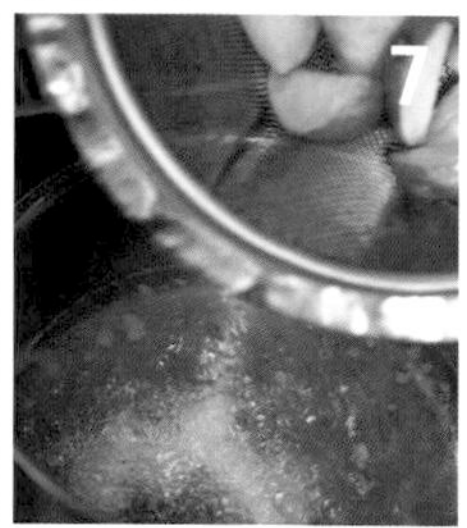

將炸油加熱成高溫，放入馬鈴薯。油溫要高到放入馬鈴薯的瞬間會冒出大量氣泡。

將馬鈴薯炸得顏色漂亮又酥脆。以網篩撈起，瀝乾油分。

●有的話會很便利的常備配料

在營業時間將成為味道關鍵的配料集中一次做好備用。右邊的照片，左起為橄欖油漬大蒜、炒洋蔥、荷蘭芹碎末、紅蔥頭碎末。

【炒洋蔥】

（容易製作的分量）

洋蔥（切斷纖維，切成薄片）— 大3個份
橄欖油 — 15cc
鹽 — 1小匙
紅波特酒 — 100cc

【橄欖油漬大蒜】

大蒜切成碎末之後，倒入分量大約能蓋過大蒜的橄欖油，保存起來。

● 炒洋蔥

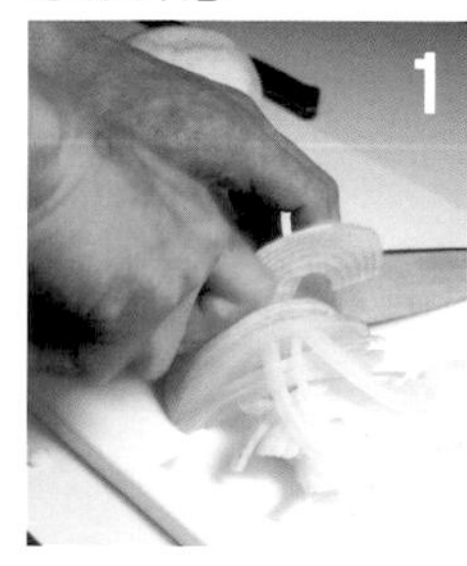

將洋蔥切斷纖維，切成薄片。

＊因為想讓洋蔥釋出甜味，所以要切斷纖維。

將洋蔥放入鍋中，加入橄欖油和鹽，以中火炒。偶爾攪拌一下即可。

＊加入少量的鹽，洋蔥就會在短時間內變軟。

＊廣口鍋的底部面積很大，所以短時間內水分就會蒸發。

洋蔥變成淺褐色，漸漸黏在鍋底時，加入適量的水，溶解已經焦糖化的褐色部分，讓洋蔥吸收。

鍋面出現空白的話容易炒焦，所以要使洋蔥布滿整個鍋面。顏色轉變到如上圖程度時，加入紅波特酒。

完全煮乾水分直到沒有水分為止。

＊波特酒帶有甜味，要避免煮焦了。

第3章

法式料理和洋食的經典料理

海鮮

關於海鮮，全世界很難找到在吃法、種類方面能超越日本人的飲食文化。即使是法式料理，魚料理的調理法和醬汁也明顯比肉料理來得少。

法式料理所使用的代表性魚類有白肉魚和鮭魚，含括了醃漬、裹粉香煎、油炸、慕斯等多樣的調理法。貝類和蝦蟹類也很豐富，但多半都使用極為簡單的調理法。另一方面，鮪魚和鰹魚等紅肉魚不普遍，章魚和烏賊在南法以外的地方幾乎很少見。

法國與四面環海、國土細長的日本不一樣，因為它六角形的國土與鄰國接壤的部分也很多，所以海鮮料理盛行的地方似乎只限於沿海地帶。越往內陸走，魚料理越少，但是有使用白斑狗魚和鯉魚等淡水魚製作的鄉土料理。另外，還有以用鱈魚乾和馬鈴薯熬煮而成的鱈魚馬鈴薯泥為代表，使用海鮮加工品製作的鄉土料理，但是極為稀少。

當然，現在流通變得很發達，位於內陸的星級餐廳有活生生的布列塔尼產藍龍蝦送到餐桌上。

【魚料理的醬汁】

基本的醬汁大致上有將魚的蒸汁收乾汁液製成的白酒系、使用蝦或螃蟹的殼做成的甲殼系，或是攪拌蛋液做成的荷蘭醬系，但是以油醋醬汁為基底做成的醬汁，或在焦香奶油中添加酸味或高湯做成的醬汁也很多。

白酒系或甲殼類系的奶油醬汁不是用來搭配煎好的魚，只適合燉煮或蒸煮這類靠液體或蒸氣加熱的魚料理。

舌鰨魚等的裹粉香煎料理可以搭配焦香奶油醬汁，將魚皮煎得酥脆的嫩煎料理可以搭配溫熱的油醋醬汁系醬汁。

給人濃重印象的傳統白奶油醬汁（beurre blanc sauce），其實是近50年左右登場的醬汁，在埃斯科菲耶（Georges Auguste Escoffier）的著作裡也沒有記載，歸入新醬汁的類別。因為白奶油醬汁中不加入高湯，所以可以運用在以各式調理法製作的料理。

【魚料理的調理法】

在日本一般將魚皮煎得酥脆的嫩煎或燜煎等，在法國幾乎看不到，基本上多半是以無魚皮的狀態用烤箱做成烤魚，或是最近流行的、稱為plancha的鐵板燒。

基本的魚料理作法，大部分是以少量的高湯和酒一起蒸的燉煮，或是煎的時候像泡在大量奶油中游泳一樣的裹粉香煎。

將蝦或甲殼類以簡易肉汁清湯（短時間煮出味道、香氣豐富的煮汁）迅速煮過之後才進入調理的手法，也是傳統上會使用的方法，但是因為最近流通業的進化，店家能夠取得新鮮的魚貨，所以消除腥臭味的必要性似乎變少了。

蒸煮這種調理法是受到中式料理的影響，

歷史很短，但是因為可以做出肉質濕潤的料理，加熱中的管理也很容易，所以在廚房現場很方便。

法國原本沒有生食魚肉的文化，所以基本上全部都是加熱處理。雖然不是法式料理，但是義式生魚片（carpaccio）風味作為以日本人為對象的料理，容易製作，只要在油醋醬汁下點工夫，就能變化成法式料理風味。

對於鹽漬物或醋漬物，不是生食這種概念，在某種意義上被視為是不使用火，而是以鹽或醋來調理，仍然找不到像日式料理的生魚片一樣完全的生食。

最近也看到油封這種調理法。但是它已經脫離了保存或使硬的肉吃起來很柔軟這些原本的目的，使用低溫（40～65℃）的橄欖油等，將鮭魚等油脂肥美的魚做出入口即化的口感，或是長時間（5小時～）烹煮秋刀魚或香魚，煮到連骨頭都變軟等，產生新的口感。

以香味蔬菜和白酒將白肉魚的骨頭熬煮出味道的魚高湯（fumet de poisson），最近漸漸變少了。魚高湯，理想的情況是熬煮每天要使用的分量，因為隔天之後不管怎樣都會產生異味，所以很難預先做好備用。本店也以從雞萃取出的肉汁高湯取代魚高湯。當然，仍會使用在營業前短時間內，迅速萃取出鮮味的魚高湯製作極致美味的醬汁。

三片切法

這是最一般的剖魚法。將刀子從魚的背側和腹側切入，切下半身。另外半身也以相同的方式切下。流暢地使用刀子大幅切開，注意不要損傷魚肉。半身2片，骨身1片，合計剖開成3片，所以稱為三片切法。

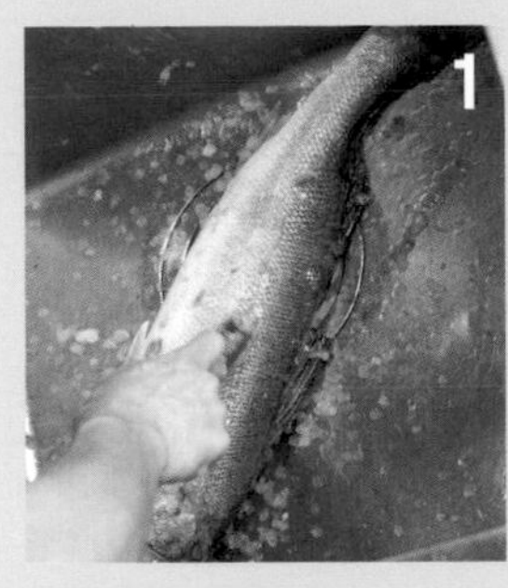

一邊淋著流動的水，一邊從尾鰭那端朝魚頭的方向移動刮魚鱗刀，將魚鱗刮下來。

＊最好放在清洗乾淨的水槽當中，一邊淋著流動的水一邊刮除魚鱗。

改拿刀子，以刀尖處理魚鰭邊緣和魚頭附近，以刀跟處理腹部，將細小的魚鱗徹底刮除乾淨。

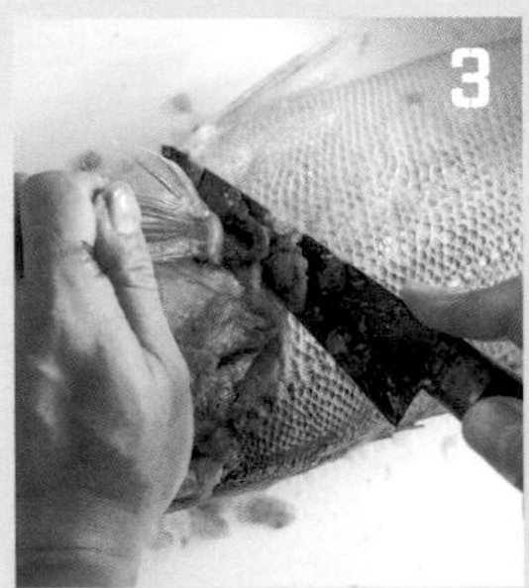

將背部朝向前方，拿起胸鰭，在緊臨鰓蓋之處斜斜地下刀。深深地切入，直到碰到中骨為止。

另一面也是從相同的地方切入，切斷背骨。迅速用水洗淨。

將腹部朝向前方，然後將刀子切入肛門，切離腸子之後切開腹部，將魚頭和內臟一起切除。

＊注意不要損傷內臟。

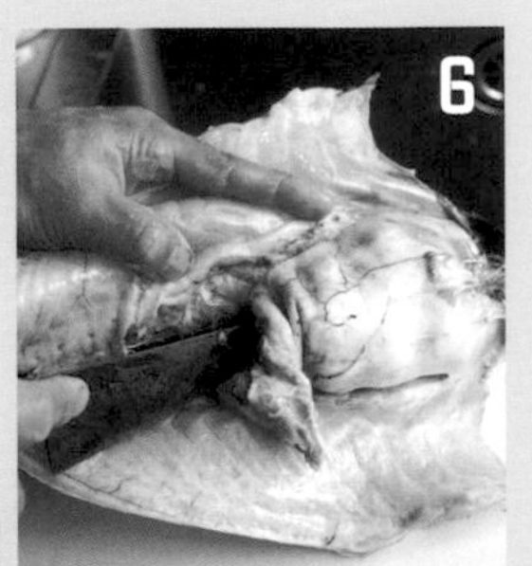

打開腹部，將刀子切入魚鰾的兩側，以刀尖切離魚鰾的一端後，用手拉除。

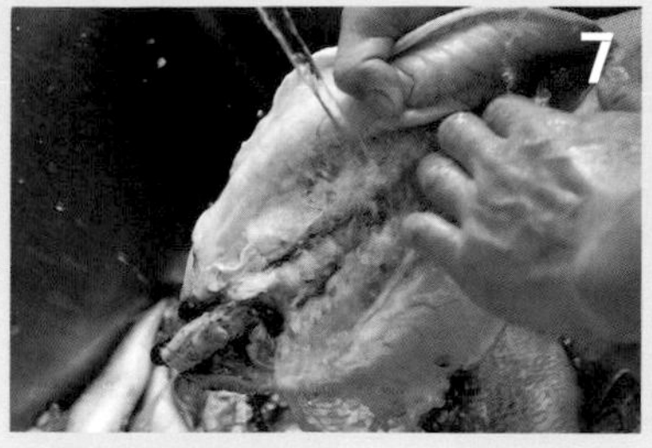

將刀子切入背骨的血合肉，刮除之後用流水清洗乾淨。

＊使用牙刷等器具，就能順利地洗除血合肉。

將腹部朝向前方，往尾鰭的根部將刀子切入臀鰭和中骨的上面，剖開腹側的魚肉。

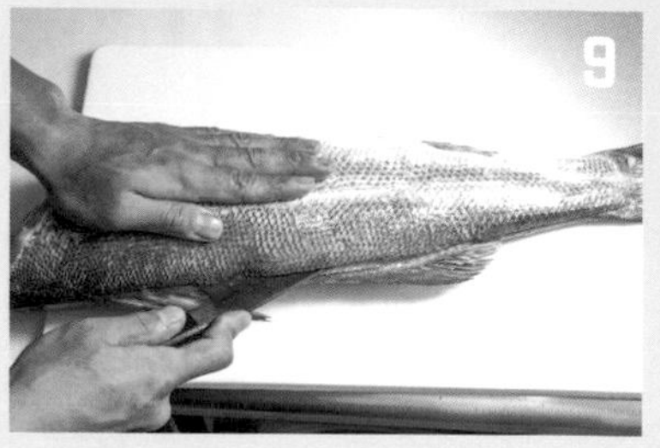

將背部朝向前方，從尾鰭往頭部方向將刀子淺淺地切入背鰭的上面，從切痕沿著中骨剖開背側的魚肉。

＊流暢地大幅度將刀子切入，如非必要盡量避免損傷魚肉。

反向握刀，切開背骨上面的魚肉。

＊反向握刀是將刀刃朝向外側（上側）切開。這個時候，不是用拉切的方式，而是朝著另一邊壓著切開。

用力握著魚尾的根部，從步驟10切開的地方，一口氣切開附著在背骨上面的魚肉，直到頭部為止。

切開尾鰭的根部，切下半身。

另一面的魚肉也以相同方式剖開。先將背部朝向前方，將刀子淺淺地切入背鰭的上面，從這道切痕沿著中骨剖開背側的魚肉。

抬起魚肉，切開背骨上面的魚肉。

將腹部朝向前方，從尾鰭那端沿著中骨剖開腹側的魚肉。

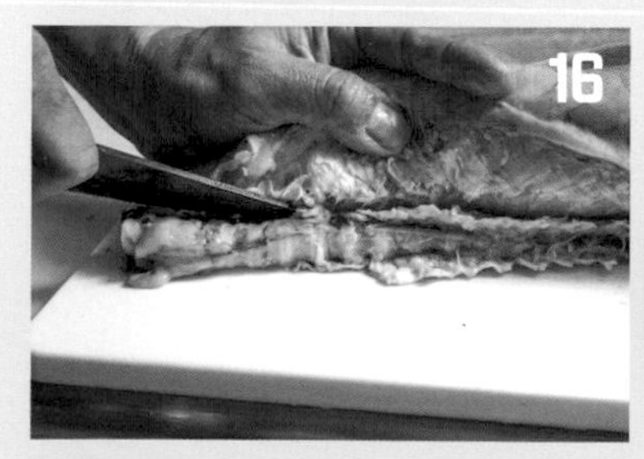

越過背骨，將刀子切入背骨那邊的魚肉，切開來。切開尾鰭的根部，切下半身。

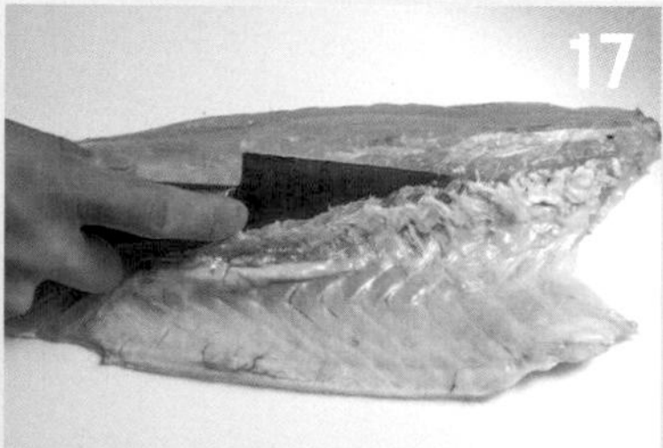

反向握刀，切開腹骨的根部。

削除腹骨，連同腹部較薄的部分一起切除。一邊以手指摸摸看，一邊以魚刺夾拔除殘留的小刺。

＊另一側的半身也以相同的方式處理。

剖開大型魚時的注意要點

在法式料理中經常將大型的魚切成魚塊使用。像鮭魚之類魚肉容易潰散的魚，在更換方向的時候不是移動魚，最好是移動砧板。

用手指牢牢地插入大型魚兩側的眼睛裡，拿住魚，就可以穩住魚身，不會亂動。

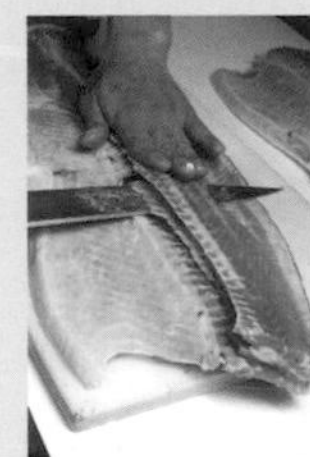

魚肉容易潰散的大型魚，因為盡量不想去移動魚，所以切下半身之後，直接從魚頭那端朝著魚尾，將刀子切入中骨的下面，削下骨身。

大名切法

要剖開像沙丁魚這類魚身柔軟的小型魚時，採用大名切法，一口氣剖開腹側和背側的肉。這裡將以預先刮鱗、去頭之後拔除內臟，用水清洗乾淨的沙丁魚來解說。

將刀子放平，與砧板平行，沿著背骨一口氣剖開。

切下半身之後，將刀子切入中骨的下面，切下骨身。

從切下的半身削除腹骨。另一面的半身也以相同的方式處理。

龍蝦

龍蝦煮熟之後的分切方式。由已經從腹部取下蝦臂的狀態開始解說。

●蝦臂

從龍蝦的蝦臂切下蝦螯，用剪刀剪開蝦臂的兩側，取出蝦肉。

●蝦螯

立起蝦螯，用刀跟敲打上下，敲出淺淺的切痕。

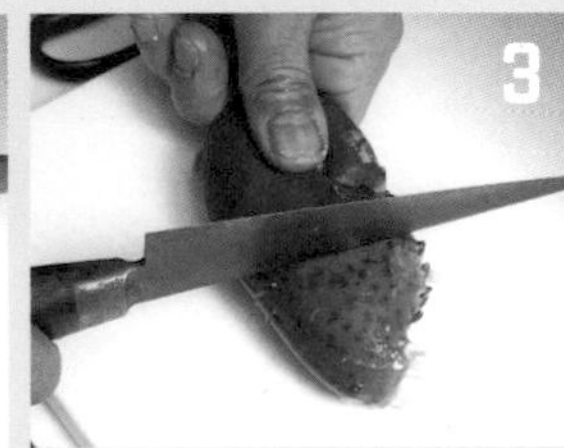

將蝦螯橫向放平，再用刀背敲打兩側的切痕之間，敲裂蝦殼，剝下根部那側的蝦殼。

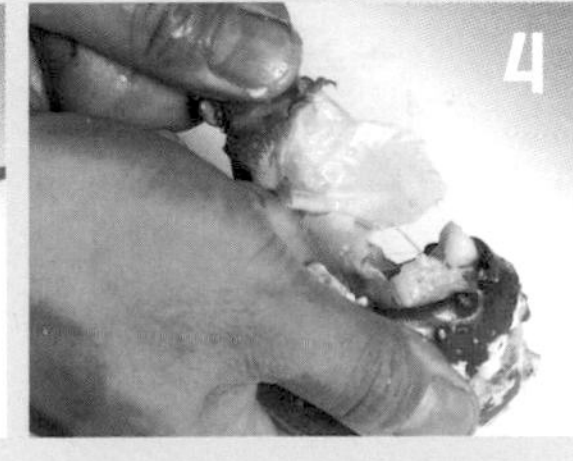

將蝦螯前端的小鉗往反方向扭轉，迅速拔出裡面的軟骨。

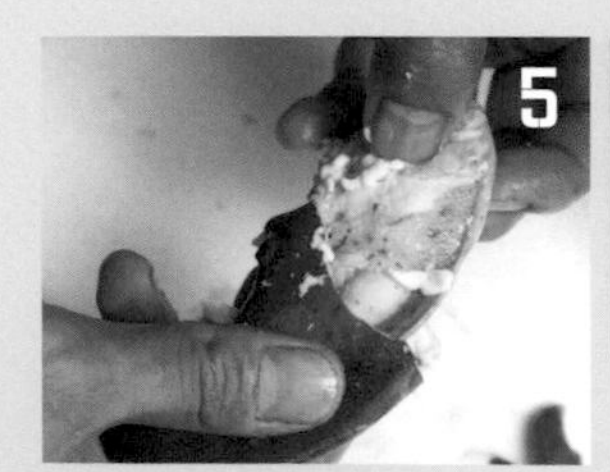

取出蝦螯的肉。

●腹部

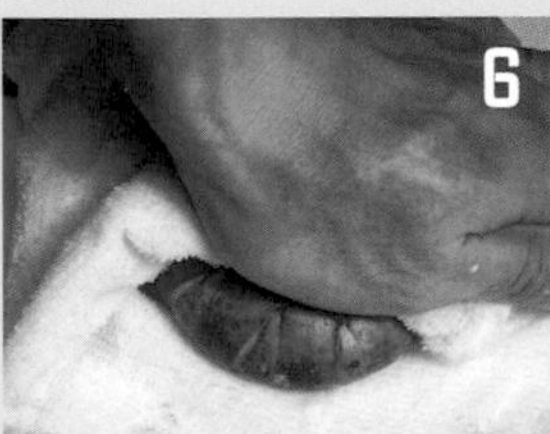

以毛巾夾住腹部，用手壓碎，就能輕鬆取出蝦肉。

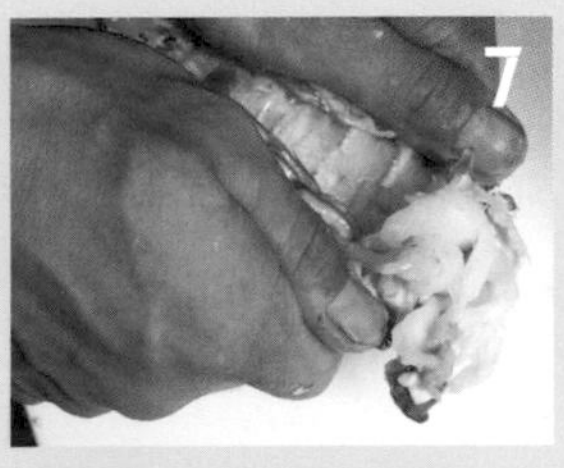

從腹部的下側剝開蝦殼，取出蝦肉。

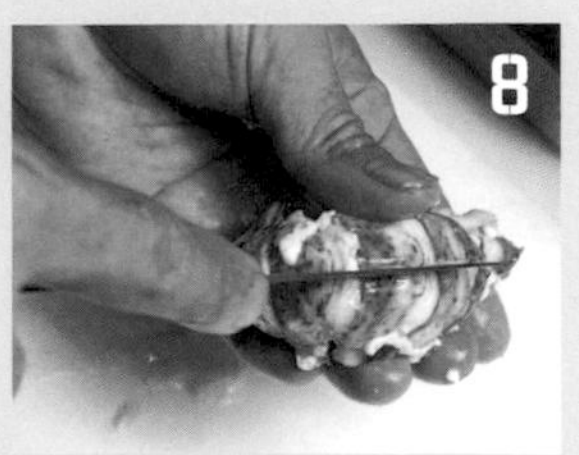

將刀子切入背側，去除背上的腸泥。

沙丁魚馬鈴薯俄羅斯布林餅
佐松露風味培根卡布奇諾醬汁

Blini de sardine et pomme de terre, écume de lard fumé à la truffe

勃艮第的大師喬治・布朗（Georges Blanc）的名菜馬鈴薯俄羅斯布林餅，可以附在雞肉料理旁，也可以貼上鮭魚片一起煎，而我則是嘗試使用很適合搭配馬鈴薯的青背魚製作。

沙丁魚和馬鈴薯是大眾料理的代表性組合，但是添加了培根的泡沫之後搖身一變成為餐廳級的料理，如果進一步添加新鮮松露的切片，更是登峰造極，達到美食學的範疇。

卡布奇諾醬汁在打發之前先稍微增加濃度，就很容易打發起泡。此外，比起快要沸騰的溫度，泡沫在70～80℃左右時較為持久。考慮到要打發起泡，稍微加重調味也很重要。

名菜，換句話說，就是那家店的招牌料理，並不是由廚師自己指定的，而是承蒙客人點用很多次，由客人決定的料理，不是嗎？這道料理長達10年以上從夏季到冬季，沒有從菜單上消失過，是擁有「不允許它消失」這種廚師至高無上的榮幸，屬於我的拿手名菜。

真沙丁魚。在法式料理中經常使用的一種魚類。背部是青色的小型魚。

（1人份）

沙丁魚 — 1尾

鹽、胡椒 — 各適量

俄羅斯布林餅麵糊（容易製作的分量）
- 馬鈴薯（1cm厚的圓形切片） — 500g
- 鹽 — 適量
- 全蛋 — 1個
- 牛奶 — 100g
- 肉豆蔻、白胡椒 — 各少量
- 高筋麵粉 — 尖尖3大匙

奶油 — 20g

橄欖油 — 15cc

卡布奇諾醬汁（容易製作的分量）
- 培根薄片（切成細長條） — 200g
- 洋蔥（順著纖維切成薄片） — 1個份
- 白酒 — 350cc
- 肉汁清湯（→27頁） — 500cc
- 鹽、胡椒 — 各適量
- 用水調勻的玉米粉液 — 少量
- 鮮奶油 — 以上記煮汁500cc對500cc的比例

松露油* — 3滴

*如果適逢松露的產季則放上松露切片。

●俄羅斯布林餅麵糊

用加了1撮鹽的水煮切成圓片的馬鈴薯。

＊煮到竹籤可以迅速插入。

瀝乾馬鈴薯的水分之後，移入鍋中，以火加熱，一邊讓水分蒸發一邊搗碎。

＊水分徹底蒸發之後，突顯出馬鈴薯的味道。

趁熱以木煎匙按壓，將馬鈴薯濾細。

＊因為想盡量不要產生黏性，所以採用按壓擠出的方式。

加入全蛋、牛奶、肉豆蔻、白胡椒、鹽，攪拌均勻。最後加入高筋麵粉，大幅度地翻拌。

＊牛奶要一邊斟酌分量一邊加入。必須視馬鈴薯的種類或水分蒸發的情況來調整。

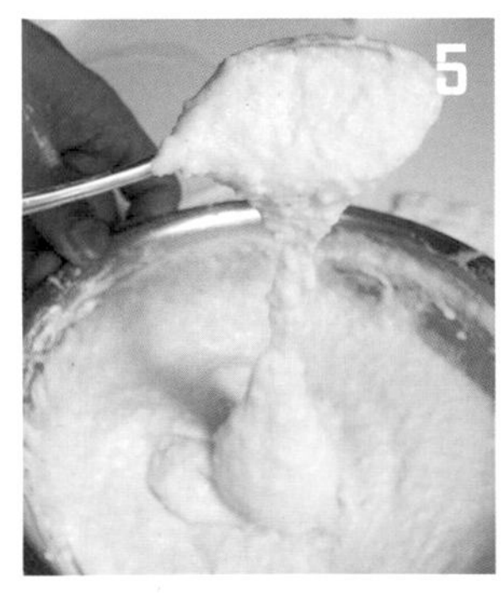

俄羅斯布林餅麵糊製作完成。大約是麵糊會厚重地掉下去的程度。

＊可以冷藏、冷凍保存。

●煎麵糊

將奶油和橄欖油放入平底鍋中加熱融化，開小火，然後將70g的麵糊倒入鍋中呈圓形。

沙丁魚以大名切法（→47頁）剖開，將半身切成一半之後擺放在**6**的上面。稍微撒點鹽、胡椒，以小火慢慢地煎麵糊。

煎上色之後翻面，煎30秒。就這樣放入250℃的烤箱中，加熱3分鐘之後取出。

＊以鐵籤插入，抽出時沒有沾黏麵糊就是烤製完成了。

●卡布奇諾醬汁

將培根、洋蔥、白酒、肉汁清湯放入鍋中，以大火加熱。

煮乾水分直到剩下2/3的煮汁，然後過濾。最後用力按壓，毫不保留地萃取出鮮味。

取出煮汁500cc，開火加熱，稍微多加一點鹽、胡椒，然後加入少量用水調勻的玉米粉液。

＊增加一點濃度就不容易消泡。

加入鮮奶油，以小火稍微煮乾水分，然後用手持式電動攪拌器打發起泡。將**8**的俄羅斯布林餅盛盤，舀起卡布奇諾醬汁的泡沫淋上去，再滴上松露油。

煙燻鰹魚 佐豆腐凱薩沙拉醬汁

Bonito fumée sauce vinaigrette de tofu

在法國，只限某些地區才會食用鰹魚。紅肉魚不適合加熱，燉煮也容易產生魚腥味，所以似乎多半做成油封料理。也就是說，這道料理可以說是極其日式的法式料理，或者可以說是法式的日本料理。

但是身為日本人的我，在鰹魚的盛產期，無論如何都想要吃鰹魚。當令的鰹魚，味道鮮美不用多說。我去高知縣出差時，吃過高知的特產鰹魚半敲燒，它的作法是豪邁地燃燒稻草，一口氣炙烤鰹魚，然後泡入冰水中使肉質緊實，再搭配生的蒜片一起享用。

為了以法式料理的作法來表現那無可抗拒的美味程度，我毫不遲疑選擇了煙燻的手法。事前先以鹽、胡椒醃漬鰹魚，擦乾表面之後，使用大火在短時間之內一口氣利用煙來燻製鰹魚。表面稍微變熟的鰹魚，裡面則完全是生的。

與蔬菜一起盛盤，淋上帶有大蒜風味、以豆腐為基底的醬汁，做成沙拉風味。因為凱薩沙拉醬會使口味變重，所以在打成糊狀的豆腐裡面加入大蒜的美味，做出毫不濃膩的醬汁。

已經修整切塊的鰹魚。鰹魚是魚肉很容易潰散的魚，所以通常會以五片切法將鰹魚切成5片使用（背側2片、腹側2片、中骨1片）。

（容易製作的分量）
鰹魚 — 1/2魚塊份（400g）
鹽、胡椒、砂糖 — 各適量
櫻花木屑 — 1大匙

豆腐凱薩沙拉醬汁
- 絹豆腐 — 1/2塊
- 帕瑪森乳酪 — 30g
- 雪莉醋 — 70cc
- 魚露 — 6cc
- 大蒜風味橄欖油 — 10cc
- 橄欖油 — 130cc
- 黑胡椒 — 1g

沙拉（水煮甜菜、蘿蔓萵苣、蕪菁、拇指西瓜*、水煮毛豆、石榴、蓮芋）

*墨西哥、中美洲原產的藤本植物，紋路像西瓜的小果實。

●燻製（熱燻法）

已經修整切塊的鰹魚，稍微撒點鹽、胡椒，再沾裹少量的砂糖後，放置2～3小時。

＊砂糖是為了呈現出光澤。

櫻花木屑放入平底鍋中，以大火加熱。

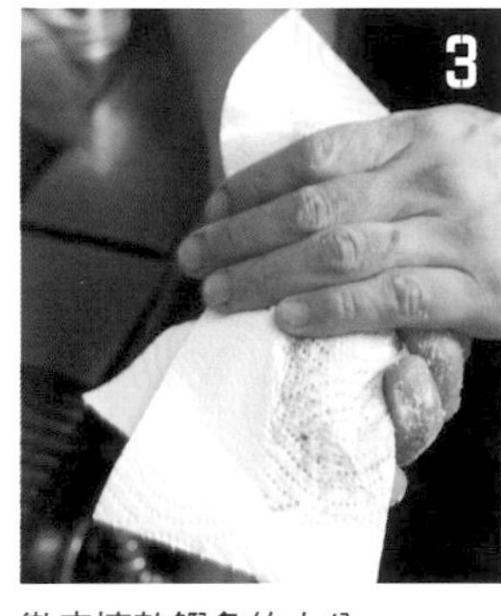

徹底擦乾鰹魚的水分。

＊如果有水分，就不容易上色和增添香氣。

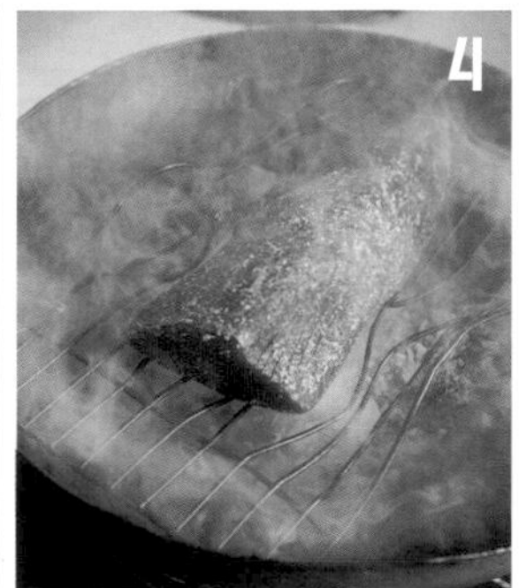

冒出大量濃煙之後，放上網架，再擺放鰹魚。

蓋上可以緊緊密封的鍋蓋（這裡是使用缽盆），以大火燻製30秒。關火之後，原封不動放置1分鐘。

掀開蓋子時，悶在鍋子裡的煙會飄散出來，所以要在換氣扇等設備底下掀開蓋子。

＊鰹魚的表面變成黃褐色就成功了。

立刻以保鮮膜包裹起來，放在冷凍室急凍。

＊如果就這樣放置在常溫中，餘溫會使鰹魚過熱，請注意。

●完成

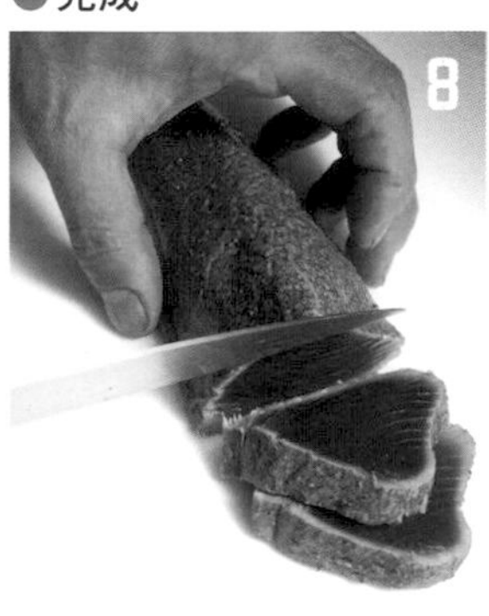

變涼之後分切成1cm厚。1人份5片左右。

將豆腐凱薩沙拉醬汁的材料全部放入果汁機攪拌。將鰹魚和沙拉盛盤，從上方淋下適量的沙拉醬汁。

香煎牡蠣 佐咖哩風味沙巴雍醬 小茴香風味胡蘿蔔碎末

Huître à la menière, sabayon au curry, écrasé de carottes au cumin

這是將牡蠣的香檳醬汁這個古典的組合稍加變化而成的版本。牡蠣開始上市的10月左右，菠菜還不到鮮甜的時候，卻是秋季胡蘿蔔正美味的季節。使用香氣強烈的胡蘿蔔，不加水，只用牛奶煮出味道，做出似乎不會干擾牡蠣味道的乳狀醬汁。

沙巴雍醬，原本是將香檳酒加入蛋黃之中攪拌而成，但是考量到與胡蘿蔔的契合度，所以改用白酒，而且加了咖哩粉。當然，如果在嚴冬時期買到當令的菠菜，醬汁以香檳酒攪拌而成，就會成為充滿季節感的絕佳逸品。

如果使用帶殼的牡蠣，將水替換成牡蠣汁加入醬汁中，應該可以做出更加充滿海水香氣的料理吧。

請留意，牡蠣絕對不要煎過頭，裡面還稍微有點生的程度就可以離火，利用餘溫將牡蠣肉加熱得很鬆軟。

（1人份）
牡蠣（去殼）— 3個
高筋麵粉 — 適量
奶油 — 20g
橄欖油 — 15cc

胡蘿蔔碎末
（容易製作的分量）
- 胡蘿蔔（切成粗末）— 400g
- 牛奶 — 450g
- 月桂葉 — 2片
- 鹽 — 1撮
- 小茴香粉 — 1/2小匙

咖哩風味沙巴雍醬
（容易製作的分量）
- 蛋黃 — 3個份
- 白酒 — 20cc
- 水 — 10cc
- 咖哩粉、鹽 — 各少量
- 檸檬汁 — 1/2個份

●胡蘿蔔碎末

胡蘿蔔先切成適當的大小，然後以食物調理機切成粗末。

移入鍋中，加入牛奶、月桂葉、鹽，以中火煮乾水分。

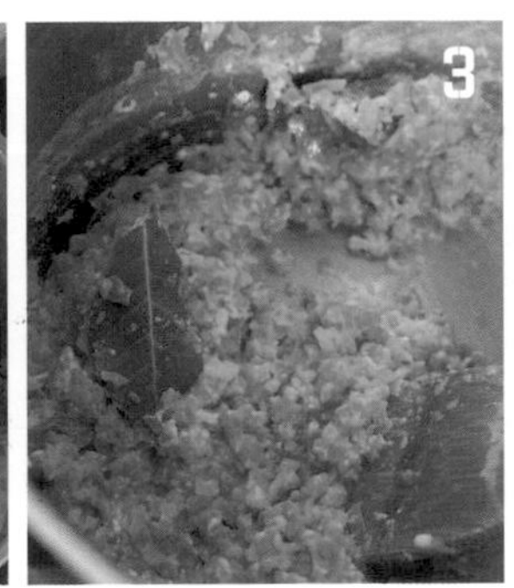

水分收乾之後，取出月桂葉，拌入小茴香粉。

●咖哩風味沙巴雍醬

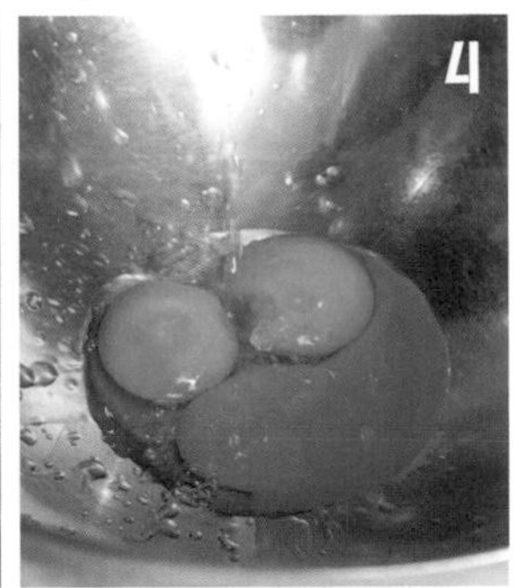

將蛋黃、白酒、水放入較大的缽盆中，以極小的小火加熱，用打蛋器攪拌。

＊因為較大的缽盆在將全體加熱之後比較容易打發起泡。也可以將水替換成剝開牡蠣後殼裡的汁液。

像寫數字8一樣，有節奏地打發起泡。手不能停，如果打累了就變換打蛋器的握法之類的，以輕鬆的方法進行。

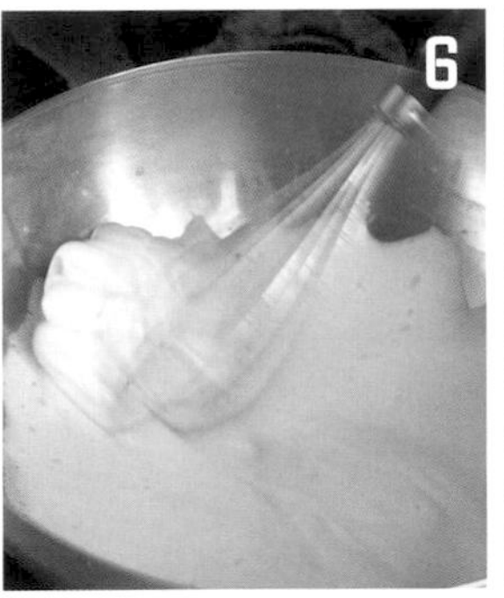

開始大量地冒出氣泡之後就進行下一步。如果在這裡停住，10分鐘之後就會產生分離現象。

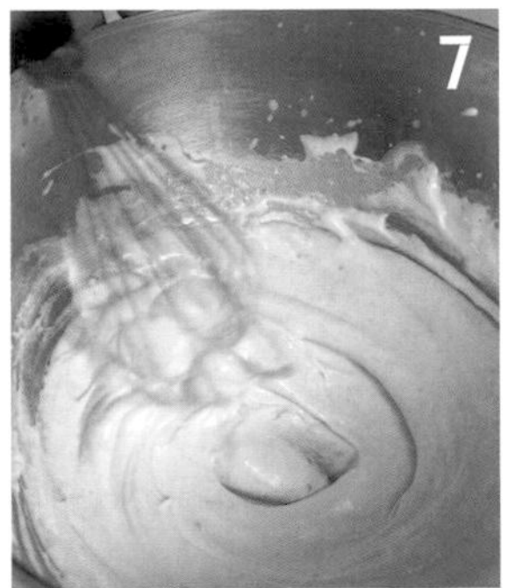

一旦打發到冒出來的氣泡穩定，黏稠地出現光澤之後，加入咖哩粉、鹽、檸檬汁，然後關火。

＊保溫備用。一旦放涼了，重新加熱就沒有作用了。

●裹粉香煎

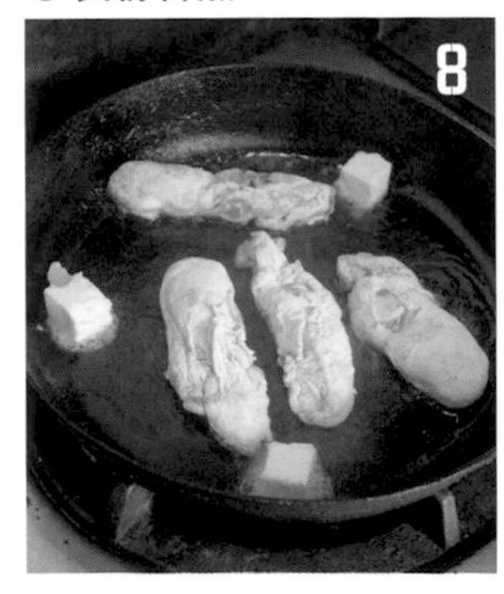

牡蠣裹滿高筋麵粉。將奶油和橄欖油放入稍微溫熱一點的平底鍋中，牡蠣拍除多餘的麵粉之後放入鍋中，以小火煎。

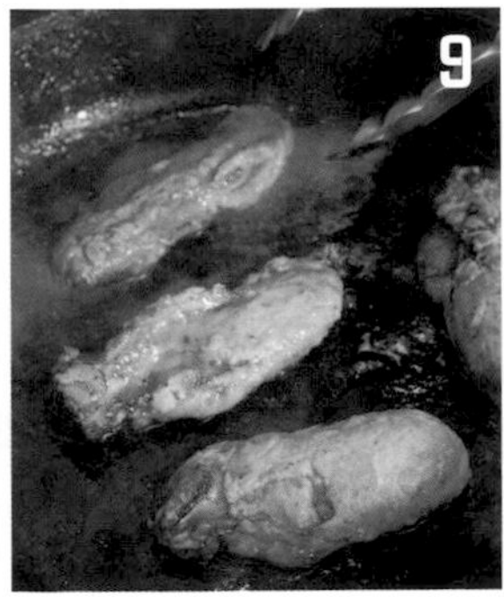

奶油變成褐色，牡蠣開始煎上色之後翻面。加熱到出現彈性時就完成了。

●完成

將直徑8cm的圈模放在盤子上，填入適量的胡蘿蔔碎末，在上面擺放牡蠣。

將沙巴雍醬尖尖2～3大匙淋在牡蠣上面。以瓦斯噴槍或明火烤箱烤出焦色。

嫩煎黑鯛 附燉煮高麗菜

Filet de daurade royale poêlée, chou braisé

煎得香脆的魚皮是我們日本人覺得美味的食物之一。想要做出這種口感的話，溫度管理很重要。
雖然有各種不同的做法，但我的做法是以冷的平底鍋從沾裹麵粉的皮側開始煎，以奶油不會燒焦的溫度慢慢煎，煎到7分熟的時候翻面，利用餘溫把魚肉加熱得很鬆軟。如果溫度過低，無法如願煎出酥脆的魚皮，溫度過高則會煎焦。
因此，判斷的基準要靠奶油的狀態。如果奶油維持金黃色的小氣泡，就能煎出酥脆的口感，但是如果奶油的氣泡消失變黑，魚皮就會煎焦。希望以「不是把魚皮，而是把麵粉煎成漂亮的金黃色」的感覺注意溫度管理。
這道料理不適合搭配奶油系醬汁。帶有酸味的油醋醬汁類，或是簡單以檸檬汁乳化橄欖油而成的醬汁會比較適合。這裡搭配的高麗菜配菜，因為可以添加海瓜子等貝類的鮮味，所以很適用。在初春，當高麗菜正鮮甜的時期，希望大家試著做看看。

黑鯛。法文稱為daurade royale、daurade noir，在法國是比真鯛更普通的白肉魚。

（1人份）
黑鯛 — 150g
鹽、胡椒、高筋麵粉 — 各適量
橄欖油 — 15cc
奶油 — 15g

燉煮高麗菜
- 高麗菜 — 100g
- 肉汁清湯（→27頁）— 70cc
- 鹽、胡椒 — 各適量
- 奶油 — 10g
- 橄欖油 — 15cc
- 法式芥末醬 — 1小匙

●煎魚

黑鯛以三片切法分切之後，撒上鹽、胡椒。

只在皮側沾裹高筋麵粉，拍除多餘的麵粉。

＊這是為了煎出口感佳的酥脆魚皮。此外，因為主要是從皮側加熱，所以也有保護魚皮的用意。

將橄欖油塗布在冷的平底鍋中，以中火從帶皮側開始煎，慢慢地加熱。

＊如果以熱的平底鍋開始煎，黑鯛在煎熟之前就先焦掉了。

魚肉開始鼓起來之後，用煎匙壓著魚肉煎。

＊開始煎熟之後，魚肉會鼓起來，魚皮則會彎曲，所以要壓著魚肉，才能均等地煎上色。

油鍋滋滋作響時，放入奶油。

＊用力按壓，把魚皮煎得很酥脆。

奶油開始變成褐色時，轉成極小的小火。

＊到了這個階段，魚皮就不會變彎了。

魚肉受熱，大約有一半泛白時，就是翻面的時機。

翻面之後，移離爐火，以餘溫加熱。

●燉煮高麗菜

高麗菜用手撕碎，迅速過一下加了鹽的滾水，然後放入另一個鍋中。

＊這個流程是為了去除高麗菜的異味。

倒入肉汁清湯之後以火加熱，煮滾之後加入鹽、胡椒。

煮乾水分差不多剩一半之後，加入奶油、橄欖油充分攪拌。

加入法式芥末醬之後立刻移離爐火，搖晃鍋子混合均勻。將高麗菜和黑鯛盛盤。

＊因為要充分利用芥末醬的風味，所以盡量不要加熱。

香烤派皮包鱸魚 佐修隆醬汁

Filet de bar en croûte sauce choron

這是偉大的法式料理界巨擘，已故的保羅・博庫斯（Paul Bocuse）的拿手名菜。雖然這道料理似乎源自他已故的老師費南德・波伊特（Fernand Point）的香烤派皮包鮭魚，但是鱸魚和鮭魚的味道卻截然不同。
原始的香烤派皮包鱸魚，是將留著魚頭的鱸魚剝除魚皮，在去除魚骨之後的空間填滿龍蝦慕斯，然後以派皮包起來，還原鱸魚的形狀去烘烤。
因為是完整的一尾魚，所以最起碼是2～3人份。雖然難以割捨用一整尾魚去烘烤的美味和視覺震撼，但是時間一久，從魚身釋出的水分會把派皮浸濕。如果有事先預約則另當別論，但是以1人份的魚肉切片去烘烤，就能保持酥脆的狀態上桌，而且很便利。
此外，為了壓低成本而使用帆立貝取代龍蝦，但是作法是相同的。應該也可以替換成同屬甲殼類的蝦仁。
原版的醬汁是將蛋黃和水攪拌之後，溶入澄清奶油（beurre clarifié），再拌入番茄醬和龍蒿製成的修隆醬汁。這裡改用融化的奶油，原因是能充分利用奶油的風味，而且更經濟實惠。基本的味道結構維持不變，調整材料或上菜方式，這是將被稱為「高級料理（grande cuisine）」的三星級料理，以合理價錢提供的代表範例。

*將紅蔥頭（切成碎末）60g、白酒50cc、白酒醋30cc混合之後，以火加熱，煮乾水分而成。也用來製作白奶油醬汁或海鮮類料理。

（1人份）
鱸魚 — 2片（1片50g）
鹽、胡椒 — 各適量

干貝慕斯（容易製作的分量）
- 帆立貝貝柱 — 250g
- 鹽 — 1撮
- 奶油（膏狀）— 10g
- 全蛋 — 1個
- 鮮奶油 — 80g

千層派皮（→37頁）
— 1張（15×20cm長方形、厚1mm）
打散的蛋黃液 — 適量

修隆醬汁（容易製作的分量）
- 白酒煮紅蔥頭* — 1小匙
- 蛋黃 — 3個份
- 水 — 45cc
- 融化的奶油 — 80g
- 鹽 — 少量
- 龍蒿（切成碎末）— 2g
- 番茄醬 — 滿滿1大匙

● 干貝慕斯

將帆立貝貝柱和鹽1撮以食物調理機攪拌成滑順的泥狀，再加入攪拌成膏狀的奶油一起攪拌。

＊配合干貝泥的硬度調整奶油的狀態，就很容易攪拌均勻。

打入全蛋1個，繼續攪拌。

＊充分攪拌至產生黏性。

蛋混拌均勻之後，一邊逐次少量地倒入鮮奶油一邊攪拌。

干貝慕斯製作完成。移入長方形淺盆等器具中，放入冷藏室中冷卻。

＊冰涼的干貝慕絲比較容易進行稍後的作業。

● 裹上派皮

鱸魚稍微撒上鹽、胡椒，然後夾住干貝慕斯。

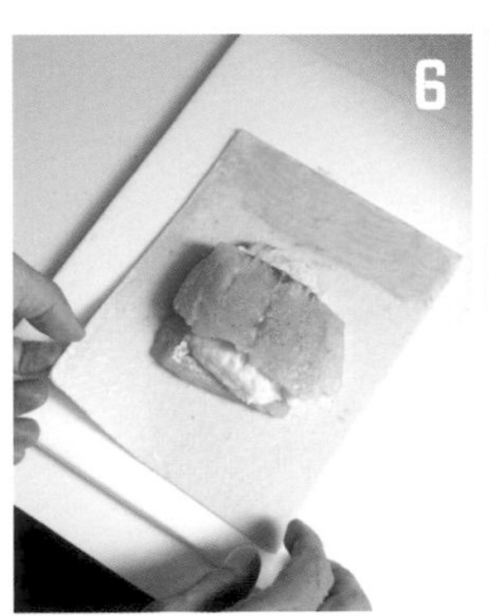

擺在千層派皮上面，以刷子在派皮的上端塗抹打散的蛋黃液。

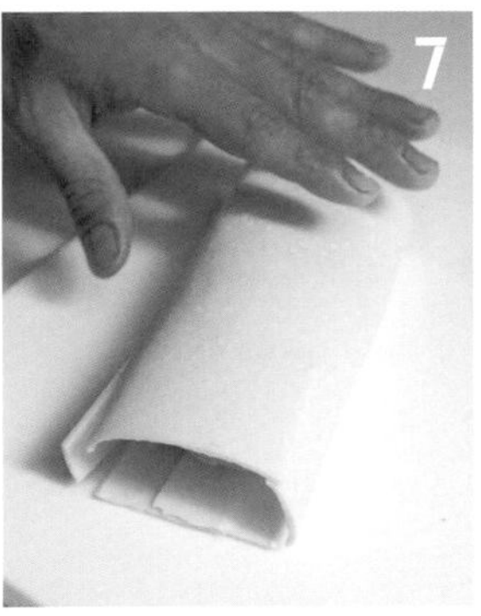

捲一圈捲起來，以剪刀剪開兩端的四個角。

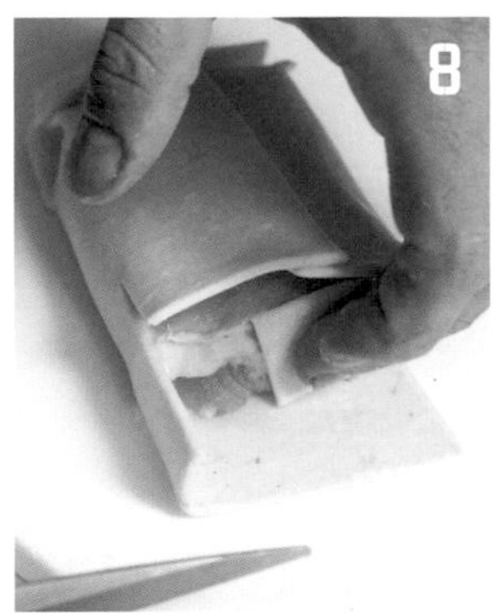

稍微剪掉上面的派皮，將左右的派皮往內側摺彎。下面的派皮塗上蛋黃液包起來。兩側的作法相同。

＊也可以冷凍但是使用時，要放在冷藏室中完全解凍。

將8放在已經塗抹奶油（分量外）的派盤上，然後塗上蛋黃，使派皮表面能烤出光澤。以250℃的烤箱烘烤15分鐘。插入鐵籤，如果到中間都是熱的就是烤製完成了。

● 修隆醬汁

將蛋黃、白酒煮紅蔥頭、水放入缽盆中，以小火加熱，用打蛋器打發起泡。

打到黏性消失，開始出現光澤之後，一邊逐次少量地加入融化的奶油，一邊繼續打發起泡。

＊使用澄清奶油太浪費，所以改用融化的奶油。

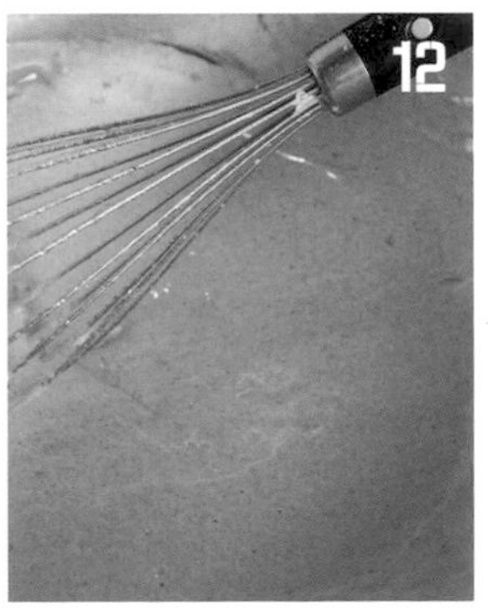

加入鹽、龍蒿、番茄醬攪拌。修隆醬汁完成。將醬汁倒入盤中，然後盛放烤好的鱸魚派。

迪格雷風味燉煮鱸魚

Filet de bar Dugléré

鱸魚。在日本，以夏季為盛產期的白肉魚。可以直接帶皮嫩煎，或是以派皮包起來烤，是應用範圍很廣泛的魚。

鱸魚的盛產期是夏季。鱸魚在法國也很受歡迎，法文當中還有「海狼（loup de mer）」的說法。品質優良的鱸魚很強壯，而且帶有像肉一樣的鮮味。

法式料理的基本作法中有一種叫做白酒蒸的作法。雖說是「蒸」，卻沒有使用蒸鍋，而是採用在鍋中倒入少量的液體，然後將魚放入烤箱加熱得很鬆軟，這種「燉煮（braiser）」的手法。將那個蒸汁煮乾水分之後，加入奶油做成的醬汁，稱為白酒醬汁（sauce vin blanc）」，以設計出這款醬汁的廚師名字，取名為「迪格雷風味」。

以紅蔥頭和蘑菇的鮮味、白酒、魚肉熬出的高湯為基底，藉由奶油彰顯出來的味道，可以感受到法式料理的深奧。如果沒有魚高湯或肉汁清湯的話，與魚骨等一起烹煮，萃取出味道，就能獲得充足的鮮味。

在法國一般是使用舌鰨來製作，但是因為日本少有肉厚的舌鰨，所以也許應該使用別的白肉魚來製作。因為日本近海有許多極佳的魚種，品質似乎凌駕法國之上。

（1人份）
鱸魚 — 1片（160g）
鹽、胡椒、奶油 — 各適量
紅蔥頭（切成碎末）— 10g
蘑菇（2mm厚的切片）— 2個份
白酒 — 40cc
肉汁清湯（→27頁）— 40cc
奶油 — 5g
鮮奶油 — 50cc
白胡椒 — 少量
小番茄（切成瓣形）— 2個份
荷蘭芹（切成碎末）— 1大匙

以三片切法切開的鱸魚，在尾鰭的根部切入切痕（不要切到魚皮），將刀子放平之後拉開魚皮。

分切成1人份，撒上鹽、胡椒。
＊魚肉厚的部分多撒一點，薄的部分少撒一點。

在較深的平底鍋的內側塗上奶油。
＊防止魚肉黏在鍋壁。

放入**2**的鱸魚、紅蔥頭、蘑菇、白酒、肉汁清湯和奶油，開火加熱。

煮滾之後蓋上紙蓋。
＊在放入烤箱之前一定要先煮到沸騰。

以250℃的烤箱烘烤5分鐘。

取出鱸魚之後盛盤。

將剩餘的煮汁以大火煮乾到如照片所示的程度（剩1/3為止）。
＊充分濃縮鮮味。為了避免鱸魚變涼，接下來的流程要迅速進行。

煮汁收乾後加入鮮奶油、白胡椒。
＊如果要做出講究的料理，也可以在這裡進行過濾。

完成時加入小番茄和荷蘭芹迅速攪拌，然後淋在**7**的鱸魚上面。

美式風味龍蝦

Homard à l'américaine

雖然料理名稱「美式風味」的起源似乎眾說紛紜，卻是一道非常精煉、毫無浪費的絕佳料理。以作為煮汁的芳香液體稍微將龍蝦煮熟，然後將龍蝦殼剪碎，放回剩餘的煮汁當中，煮乾水分之後淋在龍蝦上面，就是這樣一道自給自足的完美料理。

不只是龍蝦，蝦和螃蟹等甲殼類在製作時風味都會變差，所以最好即刻製作完成。記得盡量在要上菜前才加熱煮熟，然後立即上桌。一旦放入冷藏室中，肉質會緊縮變硬，香氣會消失，口感也會變差。

使用甲殼類的殼製作高湯或醬汁時，最需要注意的是，在白酒和水等液體煮滾之後，不要燉煮20分鐘以上。如果煮超過20分鐘，會釋出氨臭味。最好迅速煮個15分鐘左右，然後榨出鮮味直到一滴都不剩。美式風味在這點方面也是完美的料理。

為了品嚐絕佳的醬汁，配菜最好是附上奶油飯和麵條等的程度。水煮蔬菜等有味道的配菜只會造成味覺的干擾。

龍蝦。以兩支大螯為特徵。市面上販售的是歐洲產和北美產的龍蝦。英文稱為lobster。在法國，龍蝦是布列塔尼地區的特產。分量十足，而且肉質緊實，主要是水煮或燒烤之後使用。

（1人份）
龍蝦 — 1尾（650g）
香味蔬菜（全部切成5mm小丁）
- 洋蔥 — 1個份
- 胡蘿蔔 — 1/2根份
- 西洋芹 — 1根份

大蒜 — 1瓣
橄欖油 — 15cc
番茄醬 — 尖尖1大匙
白酒 — 70cc
肉汁清湯（→27頁）— 150cc
干邑白蘭地 — 40cc
鮮奶油 — 30cc
奶油（增添風味和光澤）— 10g
用水調勻的玉米粉液 — 適量
鹽、胡椒 — 各適量

將橄欖油均勻地塗布在鍋中，放入香味蔬菜和壓碎的大蒜，以中火慢慢炒。

＊為了充分炒出味道，同時能炒出蔬菜的透明感，所以切成小丁。

香味蔬菜炒軟，呈現透明感之後，加入番茄醬、白酒和肉汁清湯，再以大火加熱。

煮滾後暫時關火，放入龍蝦，加入干邑白蘭地，蓋上鍋蓋後再次開火加熱。

＊用鍋蓋密封住，讓熱氣遍布在鍋中，將龍蝦煮熟。

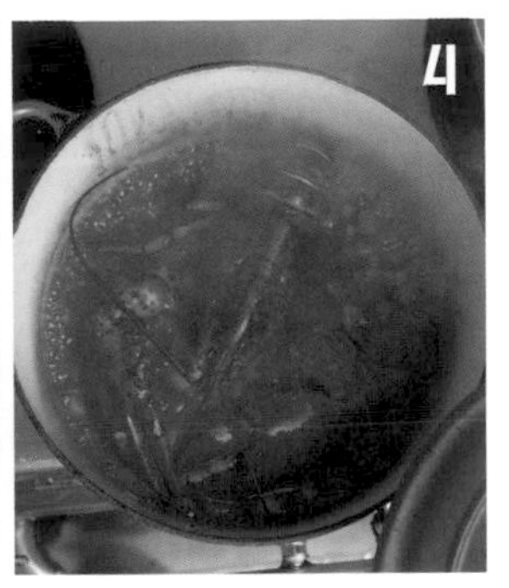

以中火煮4分鐘左右之後關火，利用餘熱加熱1分鐘之後取出龍蝦。

用手取下龍蝦的雙臂，然後取下頭部的上殼。

將去除砂囊的頭部以剪刀剪碎，放入4的鍋中，加入大約蓋過內容物的水量，開火加熱。

待煮滾之後撈除浮沫，煮5分鐘萃取出鮮味。

以錐形過濾器過濾，一邊以擀麵棍壓碎一邊過濾，直到1滴都不剩。

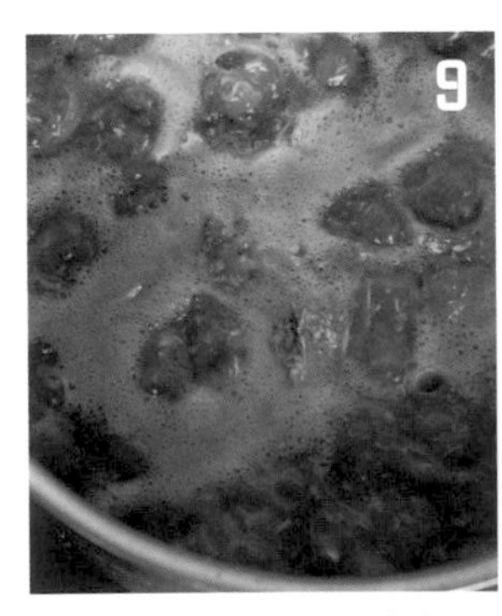

將煮汁移入鍋中，以中火煮乾水分直到剩下1/3的量。煮滾之後適度地撈除浮沫。

＊火勢大小大約是浮沫會集中在1個地方的程度。火勢過大的話，浮沫會回到煮汁當中。

煮汁收乾之後加入鮮奶油，以打蛋器攪拌，加入固狀的奶油之後關火，增添風味和光澤。以鹽、胡椒調味。

如果濃度不足，可加入少量用水調勻的玉米粉液。

＊注意不要加入過量。調整成不太感覺到黏稠的程度。

將龍蝦剝除外殼，分切之後盛盤（→47頁）。從上方淋下大量11的醬汁。

魚湯

Soupe de poisson

法文料理名稱直譯為魚湯。
有的魚湯只用雜魚製作，有的則是使用甲殼類的殼或青背魚製作，使味道更豐富。這是一道毫無浪費，非常合理的料理。茴香是南法的特產，有時好像也會使用帶有茴香香氣的茴香酒來增添香氣。香味蔬菜當中的西洋芹，如果替換成茴香，可以做出更加高雅的風味。
製作重點在於要將魚雜充分炒過。原因是如果炒得不夠徹底，腥味不會完全消失，就會做出有腥臭味的魚湯。將魚雜充分炒到沾黏在鍋底的程度，就會變得很香。
因為原本是大眾化的漁夫料理，所以比起清澈的味道，更想做出粗獷有力的味道。只有一開始要將浮沫或油脂撈除乾淨，其後刻意不撈除，保留魚的風味，同時加入大蒜或保樂茴香酒的風味，使味道均衡，最好以像這樣的感覺去調味。

（容易製作的分量）
梭子蟹（切成1/2）— 1kg
魚雜（魚頭和中骨）— 3kg
香味蔬菜
- 胡蘿蔔（3mm厚的半月形切片）— 1根份
- 西洋芹（3mm厚的小圓片）— 1根份
- 洋蔥（順著纖維切成3mm厚的薄片）— 1個份

橄欖油漬大蒜（→42頁）— 尖尖1大匙
橄欖油 — 30cc
番茄醬 — 滿滿3大匙
白酒 — 1公升
肉汁清湯（→27頁）— 1公升
水 — 適量（約1公升）

（4人份）
魚湯 — 1公升
用水調勻的玉米粉液 — 少量
保樂茴香酒（Pernod）— 5cc
奶油 — 20g
橄欖油 — 10cc

配菜（蒜泥蛋黃醬*、帕瑪森乳酪、長棍麵包各適量）

*rouille sauce。在美乃滋中加入紅椒粉、大蒜風味的橄欖油各少量攪拌均勻。

●魚湯

將橄欖油、橄欖油漬大蒜放入高湯鍋中，以中火加熱。

冒出香氣之後在快要開始燒焦之前，加入香味蔬菜慢慢炒。

＊香味蔬菜以煮1小時為前提，切成3mm厚。

蔬菜炒出透明感之後，加入梭子蟹，以木煎匙等器具搗碎螃蟹。

＊因為蟹殼和蟹肉兩者都含有鮮味，所以用木煎匙搗碎。

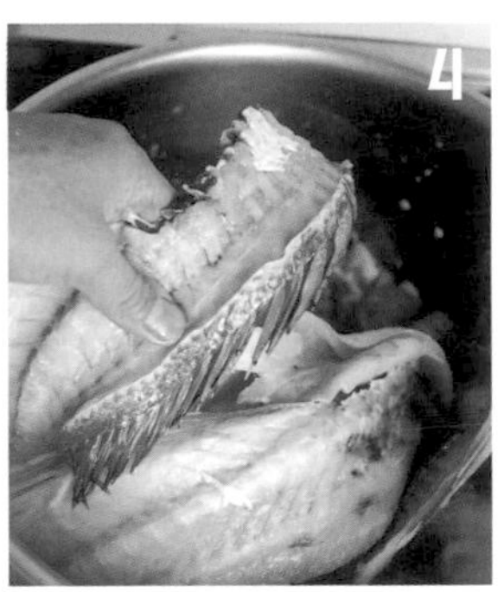

螃蟹變紅之後放入魚雜，繼續搗碎。

＊魚鰓等部位不去除也無妨。

魚雜等紛紛碎裂散開後，加入番茄醬、白酒、肉汁清湯、大約能蓋過材料的水，以大火煮滾。

只撈除一開始浮上來的浮沫。

保持這個程度的火勢煮1小時。

＊如果水分減少了，要加入適量的水，保持最初的水位。

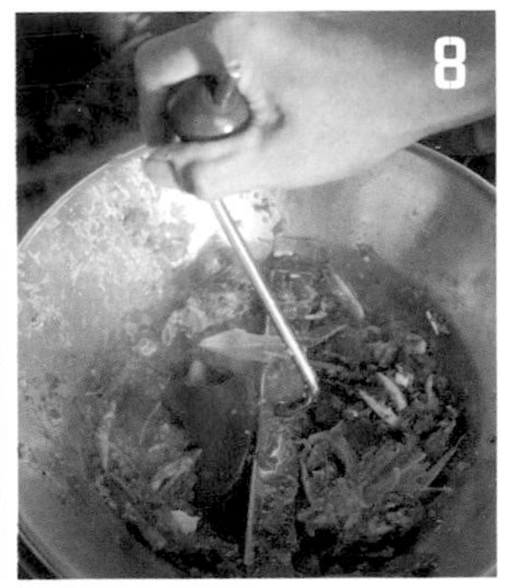

以蔬菜碾碎器（moulin à légume）過濾煮汁，做成魚湯。

●完成

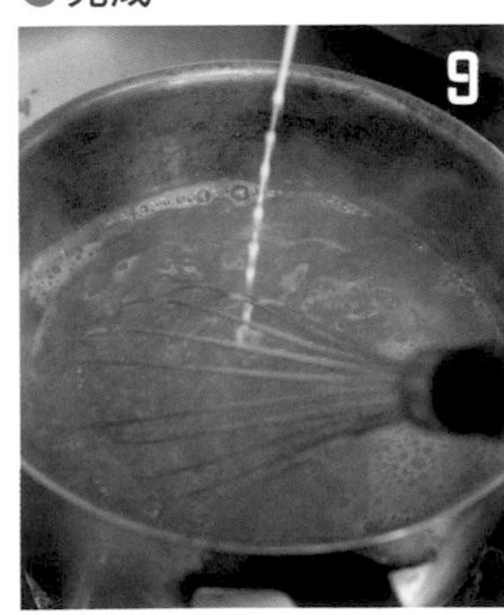

取出魚湯1公升煮滾後，加入少量用水調勻的玉米粉液，稍微增添濃度。

＊稍微增添濃度後，魚的纖維或鮮味就不容易沉澱在下面。

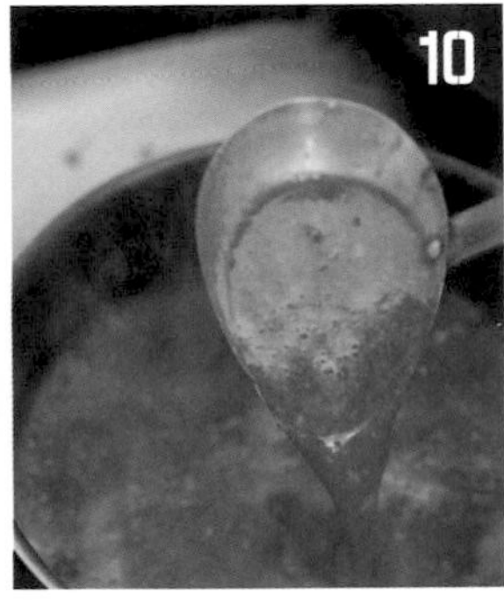

調整成這個程度的濃度。最好感覺不到黏稠感。

加入保樂茴香酒、奶油、橄欖油，增添香醇風味。

將魚湯盛入盤中，附上長棍麵包薄片（照片下）、蒜泥蛋黃醬（照片上左）、帕瑪森乳酪（照片上右）。

馬賽魚湯

Bouillabaisse

這應該是鄉土料理中最有名的料理吧？將各式各樣的湯料放入魚湯（Soupe de poisson）中燉煮而成。這道料理似乎也像卡酥來砂鍋（cassoulet）一樣，在不同的地區放入的湯料都不一樣。

在馬賽規定一定要放入5種以上的魚，在尼斯也會放入貝類或蝦。在巴黎，更是昇華到了新的高度，還能見到布列塔尼出產的龍蝦等豪華的湯料。

原先是像日本漁村也有的海鮮鍋之類的料理，因為利用組合不同食材的加乘效果，所以基本上放入任何海鮮都很美味。

不能忘記的配角有蒜泥蛋黃醬（rouille sauce）、乳酪、酥脆的長棍麵包（→63頁No.12）。蒜泥蛋黃醬是在以魚湯燉煮過的馬鈴薯當中拌入大蒜等製成的醬汁，但是考慮到它的通用性，替換成美乃滋，裡面加入紅椒粉和大蒜。乳酪一般是使用法國產的葛瑞爾乳酪，但在這裡附上的是熟成香氣更加契合的帕瑪森乳酪。將蒜泥蛋黃醬和乳酪溶入魚湯之中，用一塊酥脆的長棍麵包切片吸取湯汁，然後塞滿嘴裡，此時不禁覺得法式料理真是太偉大了。

（1人份）
- 黑鯛 — 1片（70g）
- 鱸魚 — 1片（70g）
- 蝦 — 2尾
- 牡蠣（去殼）— 2個
- 鹽、胡椒 — 各適量
- 魚湯（→63頁No.8）— 300cc
- 保樂茴香酒（Pernod）— 30cc
- 奶油 — 10g

1 準備海鮮類，先撒上鹽、胡椒備用。

＊除此之外，烏賊、貝類、龍蝦等，任何海鮮都可以放入。

魚湯以火加熱。

煮滾之後，將1的海鮮類放入鍋中，避免材料重疊在一起。

再度煮滾之後，加入保樂茴香酒增添香氣。

加入奶油，以中火加熱。

煮滾之後蓋上鍋蓋，以會產生對流的火勢煮2分鐘左右，將海鮮煮熟，然後盛盤。

＊以沸騰的狀態使魚湯產生對流（使魚湯變混濁）煮出鮮味。

牛肉

在日本，若是提到牛肉，大致上分成和牛和進口牛，仔細區分的話，和牛有4種，進口牛也因飼料和肥育期的長短而有所不同，可以用有油花分布的和牛和赤身較多的進口牛來判別。

在基本上是食用赤身肉的法國，烹調方式也為了配合那樣的飲食習慣，是以醬汁和配菜等來補足油脂含量，像這樣的技法處處可見。可以添加經過奶油乳化的醬汁或調合奶油，或是將背脂戳洞之後做成烤牛肉或燉牛肉。

和牛因為有稱為油花的油脂分布在整塊肉裡面，所以沒有必要補充油脂以保持均衡。如果搭配與赤身肉一樣的醬汁和配菜等，會變成味道太過濃重的料理，所以必須採取完全不一樣的做法。和牛最大的魅力在於柔嫩度，應該搭配能充分發揮它的柔嫩度，不會覺得油膩的烹調法（切片之後端上桌、加入葡萄酒等一起燉煮等）或清爽的醬汁（不使用油脂的油醋醬汁類等）。

最近，還出現了「熟成肉」這個類別，藉著使赤身等的牛肉長出白黴菌，經過長時間的冷藏熟成，賦與牛肉獨特的香氣，在由胺基酸構成的蛋白質進行分解之後，充分引出鮮味。

熟成肉的作法，與在腐敗和熟成只有一線之隔的微小差距之下製作而成的野味熟成雉雞（faisandage），是基於幾乎相同的概念，請具備充分的知識和經驗之後才處理熟成肉。順帶一提，我個人對於熟成肉的獨特黴味和修整時造成太多浪費感到棘手，所以並沒有使用熟成肉。我個人比較偏愛與乾式熟成相反的真空包裝熟成，也就是濕式熟成。

【小牛肉】

小牛肉是高級食材，尤其以出生後毫不間斷只以牛奶飼育成長的乳飼牛被視為最高級的牛肉。不過，歐盟產的小牛肉，基於動物倫理的觀點，有義務餵食少量的穀物或牧草，所以如果想要使用純粹的乳飼小牛，最好使用大洋洲產或日本產的小牛肉。

隨著月齡和飼料的不同，小牛肉的肉質幾乎可以說完全不一樣，越年幼的小牛肉，獨特的黏性和膠質就越濃，大約從開始吃穀物或牧草那時起，肉的香氣和赤身都會變多。脂肪的厚度也與月齡成正比。小牛肉的調理法可以說大致上與豬肉相同，但是根據月齡或飼料的不同會有個體差異，請考量此點並選擇適合的調理法。

除了只要嫩煎就能端上桌的里肌肉或菲力之外，基本上都需要經過燉煮、絞碎等加工的程序。腿肉也必須根據月齡，花工夫敲斷纖維之後做成炸牛肉排等。

小牛的內臟沒什麼腥臭味，很容易入口，所以調理法比成牛或豬的內臟要來得多樣。具代表性的小牛胸腺是小牛才有的內臟，因為會隨著長大成為成牛而逐漸萎縮，所以非常珍貴。

近年來，由於流通和冷凍技術的提升，小牛胸腺變得少有腥臭味，即使沒有經過預先燙煮和壓平也能做出很美味的料理，但還是要將殘留在內部的多餘水分排除乾淨，才能保存得久一點，味道也會變得比較濃郁，所以請依照傳統的方法去除血水和水分（→176頁）。

鹽漬牛舌

Langue écarlate de bœuf

牛舌。較粗的那一側是舌根。雖然也有已經剝除老皮的製品，但是建議大家購買帶皮的牛舌，使用的時候才去皮，在製作料理時的應用範圍比較廣泛。

將鹽漬過的牛舌用熱水煮過之後做成的冷盤沙拉。雖然可能會被歸類為加工肉品，但是在這裡是當作牛肉料理來介紹。

與一般的鹽漬肉品不同之處在於加熱的時間。牛舌剝除外皮之後，最起碼必須用熱水煮1小時。因此，鹽漬過後不需要進行去除多餘鹽分的作業，在水煮的過程中味道就會變得剛剛好。

在牛舌的根部有分泌唾液的器官，稱為舌腺。因為它具有黏液，所以要去除。此外，根部的舌根和前端的舌尖，纖維的密度不一樣，所以口感和軟硬度也完全不同。

不論是做成燉牛舌，或是像這次一樣做成鹽漬牛舌，將舌尖和舌根盛入同一盤，就能享受到不同的口感。

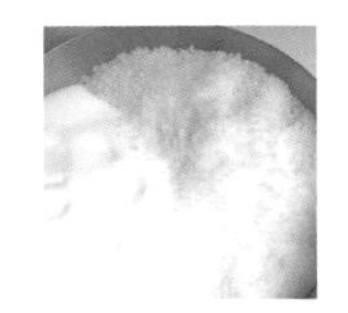

鹽漬劑。將細粒的砂糖和鹽、粗粒的岩鹽混合。藉由細粒的砂糖和鹽，牛舌會立刻開始脫水，而因為岩鹽是慢慢溶化的，可以預期會有長時間的脫水效果。只要這樣使用不同類型的鹽，就能徹底去除水分。砂糖與鹽一樣，可以利用滲透壓使牛舌脫水。

（容易製作的分量）

牛舌
— 3條（1條1.5kg）

鹽漬劑
- 鹽 — 1kg
- 岩鹽 — 1kg
- 砂糖 — 1kg

橄欖油 — 適量

胡椒 — 適量

配菜（李子四季豆沙拉*）

*四季豆水煮之後，以油醋醬汁（→33頁）調拌。李子去籽之後切成容易入口的大小，加在一起做成沙拉。

●鹽漬

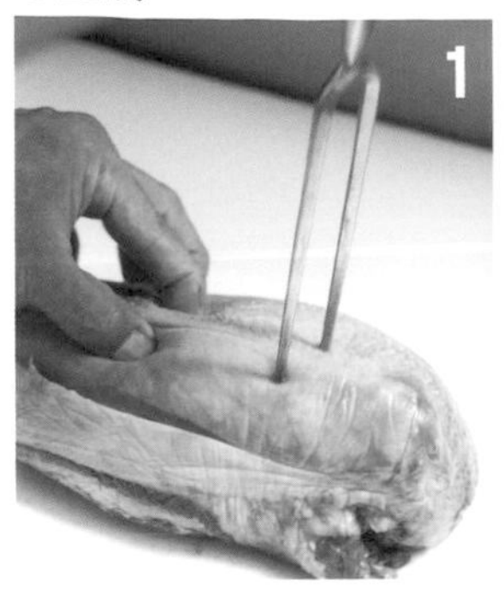

以叉子在整條牛舌上面戳出無數個深孔。至少花10分鐘的時間，持續將叉子戳進牛舌裡。
＊這是為了鬆開牛舌的纖維。

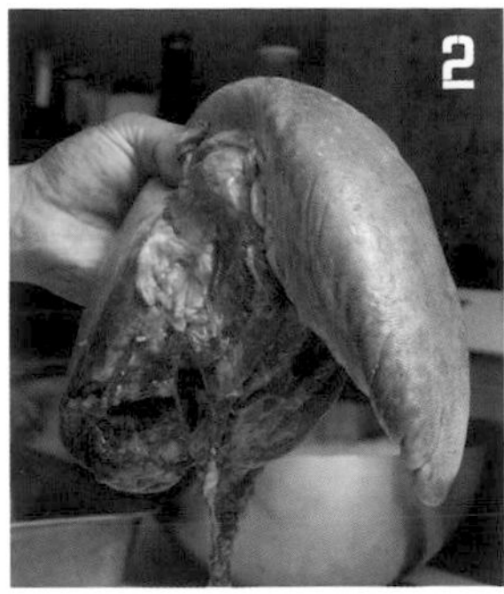

仔細地戳洞直到牛舌鬆弛下垂到這個程度。

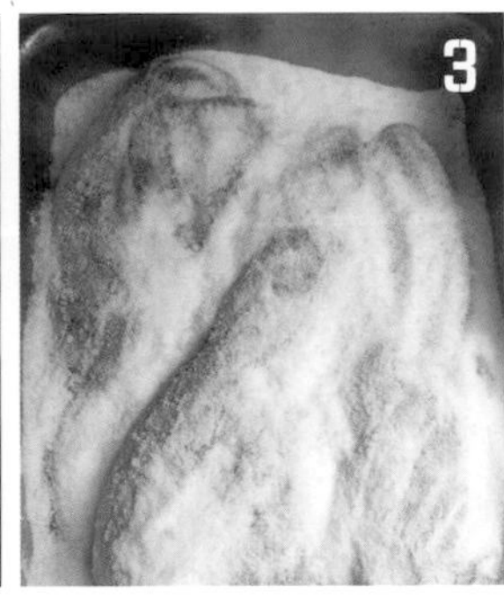

將鹽漬劑鋪滿長方形淺盆，再將牛舌擺放在盆中，不要重疊，將牛舌裹滿大量的鹽漬劑之後在冷藏室中放置1～2個晚上。

放置1個晚上之後從冷藏室中取出的牛舌。流出相當多的肉汁。
＊岩鹽的顆粒還沒全部溶化。

●水煮

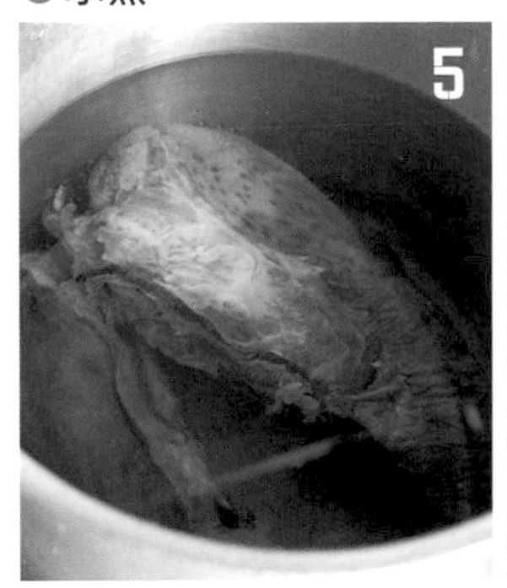

以流動的清水洗淨牛舌的鹽漬劑，將牛舌放入高湯鍋中，倒入大量的水之後開火加熱。
＊不只是加熱而已，還為了煮掉鹽分，所以水量要多一點。如果水量少，就無法利用滲透壓去除鹽分。

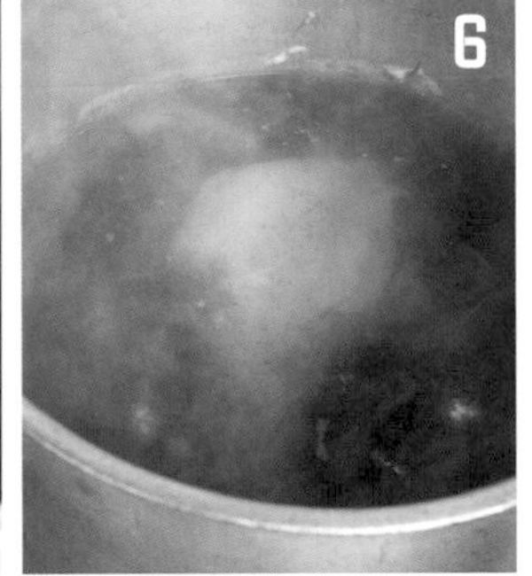

煮滾之後將火勢轉小一點，撈除浮沫，然後以如照片所示水面會靜靜晃動的火勢煮2小時。

●清理、保存

趁熱從舌尖那端剝下老皮。牛舌很燙，最好使用布巾等隔熱。
＊牛舌一旦涼了就會變得很難剝皮。而且如果沒有充分加熱的話也很難剝皮。

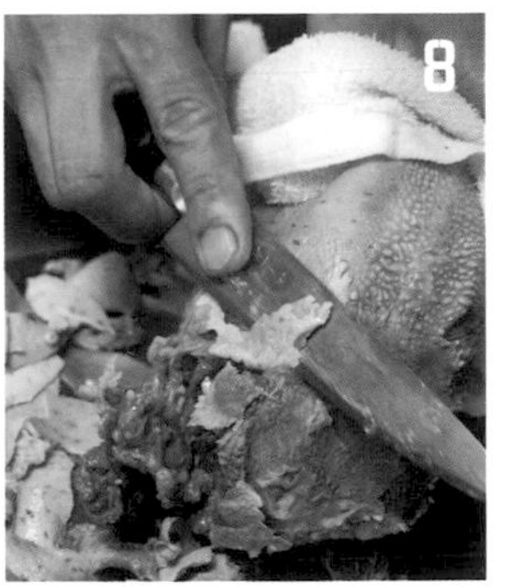

舌根的皮很難剝除，用刀子削除。

切下附著在舌頭兩側的舌腺。

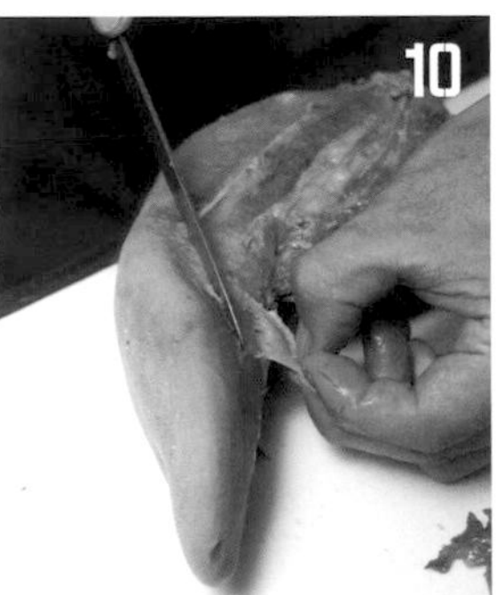

修整舌根的形狀，去除殘留的薄皮。

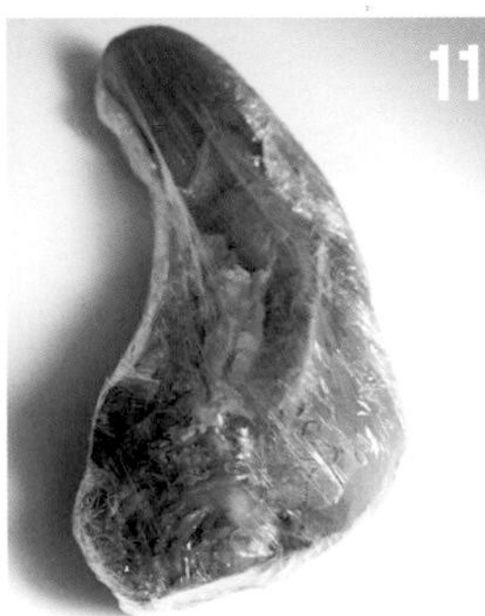

以保鮮膜包緊，讓牛舌冷卻至常溫。變涼後表面塗上橄欖油，再度包起來。
＊水分會因熱蒸發而使牛舌變乾，所以要用保鮮膜包住。橄欖油是防止保存時變乾燥。

●完成

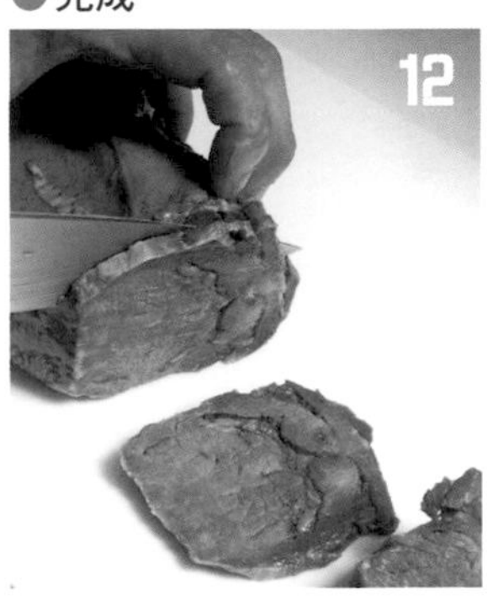

切成5mm的厚度，將4、5片牛舌盛在沙拉上面。將舌根和舌尖均衡地盛在同一個盤子裡。撒上胡椒。
＊放在冷藏室可以保存10天到2週，以真空包裝可以保存3週到1個月。不宜冷凍。

澄清湯煮牛腿肉

Noix de bœuf au consommé cuisson sous-vide

將牛腿肉以裝入了少量澄清湯的真空包裝低溫加熱。
腿肉是非常龐大的部位，將它分切之後可以分成腰臀肉、臀骨肉、後腿股肉、內腿肉、外腿肉等。
其中，內腿肉的赤身很多，比起切塊燒烤，最好是切片之後用於燒肉料理，也常作為用來熬煮澄清湯的絞肉。
在法式料理中，用來製作韃靼牛肉這道料理的就是內腿肉。可惜的是，日本的餐廳無法提供生肉，但是將牛肉加熱成濕潤的狀態，應該就能夠讓客人品嚐到赤身肉的滋味了。
通常烤牛肉的作法是將整塊牛肉燒烤過後再切片，而這次我大膽地採用水煮（pocher）的方式。這裡是使用裝入澄清湯的真空包裝隔水加熱，但是如果想製作烤牛肉的話，也可以使用沒有裝入其他東西的真空包裝隔水加熱，取出牛肉之後只需烤上色，簡單就能使成品呈現均勻的玫瑰色。
重點全都在於是否理解原理和原則。

牛內腿肉。用來製作烤牛肉的代表性部位。因為脂肪少，纖維又粗，所以不宜做成牛排，但是只要加熱後放涼，切成薄片，就能發揮它的優點。

（容易製作的分量）
牛腿肉 — 1根（2kg）
鹽 — 適量
澄清湯（→28頁）— 200cc

（1盤份）
澄清湯煮牛腿肉 — 薄片5片
紅椒美乃滋*
- 美乃滋（→34頁）— 全量
- 紅椒粉 — 1小匙
- 大蒜風味橄欖油 — 30cc

澄清湯凝凍
帕瑪森乳酪
龍蒿
黑胡椒 — 適量

*將美乃滋和紅椒粉混合，加入大蒜風味橄欖油之後，以打蛋器攪拌。

● 用澄清湯煮

牛腿肉分切成相同形狀、重量。首先切成可放入真空袋中的長度，將粗大的部分縱切開來，修整成相同的重量、形狀。

＊為了統一加熱的方式，使肉塊的粗細一致。

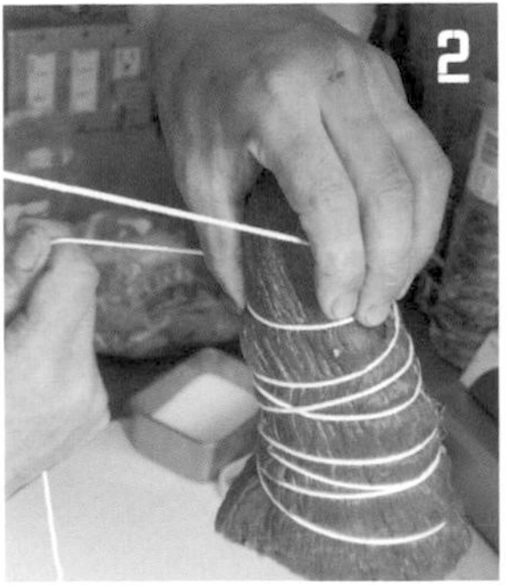

每1條肉塊用1條棉線以螺旋式纏繞綁起來。

＊為了調整形狀。

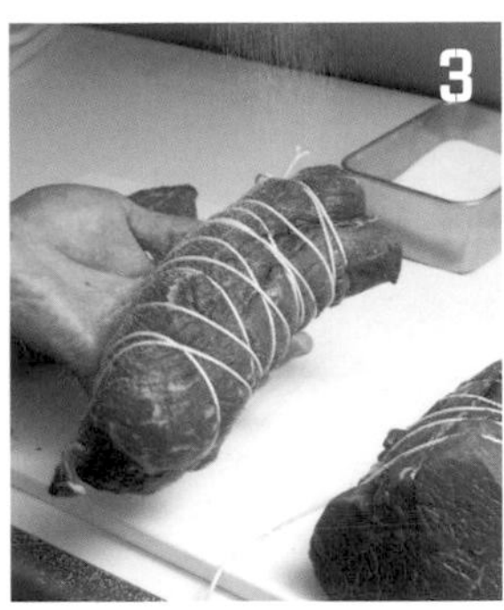

稍微撒點鹽，預先調味。每1條肉塊使用約3撮鹽。

先將200cc左右的澄清湯裝入真空袋中，再放入牛肉。

＊如果要做成真空包裝，澄清湯的分量少少的就夠了。

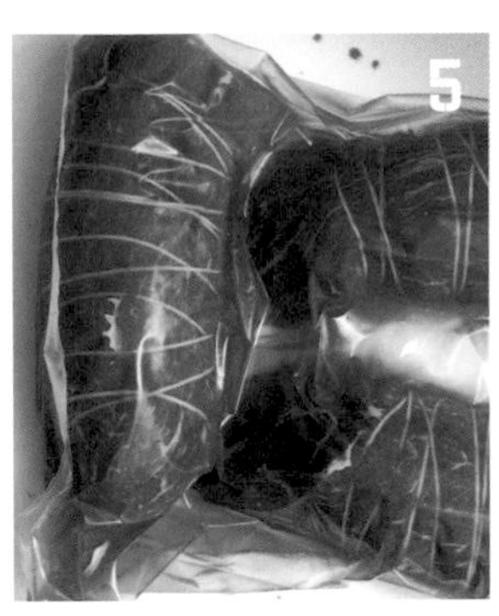

進行真空包裝處理。

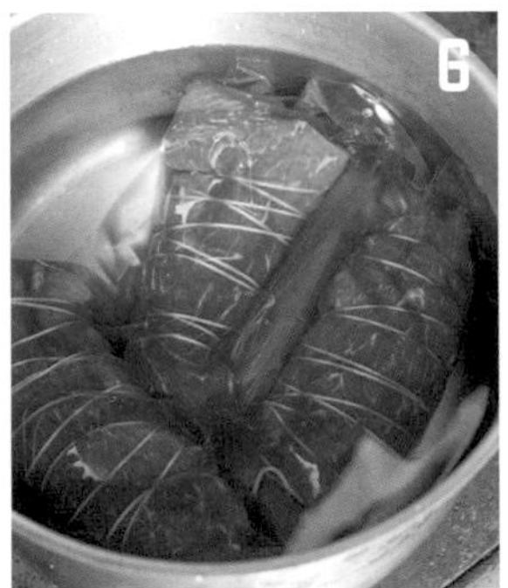

將經過真空處理的牛肉放入65～70℃的熱水中，保持這個溫度帶，加熱1小時左右。

＊如果溫度高過這個設定，肉的水分消失過多，會變得乾巴巴的。

肉的顏色逐漸產生變化。就這樣持續加熱，慢慢地讓熱力進入到肉的中心。

＊一旦蛋白質開始凝固，牛肉的紅色會變得發白。

經過1小時之後，從熱水中取出，就這樣維持真空包裝的狀態，利用餘溫加熱。放涼之後在冷藏室中放置1個晚上。

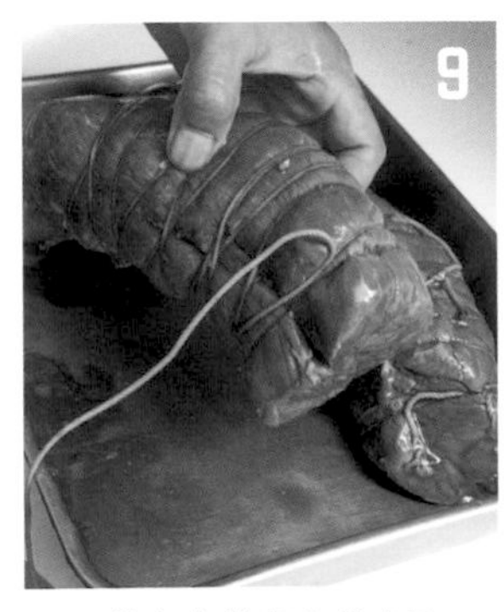

隔天將牛肉從真空袋中取出，解開棉線。將凝凍狀的澄清湯保留備用。

＊保存時每1條牛肉分別重新以真空包裝後冷藏。如果接觸到空氣，3天內肉就會變色。

肉的內部呈現均勻的玫瑰色，加熱成濕潤狀態。

＊切片之前先以平底鍋煎上色，就會變成烤牛肉風味。

● 完成

將澄清湯煮牛腿肉切成薄片之後盛盤。

＊切得太厚的話不好入口，切得太薄的話感覺沒什麼分量。這裡因為要添加濃厚的醬汁，所以切得稍厚一點。先考慮調味或肉圍的大小，再決定肉片的厚度吧。

將紅椒美乃滋擺在肉的上面，再撒上帕瑪森乳酪。擺上9的澄清湯凝凍、龍蒿之後，撒上現磨的黑胡椒。

黑胡椒煎橫隔膜牛排

Onglet poêlé au poivre noir

內橫隔膜在法國稱為onglet。在類似內橫隔膜的部位，還有稱為bavette的肉，但是bavette不是橫隔膜，而是腹肉的末端部分，在日本稱之為貝身肉。如果把這個認錯的話是很難為情的，一定要注意。因為內橫隔膜是位於背骨和肋骨內側的部位，所以有的人認為它屬於內臟類，但是這裡是把它當作肉來介紹。雖然赤身很多、纖維又粗，但是水分也很多。不要加熱得太熟的話，應該可以感受到它的柔軟度、血的鐵質。

外橫隔膜和內橫隔膜的表面都有薄膜，所以必須清理乾淨。內橫隔膜的中心有一條粗筋通過，因為即使煎烤過後也不會變硬，所以多半就這樣帶筋嫩煎，但是粗筋會收縮，所以如果要在表面貼附胡椒等食材，還是把粗筋切除比較好。這是我個人最喜歡的肉。

牛橫隔膜。嚴格說來，橫隔膜有厚度的根部稱為內橫隔膜，連接內橫隔膜的帶狀肉是外橫隔膜。外觀看起來是肉，卻是當成內臟處理的副產品。肉質比較柔軟，也有油花分布。

（3人份）

牛橫隔膜肉 — 1條

鹽、粗磨黑胡椒
— 各適量

奶油 — 20g

沙拉油 — 20cc

紅酒醬汁（→30頁）
— 適量

配菜（四季豆沙拉*）

*將四季豆用熱水燙煮，紅蔥頭分切成容易入口的大小，兩者加在一起，以油醋醬汁（→33頁）調拌。

● 肉的清理

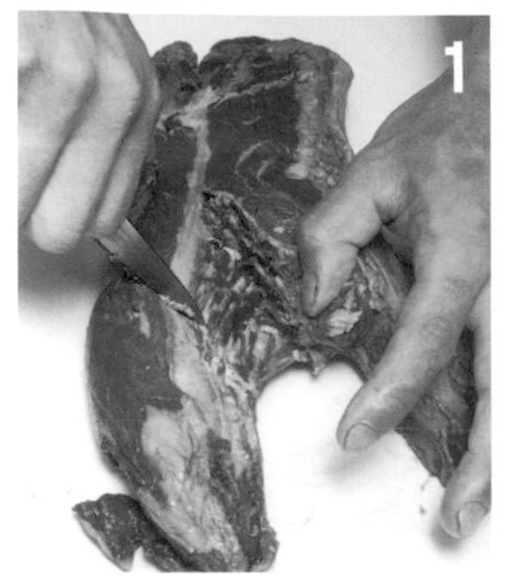

立起刀子，與通過牛橫隔膜中央的粗筋呈垂直的角度，沿著粗筋將肉切開。

削除粗筋。

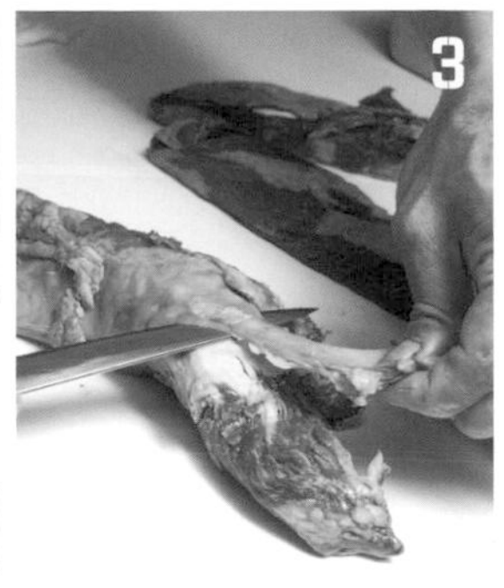

薄薄的筋膜很硬，所以用刀子削除。筋膜底下有脂肪，保留脂肪，只去除筋膜。

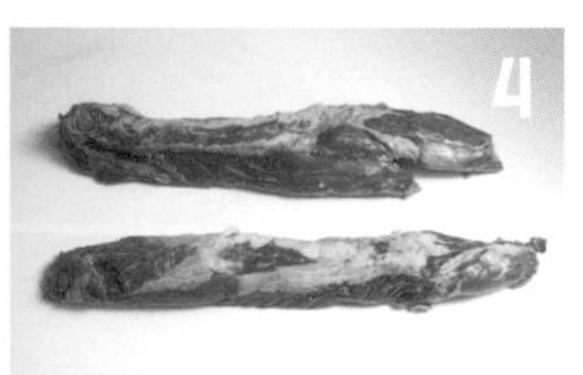

從1條橫隔膜肉切取出2條肉後分切成1人份200g。

● 煎肉

撒上鹽，再撒上大量的粗磨黑胡椒，用手掌按壓。

＊因為黑胡椒散落在平底鍋當中的話容易燒焦，所以先用手牢牢地貼附在肉上面。

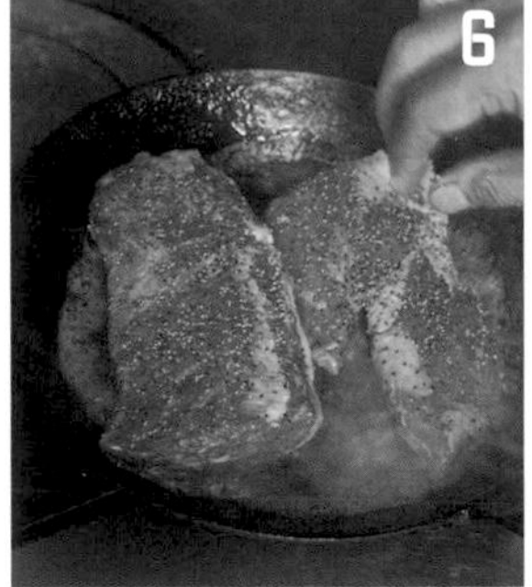

將奶油和沙拉油放入平底鍋中開火加熱，待奶油的氣泡變成細小的慕斯狀之後，放入5的肉，轉為極小的小火。

＊氣泡變小表示平底鍋的溫度很高。

煎1分鐘之後翻面。沒有煎出很深的焦色也沒關係。因為胡椒會流下來，所以不要澆淋油汁（將油澆淋在肉上面的作業）。

煎1分鐘之後，將肉移至附網架的長方形淺盆中，放置在溫暖的場所，利用餘溫加熱。

＊只是將平底鍋移離爐火的話，餘溫會過高。要將肉移至淺盆中。

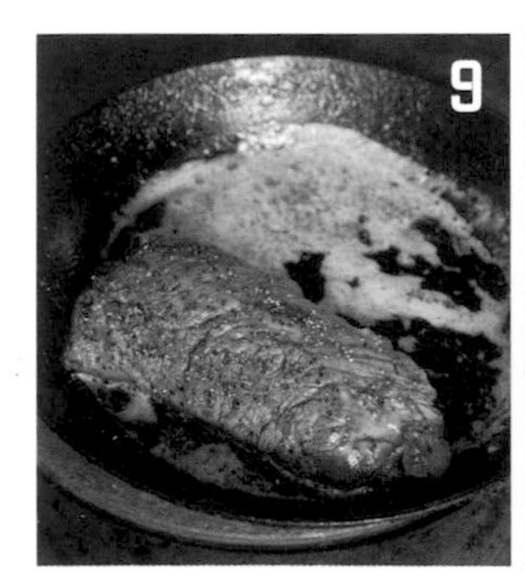

再次將平底鍋開火加熱，待奶油的氣泡變成細小的慕斯狀之後，將肉重新放回鍋中。

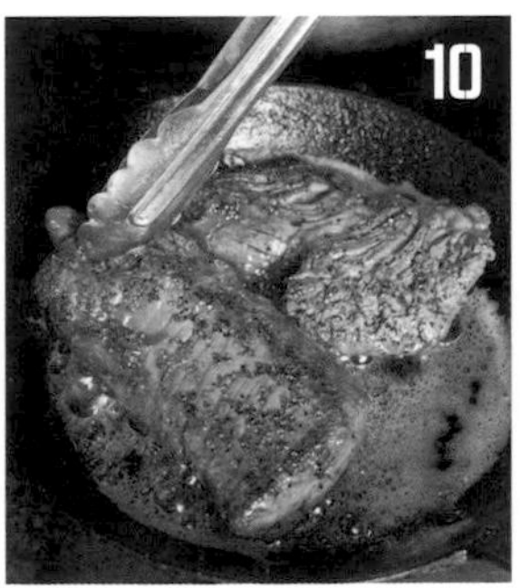

煎1分鐘之後翻面。將奶油的氣泡維持在細小的狀態來煎肉。煎1分鐘之後將肉移至附網架的長方形淺盆中，利用餘溫加熱。

進入煎肉的最後階段。將肉放回平底鍋中。奶油的氣泡消失，呈現出透明感時，表示油溫已經變高。以高溫煎1分鐘，將肉煎上色。

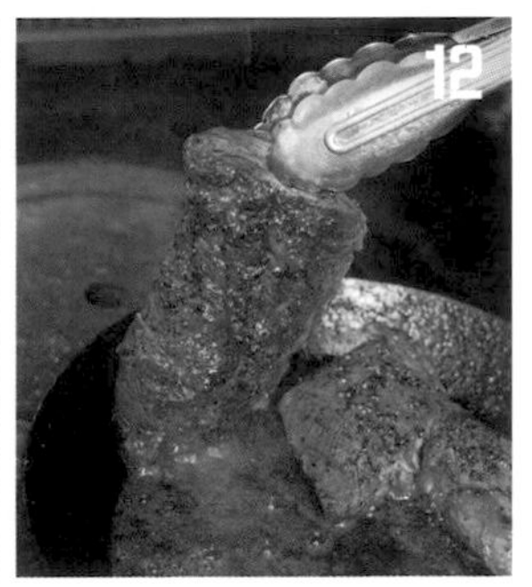

翻面之後煎1分鐘，煎上色之後完成。淋上紅酒醬汁，附上四季豆沙拉。

里肌牛排
佐紅酒醬汁 附巴黎風味炸薯塊

Faux-filet grillé sauce vin rouge, pommes Pont-Neuf

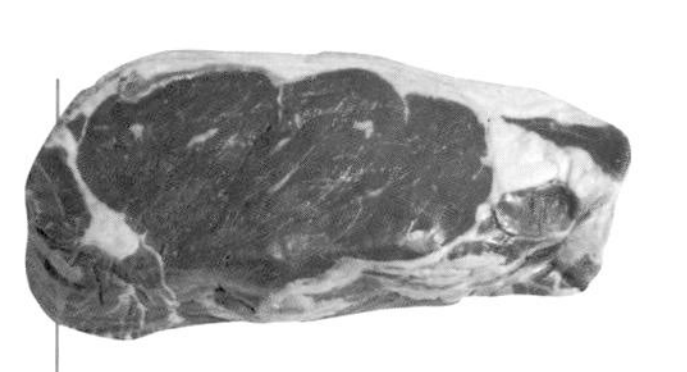
牛里肌肉550g的肉塊。這是用來製作一般所謂沙朗牛排的部位。

煎肉。寫成文字的話只有2個字，卻是如何地不簡單，如何地深奧……。
如果是有油花分布的和牛，就不是那麼困難。即使加熱過度，多虧了有脂肪，還能保住柔嫩度，但是赤身多的肉就完全不一樣了。這次特別介紹厚度5cm的肉的煎法。如果是厚度1～2cm左右的肉，包括從1分熟～全熟（bleu～bien cuit）的熟度區分在內，累積許多經驗之後應該就能掌握。重點就是以某種程度的大火加熱，只需調整煎肉的時間即可。但是厚度一旦超過4cm，就非得以不同的想法來處理不可，必須徹底了解用火的方法。
從前，一般認為厚的肉塊要以大火將表面煎硬，鎖住肉汁，而後以烤箱烘烤到適當的狀態……但是因為肉是由蛋白質和水分組合成塊，所以我好不容易得到的結論是，將整塊肉慢慢地加熱使溫度上升，完成時外表有著酥脆、看起來很美味的焦色。
一開始一口氣以大火加熱……這種做法，到底是誰說的呢？舉例來說，法式肉凍如果將溫度慢慢提升到68℃左右，就可以將全體加熱成有較多的粉紅色，所以一開始完全不需要以大火去煎肉。
肉汁的流出，是從肉的纖維，也就是蛋白質變性之後開始收縮的溫度帶（60℃左右）一口氣流出來的，所以以加熱到那個溫度左右為目標就可以了。
因為無法像微波爐一樣加熱肉的中心，所以全都要靠是否具有從外側慢慢地、一點一點地加熱的這種感覺來決定。掌握這種感覺之後，即使改變肉的大小或種類，也能夠不仰賴電器設備，面對所有的情況以相同的方式煎製完成。

（2～3人份）
牛里肌肉 — 1片（550g）
鹽 — 適量
奶油 — 20g
沙拉油 — 20cc

黑胡椒（現磨）— 大量
紅酒醬汁（→30頁）

配菜（炸薯塊→41頁）

●肉的清理

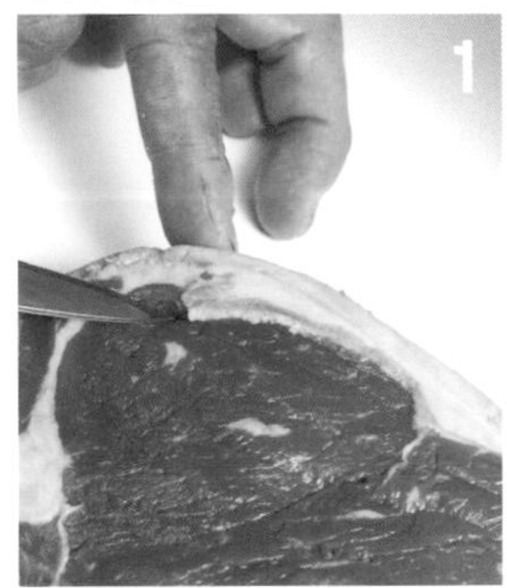

切除夾在脂肪和肉之間的筋。

因為筋深入到這附近，所以連同上面的脂肪一起切除。如果有多餘的脂肪附著也要切除。

修整形狀後的里肌肉。

●煎肉

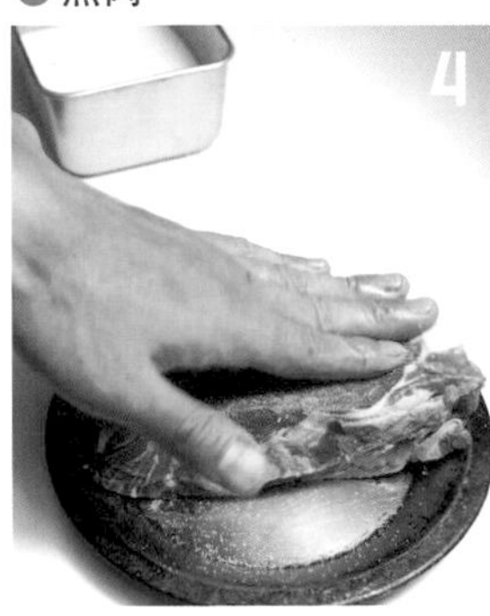

在肉的表面稍微撒點鹽，用手揉進肉裡。

開火加熱沙拉油和奶油。

＊因為奶油裡面含有水分，所以加熱之後會產生氣泡。根據這個氣泡的狀態，可以判斷平底鍋內的溫度。一開始，水分消失的時候，會冒出大量的大氣泡。

奶油的氣泡變小，溫度漸漸上升之後，放入4的里肌肉。火勢轉為極小的小火。

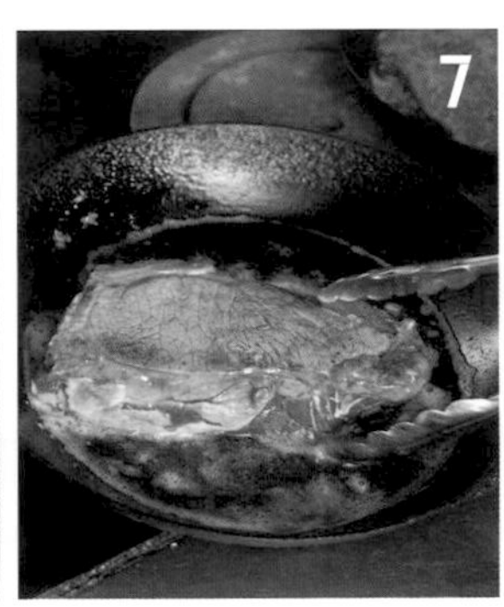

煎1分鐘之後翻面。

＊這個階段沒有必要煎上色。

背面也以極小的小火煎1分鐘。

立起肉塊，側面也要煎。

將肉移至附網架的長方形淺盆中，靜置1分鐘。

＊如果直接接觸長方形淺盆，這個部分會燜蒸，加熱的狀況會變得與其他的部分不一致。為了從四面八方同樣以餘溫加熱，所以使用附網架的長方形淺盆。

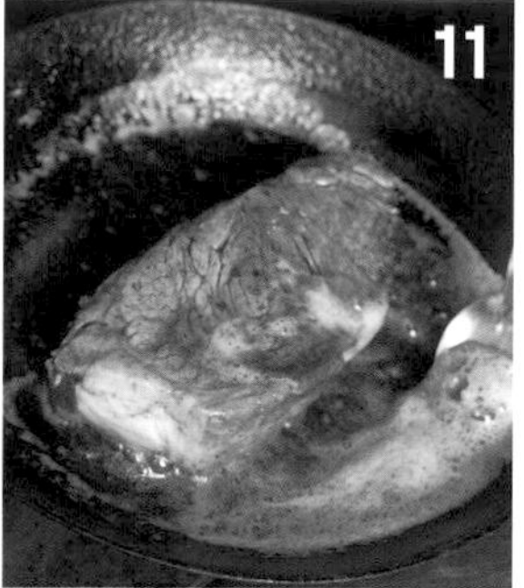

將肉重新放回平底鍋中，一邊淋上油汁一邊以極小的小火煎1分鐘。

＊從上面澆淋熱油可以增添奶油的風味，同時以熱騰騰的奶油為整塊肉加熱。這項作業稱為澆淋油汁（arroser）。

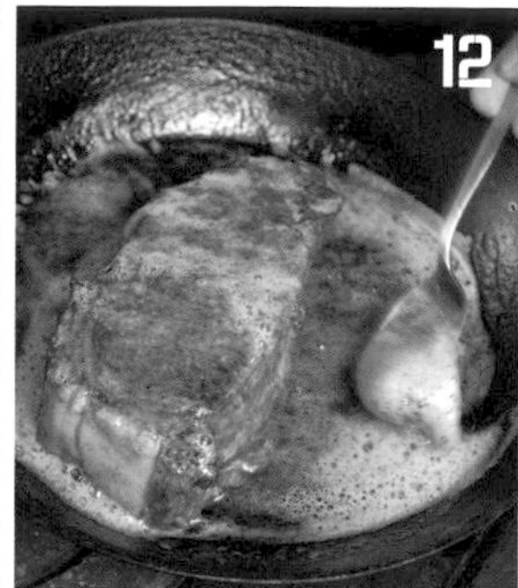

翻面之後不斷澆淋油汁，同時繼續煎1分鐘。

＊藉著澆淋油汁，平底鍋內的溫度會變得一致。

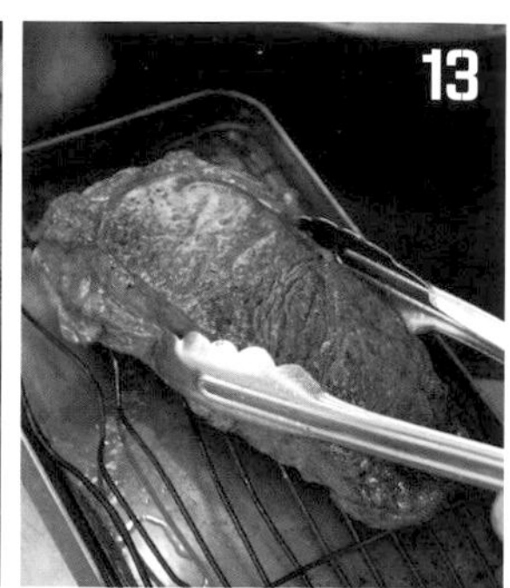

從鍋中取出，放在附網架的長方形淺盆中。

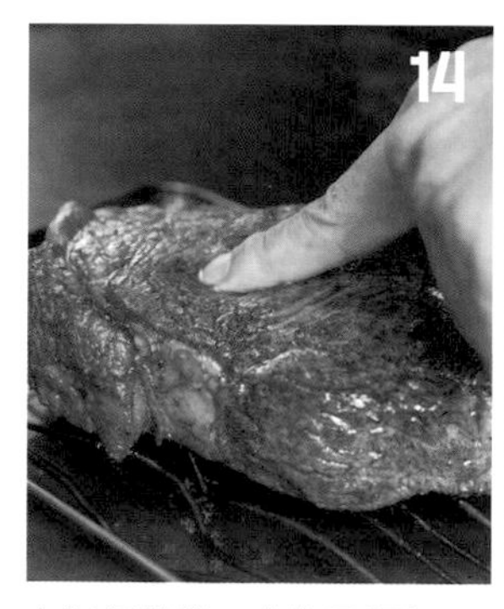

在這個階段，大約已經加熱6成左右。在溫暖的場所放置1分鐘，利用餘溫加熱。

＊用手指按壓確認肉的彈性，掌握熟度。

完成時的煎製。在這個階段，將肉煎出看起來很好吃的焦色，最後達到預定的煎製狀態。平底鍋以小火加熱，將肉放回鍋中煎1分鐘。

翻面之後，不停地澆淋油汁煎1分鐘。如果油溫變高到冒煙的程度，奶油會氧化，所以將油澆淋在肉的上面，降低平底鍋內的油溫。

＊偏白色的慕斯狀氣泡消失，油變得透明時，表示油溫已經變高了。藉著澆淋油汁，讓油汁流動，使油溫變得一致。

從鍋中取出，放在附網架的長方形淺盆中，立刻磨碎黑胡椒撒在上面。分切後盛盤，淋上紅酒醬汁。配菜是炸薯塊。

＊因為最後想在完成時讓肉的表面是香脆的，所以放在附網架的長方形淺盆中，以免表面被流出來的肉汁弄濕。

＊在肉的纖維還張開著的時間點撒上黑胡椒，香氣和辣味就能與肉融合。

勃艮第紅酒燉牛肩肉

Bœuf bourguignon

以勃艮第風味命名的料理有個不成文的規定，就是要用以黑皮諾品種的葡萄釀造的紅酒燉煮，而且使用小洋蔥、蘑菇、培根製作。
與其那樣追求懷舊風味的精確度，不如為了製作出好吃的燉煮料理，將重點全部聚焦在將素材煎上色時要煎到什麼程度。將香味蔬菜，還有主要的肉煎上色時，煎到感覺有點太過的程度，就能做出理想的醬汁顏色。當然不能煎到燒焦。
如果沒有將蔬菜或肉的焦色轉移到作為煮汁的紅酒當中，就不會變成帶有烏亮光澤的醬汁。相反地，如果紅酒的顏色好像轉移到素材上面，最後會變成好像褪成白色，而且味道不濃醇、失去香氣、冒出酸味的醬汁。
基本上，這道料理確實地告訴我們，按部就班做好理所當然的小事是何等重要。

牛肩里肌肉。準備4kg的肉塊。煎過之後享用肉質會較硬，燉煮的話使用有筋適度分布的肩里肌肉或肩肉比較適合。

香味蔬菜的切法。香味蔬菜要配合燉煮時間去切。這裡因為要燉煮2小時，所以切得稍微大塊一點。此外，褐色的燉煮料理，為了使顏色變深，洋蔥要直接帶皮使用。

（容易製作的分量）
牛肩里肌肉 — 2塊（1個4kg）
鹽 — 適量
沙拉油 — 120cc
香味蔬菜
- 洋蔥（帶皮8等分） — 大1個份
- 西洋芹（5cm長） — 1根份
- 胡蘿蔔（半月形厚片） — 1根份
- 大蒜 — 10瓣

紅酒 — 6公升
小牛高湯（→25頁） — 1公升

（1人份）
燉牛肩里肌肉 — 160g
紅酒 — 50cc
紅波特酒 — 30cc
奶油（增添風味和光澤） — 15g

配菜
（蘑菇、小洋蔥、培根）

●煎上色

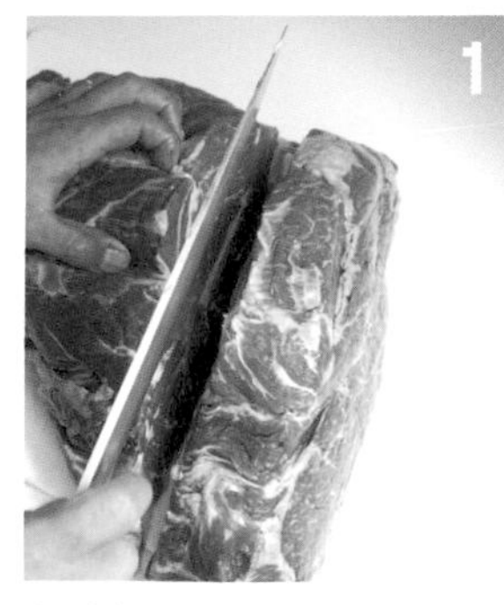

牛肩肉先切成7cm厚，再分切成7cm寬，然後切成7cm的方塊。

＊要讓煮汁的顏色變濃的話，肉必須煎出焦色。雖然想要將肉切成小塊，增加表面積，但是為了呈現出分量感，所以切成大塊，要慢慢地燉煮。

將鹽撒在長方形淺盆中，再將分切好的肩里肌肉擺在上面。從上方撒下鹽，預先調味。

＊因為想要均勻地撒上鹽，所以擺放肉塊的時候不要重疊在一起。

以2個平底鍋同時進行。各將沙拉油60cc均勻地分布在鍋中，塞滿肩肉，以大火煎肉。

＊油多一點，以半煎炸的方式煎肉。將肉毫無空隙地塞滿平底鍋中，使鍋內的溫度一致來煎肉。

煎出較深的焦色之後將肉翻面。

6面全都煎出差不多如圖的焦色。裡面還是生的。

＊因為煮汁的顏色是靠焦色來決定，所以要將肉全面煎出很深的焦色。與其說是用煎的，也許說是用炸的比較相近。

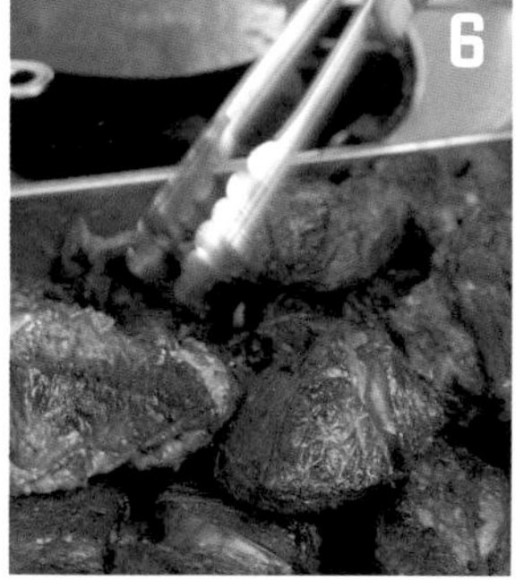

將肉從鍋中取出放在長方形淺盆中。

＊平底鍋中的煎油要倒掉，但是不要洗鍋。

●燉煮

將少量的沙拉油（分量外）均勻地分布在高湯鍋中，以中火炒香味蔬菜。

＊去除蔬菜的水分，使甜味濃縮。表面充分煎上色之後，將焦色轉移至煮汁裡面。

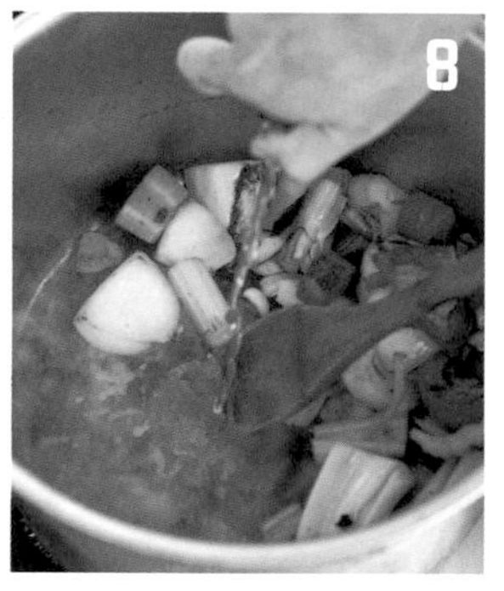

將蔬菜充分炒到快要變焦之前，加入水（分量外），溶解黏著在鍋面上的鮮味（déglacer），重回蔬菜裡面。

將少量的紅酒倒入**6**的平底鍋中溶化鮮味。

＊如果平底鍋已經燒焦了，因為沾著焦臭味，最好不要溶解鍋底精華。

待香味蔬菜的香氣充分散發出來之後，將**9**的紅酒加入**8**之中。

將肉擺放在蔬菜上面。將長方形淺盆中剩餘的肉汁也倒入高湯鍋中。

倒入紅酒，大約是肉會露出頭的分量。

＊與其計量正確的分量，不如以鍋中的狀態來判斷，這點很重要。

加入小牛高湯，剛好蓋過肉，然後開火加熱。煮滾之後撈除浮沫。

＊只撈除第1次浮上來的浮沫和油脂就可以了。

再次沸騰之後，以液面會靜靜晃動的火勢燉煮2小時。水分蒸發之後，肉露出液面的部分太多時，加入適量的紅酒。

＊煮乾水分是製作美味的燉煮料理的祕訣。以相同的肉量來說，10成的水煮乾到剩下5成，和8成的水煮乾到剩下5成，香氣是不一樣的。

＊煮汁的溫度也很重要。保持85～90℃，不要使煮汁產生對流。這是為了不讓肉失去過多的味道，吃起來比較美味。

煮到肉變軟，以鐵籤插入肉中拿起來時會迅速掉下來的程度，就可以將肉取出了。

16

過濾煮汁。

＊以湯勺的背面等按壓的話，煮汁會變得混濁，所以敲擊錐形過濾器的握柄，讓煮汁自然地流下來，將煮汁過濾。

將過濾完的煮汁煮滾，撈除浮沫和油脂，然後移入保存容器中，與肉分開放涼。

●完成

製作完成1人份。首先將紅酒50cc、紅波特酒30cc一起倒入小鍋中，開火加熱，煮乾水分成糖漿狀。

＊增加濃度到這個程度。

將浮在17的煮汁表面的凝結的油脂撈除，然後將煮汁140cc加入18之中。

將肉分切成80g，放入煮汁中加熱，加入蘑菇、小洋蔥、培根，以小火煮乾水分。

＊勃艮第風味的料理，一定要有蘑菇和培根。

為了避免把肉煮乾，將肉的上下翻面，然後蓋上鍋蓋，將蔬菜加熱。

＊因為培根和蔬菜不是用來增添香氣，而是作為配菜，為了能保留美味，不要煮過頭。

取出肉和配菜，盛盤，將煮汁煮乾水分。

煮到濃度變成糖漿狀時，將鍋子移離爐火，加入固狀的奶油輕輕搖晃鍋子，將奶油溶勻。將煮汁淋在22的盤中，即可端上桌。

維也納風味炸小牛排

Escalope de veau à la viennoise

小牛的肉以里肌肉和菲力為最高級，腿肉、肩肉和五花肉則多半製作成庶民的料理。如果將腿肉直接煎來吃的話，多半會很硬，所以要先敲到變成像紙一樣薄，將纖維敲鬆讓它容易入口，裹上麵衣煎得酥脆，做成炸牛排。起源於北義大利的這道料理，在德國稱為Schnitzel，在歐洲的廣大地區像速食一樣很受歡迎。
大概可以說就像是日本的炸豬排，哦不，是炸肉餅吧。

玫瑰小牛肉（stirk veal）的內腿肉。雖然每個生產國家有不同的標準，但出貨的小牛肉乃依照飼養方法或月齡分類。玫瑰小牛肉是餵了2週牛奶之後，再以穀物肥育到5個月大左右。只餵牛奶長大的乳飼牛，肉的顏色也是白的，幾乎不像是牛肉，但玫瑰小牛肉也許是因為吃穀物的緣故吧，以肉會散發出像牛肉的香氣為特徵。

（1人份）
小牛腿肉 — 1片（120g）
鹽、胡椒 — 各適量
高筋麵粉 — 適量
蛋液（蛋、鹽、胡椒、橄欖油各適量）— 適量
乾燥麵包粉 — 適量
沙拉油 — 40cc
奶油 — 40g

配菜（酸豆、蛋鬆*、荷蘭芹、
紅椒粉、檸檬）
*將煮得較硬的水煮蛋壓碎或細細過濾。

● 肉的清理

大幅度移動刀子，流暢地切除小牛肉表面的薄膜、筋、脂肪。

將刀子切入稱為背帽肉的硬肉部分，和腿肉之間的筋膜裡，剝開來，切下背帽肉。

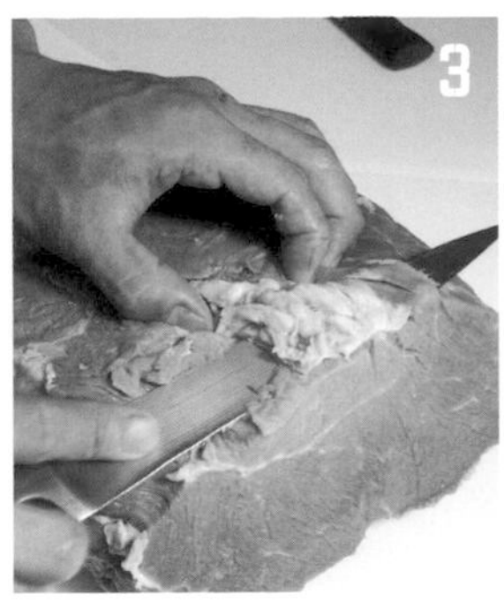

用刀子削掉殘留的薄薄筋膜。

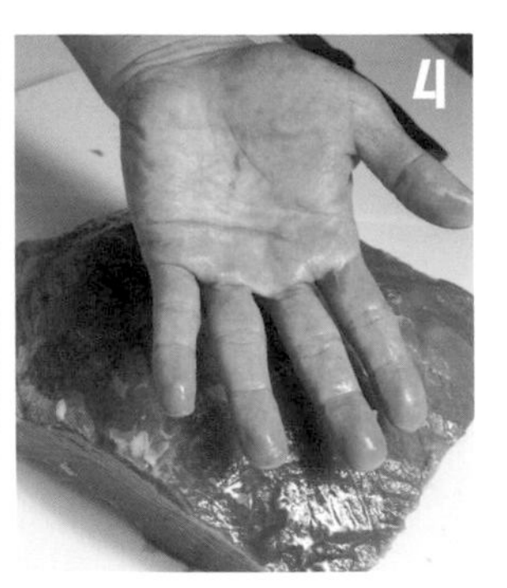

肉的纖維走向如同手指的方向（斜向）。

● 成形

以切斷纖維的方式切肉，分切成1人份120g。

＊將每1人份的肉各以保鮮膜包覆或以真空包裝處理，可以冷凍保存。

以2張保鮮膜夾住肉。

＊因為要把肉敲薄，所以保鮮膜的尺寸要裁切得稍大一點。

使用肉槌光滑、表面平坦的那一側將肉敲薄。

＊要敲薄硬質的肉時，先以凹凸不平的那一側將纖維敲鬆之後再敲薄吧。

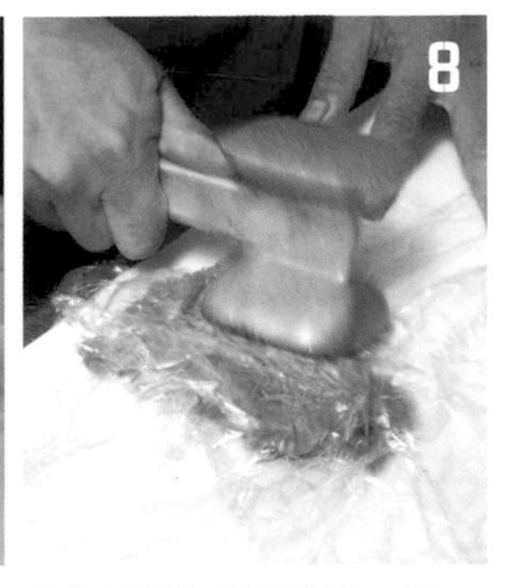

首先以凹凸不平的那一側將肉的纖維均等地敲鬆。

● 煎肉

將肉槌沾水，同時一邊將平坦的那一側以滑動的方式往近身處拉動，一邊把肉敲薄。

＊從周圍開始敲薄，漸漸將中央敲鬆。

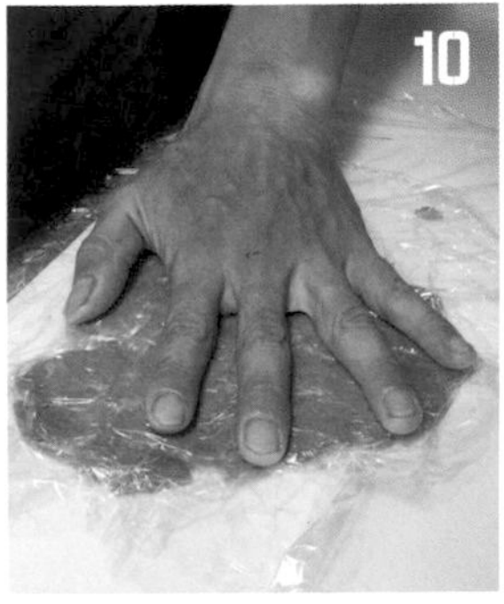

敲薄至大約手掌的大小。厚度為2mm左右。撒上少量的鹽、胡椒。

以食物調理機將乾燥麵包粉攪碎成細細的粉末。

＊生麵包粉無法攪碎成細細的粉末，所以使用乾燥麵包粉。

準備蛋液。將蛋打散成蛋液，加入鹽、胡椒、少量的橄欖油攪拌均勻。

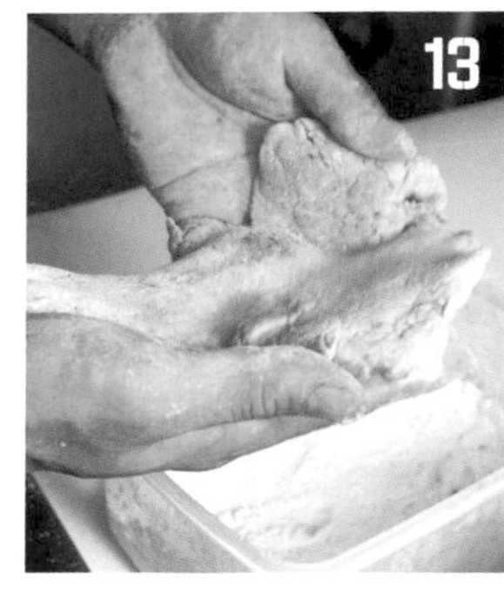

將已經敲薄的肉沾裹薄薄一層高筋麵粉。

拍除多餘的麵粉，浸入蛋液中。

＊麵粉太厚的話，麵衣會變得沉重。

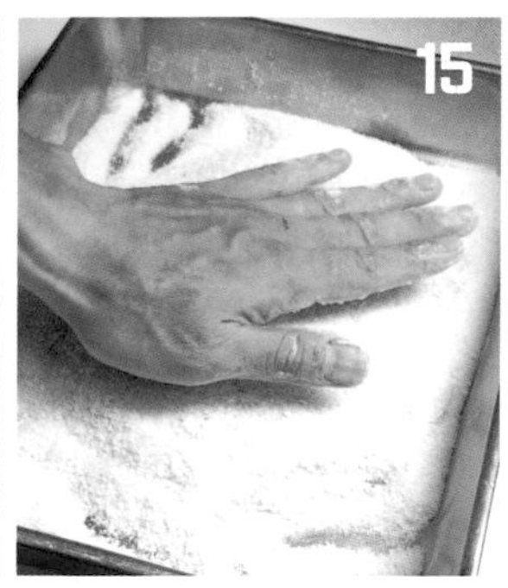

埋進麵包粉中，用手輕輕按壓，牢牢沾附麵包粉。

將奶油和沙拉油放入平底鍋中，以大火加熱。

奶油融化之後會冒出大氣泡。

＊奶油的水分大量消失時會冒出大氣泡。

奶油變成細小的慕斯狀，等到稍微帶點褐色時，開始煎肉。

＊變成慕斯狀的時候表示奶油的水分已經大部分都蒸發了，煎油已經充分燒熱。

一邊搖動平底鍋一邊將肉加熱。肉變熱之後轉為小火。

＊搖動油和肉，平底鍋內的油溫就會變得一致。

＊溫度會從肉的邊緣升高，所以要避免燒焦。不過，火勢太小的話麵衣會脫落，請注意。

煎上色之後翻面。翻面之後將火勢轉得稍大一點，將肉加熱。

肉變熱之後轉為小火。

＊保持慕斯狀的氣泡，煎出看起來很美味的焦色。請觀察鍋中的狀況，適當地調整火勢。

將肉移至附網架的長方形淺盆中，放置2～3分鐘，利用餘溫加熱。

●完成

盛盤，撒上酸豆、蛋鬆、荷蘭芹碎末、紅椒粉。附上檸檬之後端上桌。

老奶奶風味乳飼小牛里肌肉

Côte de veau de lait grand-mère

法文grand-mère指的是老奶奶風味。不妨以抽象的觀點視之為一種未多加修飾、具有質樸溫馨的感覺。
但是，要將這樣的感覺落實在料理當中，必須嚴格地貫徹這個理念。
要製作老奶奶風味料理時，我會將它定義為用1個鍋子就能完成的料理。如果有鑄鐵琺瑯鍋或銅鍋等導熱溫和的厚質鍋具，不論哪種都可以，煎肉時使濃縮的肉汁（suc）黏附在鍋底，然後將肉放在作為配菜的蔬菜上面，間接地以烤箱烘烤，最後在已經烤完肉的鍋子裡倒入白酒和高湯類，以收乾的煮汁作為醬汁。如此絲毫不浪費的自給自足料理，也才稱得上是展現老奶奶智慧的老奶奶風味，不是嗎？
製作重點只有1個。作為醬汁的基底，鍋底的濃縮肉汁絕對不能煮焦。如果一不留神煮焦了，就全部都不能用了。
以法式料理來說，小火才是正義。

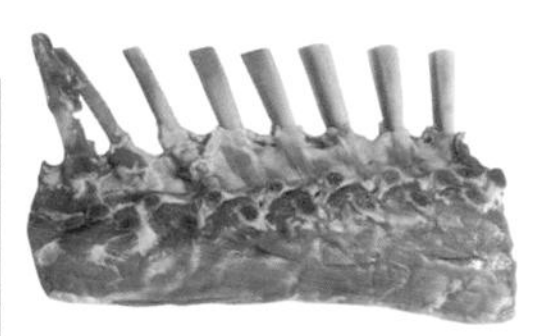

小牛帶骨里肌肉。紐西蘭產，1片400g。這是只以牛奶餵養的乳飼小牛肉。

（2人份）
小牛帶骨里肌肉 — 1片（400g）
鹽、胡椒 — 各適量
高筋麵粉 — 適量
橄欖油 — 15cc
奶油 — 20g
配菜（全部切成容易入口的大小）
- 櫛瓜 — 1根
- 馬鈴薯 — 1個
- 蘑菇 — 3個
- 紅蔥頭 — 1個
- 姬胡蘿蔔 — 2根
- 大蒜 — 4瓣

紅蔥頭（切成碎末） — 1小匙
橄欖油漬大蒜（→42頁） — 1小匙
白酒 — 50cc
小牛高湯（→25頁） — 100cc
奶油（增添風味和光澤） — 10～15g

● 肉的清理

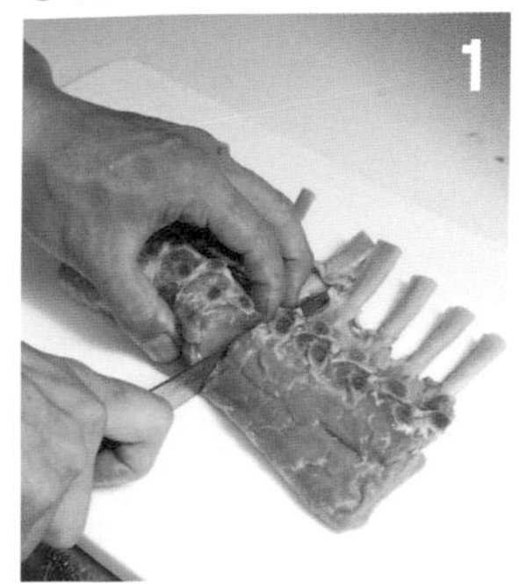

將小牛肉分切成1人份。這裡是將1片當成2人份。

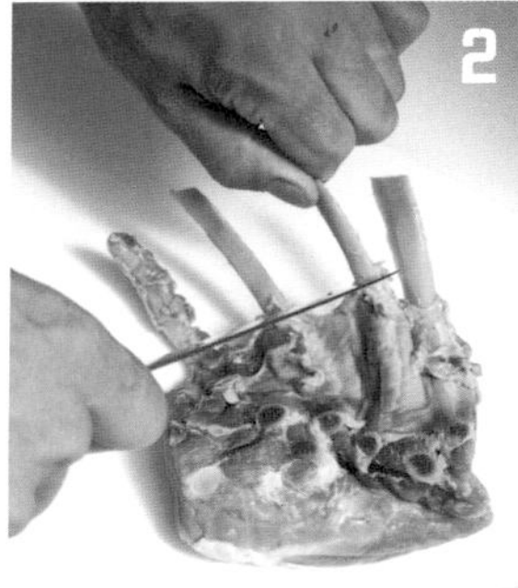

以刀鋒刮除附著在骨頭上面的肉和骨膜。

＊盛盤時會更好看。

● 煎上色

將肉撒上鹽、胡椒，只在肉的側邊沾裹高筋麵粉。

＊以麵粉製造薄膜，就不會直接接觸很熱的鍋面，煎出鬆軟的肉。骨頭部分不需要裹粉。

將橄欖油和奶油放入燉煮用的鍋子中，奶油融化之後，將肉的那一側朝下放入鍋中，加入大蒜（分量外），以小火煎肉。

＊因為既容易煎熟、也容易變硬，所以以小火加熱。也可以加入迷迭香或百里香。

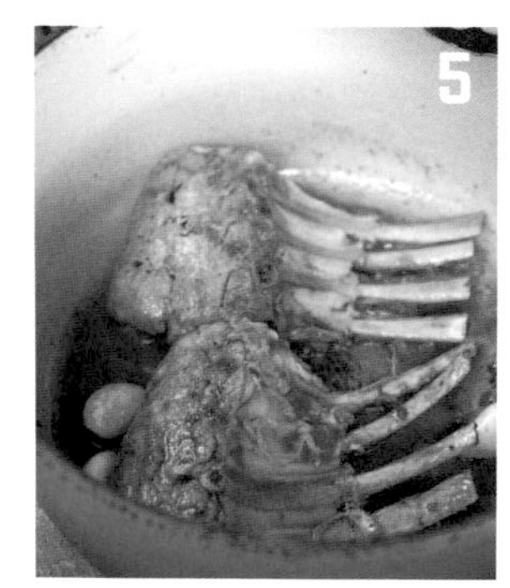

將肉翻面，改煎骨頭那一側。骨頭那一側迅速加熱到這個程度。

將肉從鍋中取出，放在附網架的長方形淺盆中，然後放在溫暖的場所靜置。

● 燉煮

準備作為配菜的蔬菜。分別切成容易入口的大小。

將7的蔬菜放入已經取出肉的鍋子中。

＊依照順序，從較硬的蔬菜開始放入鍋中炒。先放馬鈴薯，其次是姬胡蘿蔔。

為了避免肉直接地接觸鍋面，而以骨頭支撐著，將肉放回8的鍋中。

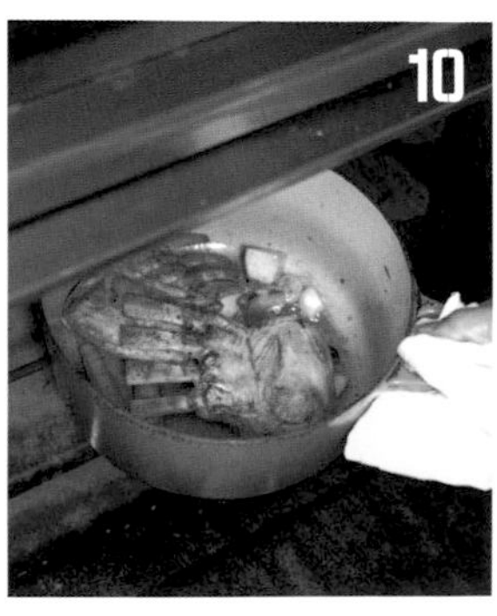

不蓋鍋蓋，以220℃的烤箱加熱5分鐘。

取出鍋子，將肉放在附網架的長方形淺盆中，然後放置在溫暖的場所。蔬菜也是就這樣暫時放著，利用餘溫加熱。

＊如果肉不是慢慢地加熱，油脂就會流失，肉質變得緊縮。

將其他作為配菜的蔬菜放入鍋中炒。

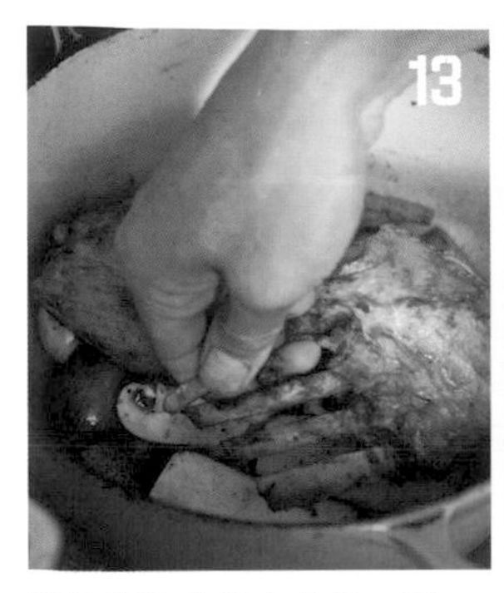

鍋子的溫度升高之後，將11的肉放在配菜上面。

＊這裡也是為了避免肉直接接觸鍋面，而以骨頭支撐著。

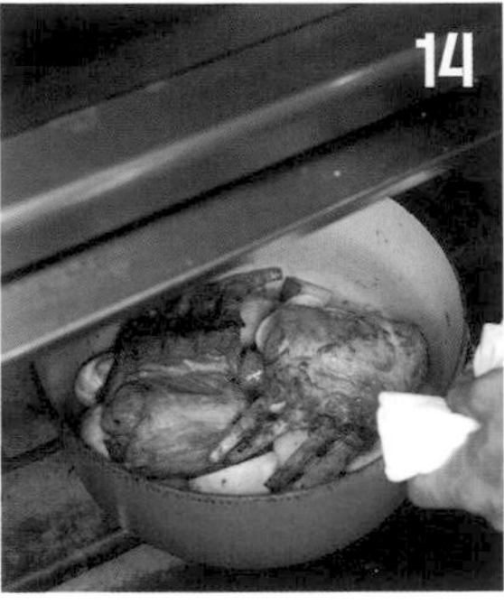

不蓋鍋蓋，以220℃的烤箱加熱5分鐘。

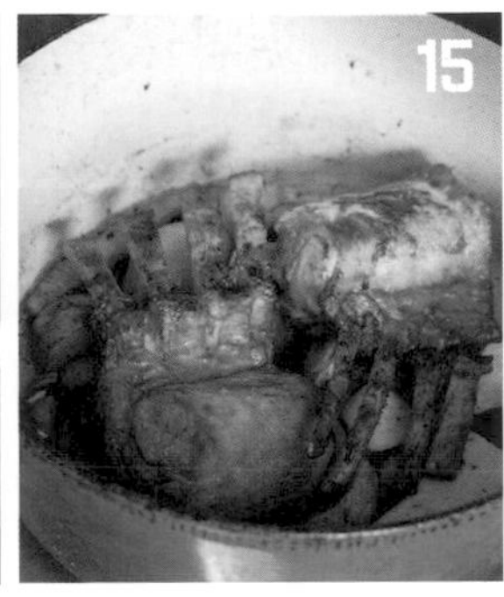

從烤箱取出鍋子，只將肉移至附網架的長方形淺盆中靜置。

蔬菜撒上鹽、胡椒之後從鍋中取出。

在已經空了的鍋子中放入紅蔥頭碎末、橄欖油漬大蒜，以小火炒。

＊為了刮取黏在鍋面的蔬菜鮮味而炒。

倒入白酒，以大火加熱，溶解黏在鍋面的鮮味，煮乾水分。

將汁液煮乾至剩下一半左右，然後倒入小牛高湯。

●完成

煮汁沸騰之後，過濾煮汁倒入小鍋中，煮乾水分直到剩下半量。

將煮汁煮乾至這個程度，變成糖漿狀，然後以鹽、胡椒調味。

將鍋子移離爐火，加入奶油之後，搖晃鍋子使奶油慢慢地溶入煮汁中。

＊不是使用已經融化的奶油，而是使用固狀的奶油，使煮汁慢慢地乳化製作完成。這是為了留下奶油的風味，增添香醇和光澤所進行的作業。

完成的煮汁。作為醬汁使用。將16的蔬菜盛盤，淋上醬汁，再擺上肉。

馬倫哥風味燉帶骨小牛肋排

Travers de veau Marengo

這道料理的起源有各種說法，有用雞肉製作的，也有的會附上淡水龍蝦或煎蛋當配菜。在那個起源的故事中，是利用手邊最少的材料製作出美味的料理，我擅自將它解讀為這不就是這道料理的本質嗎？
不論添加什麼，如果基本的燉菜分量適中的話，就只要再添加就可以了。
製作美味燉菜的訣竅，在於充分煎烤蔬菜和肉使之釋出鮮味、只使用所需最低限度的液體分量，還有要仔細地撈除浮沫和油脂。
馬倫哥燉菜的核心基本要素是番茄、大蒜、白酒。目標是想要做出分量適中、味道均衡、能突顯出小牛肉味道的料理。

小牛肋排。雖說是小牛，卻因月齡不同，肉塊大小會有所差異。製作燉煮料理的話，肉塊大小也很重要，所以使用成長到某個程度的小牛比較適合。

（容易製作的分量）
小牛肋排 — 2塊（1片1.5kg）
鹽 — 適量
沙拉油 — 100cc
香味蔬菜（全部切成3cm小丁）
- 洋蔥 — 1個份
- 胡蘿蔔 — 1根份
- 西洋芹 — 1根份
- 大蒜 — 6瓣份

沙拉油 — 20cc
番茄醬 — 230g
白酒 — 1.5公升
小牛高湯（→25頁）— 1公升
水 — 1公升（參考值）

（2人份）
燉小牛肋排 — 骨頭2根份
煮汁 — 150cc
蘑菇 — 6個
鹽、胡椒 — 各適量
奶油（增添風味和光澤）— 10g
橄欖油 — 10cc

● 煎上色

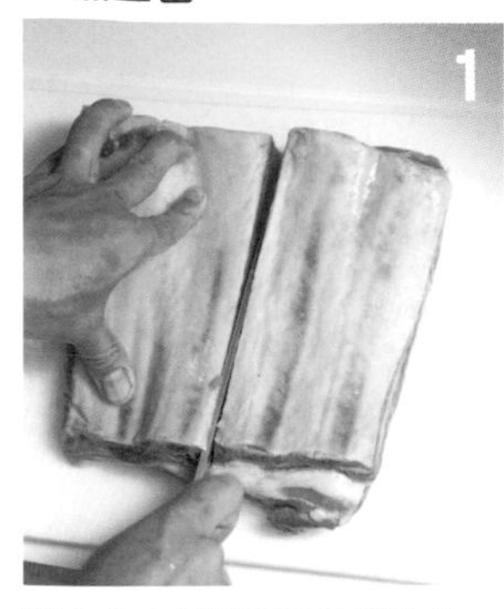

將小牛肉以骨頭每2根為1組分切開來。燉煮時以2根來燉煮，上桌時分切成1根。

＊因為以1根來燉煮的話，肉容易煮到潰散。

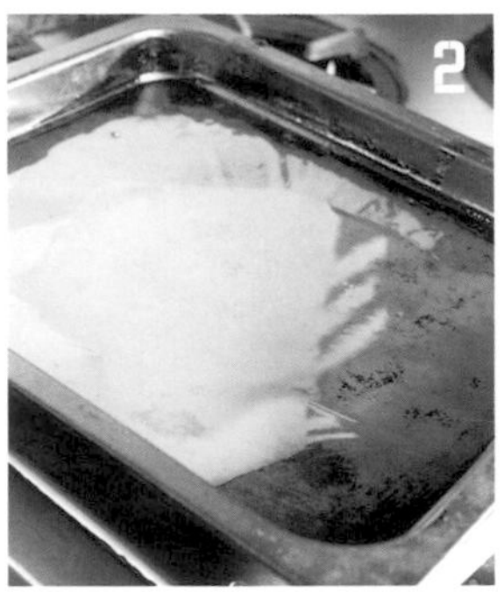

因為肉很大塊，所以使用烤箱的烤盤將肉煎上色。首先以瓦斯爐加熱烤盤，然後倒入沙拉油100cc。

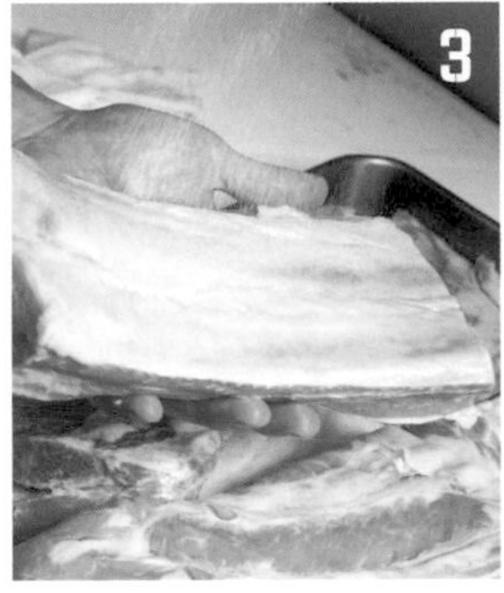

擦掉肉表面的水分之後，稍微撒點鹽。

＊小牛肉的水分比成牛多。為了煎出漂亮的焦色，先將表面的水分好好地擦乾。

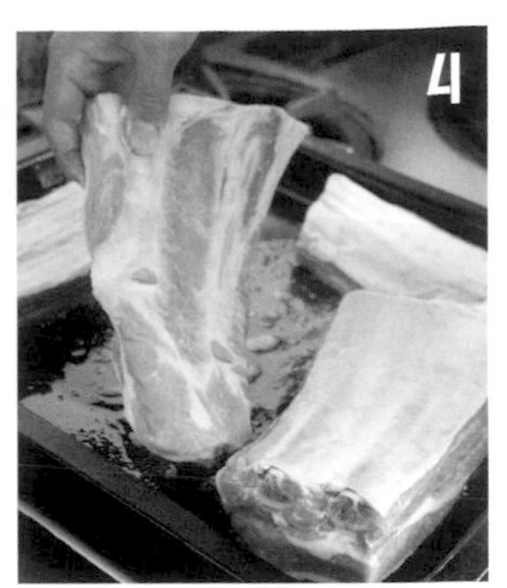

從脂肪側開始煎，先讓油脂流出。

因為側面也要煎上色，所以要把肉立起來，一個接一個把肉放入空隙。骨頭那側如果不好煎，不煎也沒關係。

煎出漂亮的金黃色的小牛肉。取出之後放入長方形淺盆中。

＊如果已經調味成鹹味，就不溶解黏在烤盤上的鮮味。

● 燉煮

先將香味蔬菜全都切成大約3cm的方塊，放入鍋中，倒入沙拉油20cc，開火加熱。

＊因為是褐色的燉煮料理，所以洋蔥可以帶皮放入鍋中。

蔬菜炒上色之後加入少量的水（分量外），溶解黏在鍋面的鮮味。

加入番茄醬拌炒。

＊將罐裝的番茄醬迅速炒一下，罐頭異味就會消失。

番茄醬炒熱之後，加入白酒，以大火煮滾。

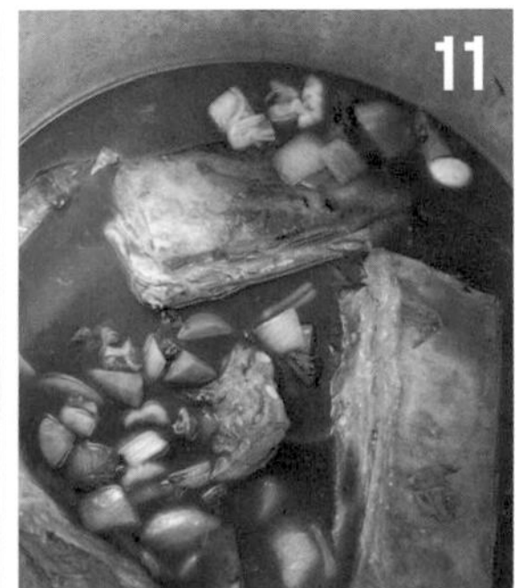

將小牛肉放入廣口的鍋子中，倒入10。再倒入小牛高湯、水，以大火煮滾。

＊加入的水量以大約能蓋過肉為準。

煮滾之後，將火勢調整成液面稍微晃動的程度，燉煮1小時半左右。

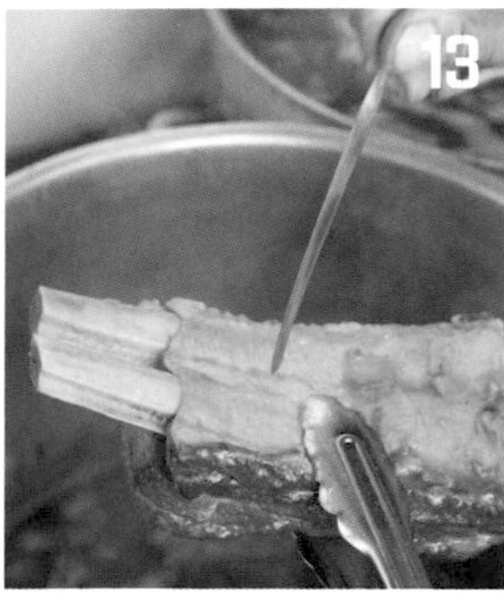

把肉煮軟，直到插入鐵籤拿起來時會迅速掉下去的程度，即可關火，取出肉放在長方形淺盆中。放涼之後，與煮汁分別保存。

＊如果煮超過這個程度，肉會從骨頭脫離。

以錐形過濾器過濾剩餘的煮汁。

將已經過濾的煮汁煮滾，撈除浮上來的油脂，然後煮乾水分直到剩下2/3。將已經煮滾過的煮汁移入別的容器中，暫時放涼。

●完成

以1份1根骨頭將肉分切開來，然後放入廣口鍋中。

清除煮汁上面凝結的油脂，然後將150cc的煮汁加入16的鍋子中。

＊在此步驟清除作法15沒有撈除乾淨的油脂。

放入蘑菇，蓋上鍋蓋，以小火加熱。

直到肉的裡面也變熱了，與蘑菇一起取出備用。

將剩餘的煮汁以火加熱，再加入鹽、胡椒調味。

＊這時還是水分很多的狀態。

煮乾水分直到如照片所示變成如糖漿狀的濃度。

移離爐火，加入固狀的奶油之後，搖晃鍋子使奶油溶入其中，溶勻之後加入橄欖油。

＊在奶油溶勻之後才加入橄欖油做最後的潤飾。因為是南法料理，所以不加入橄欖油也沒關係。

煮成滑順的煮汁。將小牛肉和蘑菇盛盤之後，淋上煮汁。

小羊肉

隨著小羊的年齡增長，英文中分別以lamb（未滿1歲）、hogget（1～2歲）、mutton（2歲以上）這些不同的稱呼來區別。
法式料理中使用的小羊肉，以未滿1歲的lamb占絕大多數，但依照不同的場合，使用hogget和mutton的也不少（在法式肉凍和香腸等加工食品中成為香氣濃郁極具特色的製品）。
母羊每次只生1～2頭小羊，因為不像豬一樣多產，所以很難成為經濟動物。正因如此，確立了小羊肉作為高級食材的地位。

脂肪的獨特香氣長久以來令日本人敬而遠之，但是如果在正確的理解之下進行適切的調理，肉質柔嫩的小羊肉就會成為附加價值非常高的料理。
即使都稱為lamb，出生後1週和出生後半年的小羊卻是完全不一樣的素材，所選擇的調理法自然也要隨之改變。因為獨特香氣的濃郁度與月齡成正比，所以最好依照狀態去辨別。

背里肌肉共通的前置作業

背里肌肉。法文稱為côte、carré。有時候會將依照1根根肋骨分切開來的小羊肉稱為côtelet。
carré這個名稱是因為從正上方俯瞰時，羊肉的形狀像是carré原本的意思四方形。在日本，小羊肉幾乎都是由大洋洲冷藏進口的，日本產和歐洲產的小羊肉是高級品。

●切下背骨（胸椎）和肩胛骨

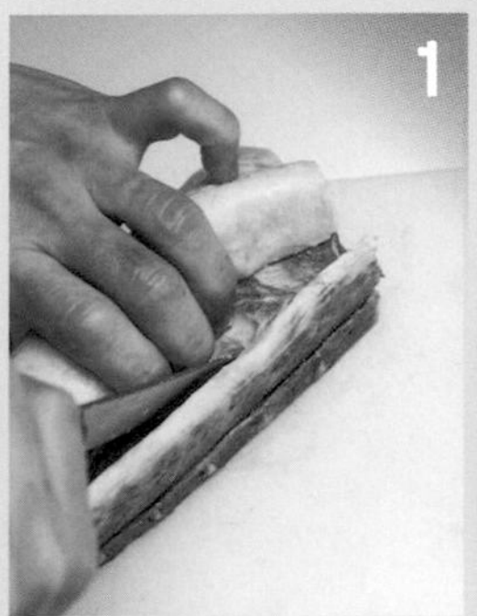

將脂肪側朝上，以去骨刀沿著背骨的突起部分（胸椎）切入，直到肋骨的關節為止。

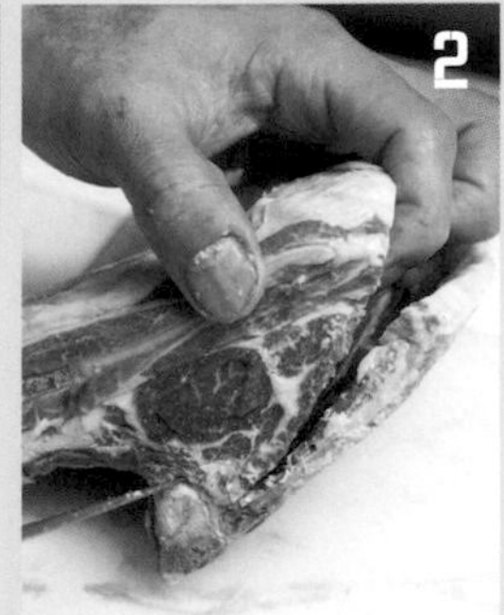

從切面來看，就能看到背骨的圓形部分。

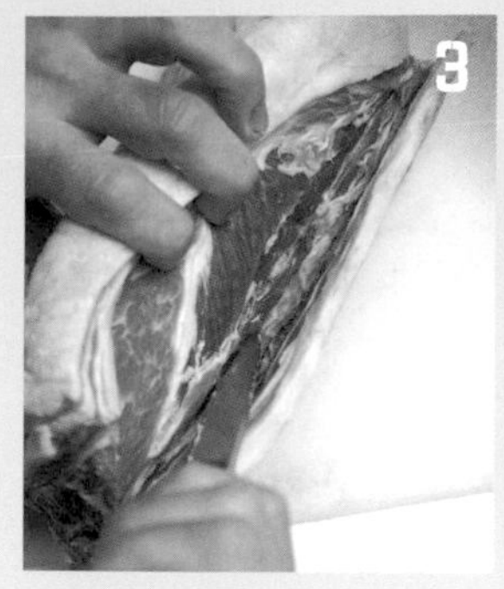

改拿菜刀，沿著這個骨頭的圓形，一邊抬起肉一邊切開來。

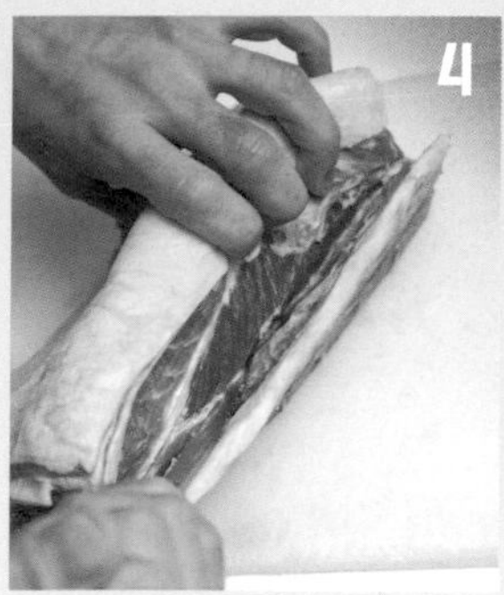

改拿去骨刀，將肉立起，切下背骨（胸椎）。

＊從這裡開始改用去骨刀。

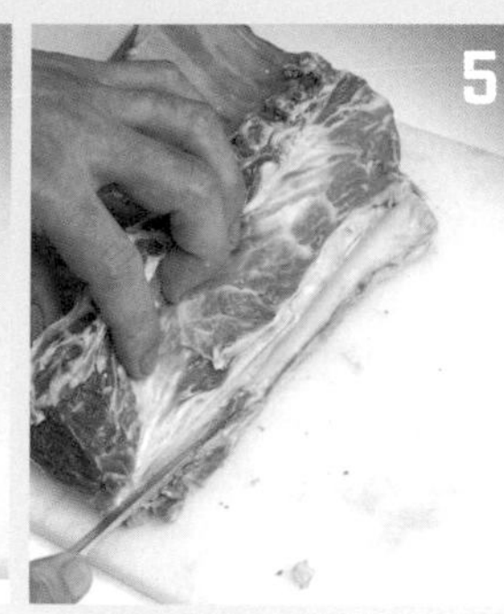

切下附著在脂肪側的粗筋。

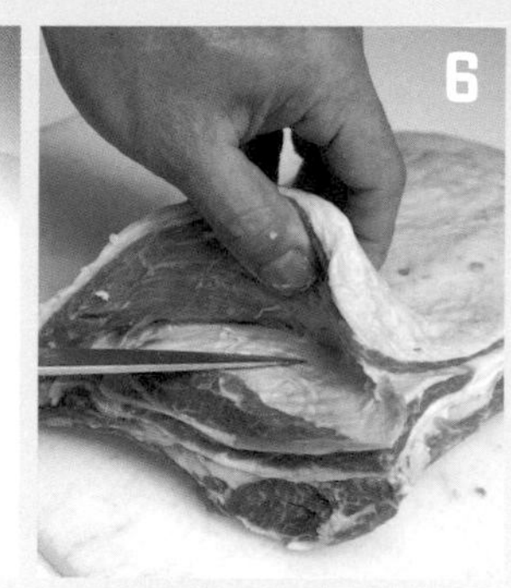

以削肉的方式，將菜刀切入肩胛骨的上面。

●肋骨的清理

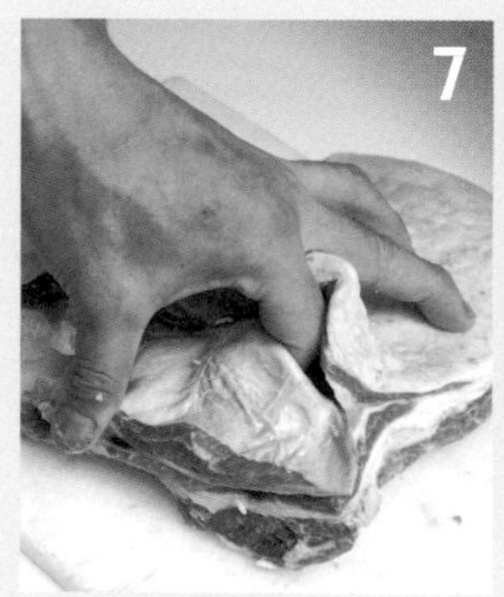

用手取下肩胛骨。

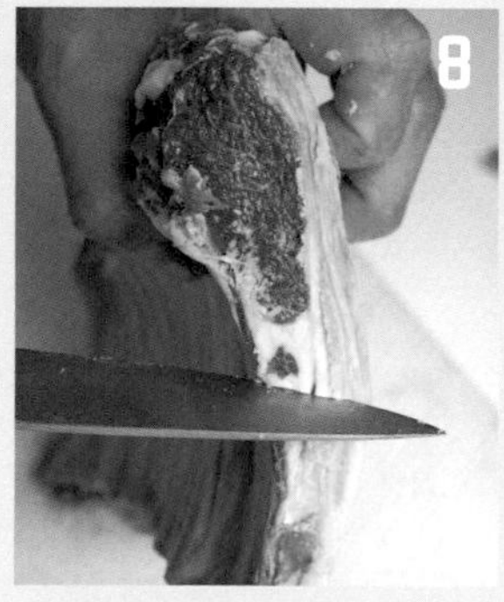

從切面來看，可以看見像小小的圓心一樣的肉。將去骨刀切入這個圓心的下方做記號。

＊再次改拿去骨刀。

將肋骨側朝上，時而放平時而立起菜刀，從另一端的圓心下方開始一直切到在8做好的記號，呈一直線切掉骨頭和骨頭之間的膜。

＊在骨頭上面時要將菜刀放平，在切掉肉上面的膜時要將菜刀立起來。

牢牢地握住菜刀，先在肋骨的左側，將菜刀沿著肋骨切入，把肉切開。

＊刀尖朝下，將菜刀直立起來，緊緊地握著刀柄。

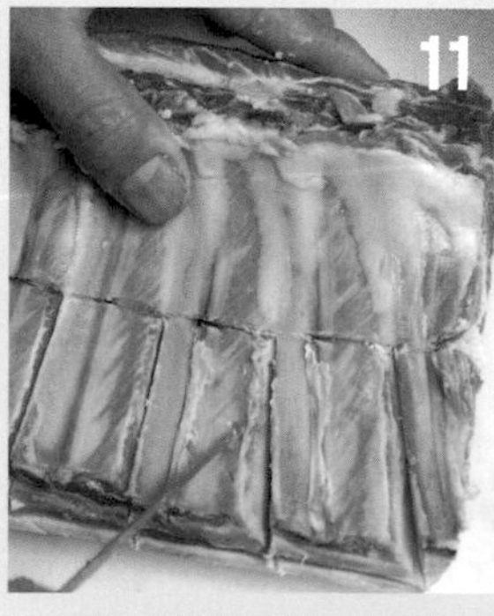

先以刀峰從左到右刮除附著在肋骨上面的骨膜。

將菜刀切入肋骨的右側，同時切開骨膜。

＊菜刀的角度最好稍微傾向右邊，沿著肋骨的形狀切開。

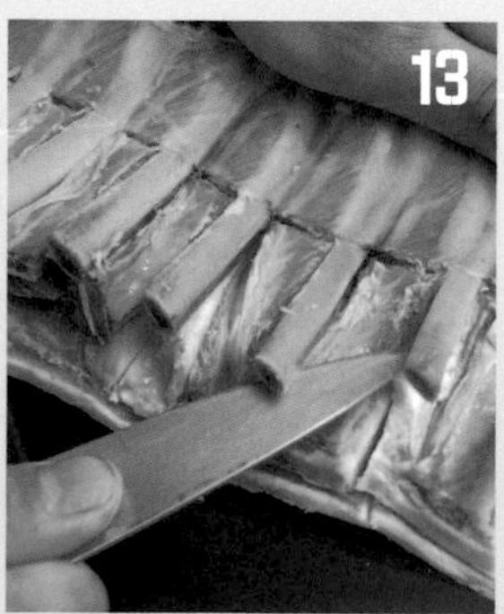

將肉切離肋骨。

＊還不熟練的時候，最好用手抬起1根根的肋骨將肉切離。

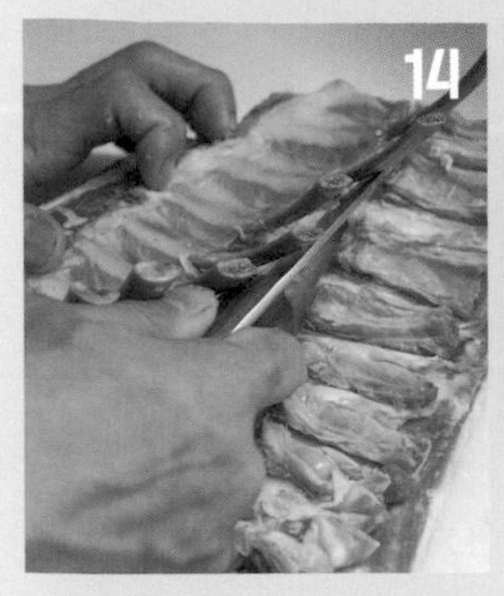

將全部的肋骨都切離肉之後，將菜刀切入肋骨的下方，以在8做好的記號線為準，把肉切下來。

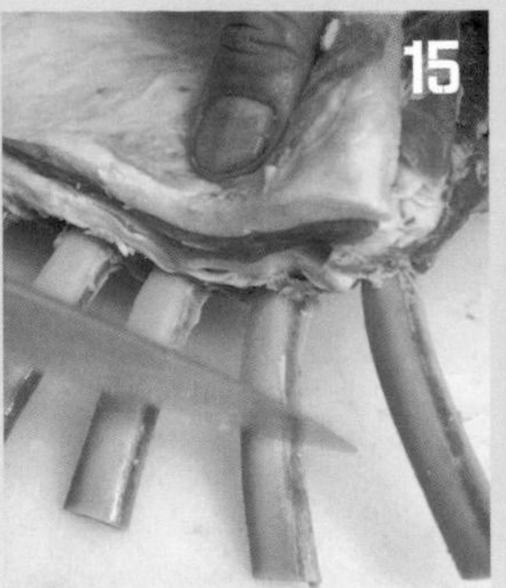

如果肋骨上面有肉或骨膜殘留的話會燒焦，所以要先用菜刀仔細地刮除。

＊多花這個工夫會讓做出來的料理更好看。

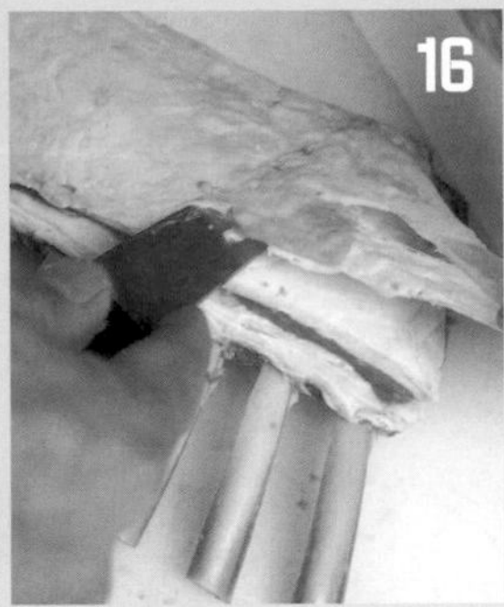

削除脂肪側表面的薄膜。背里肌肉的備料完成。

骨頭和邊角肉的利用
骨頭可以用來熬製高湯，邊角肉可以用來製作塔的肉餡和燉煮料理等。

肩肉的前置作業

前腳的根部。小羊肉的肉質柔嫩，所以即使嫩煎，吃起來也十分美味。因為筋、脂肪和赤身肉分布平均，所以經常用來製作燉煮料理或油封料理。照片中是1.8kg。清理乾淨之後約為1.4kg。

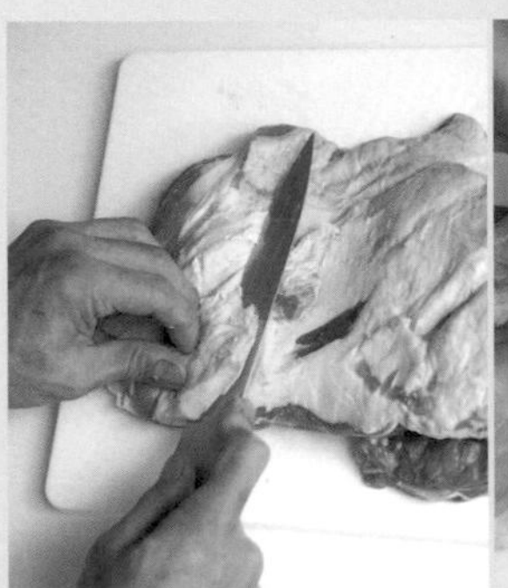

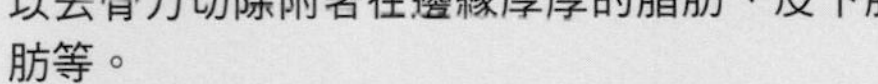

以去骨刀切除附著在邊緣厚厚的脂肪、皮下脂肪等。

＊如果有血合肉等殘留，要切除。

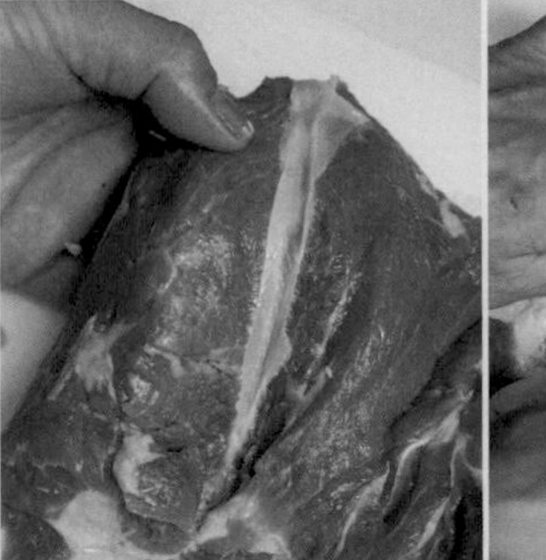

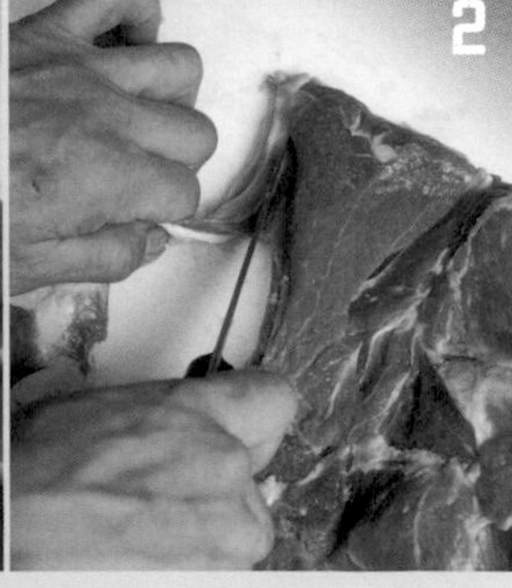

位於中央呈白色的肩胛骨痕跡很硬，所以要切除。因應不同的用途，分切之後使用。

普羅旺斯風味番茄小羊肉塔

Tarte d'agneau et tomate à la provençale

以南法的「普羅旺斯烤蔬菜（tian）」這道料理作為發想的基礎。
在清理小羊的帶骨里肌肉時（→89頁），會從腹肉的部分和肩胛骨周圍等的赤身肉，切出邊角肉。因為拿去熬成高湯的話太浪費了，所以每次清理出邊角肉之後就冷凍起來，分量集中到某個程度之後製作成絞肉，應用在各種不同的料理當中。
有時候只使用小羊肉的話香氣會很突出，所以請加入一半的豬肉，或是拌入香藥草或香料，使味道變得更有層次。小羊肉的水分出乎意料的多，所以混入麵包粉來吸收肉的水分。絕對不可以烘烤過度。因為無法預先做好備用，所以從客人來店的時間往前推算開始製作，想要為客人提供現烤的塔。本店將這道料理當作午餐的前菜，菜單上載明如果賣完敬請見諒。應該也可以做成每份為1人份的小塔。

（直徑24cm的塔模具1模份）
盲烤過的酥脆塔皮（→38頁）
肉餡
- 小羊肉的邊角肉 — 350g
- 黑橄欖（去籽） — 8個
- 橄欖油漬番茄乾 — 4片
- 香草麵包粉（→97頁No.3） — 尖尖3大匙
- 羅勒 — 1盒
- 鹽 — 5g
- 黑胡椒 — 適量
- 橄欖油 — 15cc
- 全蛋 — 1個

香草麵包粉 — 尖尖3大匙
炒洋蔥（→42頁） — 1個份
蛋黃 — 適量
番茄 — 大1個（380g）
百里香 — 適量
鹽、胡椒 — 各適量
橄欖油 — 15cc

配菜（芝麻菜沙拉*）
*以油醋醬汁（→33頁）調拌芝麻菜。

●肉餡

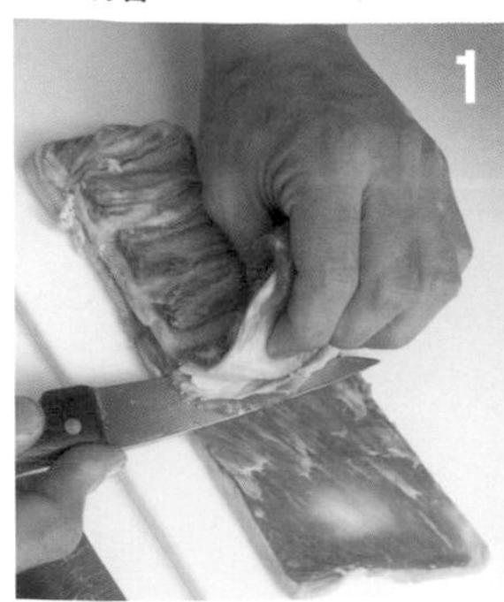

將小羊肉的邊角肉留下脂肪，只削下赤身肉。

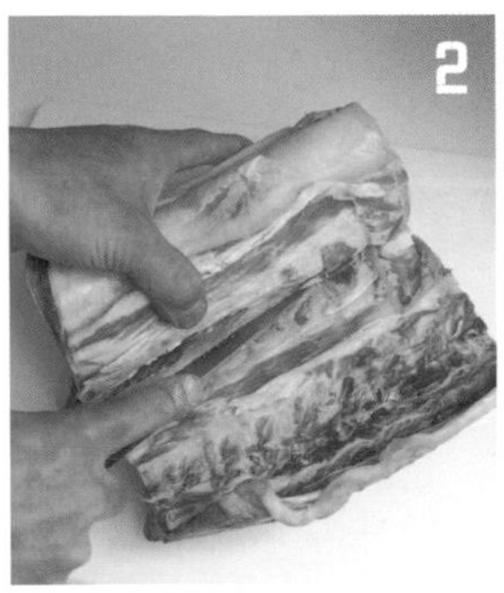

在派皮包烤（→106頁）等料理中沒有用到的部分，切除脂肪。

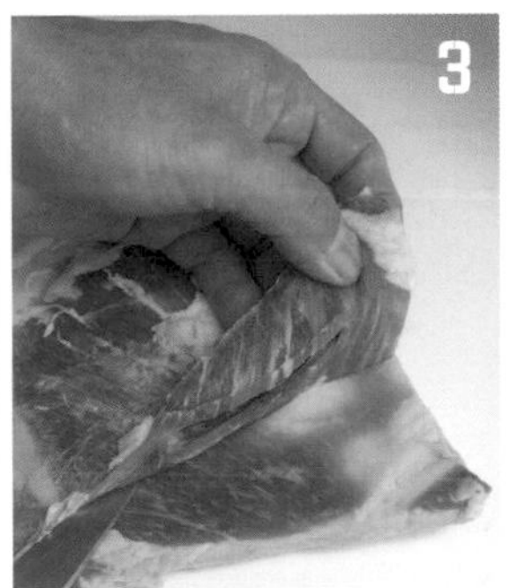

附著在肩胛骨上的赤身肉也削下來加以利用。切除脂肪。

為了能夠以食物調理機攪碎，將**1～3**的肉分切成適當的大小。

將黑橄欖、番茄乾、香草麵包粉放入食物調理機攪碎。

將**5**攪碎之後放入羅勒，繼續攪碎。

＊如果一開始就放入羅勒，因為重量輕，會浮在上面，不容易攪碎。

羅勒攪碎之後，放入小羊肉攪碎。

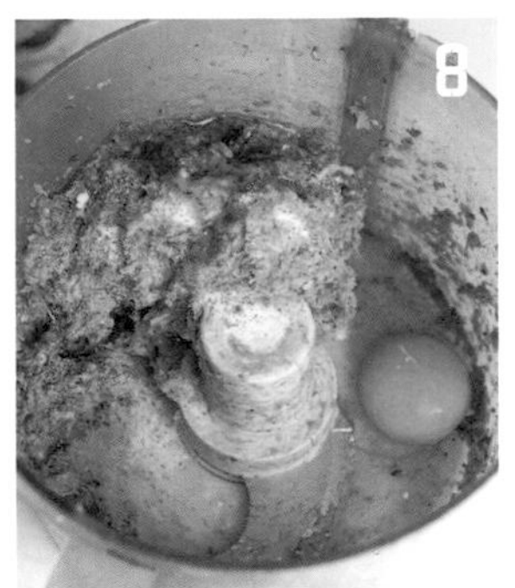

當肉泥變得滑順之後，放入鹽、黑胡椒、橄欖油、全蛋攪拌，摔打肉泥，排出內部的空氣，放在冷藏室中使肉泥變得緊實。

＊分次攪拌就能攪拌均勻，比較容易變得滑順。

●塔

將塔皮塗抹蛋黃，蛋黃變乾之後鋪滿香草麵包粉，再以均等的厚度填滿炒洋蔥。

＊讓麵包粉吸收由肉餡釋出的水分（肉汁）。

將**8**的肉餡分成4等分，用手壓平，每份填滿塔皮的1/4。

＊如果將全部的肉餡放在塔皮上壓平，原本均勻分布的洋蔥會變得集中在某一處。

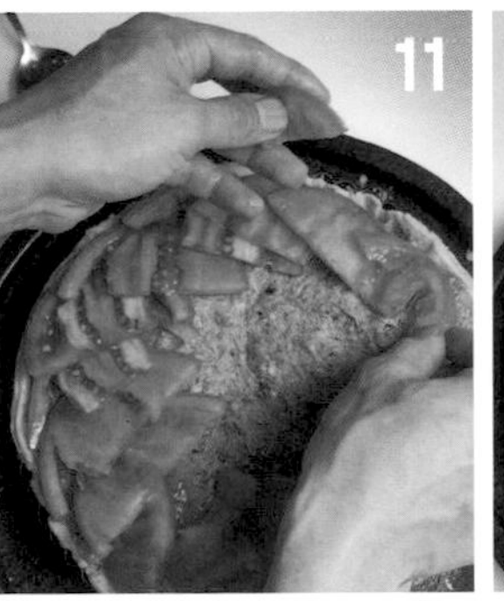

填滿肉餡之後，將切成薄片的番茄呈放射狀排列，然後撒上百里香的葉子。

＊因為想要均等地加熱，所以要盡量排列成一樣的厚度。

撒上鹽、胡椒，以畫圓的方式淋上橄欖油，然後以220℃的烤箱加熱30分鐘。分切成小份之後附上芝麻菜沙拉。

慕莎卡

Moussaka

這是北非、中近東的料理。伊斯蘭教禁止教徒吃豬肉，多半使用羊肉製作料理。我想要做出以香料充分調味，味道層次分明的料理。將縱切成薄片的茄子和肉醬，像千層麵一樣重疊成好幾層也不錯。
如果餐廳要提供這道料理，最好將番茄醬汁另外製作，茄子果肉和羊肉先燉煮好備用。此外，也可以像夏特赫斯高麗菜封肉（chartreuse，將絞碎的豬肉或野禽肉以高麗菜包成半圓形，燉煮而成的料理）一樣，將茄子皮貼在圓形圈模或布丁杯之類的容器裡，填入燉好的肉，撒上乳酪，然後以烤箱烘烤製作完成。
小茴香粉、芫荽粉是一定要加進去的香料。

分成小份的慕莎卡。

（內尺寸長16cm×寬25cm×高5cm的耐熱容器1模份）
- 清理乾淨的小羊肩肉（→91頁）— 600g
- 洋蔥 — 1個
- 西洋芹 — 50g
- 橄欖油漬大蒜（→42頁）— 尖尖2大匙
- 番茄醬 — 滿滿2大匙
- 香料
  - 辣椒粉 — 尖尖1大匙
  - 小茴香粉 — 尖尖1大匙
  - 芫荽粉 — 尖尖1大匙
  - 紅椒粉 — 尖尖1大匙
- 紅酒 — 500cc
- 水 — 200cc
- 月桂葉 — 2片
- 茄子（2cm厚的圓形切片）— 3根份
- 葛瑞爾乳酪（烘焙用乳酪絲）— 150g
- 乾燥麵包粉 — 20g
- 橄欖油、鹽、胡椒 — 各適量

將切成適當大小的洋蔥和西洋芹、尖尖1大匙的橄欖油漬大蒜，放入食物調理機中攪打。

＊攪打成如照片所示的較粗的碎末。

為了使水分容易蒸發，將1移入廣口鍋中，加入橄欖油和鹽，以中火炒。

＊炒出水分甜味會更濃縮。

洋蔥開始變得透明時，加入番茄醬拌炒。

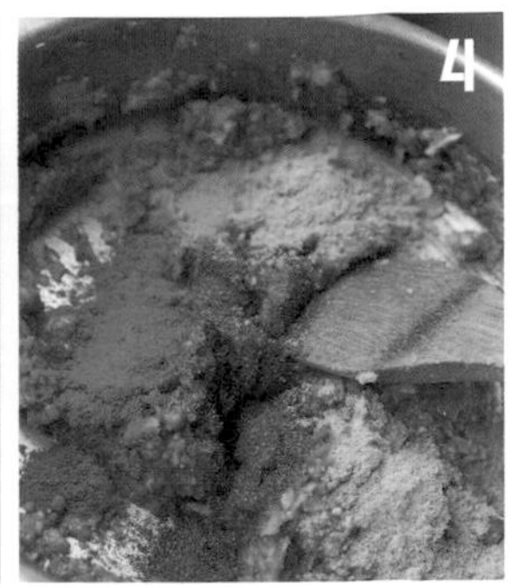

在這個狀態加入香料，攪拌均勻。

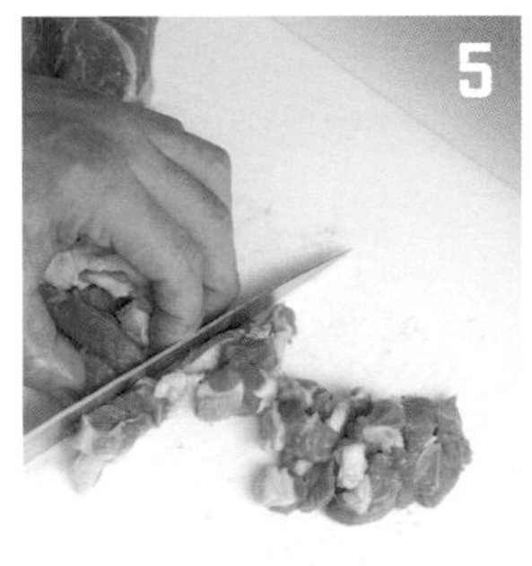

小羊肩肉切成1cm小丁。

＊也可以使用邊角肉。因為想保留口感，所以不攪碎成肉末，而是切成肉丁。

將肩肉放入冷的平底鍋，以大火煎。平底鍋的溫度開始升高後，轉為中火。

不太去挪動肩肉，將肉煎出較深的焦色。

肩肉煎上色之後，倒入4的鍋子中。

將紅酒倒入8之中，加入月桂葉、鹽、水，慢慢地加熱，直到煮乾水分。

將茄子毫無空隙地填滿耐熱容器。均勻地撒滿鹽、胡椒，淋上橄欖油45cc、尖尖1大匙的橄欖油漬大蒜。

將9的煮汁收乾之後，確認味道，如果味道不夠的話加入鹽，然後鋪滿茄子的上面。

上面鋪滿葛瑞爾乳酪，均勻地撒上麵包粉，淋上橄欖油30cc，然後以220℃的烤箱加熱20分鐘。

荷蘭芹香烤小羊肋排

Carré d'agneau persillé

這是自開店以來，都未曾從菜單上消失的小羊肉料理。這道料理的本質在於如何品嚐到美味的脂肪。拌入大蒜和荷蘭芹的麵包粉，吸收了由小羊肉釋出的油脂，產生酥脆的口感，這關係到與保留了肉汁的赤身肉能形成多麼明顯的對比。

因此，在沾裹麵包粉之前的階段中，將濕軟的多餘脂肪煎到消失，變成爽脆的脂肪，我認為這是唯一的做法。如果不露出肋骨的部分，以帶著背脂部分的狀態去煎的話也是如此，深深地切入切痕之後很容易釋出油脂，希望大家能耐心地慢慢煎肉。

正因為是以前流傳下來的料理，才要重新審視它的細節，想製作得更美味的話該怎麼做才好，找出這個答案的作業過程真的很愉快。

（1人份）

小羊背里肌肉（→89頁）
— 334g

鹽 — 適量

沙拉油 — 30cc

百里香的莖 — 適量

法式芥末醬 — 適量

香草麵包粉

- 帶莖荷蘭芹 — 50g
- 橄欖油漬大蒜（→42頁）— 50g
- 乾燥麵包粉 — 100g

普羅旺斯醬汁（→32頁）— 適量

●肉和香草麵包粉的準備

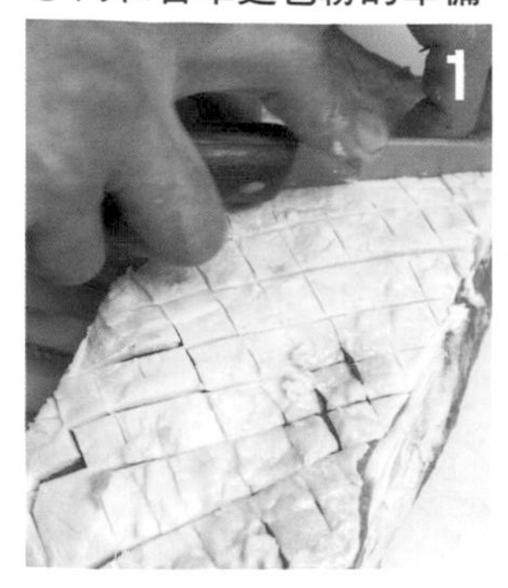

在小羊肉的脂肪上面深深切入格子狀的切痕。請注意，不要切到赤身肉。

＊這是為了在煎肉時容易去除脂肪而製造的切痕。不將脂肪削除，而是煎到沒有脂肪，就能保留小羊肉特有的香氣。

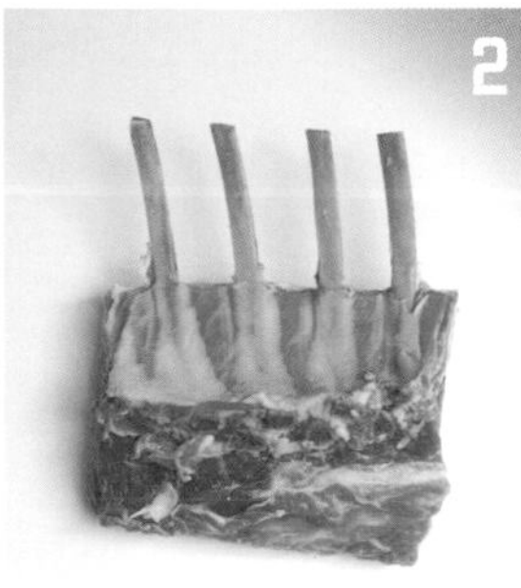

分切成1人份有骨頭4根份（334g）。

香草麵包粉。將荷蘭芹和橄欖油漬大蒜放入食物調理機中攪打，荷蘭芹變得細碎之後，加入乾燥麵包粉攪拌。

●煎肉

將肉撒上鹽，讓沙拉油均勻分布在冷的平底鍋中，從脂肪側開始煎。

＊以熱的平底鍋煎肉的話，表面的脂肪會焦掉。讓肉的溫度隨著平底鍋的溫度一起升高。

溫度升高之後將火勢稍微調小，一邊澆淋油汁一邊使油脂慢慢流出。

＊進行澆淋油汁的作業可使平底鍋的油溫下降。而且肉的上面也會受熱，就能使油脂的香氣附著在肋骨側。

放入百里香的莖等能使脂肪的香氣變得更好聞。

＊以香藥草不會焦掉的溫度煎肉。香藥草成為火勢是否恰好的指標。

利用平底鍋的鍋緣等處，將全部的脂肪加熱，煎到沒有脂肪。這裡要花時間慢慢加熱。

＊將肉時而立起，時而平放，使脂肪貼著鍋壁來煎肉。

煎到沒有脂肪之後取出肉。以法式芥末醬取代黏著劑，均勻塗滿整塊肉。兩端的切面不用塗。

將香草麵包粉鋪開，以塗上法式芥末醬的各面，均勻沾裹大量香草麵包粉。

將肋骨側朝下，放在烤盤中，放入250℃的烤箱烘烤8分鐘。

＊這是為了不要使油脂弄濕麵包粉。

從烤箱取出之後，用手指按壓肉的兩端，如果產生回彈的彈性，便可放置在溫暖的場所2分鐘，利用餘溫加熱。

切成一半之後盛盤。倒入普羅旺斯醬汁。

炙烤小羊肋排

Côtelettes d'agneau grillées

炙烤這種烹調法最近變得不太常看到，但是將格子狀的鐵板加熱到超高的溫度，能在短時間內一口氣加熱。烤色的香氣程度、燒烤過後油脂的美味程度、外側和中心部分不同口感的差異等，我認為是應該更加深入重新研究的調理方法。單就小羊肉來說，將肋骨清理乾淨之後保留下來，用手抓著享用的形式也能呈現出輕鬆隨性的氣氛。
必須注意的重點在於要用力壓住脂肪，烤到釋出油脂。如果將赤身肉隨意加熱，但是放著不去管它的話，就會留下Q彈的脂肪。這帶有羊羶味的脂肪，正是小羊肉在日本無法普及的原因，不是嗎？
而且，還需要注意只有炙烤兩面的話，熱力可以傳入的厚度。如果是很厚的肉塊，有時候只先烤出焦痕，接下來就要借助烤箱加熱，但是嚴格來說，只有以炙烤用的鐵板來加熱才是不變的法則。

（1人份）
小羊肋排 — 3根（1根95g）
醃料
- 鹽、胡椒 — 各適量
- 橄欖油漬大蒜（→42頁）— 1小匙
- 香藥草（普羅旺斯香料等）— 1/2小匙

橄欖油 — 適量

普羅旺斯醬汁（→32頁）— 適量

配菜
（芝麻菜沙拉*、檸檬）
*以油醋醬汁（→33頁）調拌芝麻菜。

●肉的準備

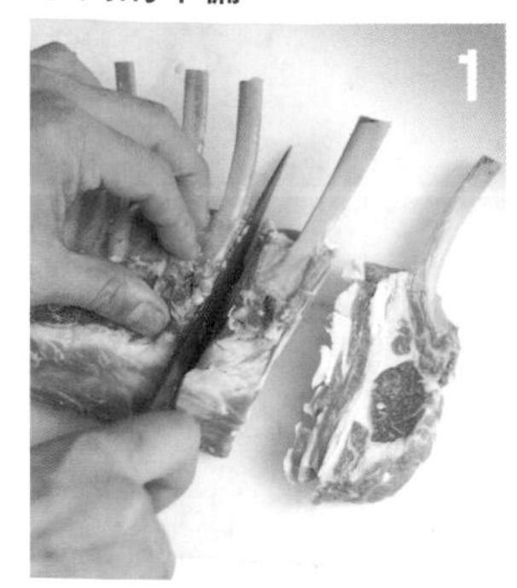

準備已經完成前置作業的小羊背里肌肉（→89頁）。從貼近相鄰骨頭的右側分切開來。

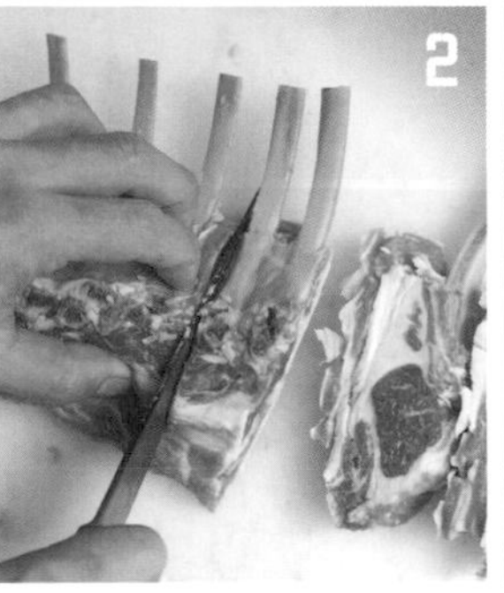

為了使肉的厚度一致，有時候也會使用骨頭2根份製作。

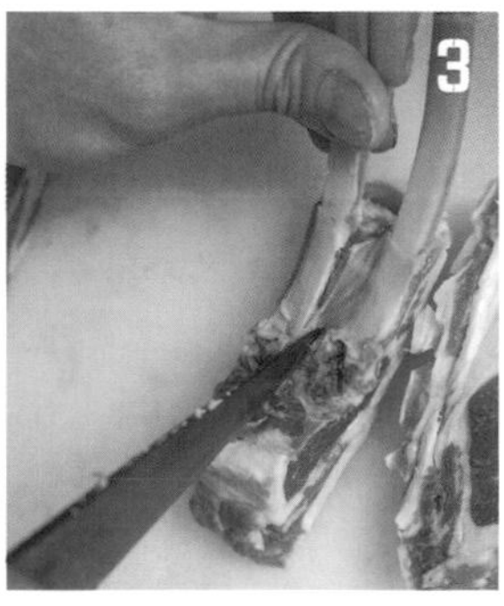

如果分切成骨頭2根份，要取下其中1根骨頭。

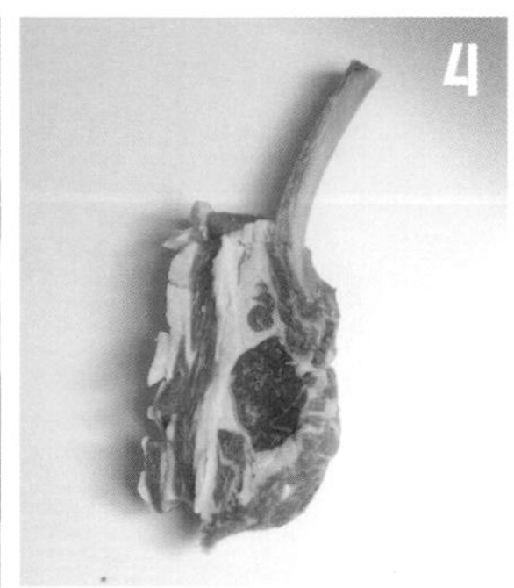

小羊肋排1根95g。

小羊肋排的兩面撒上鹽、胡椒，塗滿橄欖油漬大蒜後放置15分鐘以上，進行醃漬。

＊也可以營業前製作好備用。

●烤肉

在要炙烤前淋上橄欖油。

＊為了避免烤焦之後黏在烤盤上面。

將烤板加熱到冒煙為止。

＊為了烙印出漂亮的焦痕。

設想要在表面烙印出格子紋路，將肉放在烤盤上。不要挪動肉，並且以叉子按壓，確實烙印出焦痕。

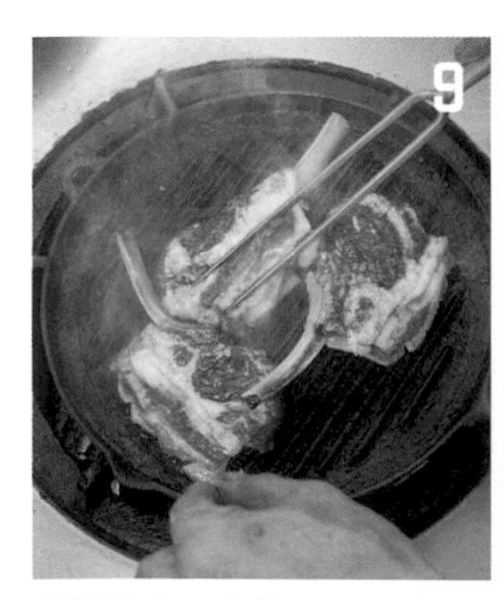

不挪動肉，炙烤1～1分半鐘之後，將肉轉動90度。

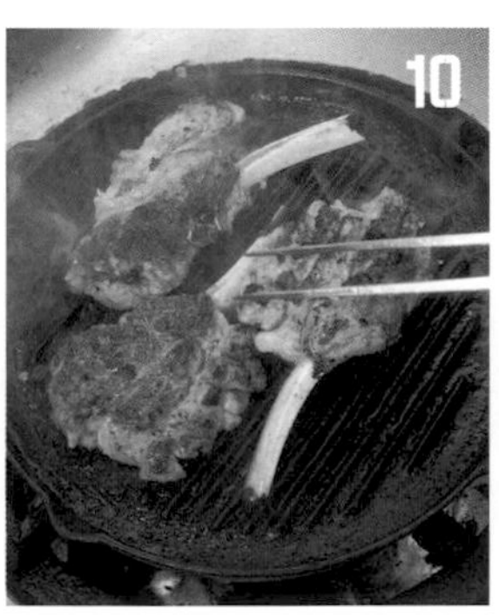

接著，不挪動肉，炙烤1～1分半鐘之後，翻面。以叉子按壓，確實烙印出焦痕。炙烤1～1分半鐘之後，將肉轉動90度。

將肉從烤板取出，移至附網架的長方形淺盆中，在溫暖的場所靜置15分鐘。

＊因為使用附網架的長方形淺盆，肉就不會悶住而使表面變濕，所以能做出外表酥脆的小羊肋排。

在要上菜之前，以250℃的烤箱加熱。盛盤之後淋上普羅旺斯醬汁。配菜是芝麻菜沙拉和檸檬。

小羊肉庫斯庫斯

Couscous au épaule d'agneau

北非的代表料理。傳到法國之後，就像靈魂料理一樣，是深入日常生活中的料理。
在非洲，水很珍貴，要毫不浪費、很有效率地使用，而這點也表現在烹調手法上面。利用肉或蔬菜所擁有的水分進行自身的加熱，換句話說，以極少的水分進行加熱的庫斯庫斯或塔吉鍋，就是具有代表性的範例。
利用乾燥而總是晴天的氣候製作而成的水果乾經常運用在料理中，也可以說是其中一個特色。使用厚質的鍋具，以溫和的熱力慢慢地將素材蒸熟、加熱，引出濃縮過後的味道，請抱持這樣的感覺進行烹調。
而且，香料的存在感非常盛大。一踏進摩洛哥馬拉喀什的市場，就會看到在日本似乎沒吃過的、色彩繽紛的香料堆得像山一樣高。香料的世界非常深奧廣潤。深入挖掘香料的知識，將可看見一個嶄新的世界。

（容易製作的分量）
小羊肩肉（→91頁）— 1.4kg
醃料
- 鹽 — 20g
- 胡椒 — 適量
- 橄欖油漬大蒜（→42頁）— 尖尖1大匙
- 辣椒粉 — 尖尖1大匙
- 小茴香粉 — 尖尖2大匙
- 紅椒粉 — 尖尖2大匙
- 芫荽粉 — 尖尖2大匙
- 橄欖油 — 30cc

洋蔥 — 1個
西洋芹 — 50g
橄欖油漬大蒜 — 尖尖1大匙
橄欖油、鹽 — 各少量
番茄醬 — 滿滿2大匙
白酒 — 350cc
蔬菜（櫛瓜、紅椒、茄子）— 適量
葡萄乾 — 2大匙

庫斯庫斯（容易製作的分量）
- 粗粒小麥粉 — 200g
- 熱水 — 200cc
- 鹽、胡椒 — 各適量
- 橄欖油 — 15cc

● 醃漬

將清理乾淨的小羊肩肉分切成1塊100g，然後加入全部的醃料。

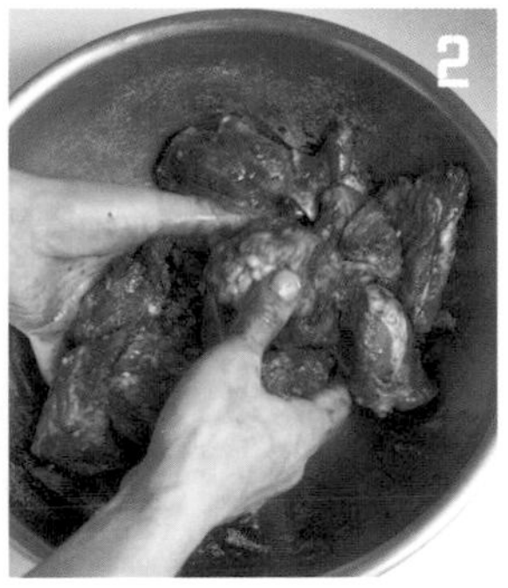

將醃料搓揉在肉上，放在冷藏室中醃漬一個晚上。

＊使肉入味。

● 燉煮

將切成適當大小的洋蔥、西洋芹和橄欖油漬大蒜放入食物調理機中攪碎。

＊切成如圖般較粗的碎末。

將**3**移入附鍋蓋的鑄鐵琺瑯鍋中，加入橄欖油和鹽之後以中火炒。

＊釋出水分使甜度濃縮。

洋蔥漸漸變得透明之後，加入番茄醬一起炒。

番茄醬與全體炒勻之後，加入醃漬好的肉和白酒，加熱到沸騰。

＊充分攪拌，使肉和白酒均勻融合。

煮滾之後蓋上鍋蓋，放入220℃的烤箱中加熱40分鐘。

＊如果以瓦斯爐加熱的話，蓋上鍋蓋之後以極小的小火加熱40分鐘為準。

蔬菜分別切成較大的塊狀備用。

將**7**的鍋子從烤箱中取出後，放入**8**的蔬菜和葡萄乾，以瓦斯爐加熱，煮滾之後蓋上鍋蓋，放入220℃的烤箱中加熱15分鐘。

將肉加熱到變軟，插入鐵籤之後會迅速掉下來的程度，就完成了。

● 庫斯庫斯

製作庫斯庫斯。將粗粒小麥粉放入缽盆中，然後倒入同量的熱水，覆蓋保鮮膜，將粗粒小麥粉泡軟。

加入鹽、胡椒、橄欖油，用手輕輕搓散。將庫斯庫斯盛盤之後，澆淋**10**的燉煮料理。

＊粗粒小麥粉只要淡淡地調味就OK了。

白醬燉小羊肉

Blanquette d'agneau

雖然提到白醬燉肉（blanquette），一般的印象中都是小牛肉料理，但是這裡我大膽使用帶有香氣的小羊肉製作。加入龍蒿風味的白醬燉小羊肉作為經典料理流傳下來，我認為是必須重新研究的好料理。
與小牛不同的是，小羊吃穀物的程度很高，脂肪也變厚，所以燉煮前的清理很重要。但是如果去除過多的脂肪，獨特的香氣會消失，所以要適度地留下脂肪，注意別失去了羊肉的味道。
如果在意脂肪的香氣，在完成時加入少許咖哩粉，就可以供怕吃羊肉的客人選用。

（容易製作的分量）
小羊肩肉（→91頁）— 1.4kg
香味蔬菜
- 西洋芹（縱切成一半）— 200g
- 洋蔥（切成1/4瓣形）— 1個份（300g）
- 百里香 — 適量
- 月桂葉 — 3片

白酒 — 300cc
水 — 1公升＋α
鹽 — 尖尖1大匙

（1人份）
燉小牛肩肉 — 3塊
煮汁 — 200cc
配菜
- 小洋蔥（切半）— 2個份
- 蘑菇（切半）— 4個份

鮮奶油 — 100cc
用水調勻的玉米粉液 — 少量

●肉的清理

將清理乾淨的肩肉分切成1塊100g左右。

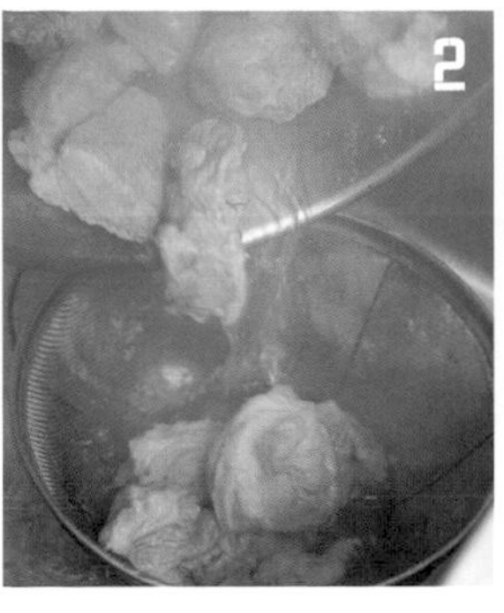

將肩肉和水放入高湯鍋，煮滾之後將熱水倒掉，利用這些熱水沖洗肩肉。

＊如果以冷水清洗，油脂會凝結，所以利用熱水沖洗。

●燉煮

將肩肉放回乾淨的高湯鍋中，再放入香味蔬菜、白酒、水，以大火加熱。

＊為了避免將肉染色，使用白色的香味蔬菜。

煮滾之後，漸漸可以看到肉冒出水面時轉為中火，煮40分鐘。

加入鹽，如果水變少了要適度補足水量之後再煮。

將肉煮軟，煮到插入鐵籤之後會迅速掉下來的程度時，將肉取出，放在長方形淺盆中。

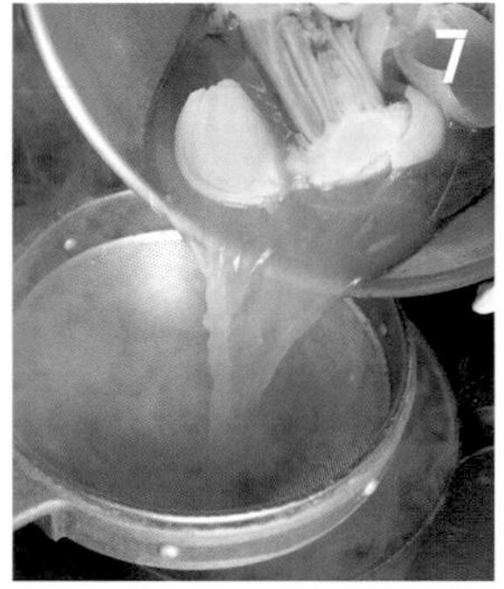

以錐形過濾器過濾煮汁。

將過濾過的煮汁煮滾之後撈除浮沫和油脂。將肉和煮汁分開放置。

＊如果有油脂殘留，煮汁會出現強烈的羊羶味，所以要仔細撈除。

●完成

上菜時分別取肩肉3塊、200cc的煮汁放入鍋中，再放入配菜的小洋蔥、蘑菇，以小火煮乾水分。

＊如果這裡沒有充分收乾煮汁的話，味道會很平淡。

將煮汁收乾到這個程度之後，加入鮮奶油。

加入少量用水調勻的玉米粉液，或者奶油炒麵糊，將濃稠度增加到如照片所示的程度。

岩鹽包烤小羊背肉

Selle d'agneau en croûte de sel

先以網油保護，再以鹽麵糊包裹起來，間接進行加熱，就能可以烤出濕潤的質地，這是單純直接烘烤辦不到的事。
不過，因為無法確認加熱的狀態，所以像是烘烤時間、溫度帶和烤箱的特性等，需要仰賴廚師直覺的部分變多，希望大家不要害怕失敗，勇於挑戰看看。
此外，不只是羊，這個鹽麵糊也可以應用在豬、牛、形狀複雜的禽類或魚類。而且，因為可以在常溫中長期保存，所以能夠集中備料。為了因應客人不定時的點餐，賦與「岩鹽包烤」這個高附加價值，十分便利。
這道料理的重點不在於鹽的分量或烘烤時間，而是餘溫，也就是靜置的時間。從烤箱取出之後，已經變得熱騰騰的鹽也不會輕易降溫，而是毫不留情地導熱到素材裡面。在恰當的時間點取出之後，提心吊膽地切開鹽殼時大吃一驚！因為加熱過度，肉全變白了！為了避免這樣的情況發生，請將鹽麵糊的餘溫計入加熱的時間裡。
間接加熱的話，脂肪的口感會變得濕軟，所以這個烹調法適用於已經去除脂肪的里肌心或腰內肉，禽類的話則是胸肉。

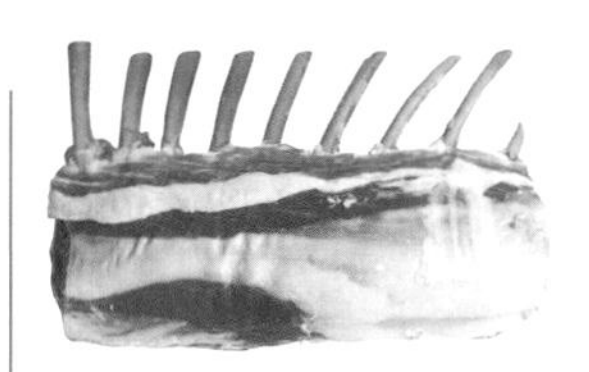

先從小羊背里肌肉切下背骨和肩胛骨。因為岩鹽包裹是間接的加熱法，所以無法將脂肪完全烤到不見，為了避免帶有腥臊味的脂肪殘留，要去除脂肪之後再使用。

（1人份）
小羊背里肌肉（→89頁）— 250g
鹽麵糊（容易製作的分量）
- 岩鹽 — 1kg
- 精製鹽 — 1kg
- 高筋麵粉 — 300g
- 橄欖油漬大蒜（→42頁）— 30g
- 帶莖荷蘭芹 — 30g
- 蛋白 — 500g

網油* — 適量

普羅旺斯醬汁（→32頁）— 2大匙
百里香 — 適量

*用水清洗乾淨之後，暫時浸泡醋水備用。使用時確實瀝乾水分。

● 肉的準備

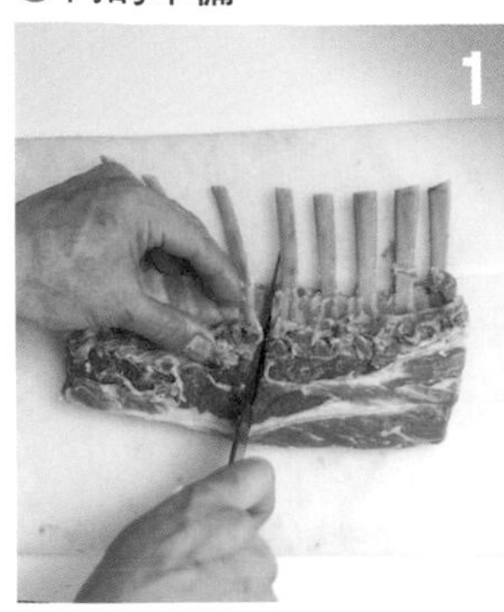

將已經完成前置作業的小羊背里肌肉分切成1人份250g。

● 鹽麵糊

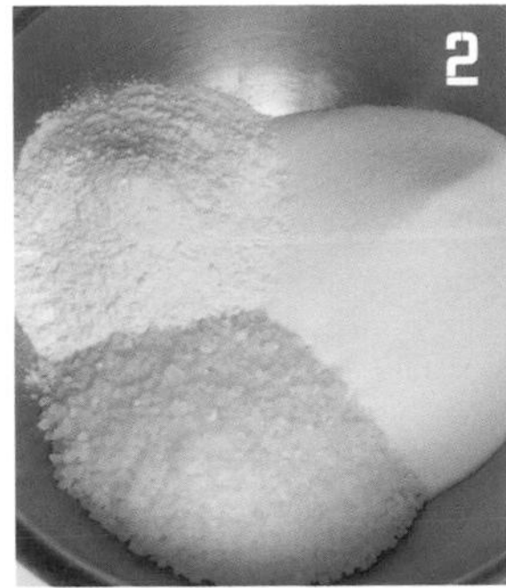

製作鹽麵糊。將岩鹽、精製鹽、高筋麵粉一起放入大缽盆中。

將蛋白、荷蘭芹、橄欖油漬大蒜放入食物調理機，攪打至荷蘭芹變得細碎。

＊除了荷蘭芹之外，也可以加入其他的香藥草或香料。

將3倒入2的缽盆中，用手充分攪拌，製作出均勻的麵糊。

● 包裹起來

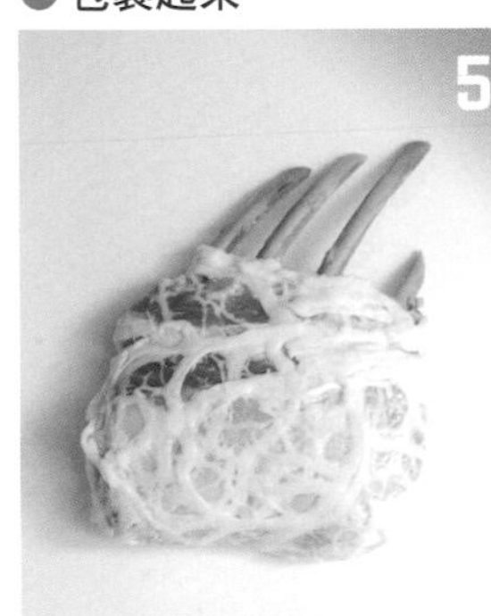

以網油將羊肉包裹2層。

＊如果讓肉直接接觸到鹽，會滲入太多鹽分到肉裡面，所以要先以網油包裹起來。包裹2層剛剛好。

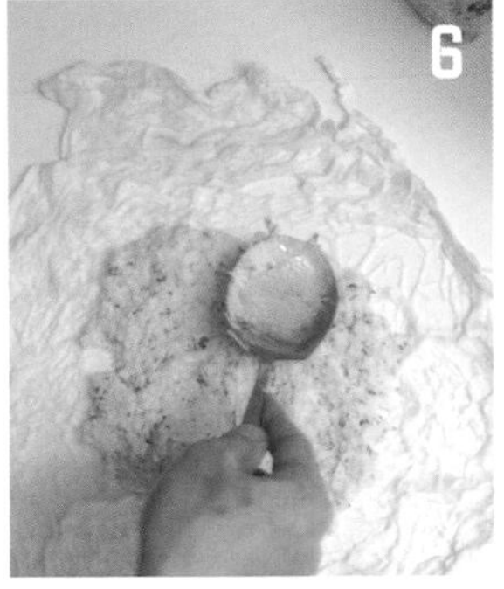

將4的鹽麵糊鋪在另一張網油上，推薄成1cm厚。

＊將可以完全包裹肉的分量推薄。使鹽麵糊的厚度均等。一旦超過這個厚度，熱力就無法傳入肉裡面。

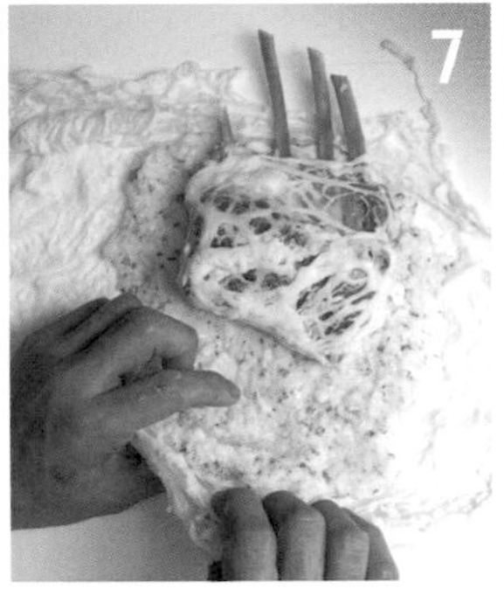

拿起網油的邊緣，覆蓋在肉的上面。

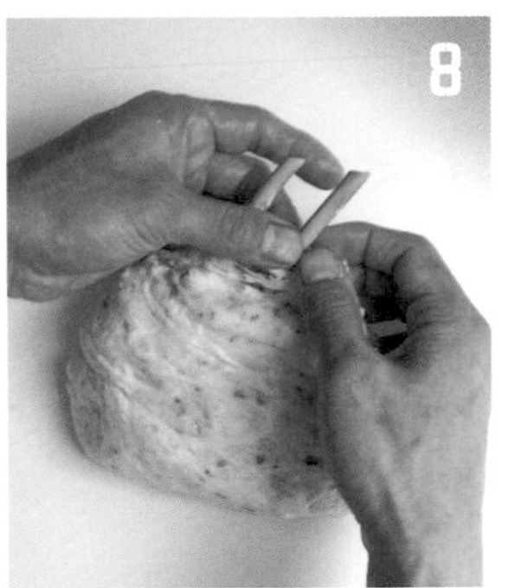

牢牢地包住。

● 烘烤

將網油的末端朝下，放在烤盤上面，接著立刻放入250℃的烤箱，這裡先加熱6分鐘。

＊如果放置一段時間，鹽的滲透壓會使肉汁流出，味道因而變得很鹹，所以要立刻烘烤。

從烤箱取出之後在溫暖的場所靜置3分鐘，然後再次以250℃的烤箱加熱2分鐘。取出後靜置2分鐘。

將菜刀切入外層的鹽殼，切開後剝除周圍的鹽殼，取出肉來。

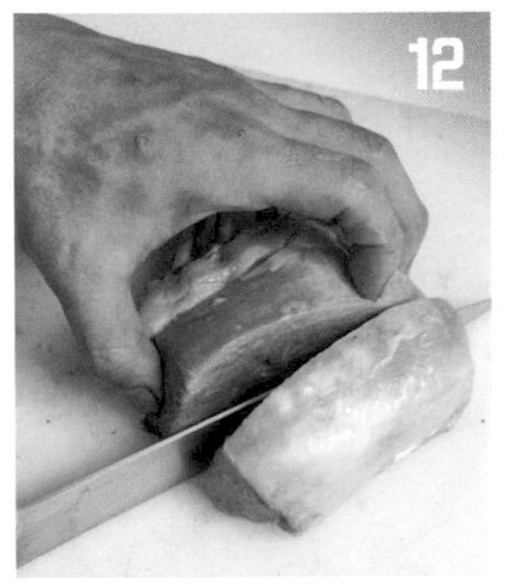

取下網油之後分切。盛盤之後淋上普羅旺斯醬汁，撒上百里香。

＊如果有網油殘留的話，味道會變很鹹，所以要仔細地去除網油。

派皮包烤肥肝小羊肉

Carre d'agneau et foie gras en croûte

「派皮包裹」可以將前置作業進行到要上菜之前，因為在營業時段只需要塗抹蛋黃，放入烤箱烘烤即可，作業十分簡便，所以本店一整年的菜單上面都有這道料理。在我們這家35席的店裡只有2個人在運作，對我來說，這是一道當作「退路」的「輕鬆料理」，但因為這是近來不太常見的料理，所以我覺得它反倒像是抓住了喜歡吃派的客人的心。

以派皮包住之後烘烤的優點，與岩鹽包烤一樣，因為沒有直接接觸到火，所以可以烤出濕潤柔嫩的肉。

此外，派皮擋住了由肉流出來的肉汁，同時還有一個重要的功能，就是擔任襯托醬汁和主材料的配角。因為包裹起來只是目的，所以千層派皮使用第2次麵團製作也無妨。

這道料理與鹽包烤一樣，必須考慮到餘溫。雖然很想在剛從烤箱拿出來，派皮酥酥脆脆的時候端上桌，但是只需稍微靜置，肉汁就會穩定下來。

（1人份）
小羊背里肌肉 — 140g
鹽、胡椒 — 各適量
鴨肥肝 — 30g
黑松露 — 10g
松露油 — 1滴
網油* — 適量
千層派皮（20cm方形、→37頁）
　— 1張
蛋黃 — 適量

佩里格醬汁（→31頁）— 適量

*用水清洗乾淨之後，暫時浸泡醋水備用。使用時確實瀝乾水分。

●肉的清理

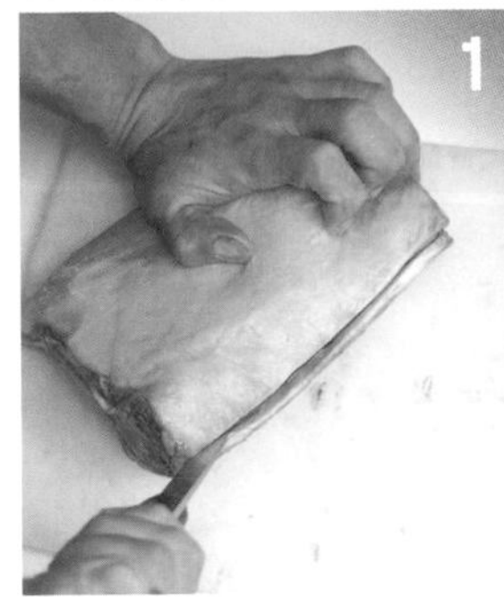

握緊去骨刀，沿著小羊肉的肋骨（胸椎）的突起切入，切開直到碰觸骨頭關節為止。

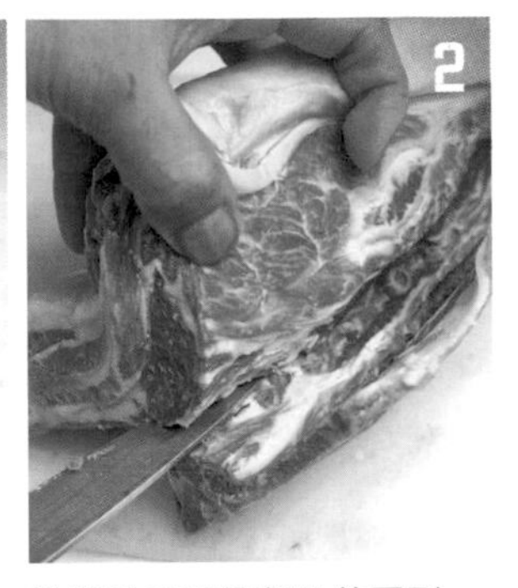

沿著肋骨關節部分的圓形切入，將肉切下來。

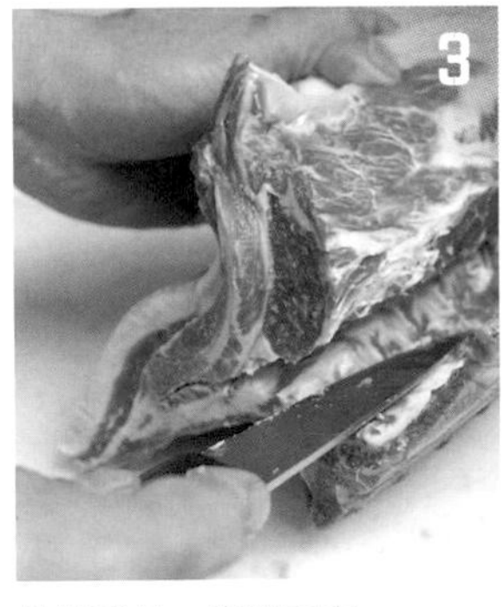

沿著肋骨一直切下去。

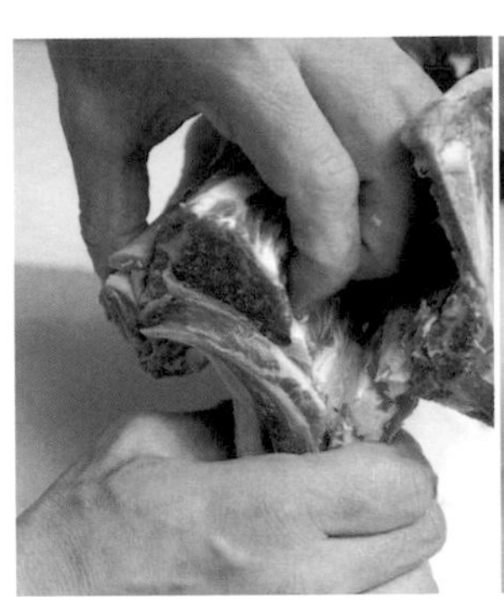

用手剝下里肌心。只使用里肌心的部分。

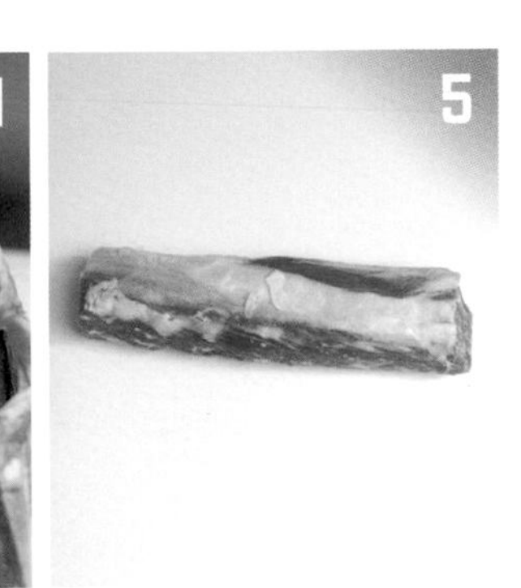

取下的里肌心。

●派皮包裹

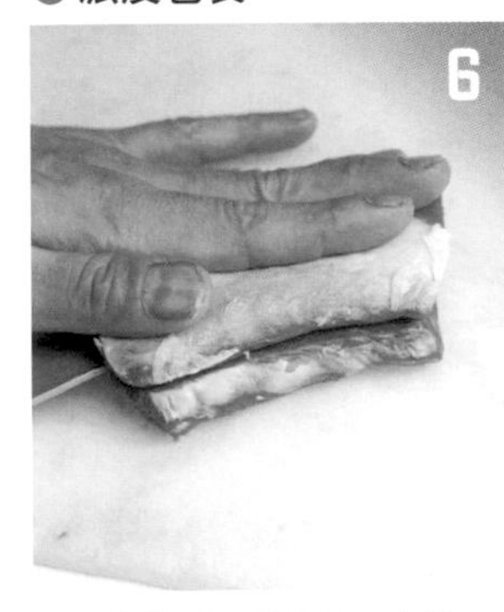

由5的背里肌肉切出1人份140g，然後將刀子切入直到里肌心的一半。

攤開肉，在兩面撒上鹽、胡椒。

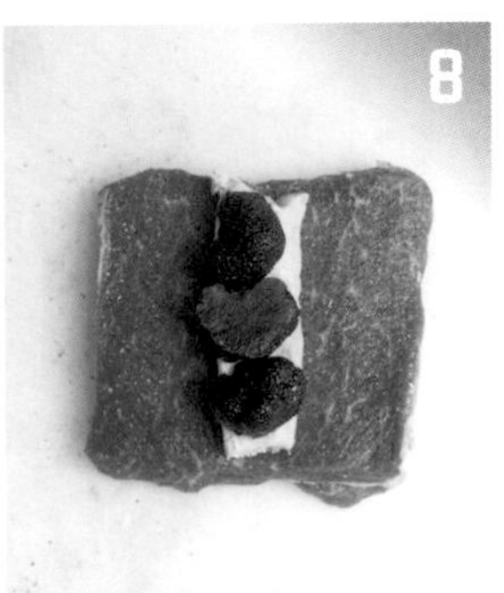

將鴨肥肝30g放在肉的中央，上面並排擺放切得稍厚一點的黑松露10g，只滴上1滴松露油。

拿起肉的一端將鴨肥肝和松露捲起來。

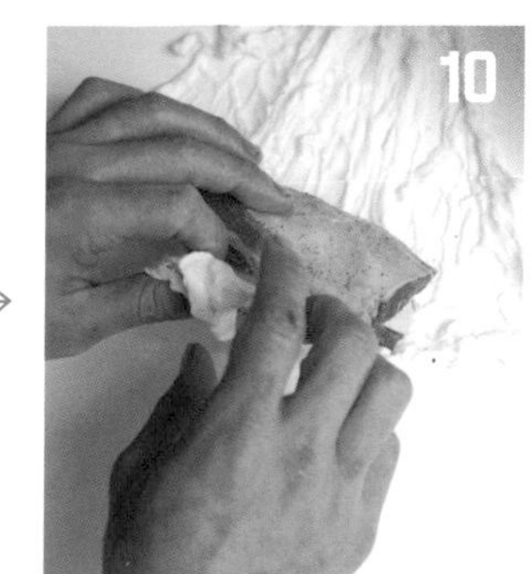

以網油包起來。

＊為了避免肉卷鬆開來，使用最小限度的網油包住。

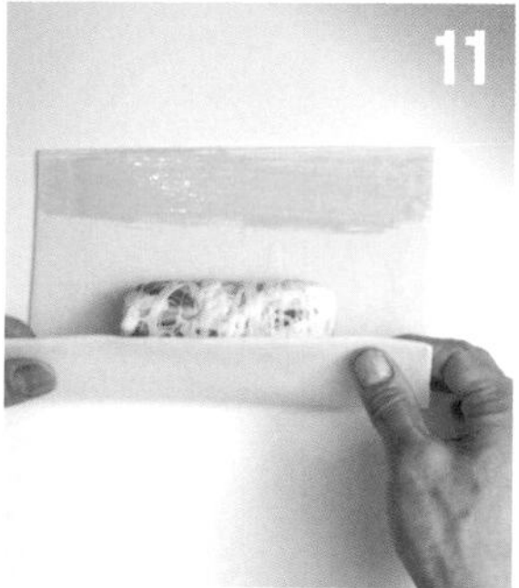

放在20cm方形的千層派皮上面，以蛋黃取代麵糊塗抹在上端再捲起來。切除多餘的部分。

用剪刀在4邊的角剪出4個切口。

剪除上邊，直到貼近肉卷處。兩側保留足以蓋起來的程度，剪齊。

＊剪下來的麵皮先集中保存，可以做成塔皮。

14

將兩側摺入，然後在下面塗上蛋黃。

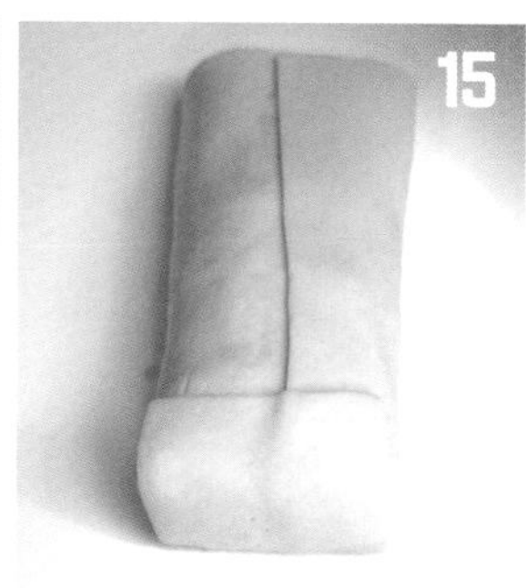

往上覆蓋起來。另一側的作法相同。

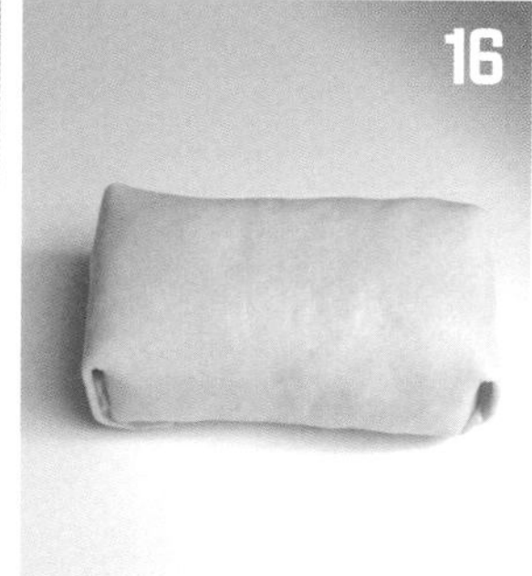

派皮包肉。

● 烘烤

烤盤先塗抹奶油，再放上派皮包肉，上面塗抹蛋黃之後放入冷藏室備用。

＊在烘烤前再塗1次蛋黃，烤出漂亮的光澤。

放入250℃的烤箱烘烤12分鐘。

烘烤完成後放在溫暖的場所2分鐘，以餘溫加熱。

＊如果肉派的表面熱度下降，可藉此判斷餘溫已經傳導進入裡面。

為了能以熱騰騰的狀態端上桌，放入250℃的烤箱烘烤1分鐘。

＊為了提升到品嚐起來會很美味的溫度，所以再度加熱。

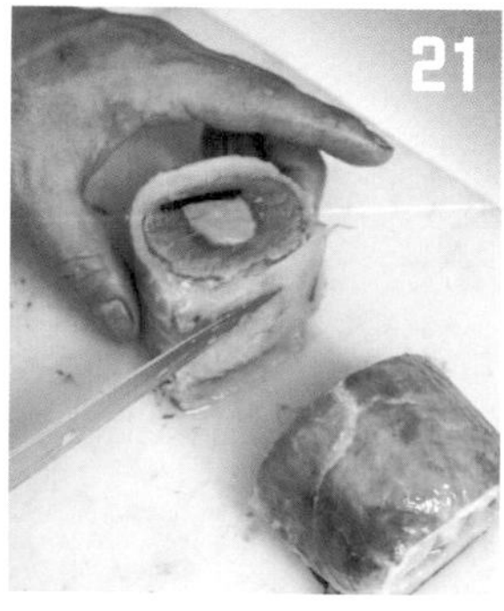

從烤箱取出之後，先將兩端切除，再切成一半，盛盤。倒入佩里格醬汁。

豬肉

豬肉是由野豬馴化成家畜而來的，與雞肉並列為經濟動物的代表。因此，豬隻品種也隨著世界各地形形色色的烹調法一起達到進化。從鼻尖到腳尖，幾乎沒有捨棄不用的部分，只要能解決宗教上的問題，甚至連血液也可以毫無剩餘全部用完。在日本，以沖繩縣來說，在豬肉飲食文化的滲透下，簡直可以說除了叫聲之外全部都食用。相反地，在伊斯蘭教文化圈是完全不食用豬肉的。

在法國，餐廳或餐酒館鮮少提供豬肉料理，而是將豬肉定位成以家庭為對象的食材。正因為是大眾熟悉的食材，料理的變化朝非常多方面發展，再納入內臟料理或加工肉品的話，呈現出可以說無限寬廣的發展空間。

在日本，豬肉幾乎都經過配種改良，全國各地稱為品牌豬的當地豬肉生產興盛，特別是以關東為中心的餐廳，也常將豬肉列入菜單中使菜色更豐富。客人也都將豬肉料理視為肉料理的一種類型，對豬肉抱持著便宜又腥臭的這種印象已經是很久以前的事了。

在加工肉品的章節中會提到特殊的使用方法或加工，而在本章節當中將為大家介紹豬肉的料理，也就是非內臟的精肉部分，以及一般人很少接觸的部位也包含在內。

自製火腿

Janbon cuit maison

法國人將經過鹽漬的豬肉稱為「petit salé」，它的應用範圍非常廣泛。像這裡介紹的一樣，將鹽漬豬肉水煮之後，可以直接當成火腿食用，也可以加以燻製之後食用。
只需將事先水煮過的肉加入燉煮料理中，就能煮出很好的味道，而把它切得厚一點，嫩煎之後撒上乳酪就完成午餐的菜色了。重點在於水煮的溫度不要太高，而且要盡快使用完畢，勤快地進行備料的工作。
此外，這次使用的是容易使用的肩里肌肉，而不論是里肌肉也好，腿肉也好，都是相同的作法。不過肉的粗細不同的話，水煮的時間也會改變，所以需要微幅調整。

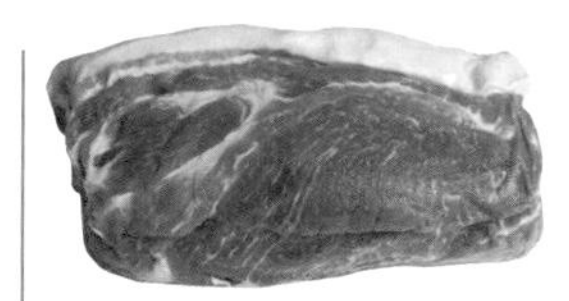

豬肩里肌肉。肩里肌肉是里肌肉靠肩頭（前方）的部位，因為有適度的脂肪分布，所以味道濃醇，肉質柔軟。最好先將筋切除之後再使用。

（2條份）
豬肩里肌肉 — 2.5kg
鹽 — 75g（30g/kg）
砂糖 — 2.5kg（1g/kg）

胡椒、橄欖油、
帕瑪森乳酪 — 各適量

●鹽漬

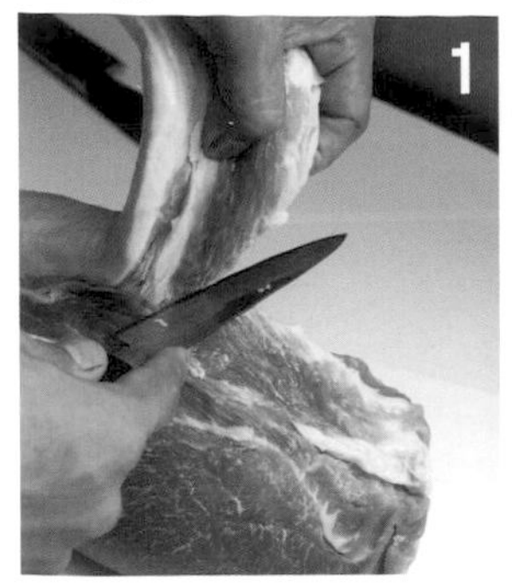

抬起附著在豬肩里肌肉上的厚脂肪，用刀子切除。

＊將這個脂肪當作背脂使用。

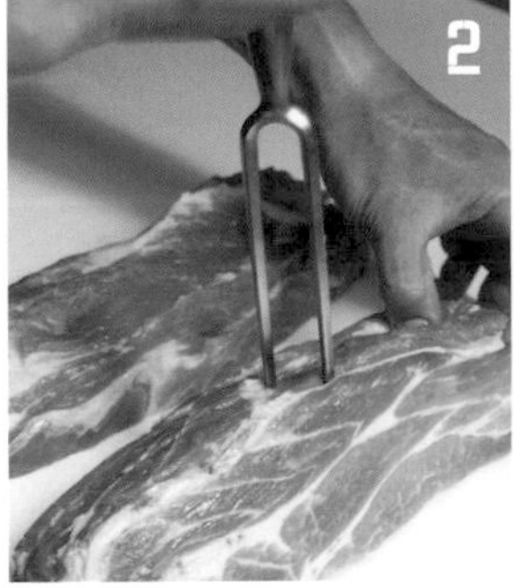

將1分切成相同的粗細，以料理叉在整面豬肉上深深地戳洞。

＊切成長形的話比起大肉塊，鹽會更容易滲入肉的裡面，可以縮短鹽漬的時間。

將鹽和砂糖搓揉進肉裡，就會釋出水分。以那個水分來調拌鹽和砂糖，塗抹在肉的上面。以塑膠袋或保鮮膜包覆，放入冷藏室中鹽漬1個晚上。

＊砂糖擔任發色劑的角色。

●綁繩

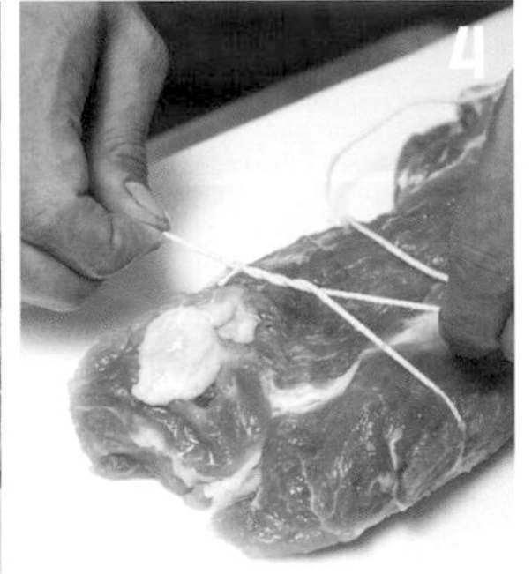

將棉繩纏繞在鹽漬過的肉上面。首先將棉繩綁在肉的一端，為了避免鬆開，將棉繩繞2圈打結。

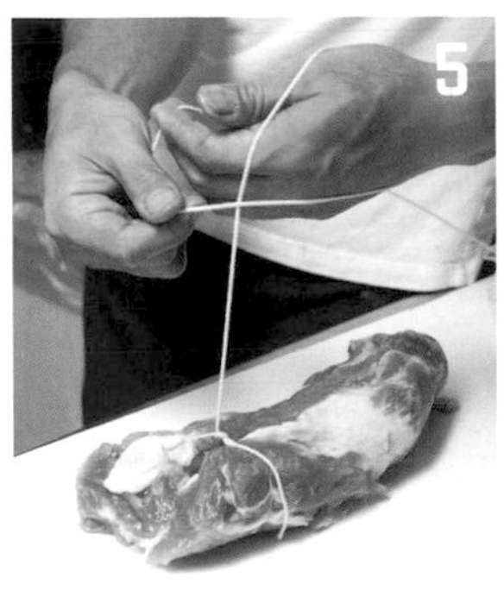

將棉繩纏繞在手上，做成一個繩圈。

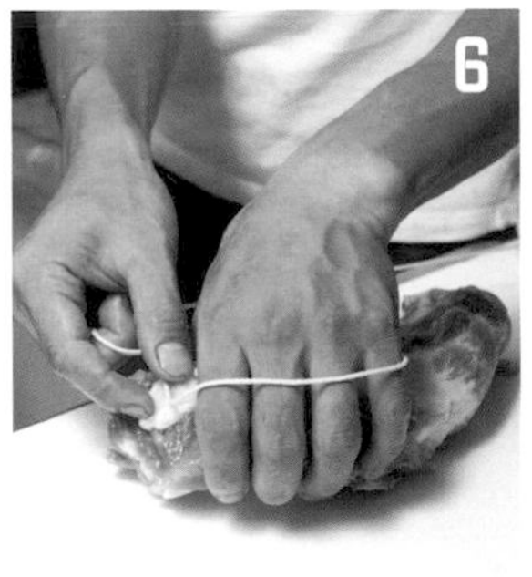

以做繩圈的那隻手，把肉拿起來。

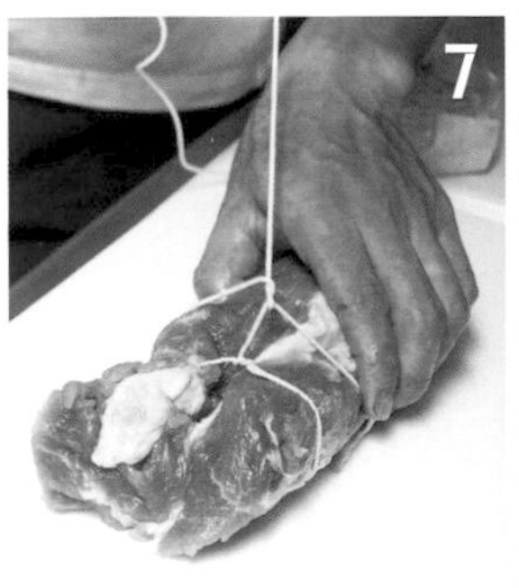

棉繩穿過肉底下再拉緊。

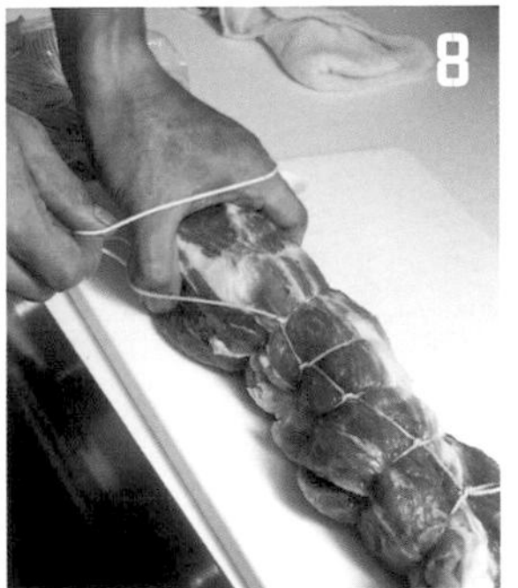

綁到一半的時候，從肉的另一端纏繞棉繩，會比較容易進行作業。從肉的一端到另一端，以相等的間距纏繞棉繩。

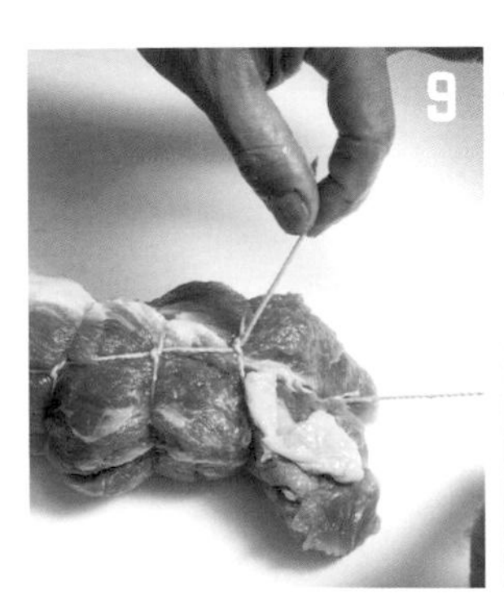

將肉翻面，將棉繩纏繞在8已經纏好的棉繩上，拉緊。重複這個作業，縱向穿過棉繩。最後與作法4的棉繩打結。

縱向穿過棉繩之後的狀態。

●水煮

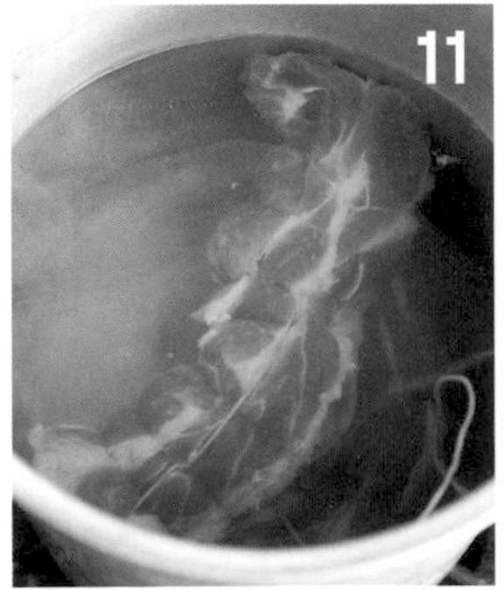

將肉放入熱水中。熱水的溫度保持在68～70℃，煮30分鐘。

＊縱切一半之後，因為肉的體積變細，會較快煮熟。

取出之後放涼至常溫，然後放在冷藏室中1個晚上使肉質緊實。隔天切成薄片，盛盤。撒上胡椒、帕瑪森乳酪，淋上橄欖油。

＊隔天也可以加以燻製。

培根蛋

Œufs au bacon

如果位於城市地區，因煙燻所冒出的煙和臭味是進行燻製時會遇到的難題。為了在我的廚房裡能在短時間內簡單地完成作業，燻製料理全部都是採用稱為熱燻或是瞬間燻製，以高溫度帶在一瞬間就結束作業的技法。
不過因為高溫的緣故，鮭魚等魚肉的表面會變白，所以主要以肉類為適用對象。不只是培根，也能夠在烘烤肉的中途增添燻製的香氣。
但是，燻製原本的目的是長期保存，關於這一點，完全無法期待熱燻能夠辦得到。希望大家能掌握到重點，這終究只是作為一種烹調法，而且只是為了在增添煙燻的香氣之後，能夠提升為更高級的味道。

豬腹脅肉。位於豬的腹部，由於脂肪和赤身肉層層交替重疊，所以又稱為三層肉。

（容易製作的分量）
豬腹脅肉 — 1kg
鹽 — 22g（22g/kg）
砂糖 — 8g（8g/kg）
櫻花木屑 — 1把

（1人份）
培根（1cm厚） — 2片
全蛋 — 1個
番茄（1cm厚的圓形切片） — 1片
鹽、胡椒 — 各適量
紅椒粉 — 少量

配菜（蔬菜沙拉*）

*以油醋醬汁（→33頁）調拌葉菜類蔬菜。

●鹽漬、乾燥

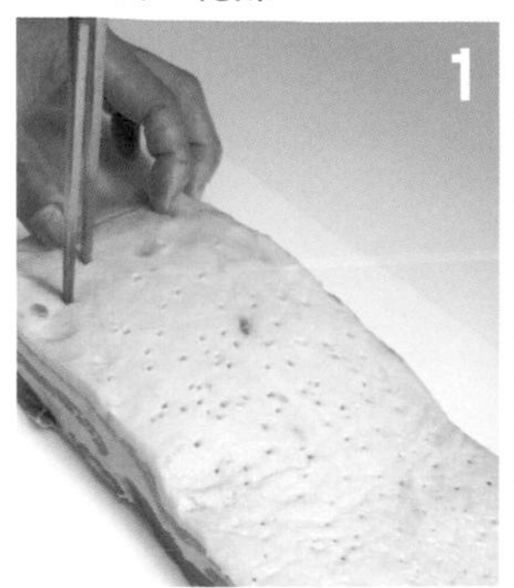

以料理叉在豬腹脅肉的兩面戳出無數的小孔。

在兩面撒滿鹽和砂糖。

＊砂糖擔任發色劑的角色。使肉烤成淡粉紅色。

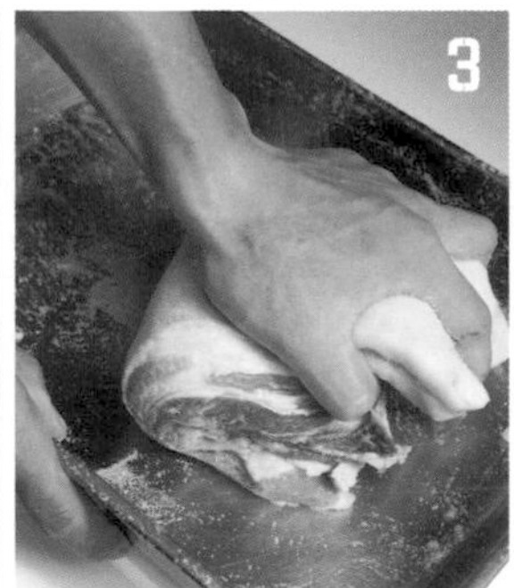

用手充分搓揉，使肉沾滿鹽和砂糖。放入塑膠袋等的裡面，密封之後放入冷藏室中鹽漬1個晚上。

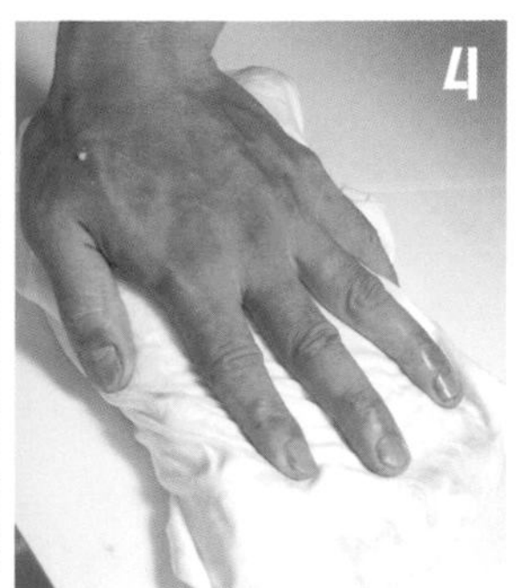

取出之後徹底擦乾水分。

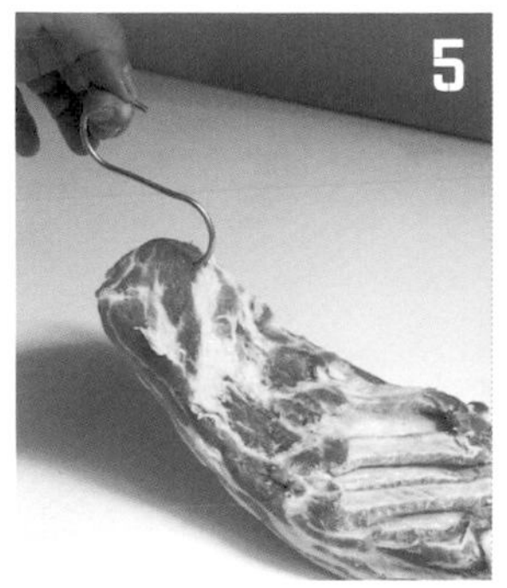

掛在吊鉤等的上面，吊在冷藏室中1天使肉變乾。

＊肉變乾之後，燻製時比較容易上色。

●燻製（熱燻法）

將櫻花木屑放入平底鍋中，再架上網架。將5的豬腹脅肉，脂肪朝下放在網架上。

點火，待冒煙之後罩上缽盆，以小火燻5分鐘。關火，就這樣放著直到不再冒煙為止。

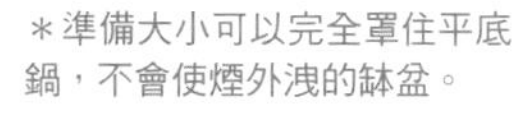
＊準備大小可以完全罩住平底鍋，不會使煙外洩的缽盆。

燻製後的豬腹脅肉。

＊裡面還是生的。因此，只進行熱燻的話，保存性會變低，所以會在接下來進行加熱。

●烘烤

豬腹脅肉的脂肪側朝上，放在附網架的長方形淺盆中，以200℃的烤箱烘烤20分鐘。

＊因為鹽漬豬肉很容易烤焦，所以用較低的溫度烘烤。

烘烤完成。肉已經完全烤熟。掛在吊鉤上，吊在冷藏室中。

＊就這樣吊掛著，可以保存大約3週。

＊如果以真空包裝處理，保存期限可以延長到2個月。

●完成

將培根切成1cm的厚度。番茄稍微撒點鹽。將培根和番茄放在平底鍋中，以小火慢煎。

＊培根會釋出美味的油脂，所以不用倒油在平底鍋中。

待培根釋出油脂，煎上色之後翻面。關火之後打入1個蛋。稍微撒點鹽、胡椒，以240℃的烤箱烘烤3分鐘。盛盤，再撒上紅椒粉。添加蔬菜沙拉。

黑豬血凍
Boudin noir en terrine

這是歐洲食肉文化的象徵，使用血液製作的料理。不只是豬，鴨的血液也被做成香腸等加工品。連一滴血也不捨棄，全部使用殆盡，我覺得歐洲人對於這樣的價值觀和加以實現的技法充滿執念。
血液在經過一段時間之後就會凝固。因此，會使用最低劑量的添加劑防止血液凝固，基本上以冷凍的形式上市。因為解凍之後會立刻形成血塊，所以希望能立刻把它用完。使用的時候也必須以網篩等撈除已經凝固的血塊。這次雖是做成血凍，但是將完全相同的東西填入豬腸裡面是原始的做法。填入豬腸之後，以80℃的熱水煮20分鐘左右，保存性非常低（2～3天以內）。如果是餐廳的話，建議最好做成保存期間較長的血凍。直接放入法式肉凍模具中，或是以真空包裝處理的話，冷藏可以保存1週～10天。

豬血。這裡使用的是從法國空運而來的冷凍品。為了防止血液的凝固，會添加維生素C或磷酸等。在冷藏室中解凍之後使用。

**蘋果泥。不另外加水分或調味料，充分利用蘋果的味道。

（1公升容量的法式肉凍模具2模份）

豬血 — 1公升
豬背脂（3mm小丁）* — 250g
A
- 洋蔥 — 大1個（500g）
- 西洋芹 — 40g
- 橄欖油漬大蒜（→42頁） — 30g

鮮奶油（乳脂肪含量40%） — 450cc
玉米粉 — 30g
B
- 鹽 — 37g
- 白胡椒 — 6g
- 肉豆蔻 — 3g
- 四香粉 — 3g

蘋果泥**（10人份）
- 蘋果 — 3個
- 奶油 — 30g

*因為豬油的融點比較低，若以絞肉機絞碎的話會融化，所以切成小丁，保留形狀。
**蘋果去皮後切成銀杏形薄片。以奶油炒過之後，移入食物調理機中攪打。因為想要保留果肉的口感，所以攪打得稍微粗一點。

●肉餡

將A的材料放入食物調理機中攪打成細碎末。

豬背脂切成3mm小丁，放入鍋中以小火炒。可以不要倒油入鍋中。

＊這是使背脂的表面稍微融化的作業。

將A放入2之中，以小火炒，與背脂拌炒均勻。

倒入鮮奶油之後煮滾。咕嚕咕嚕沸騰之後，加入B攪拌，將火勢轉小一點。

再度煮滾之後，加入用水調勻的玉米粉液勾芡。

將濃度煮到這個程度。

關火之後加入豬血，讓溫度升高到60℃。

＊溫度已達不會凝固的極限。請注意一旦凝固的話，就很難處理。如果要灌成香腸的話，因為會再加熱，所以可以直接填充成香腸。

●烘烤

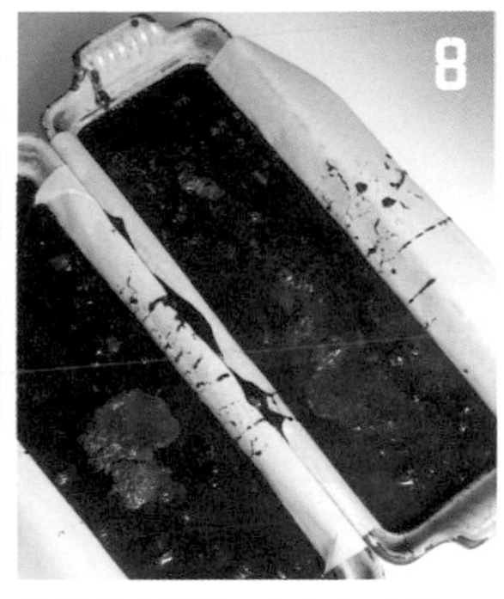

將烘焙紙鋪在法式肉凍模具中，倒入7。

＊烤好的成品很柔軟，所以如果沒有烘焙紙會很難脫模。

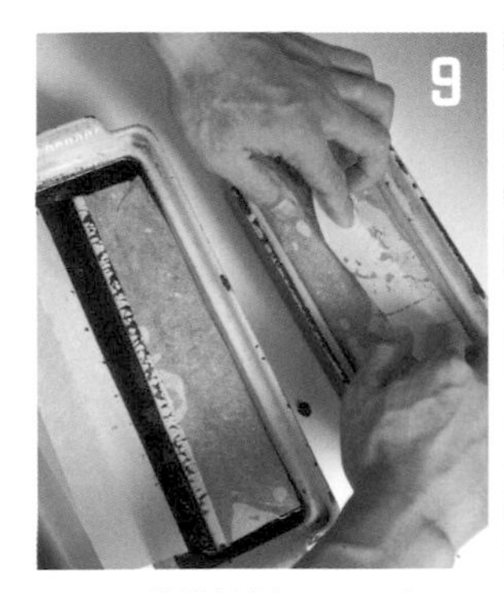

上面覆蓋烘焙紙，以240℃的烤箱烘烤20分鐘。

＊即使溫度升高也沒問題，所以不需要隔水加熱。

插入鐵籤，拔出時如果沒有沾附豬血的話，表示已經烤熟。從烤箱中取出。放涼至常溫之後，放入冷藏室中1個晚上，使裡面也完全冷卻。

●完成

將法式肉凍模具倒扣，取出黑豬血凍，以刀子切成100g（約2cm的厚度）。

＊因為很容易潰散，所以要一邊用手按著一邊分切。刀子最好先加熱。

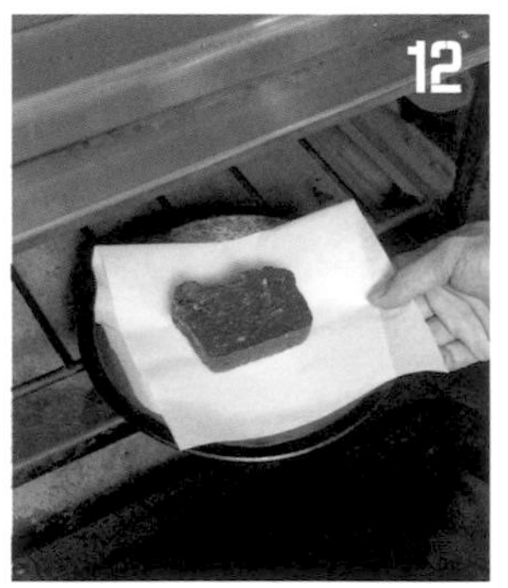

放在鋪有烘焙紙的烤盤上面，以220℃的烤箱烘烤5分鐘加熱。添加蘋果泥之後即可上桌。

香瓦隆風味焗烤豬肉

Gratin Champvallon au porc

在「麵包店的馬鈴薯」（→250頁）中加入豬肉做成的主菜料理。馬鈴薯吸收了豬肉的鮮味，它的美味程度成了這道料理的決勝關鍵。上方受到烤箱的熱力，馬鈴薯像瓦片一樣往上捲起，烤得很酥脆。中間則是吸收了豬肉鮮味的馬鈴薯，入口即化，渾然一體。
調味方面，只有最初將豬肉進行鹽漬時所使用的鹽，一直到最後都沒有再加入調味料。這是可以強烈感受到鹽漬效果的料理。
以相同的作法，其他的肉類，例如鴨、雞或羊，也可以做出絕佳的料理。
使用大型焗烤盆製作，也可以當作宴會或歐式自助餐的料理。

分成小份的焗烤豬肉。

（容易製作的分量）
鹽漬豬肉（→131頁No.1～4）
肩里肌肉 — 600g
鹽 — 9g（15g/kg）
洋蔥（順著纖維切成薄片）
— 1個份
水 — 1公升
月桂葉 — 3片

（2人份）
水煮鹽漬豬肉 — 2塊
煮汁（連同洋蔥） — 200cc
馬鈴薯（切成薄片）* — 300g
百里香 — 適量
鹽、胡椒 — 各少量
奶油 — 25g
*使用的品種是五月皇后。

●水煮

將經過鹽漬的豬肩里肌肉分切成1塊70g左右，將大約600g的肉放入鍋中。

洋蔥順著纖維切成薄片，放入1之中，倒入水，放入月桂葉，開大火加熱。

煮滾後將火勢轉小一點，保持最初的水量燉煮1小時半。
＊水分減少之後，只加入該分量的水。

燉煮1小時半之後的肉。

●烘烤

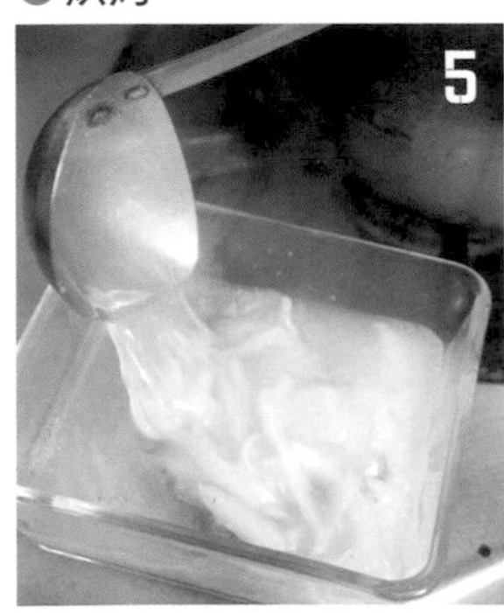

將豬肉2塊、洋蔥和煮汁倒入耐熱容器中（2人份）。

馬鈴薯去皮，以BENRINER萬能蔬菜調理器刨切成1mm左右的薄片，鋪滿5的上面。

撒上百里香的葉子，並以鹽、胡椒調味，將奶油剝碎成小塊放在上面。

以220℃的烤箱加熱20分鐘，趁熱端上桌。
＊馬鈴薯浸泡在煮汁中的部分很柔軟，表面的馬鈴薯則烤得很酥脆。

帶骨豬里肌肉
佐酸黃瓜洋蔥醬汁

Côte de porc charcutière

為何帶骨的肉會引人食指大動呢？
據說骨頭周圍的肉很鮮美，但是那並非因為有骨頭而鮮美，而是因為帶骨就不會在煎烤過後縮水，可以烤出多汁的肉塊。當然，用手抓著骨頭吸吮乾淨正是帶骨肉的絕妙滋味。
豬肉適合搭配溫潤的酸味。這裡加進了炒洋蔥、番茄和酸黃瓜碎末，還有芥末醬。以添加味道將清淡的肉襯托出鮮明的輪廓。
煎肉的流程與牛肉一樣。將以小火煎過後靜置一下的程序反覆進行幾次，利用餘溫慢慢加熱，在加熱到恰到好處的時候，最後煎出看起來很美味的顏色。
慢慢煎掉多餘脂肪的豬肉，美味程度真是難以言喻。

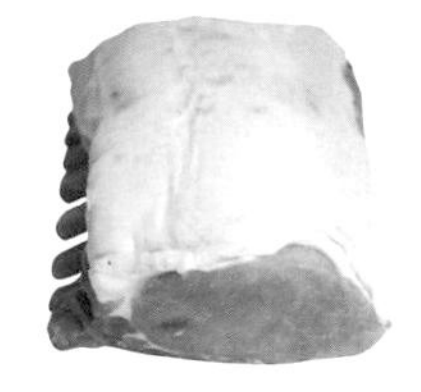

帶骨豬里肌肉（4kg）。有肋骨附著在上面的肉，很少會在煎過之後縮水，外觀看起來也很豪華。帶骨的肉保存期間也比較長，所以很方便。分切的時候，越靠近頸部，肋骨的間距就越狹小，所以如有需要，有時候也必須去除過多的骨頭。

（1人份）
帶骨豬里肌肉 — 300g
鹽 — 少量
沙拉油 — 20cc
奶油 — 20g

酸黃瓜洋蔥醬汁
- 橄欖油漬大蒜（→42頁） — 1大匙
- 白酒 — 50cc
- 番茄（小丁） — 尖尖1大匙
- 酸黃瓜（碎末） — 尖尖1大匙
- 小牛高湯（→25頁） — 60cc
- 鹽、胡椒 — 各適量
- 法式芥末醬 — 1大匙
- 荷蘭芹（碎末） — 1小匙

黑胡椒 — 適量

●烘烤

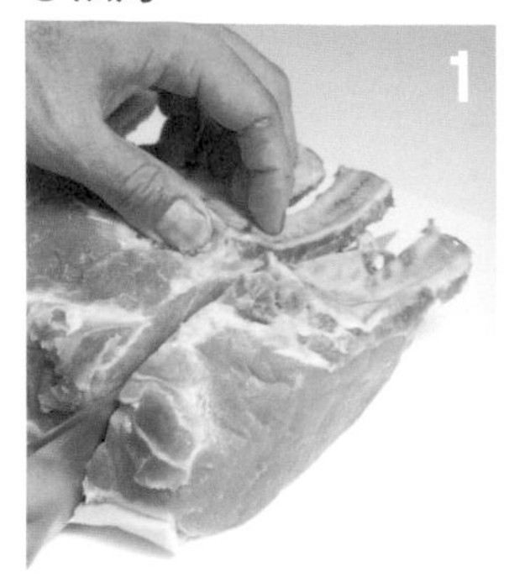

從里肌肉的肉塊分切出骨頭1根份（300g），在肉的兩側稍微撒點鹽。

＊因為胡椒很容易燒焦，所以要等煎好之後才撒上去。

將沙拉油、奶油和肉放入冷的平底鍋中開火加熱。

用湯匙澆淋熱油，為肉加熱。表面煎1分鐘。

＊不只從下面加熱，也從上面澆淋熱油，為整塊肉加熱。

在還沒有煎上色時將肉翻面，背面煎1分鐘。

＊翻面之後也要澆淋熱油，隨著溫度升高，同時附加了奶油的風味。

肉的兩面變白之後，移至附網架的長方形淺盆中，利用餘溫加熱3分鐘。表面的溫度下降之後，放回平底鍋中，澆淋熱油。

＊還不需要開火。如果溫度急速升高，會對肉造成壓力。

再次開火加熱，轉動平底鍋，一邊讓鍋中的油保持一定的溫度一邊煎大約1分鐘。

＊在這之後也是按照表面1分鐘→背面1分鐘→餘溫3分鐘的順序進行。反覆進行比流程，慢慢地將肉加熱。

以平底鍋的鍋緣支撐，將肉立起來，側面也要煎。

肉漸漸產生彈性之後，代表已經開始變熟。利用餘溫加熱3分鐘，最後煎出看起來很美味的顏色後，取出肉放在附網架的長方形淺盆中。

＊肉的彈性程度，請試煎幾次，記住自己的感覺吧。

●酸黃瓜洋蔥醬汁、完成

將平底鍋中的煎油倒掉，然後放入橄欖油漬大蒜，倒入白酒，開火加熱。

煮滾之後，加入番茄、酸黃瓜、小牛高湯煮滾，然後煮乾水分直到剩下2/3。

取出所需的分量，在撒上鹽、胡椒之後關火，加入法式芥末醬溶勻。

＊為了避免法式芥末醬的香氣消失，關火之後才加入。

拌入荷蘭芹，完成醬汁。倒入盤中，將肉分切之後盛盤。撒上黑胡椒。

＊醬汁不是做好備用，是在要上菜之前才製作完成。

新鮮香藥草烤豬菲力

Filet de porc aux herbes

豬腰內肉，不論好壞都沒有特色。因為肉質纖細，所以如果直接嫩煎，表面容易變硬。

沒有特色這件事，反過來說，如果加入味道或香氣的話，輪廓就會變得鮮明。為了要間接加熱，所以利用網油保護，若是連同新鮮香藥草一起捲起來，就能使肉與香藥草的味道撞擊出火花。此外，將各種不同的香藥草混合在一起，就會產生複雜又很有深度的味道。

必須注意的，終究還是加熱過度的問題。因為腰內肉是水分非常多的肉，所以一旦達到纖維開始收縮的溫度，肉汁就會一口氣溢出來。將網油的多餘油脂煎掉的同時，以小火慢慢地加熱，請以完美的玫瑰色為目標。

豬腰內肉。1條430g。附著在里肌肉的內側，左右各1條。特色是脂肪少，質地細緻，肉質柔嫩。

（2人份）
豬腰內肉 — 430g
鹽、胡椒 — 各適量
細葉香芹* — 1盒
蒔蘿 — 1盒
羅勒葉 — 1盒
義大利荷蘭芹 — 3根
網油 — 適量
沙拉油 — 20cc

紅酒醬汁（→30頁） — 適量

*去除硬莖。

●肉的清理、成形

以刀子削除附著在豬腰內肉周圍的粗筋。
＊只要去除粗筋即可。

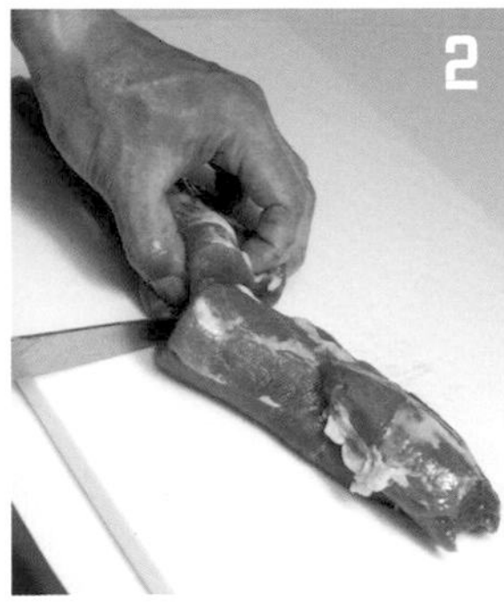

切成一半（1個200g）。粗度一致的部分直接使用。

細的部分，與作法**2**中切下的肉的長度切齊，切到快要把肉切斷的地步。
＊請注意不要把肉切斷。

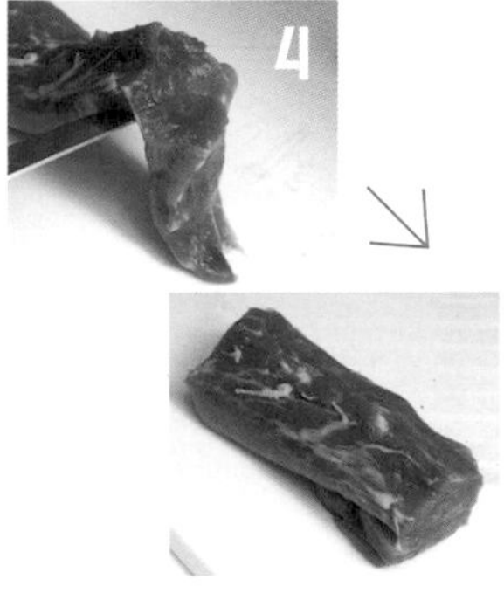

將細的末端摺彎，使粗度一致。
＊粗度一致就能均等地加熱。

●包捲、綁繩

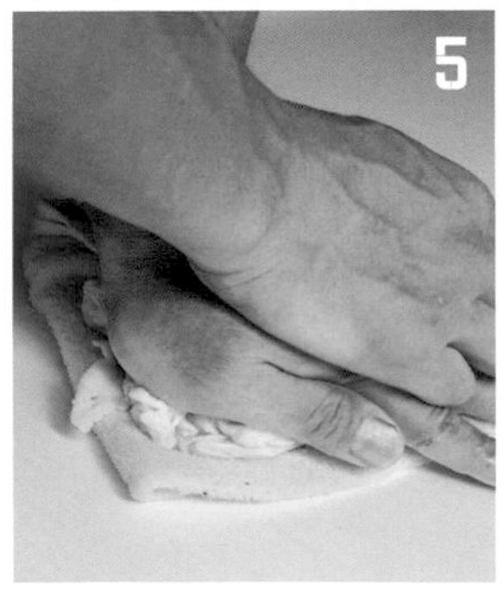

使用浸泡在醋水中1個晚上、去除血水的網油。藉由體重用力按壓，去除網油的水分。

攤開網油，將細葉香芹、蒔蘿、羅勒葉和義大利荷蘭芹堆疊在網油上面。
＊一般荷蘭芹的皺褶很大，空氣容易跑進去，所以最好使用義大利荷蘭芹。

將豬腰內肉撒上鹽、胡椒之後放在香藥草的上面。
＊捲起網油之後，即使經過油煎的過程，鹽分也不會流失，所以調味不要過重。

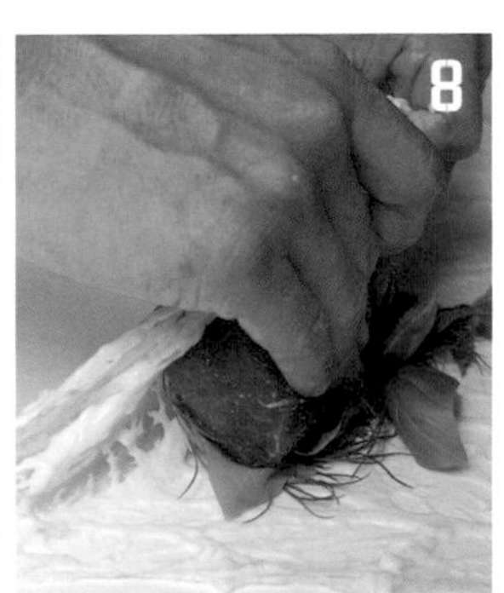

將網油捲得稍微緊一點。

將網油捲成好幾層，直到外表變成純白為止。

＊如果有香藥草溢出網油，在油煎的過程中會燒焦。

為了避免網油鬆開，要綁上棉繩。前置作業到此結束。放在冷藏室中保存。

●煎烤

將沙拉油倒入冷的平底鍋中，以小火煎10。

保持小火，一邊滾動一邊煎表面。

＊將油脂完全煎掉，網油就會黏結在一起。

煎出漂亮的顏色到這個程度之後，移至附有網架的長方形淺盆中，以240℃的烤箱加熱5分鐘。

＊為了由四面八方均等加熱，將肉卷放在附網架的長方形淺盆中。而且放在附網架的長方形淺盆中，肉就不會浸泡在烤出來的油脂中。

從烤箱中取出，放置在溫暖的場所5分鐘，利用餘溫加熱後，再度以240℃的烤箱加熱3分鐘。

＊烘烤5分鐘之後，以餘溫加熱5分鐘。

從烤箱中取出，放置在溫暖的場所3分鐘，利用餘溫加熱。

＊烘烤3分鐘之後，以餘溫加熱3分鐘。

接著以240℃的烤箱加熱3分鐘。

從烤箱中取出，放置在溫暖的場所3分鐘，利用餘溫加熱。用手試按看看，以肉回彈的彈力來判斷加熱的狀況。

或者，以鐵籤試插看看，等待3秒左右，如果中心已經充分變熱就可以了。解開棉繩分切成3等分，倒入紅酒醬汁後端上桌。

麵包粉烤豬腳

Pied de porc croustillants à la moutarde

這道料理令我想起，位於巴黎24小時營業的知名餐酒館老店，店門的門把是金色的豬腳。

原版料理是將豬腳與香味蔬菜一起水煮，煮軟之後，塗抹芥末醬，沾裹麵包粉，然後用烤箱烤得香噴噴的，但是因為殘留很多骨頭，用手取食的時候，膠質黏答答的，不容易享用，所以很可惜，在本店沒有獲得好評。因此，我找到的做法是，煮軟之後，去除骨頭，只將可食用的部分冷卻凝固，沾裹麵包粉之後油炸。請注意要仔細地去除骨頭，不要有骨頭殘留。

簡單地附加檸檬，若是要添加醬汁的話，以搭配法式酸辣醬（Ravigote Sauce）、芥末蛋黃醬（Gribiche Sauce），或番茄醬汁為佳。

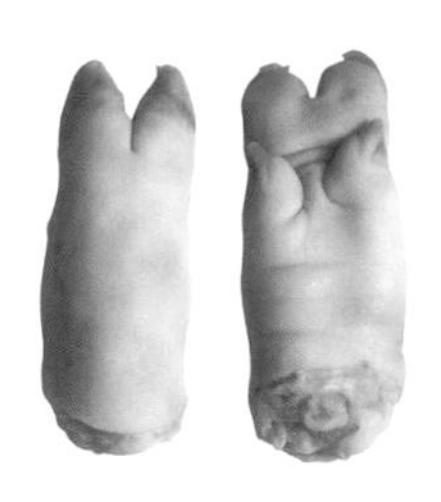

豬腳。如果表面有豬毛殘留，最好以瓦斯噴槍等燒乾淨。此外，有時豬蹄的夾縫會卡著糞便等穢物，所以要清理去除乾淨之後才用水煮。小豬的豬腳很柔嫩，所以即使沒有預先燙煮過也能吃。

（9片份）

豬腳 — 3根

鹽 — 適量

香味蔬菜

- 洋蔥 — 大1個
- 丁香 — 10～12顆
- 西洋芹 — 2根

月桂葉 — 4片

蛋液

- 全蛋 — 3個
- 法式芥末醬 — 滿滿1大匙
- 鹽、胡椒 — 各適量

高筋麵粉、乾燥麵包粉 — 各適量

沙拉油 — 50cc

奶油 — 30g

檸檬 — 適量

●預煮

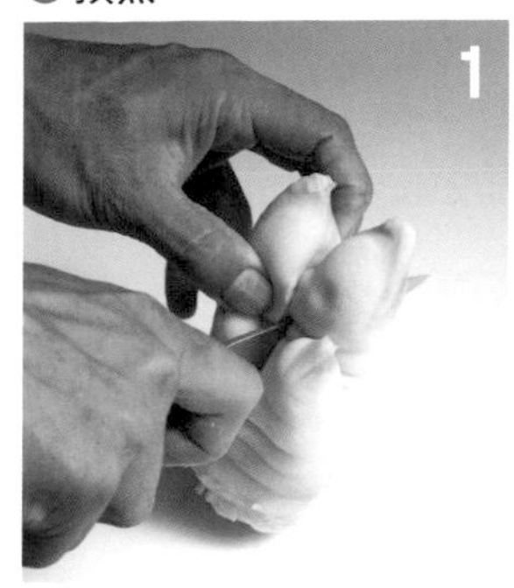

如果豬腳的豬蹄夾縫中有穢物殘留，要清除乾淨，然後以刀子切入，往下切到關節為止。

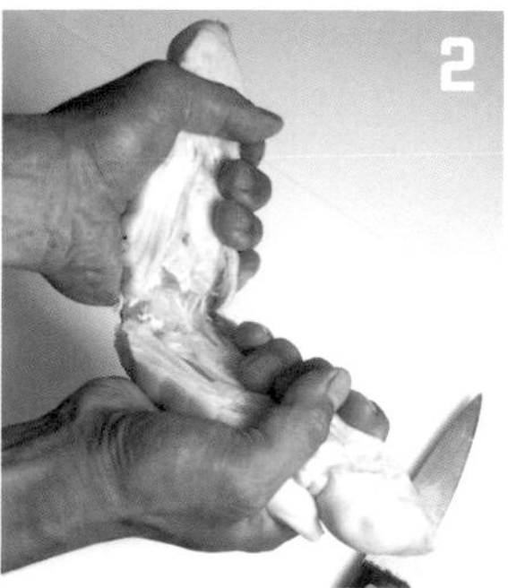

因為關節變成拳骨狀，刀子切不下去，要用手撕開。

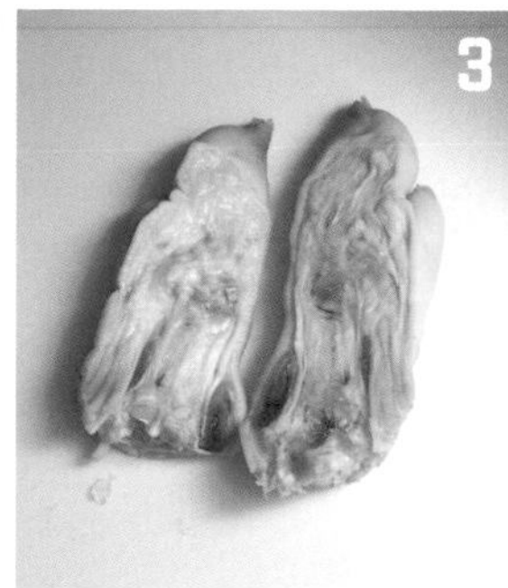

縱切成一半的豬腳。

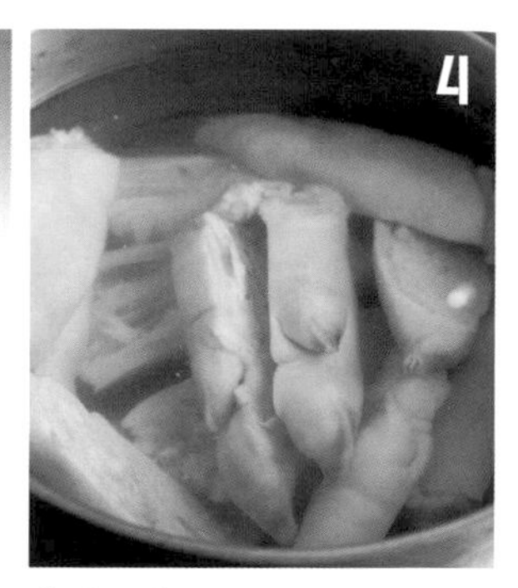

將豬腳移入深鍋中，倒入濃度1%的鹽水。

＊也可以先鹽漬之後再水煮，但是想要縮短時間的話，用鹽水煮就可以了。

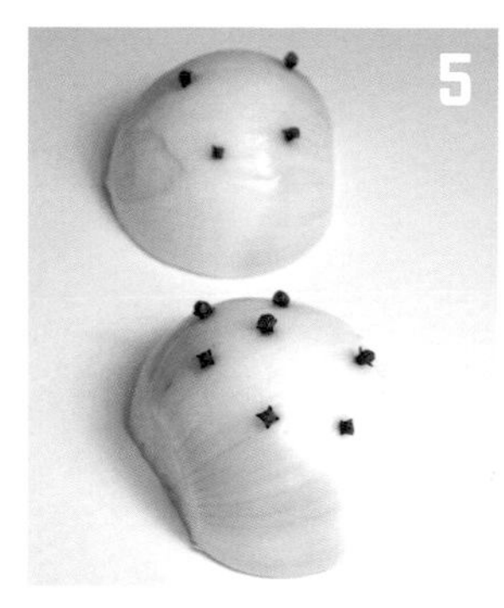

將丁香5～7顆左右扎在切半的洋蔥上面。

＊為了方便之後取出，先將丁香扎在洋蔥上面。

將**5**的洋蔥、西洋芹、月桂葉放入**4**的鍋中，煮滾。

煮滾之後撈除浮沫。

＊即使不使用煮汁，也要養成經常撈除浮沫的習慣。

以液面會靜靜滾動的火勢煮3小時左右。

煮了3小時的豬腳。用鐵籤試插看看，如果能毫無阻力地插入就可以了。

＊將豬腳煮軟到黏糊的程度。

●成形

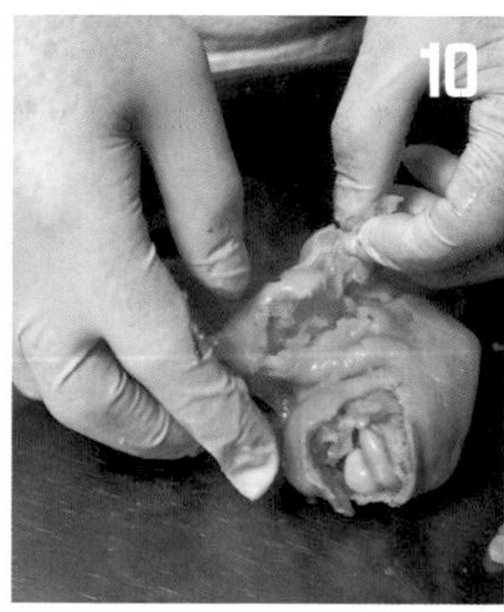

趁熱去除骨頭。為了避免有細小的骨頭殘留，要一邊確認一邊拔除。

＊因為非常燙所以要戴手套，最好一邊以冰水冷卻手一邊取下骨頭。

＊改用豬耳朵或豬頰肉取代豬腳的話，可大幅減少去除骨頭所花費的時間。

已經去骨的豬腳。在長方形淺盆中鋪平填滿之後，以保鮮膜緊貼著覆蓋在上面，然後放置在冷藏室中1個晚上冷卻凝固。

隔天從冷藏室中取出，取下長方形淺盆。

＊因為含有豐富的膠原蛋白，所以凝固成Q彈的塊狀。

●煎烤

分切成1人份100g。

沾裹高筋麵粉之後，拍除多餘的麵粉。

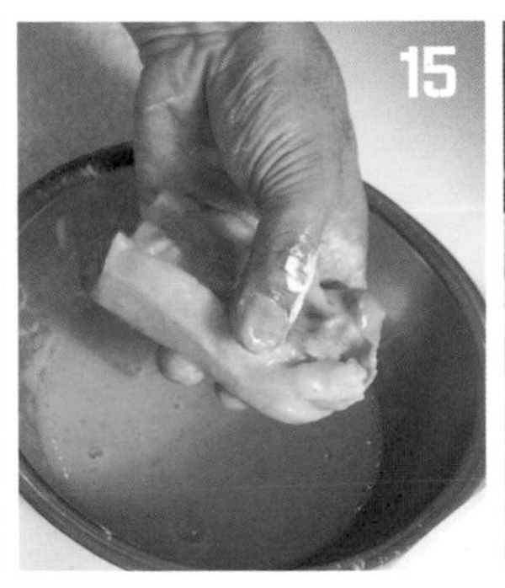

在加了法式芥末醬的蛋液中快速浸泡一下。

沾裹乾燥麵包粉。

再一次快速浸入蛋液中，再充分沾裹麵包粉。

＊為了避免豬腳因加熱散開，要確實地穩固表面，所以要沾裹2次麵衣。

將奶油30g和沙拉油50cc放入平底鍋中加熱融化，在油泡還是白色的時候放入豬腳，將表面煎硬。

煎上色直到這個程度就可以了。

放在長方形淺盆中，再以220℃的烤箱烘烤5分鐘，加熱至裡面變得黏稠。附上檸檬即可端上桌。

網油包烤豬肝肉末

Caillette

這是法國多菲內地區的料理。普羅旺斯也有類似的料理，稱為gaillette。
特色是裡面加進了內臟。除了豬肝之外，有的也會加進豬肺或豬心。另有將香腸用的肉以網油包好之後煎製而成的網油豬肉丸（crépinette），應該與之區隔開來看待。這次使用的是豬腎，而如果使用多種內臟，味道會變得很有深度，所以請大家務必一試。
肉餡在加熱時會膨脹，所以網油非常容易破裂，因而很容易燒焦。重點在於要以網脂厚厚地包捲起來，直到表面變成純白的程度，為了避免破裂，用較多的油以小火慢慢地將網油煎到沒有油脂。
此外，肉餡可以冷凍保存，也可以應用在法式高麗菜卷（chou farci）等。

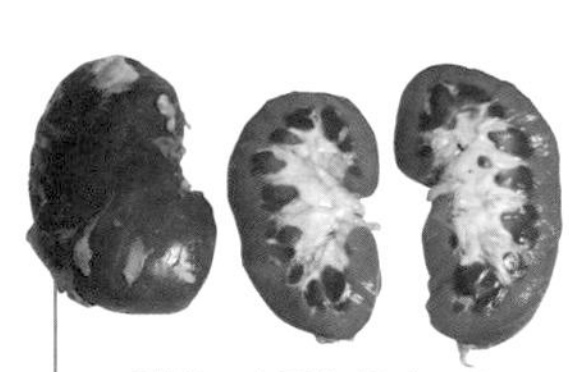

豬腎。右圖為切成一半的狀態。因為形狀像豆子一樣，所以在日本有時候也會稱為豬豆等。加熱後口感會變得非常有嚼勁。

（容易製作的分量）
肉餡
- 豬腿肉 — 1kg
- 豬背脂 — 300g
- 豬腎 — 500g
- 豬肝 — 500g
- 荷蘭芹葉 — 50g
- 鹽 — 27.6g（12g/kg）
- 黑胡椒 — 6.9g（3g/kg）
- 乾燥麵包粉 — 46g（20g/kg）

（1人份）
肉餡 — 160g
網油 — 適量
沙拉油 — 20cc

紅酒醬汁（→30頁）— 適量

●肉餡

剝除豬腎表面的薄膜，先分切成絞肉機容易絞碎的大小。

＊也可以用豬血150cc取代。

將豬肝（去除粗的血管）、豬背脂、豬腿肉也依相同標準分切。

＊因為有筋分布在腿肉裡面，容易堵住絞肉機的孔洞，所以要切得稍微小一點。

以絞肉機的粗孔將1～2的肉絞碎。

中途絞碎荷蘭芹葉。全部絞碎之後，將配件更換成攪拌勾來攪拌。

加入鹽、黑胡椒、乾燥麵包粉，攪拌至出現黏性為止。肉餡製作完成。

＊乾燥麵包粉可以吸收肉餡的水分。

●包裹

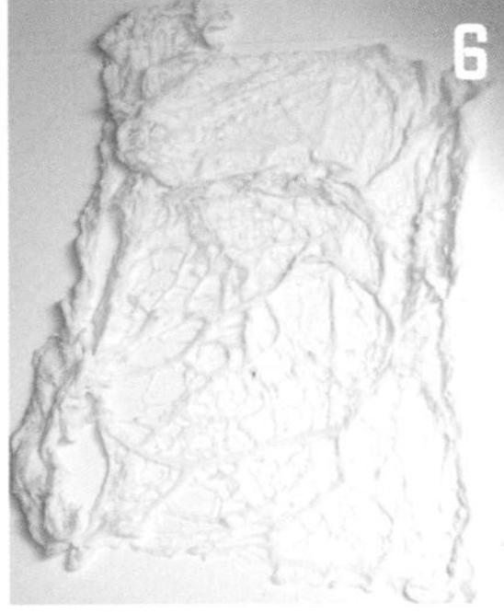

將比較大張的網油鋪開。網油要先浸泡醋水1個晚上，去除血水後才使用。藉助體重用力地按壓，去除網油的水分。

＊網油是豬或牛的腹膜。

肉餡取出1人份160g整圓之後，以網油重複包裹好幾層。

＊油煎的時候，有時候網油破損之後恐有肉餡漏出之虞，所以要確實地包住肉餡。

●煎烤

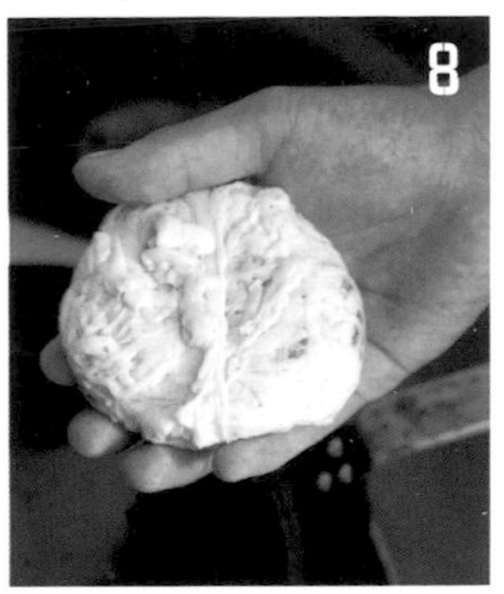

將沙拉油均勻地分布在平底鍋中，然後將網油的閉合處朝下放入鍋中，以小火充分煎硬。

＊如果一開始煎的時候掉以輕心，網油很容易鬆脫。

側面利用平底鍋的鍋壁煎上色。

煎出的顏色達到這個程度時，翻面，以小火慢煎。

全體都煎上色後，以240℃的烤箱烘烤10分鐘。

從烤箱中取出，放置在溫暖的場所2分鐘，利用餘溫加熱，再以240℃的烤箱烘烤3分鐘。從烤箱中取出，利用餘溫加熱3分鐘之後盛盤，倒入紅酒醬汁之後端上桌。

卡酥萊砂鍋（加入豬肉香腸和油封鴨）

Cassoulet

卡酥萊砂鍋是法國西南部的鄉土料理。
以土魯斯風味、卡爾卡松風味、卡斯提諾達希風味這3種風味聞名。哪種風味才是最原始的卡酥萊砂鍋至今仍未有定論，但是真的都充滿法國風味。以煎餃來說，就像是宇都宮vs濱松的論戰吧……。
卡酥萊鍋有時會加入羊肉，有時會加入鵝肉，有時則是加入山鶉這些各式各樣的食材，而共通之處就是以燉白腎豆為基底，而且豬的膠質是決定味道的關鍵。
提到補充膠質的合適食材，應該會是豬皮吧。便宜又好用，也沒有腥臊味。豐富的膠質不只可以增加美味，在烘烤卡酥萊砂鍋的時候，還會在表面形成一層膜，將那層膜烤焦，就會產生香氣四溢獨特的濃醇味道。就像也可以用於酸菜香腸燉肉鍋（choucroute）一樣，豬皮是支撐膠質＝鮮味這個法式料理架構的食材。

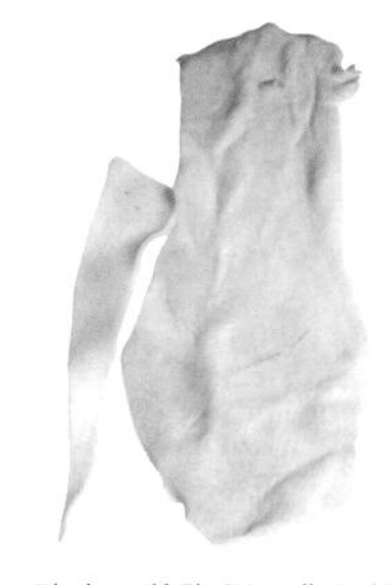

豬皮。將腹側、背側等各種部分的皮混合在一起上市。沒有皮下脂肪附著。膠質豐富，以獨特的口感為特色。直接使用生豬皮的話，質地硬，難處理，而先水煮後倒掉熱水，豬皮會變軟，也變得好切。

（容易製作的分量）
乾燥白腎豆 — 1kg
豬皮 — 200g
洋蔥（切成薄的瓣形）— 大1個份
沙拉油 — 20cc
橄欖油漬大蒜（→42頁）
— 尖尖1大匙
番茄醬 — 滿滿2大匙
白酒 — 400cc
月桂葉 — 2片
鹽 — 1大匙
水 — 適量

（1人份）
燉白腎豆 — 200cc
水煮豬肉香腸（→217頁）— 1根
油封鴨（→224頁）* — 1/2根
大蒜、胡椒 — 各適量

*也可以使用油封豬肉或油封羊肉。

●豬皮的前置作業

豬皮分切成適當的大小，移入深鍋中，倒入大量的水，開火加熱。煮滾之後繼續沸騰3分鐘，然後倒掉熱水，將豬皮瀝乾。

＊去除腥臊味的同時，將豬皮煮軟，以便容易處理。

趁熱取出豬皮200g，切成比白腎豆還小。

＊豬皮涼了之後會黏住，變得很難切。熱的豬皮也可以用絞肉機絞碎，但是一旦變涼就會堵住絞肉機的孔洞。

●燉白腎豆

將白腎豆浸泡在大量的水中1個晚上還原，然後移入鍋中，以大量的水煮滾之後倒掉熱水。

＊煮滾後倒掉熱水可以去除豆子的腥味。

將白腎豆倒回鍋中，加入可以蓋過白腎豆的水量和1撮鹽（分量外）煮白腎豆。

＊如果中途白腎豆的煮汁蒸發了，請加水保持最初的水位繼續煮。

洋蔥以沙拉油快炒。接著加入橄欖油漬大蒜和豬皮繼續炒。

＊豬皮的膠質溶化之後會黏在鍋子上，所以要迅速炒好。

加入番茄醬和白酒，溶出黏在鍋底的鮮味，然後以大火加熱。

將4的白腎豆煮到差不多能以手指捏碎的程度，連同煮汁一起倒入6之中，加入月桂葉和鹽繼續煮。

煮滾後將火勢轉小一點，如照片所示讓火勢保持表面靜靜滾動的程度。燉煮時間以45分鐘為準。

＊如果用大火煮，煮汁很容易蒸發。盡量不要補加水，以免變得平淡無味。

●烘烤

用橄欖油漬大蒜或大蒜的切面擦抹耐熱皿，用來增添香氣。

將燉白腎豆分裝在耐熱皿中，大約裝到一半，然後擺放豬肉香腸和油封鴨。

從上方澆淋燉白腎豆。

以240℃的烤箱烘烤10分鐘，烤上色。從烤箱中取出，撒上胡椒後端上桌。

豬肉燉蔬菜

Potée

這是以牛肉或雞肉製作的火上鍋（pot au feu）的豬肉版本。potée是表示壺或鍋的單字pot的派生詞。

這道料理充滿了大量燉煮料理的基礎知識，不，應該說是法式料理的基礎知識。以最少限度的水去燉煮，保留濃厚的味道和風味，同時每種蔬菜都在恰當的時間點下鍋去煮。蔬菜的味道和風味添加在煮汁裡，完成的時候，就會與使用大量的水分同時烹煮而成的料理完全不同。

一般人常以為，之後再將煮汁的水分煮乾就好了，但是煮乾水分的料理，與一開始就以很少的水量萃取而成的肉汁清湯，不論是味道或風味都截然不同。將煮汁的水分收乾，會越煮越失去風味，尤其是各種蔬菜原有的味道或香氣都會消失無蹤。以剛好的水量燉煮完成是專業廚師的職務。

不只是火上鍋，像肉汁清湯和小牛高湯等高湯也都是完全相同的概念。掌握那樣的概念就是這道料理中充滿了基礎知識的理由。

（容易製作的分量）
豬肩里肌肉 — 800g
鹽 — 12g（15g/kg）
水 — 1.3公升
月桂葉 — 3片

（2人份）
燉豬肩里肌肉 — 4塊
洋蔥 — 大1個（500g）
胡蘿蔔 — 2根
蕪菁 — 大1個
西洋芹 — 2根
高麗菜 — 1/4個
法式芥末醬 — 適量

●鹽漬

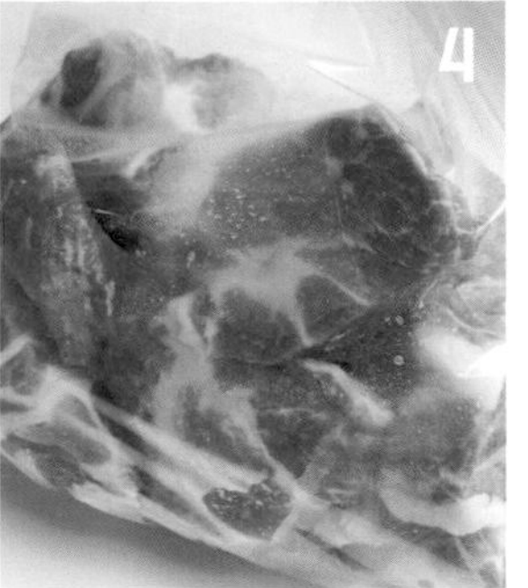

將豬肩里肌肉切除厚厚的脂肪之後，再縱切成一半（→111頁No.1）。

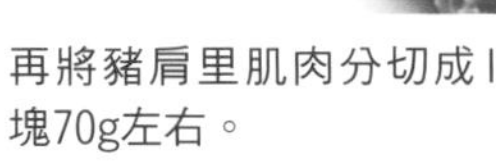

再將豬肩里肌肉分切成1塊70g左右。

撒鹽之後抓拌，讓鹽均勻地遍布在肉塊上。

將肉塊裝入塑膠袋中密封起來，放在冷藏室中鹽漬1個晚上。

●燉煮

隔天，將4的鹽漬豬肉放入鍋中，加入月桂葉，倒入水後，開大火加熱。

煮滾之後撈除浮沫，然後煮蔬菜（2人份）。先放入切成4等分的洋蔥，然後放入切成大小一致的胡蘿蔔。

＊蔬菜切成大塊，是因為要讓蔬菜吃起來很美味，而保留蔬菜的鮮味。這與萃取高湯時香味蔬菜的任務不同。

＊因為咕嚕咕嚕煮滾時水分會散失，所以用水面會微微滾動的火勢為蔬菜加熱。雖然如果水分煮乾了，必須重新加水，但是盡量不要添加水以免煮汁的味道變淡。

洋蔥和胡蘿蔔煮到鐵籤可以迅速插入時即可取出。

＊注意不要煮過頭了。煮到外形沒有潰散，蔬菜各自保留某種程度的口感即可。

在已經取出洋蔥和胡蘿蔔的鍋中放入切成4等分瓣形的蕪菁、已經撕除老筋的西洋芹。

蕪菁和豬肉煮熟後取出。

＊蕪菁很容易煮到潰散，所以要在還沒有變得黏糊糊，仍保有某種程度的口感時取出。

最後將高麗菜切成8等分的瓣形，再放入2塊到鍋中煮。

高麗菜煮熟變軟後取出。將2人份的蔬菜和4塊肉盛盤，倒入煮汁。附上法式芥末醬。

＊不是預先煮好備用，而是提供剛煮好的蔬菜。

雞肉・鴨肉

日本各地，為了競爭雞肉的品質而培育地雞，紛紛推出作為名產的品牌雞，品質絲毫不遜於日本三大地雞。但是，以無法增加成本的價格帶提供餐點的店家，或是在午餐時段等情況下，多半還是使用價格便宜、流通又穩定的肉雞吧。

店家使用的雞肉部位，大致上區分為雞胸肉和雞腿肉，其中雞胸肉在法國被稱為suprême（最高級），成為鮮美肉品的代名詞。可惜的是，在日本，雞胸肉的價值比不上雞腿肉，但是加熱之後肉質濕潤的雞胸肉，美味程度應該要受到更多的重視。順帶一提，我為了提升雞胸肉的地位，還出版了一本只使用雞胸肉製作的料理書（《主廚特製增肌減脂雞胸肉料理》日文版由柴田書店出版）。

日本有烤雞肉串這個獨特的飲食文化，就那樣儼然成為一種獨立的流派。在從雞頸肉到雞腳都完全用到的創意中，有很多法國料理也該效法的要點。

只是簡單地調理高級食材，以高價提供給客人並不是專業廚師的工作。正因為使用的是經濟實惠、一般家庭也容易使用的素材，才能夠盡情發揮身為一名廚師的真本事，不是嗎？

鴨肉是我個人最喜歡的肉類，也是啟蒙我投入法式料理的食材。

雖然鴨肉也是大致上區分為鴨胸肉和鴨腿肉，但是鴨胸肉的價錢較高也比較受歡迎，鴨腿肉則價格便宜，而且可以說是比較適合做成加工食品。我想知道，為什麼油封鴨腿肉在日本，幾乎可說是法式餐酒館料理的代名詞，取得了公民權，其中原因為何呢？

目前，餐廳一般所使用的、稱為鴨肉的肉品，除了野味之外，全部都是與家鴨或鵝配種生出來的合鴨。原本，所謂鴨子，只有以綠頭鴨（雄性真鴨）為代表的純正品種，但是充斥在市場上的，幾乎都是為了將個體變大之後可以取得大塊的肉，因而重複進行品種改良的鴨子。

而且，別忘了還有肥肝。據說肥肝是古羅馬時代人工培育出來的，由此可見人類對於美食的欲望非常可怕。把肝臟養得肥大之後摘取肥肝的瑪格黑鴨（magret），因為脂肪肥美，肉質的味道也很深厚，似乎深受愛用。

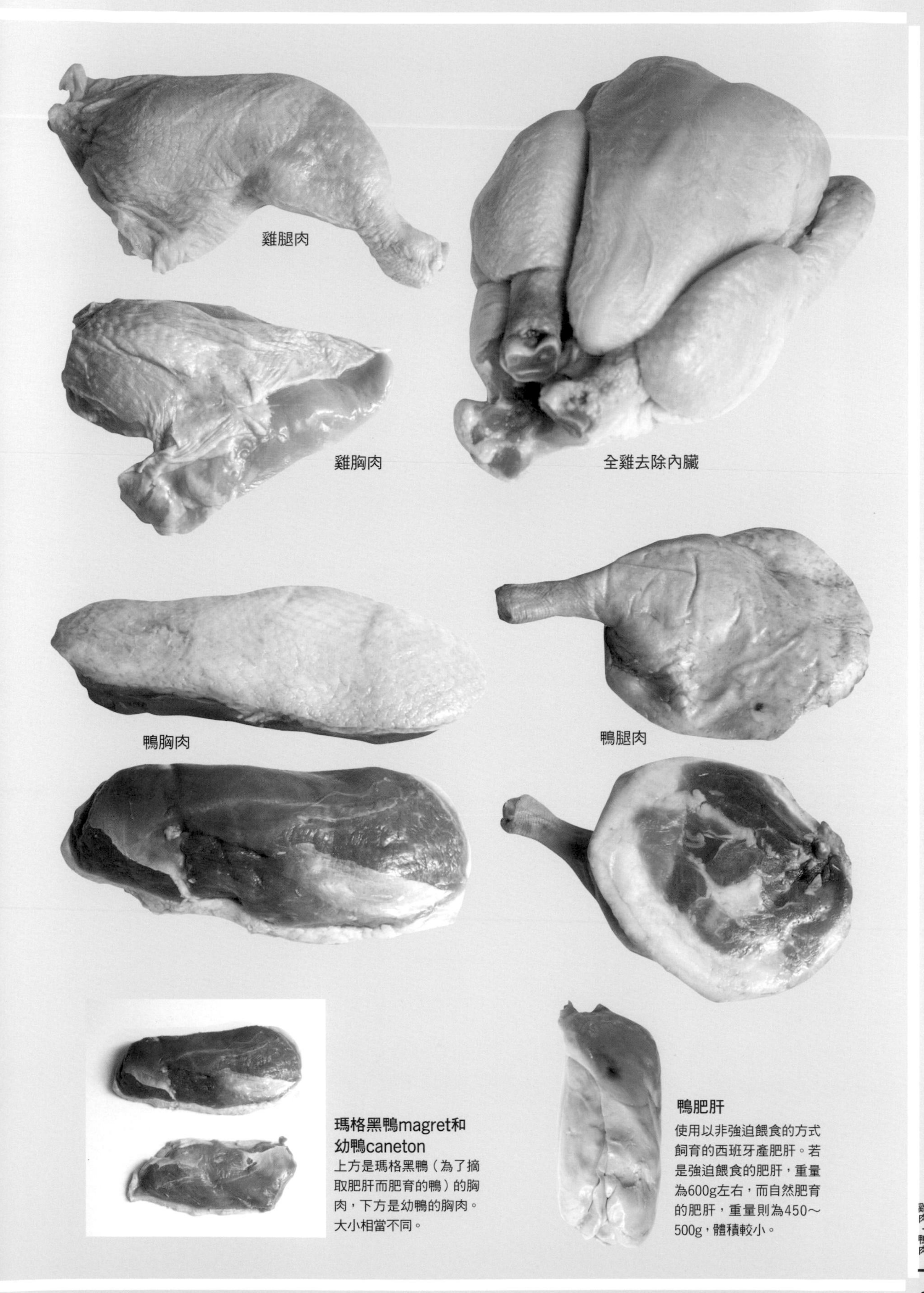

瑪格黑鴨magret和幼鴨caneton
上方是瑪格黑鴨（為了摘取肥肝而肥育的鴨）的胸肉，下方是幼鴨的胸肉。大小相當不同。

鴨肥肝
使用以非強迫餵食的方式飼育的西班牙產肥肝。若是強迫餵食的肥肝，重量為600g左右，而自然肥育的肥肝，重量則為450～500g，體積較小。

禽類共通的前置作業

● 腿肉去骨（供鑲肉雞腿卷使用的前置作業→140頁）

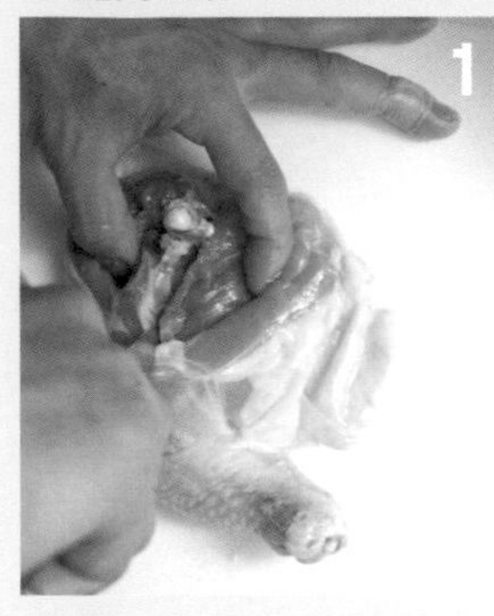

將腿的內側朝上，撐開大腿骨的兩側，用力壓著，同時將刀尖切入大腿骨的右側，把肉切離骨頭。

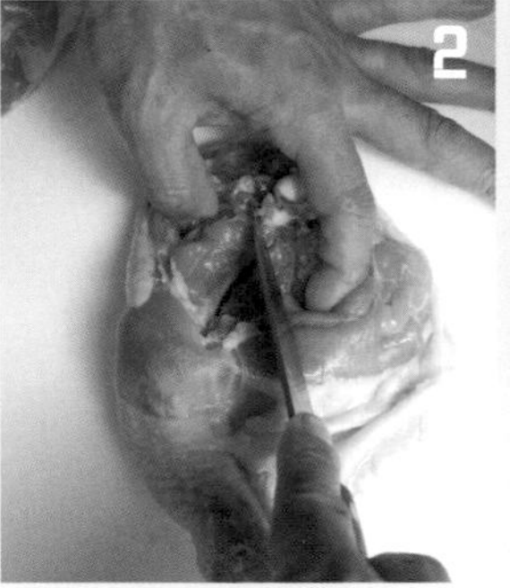

以刀子削下附著在骨頭上側的肉。

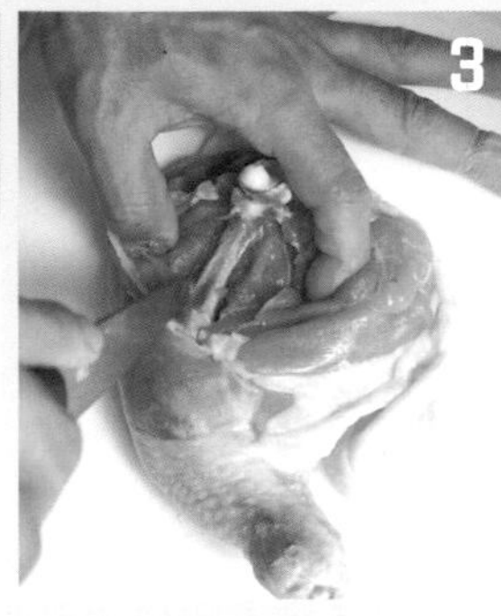

將刀尖切入大腿骨左側，把肉切離骨頭。

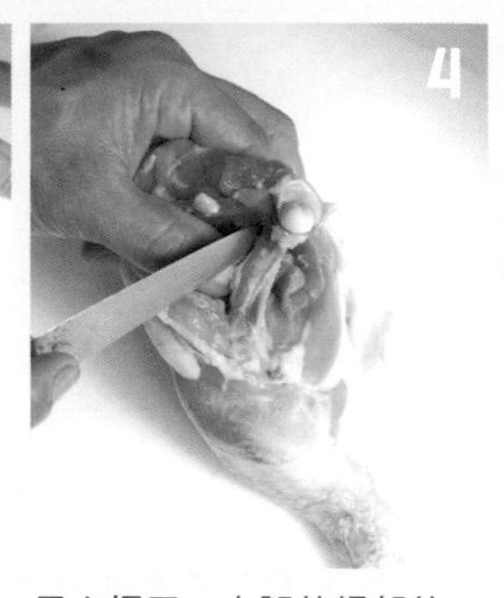

反向握刀，由腿的根部的關節，將周圍的肌腱和肉切離骨頭。

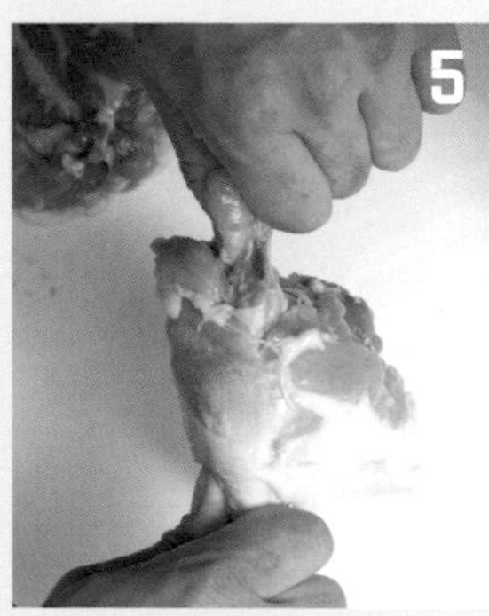

握住大腿骨，朝著與腳相反的方向摺彎關節，使之脫臼。

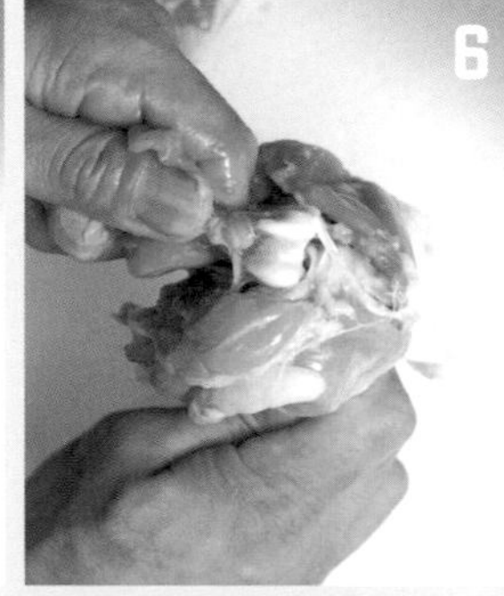

脫離關節之後的狀態。以刀子切開膝關節周圍的肌腱，取下大腿骨。

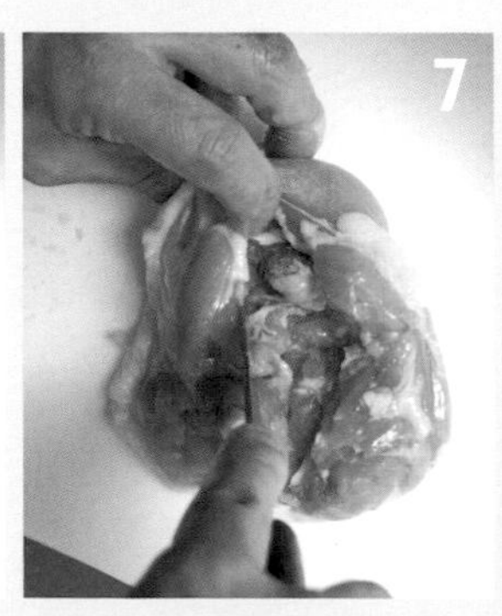

露出脛骨的膝關節。

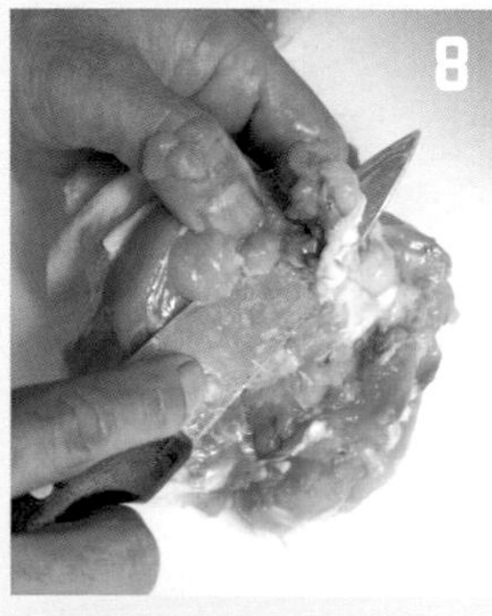

以刀子切離附著在關節上的肌腱。

拉出脛骨的膝關節。

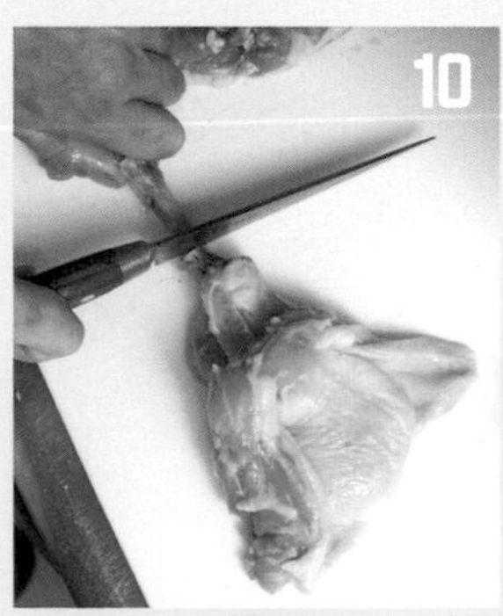

只保留腳的關節，切下骨頭，使腿肉變成袋狀。

● 去除全雞（已清除內臟）的鎖骨

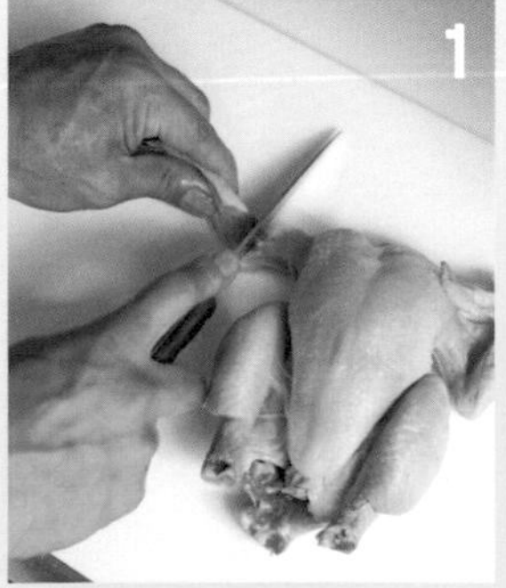

切下兩側的翅尖。

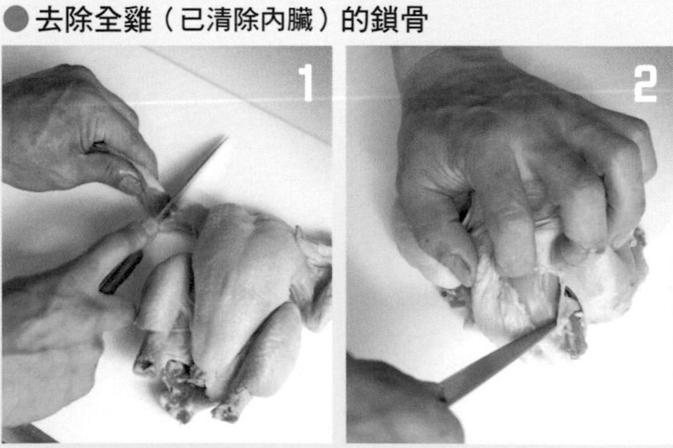

以刀子切開頸部的根部。

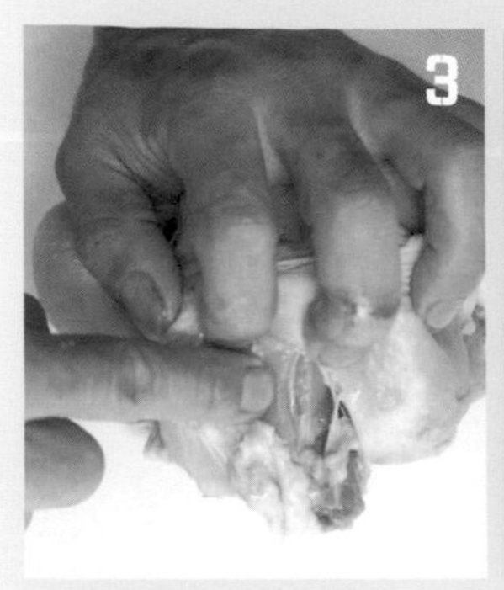

V字形的細骨是鎖骨（叉骨）。

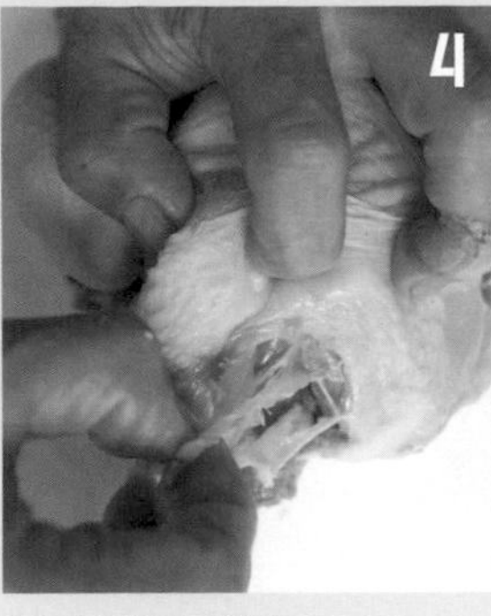

用手指捏住鎖骨，取下。

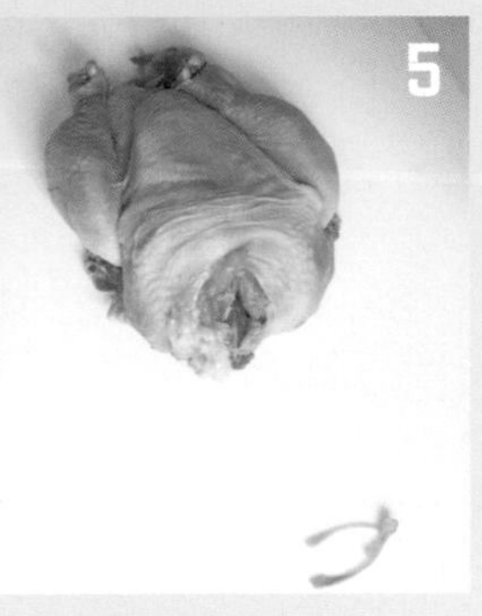

取下鎖骨之後的全雞。

肥肝的前置作業

將整包肥肝浸泡溫水使全體變軟以便處理，接下來的一連串的作業，都是以盡可能不要碰觸到肥肝的方式進行下去。

冷藏保存的肥肝，先浸泡在溫水（35℃）中40～50分鐘，使全體變軟。

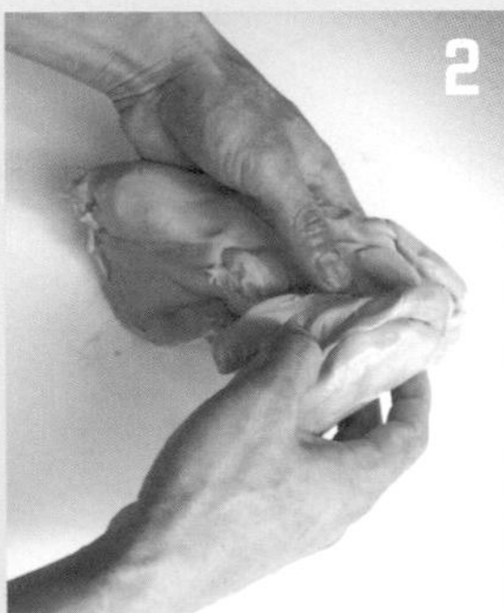

用手分開成大小2塊，然後以刀子分切開來。

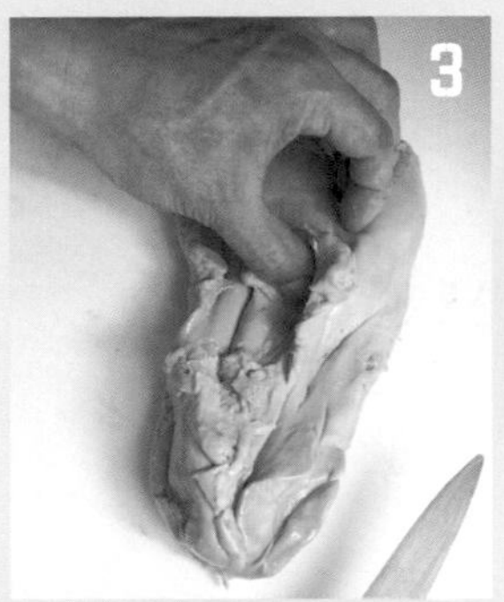

先從大塊肥肝開始處理。從大小肥肝的相連處，縱向插入拇指。

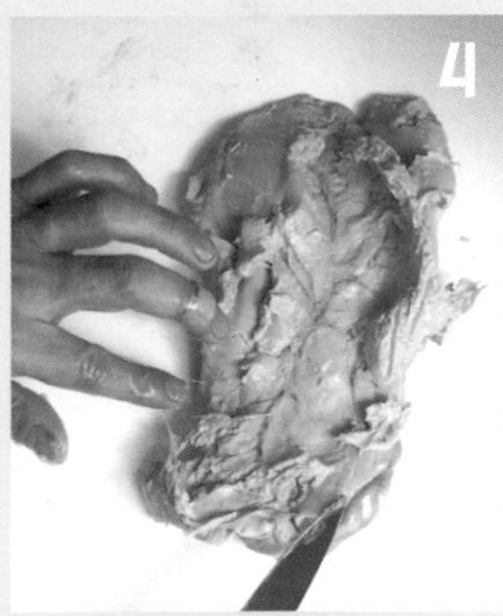

向左右攤開露出粗血管。

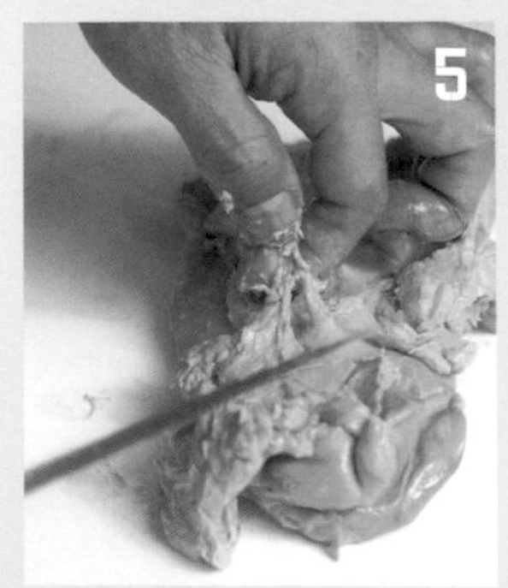

拿起血管的正中央，將血管自肥肝剝離，但不要切除。細血管留著即可。

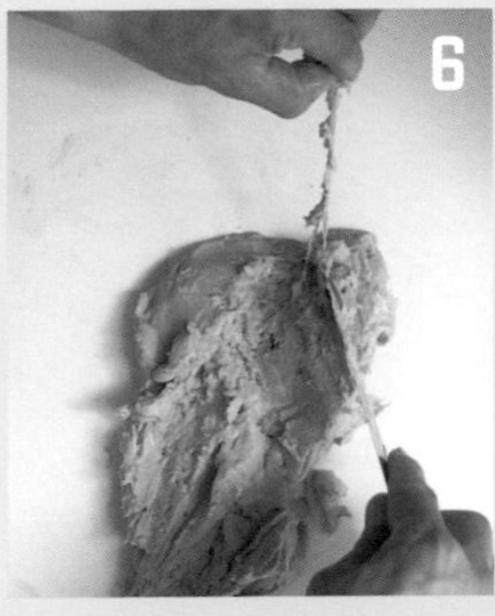

輕輕拉著血管，同時以刀尖將血管剝離肥肝。

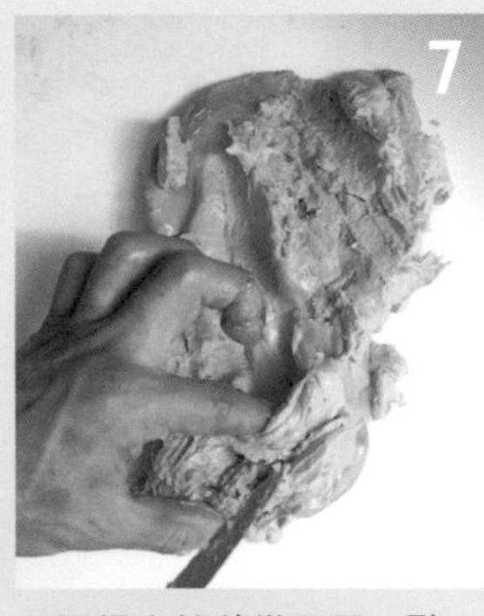

在這根血管稍微下面一點有另1根粗血管通過，用手指探找之後分開肥肝。

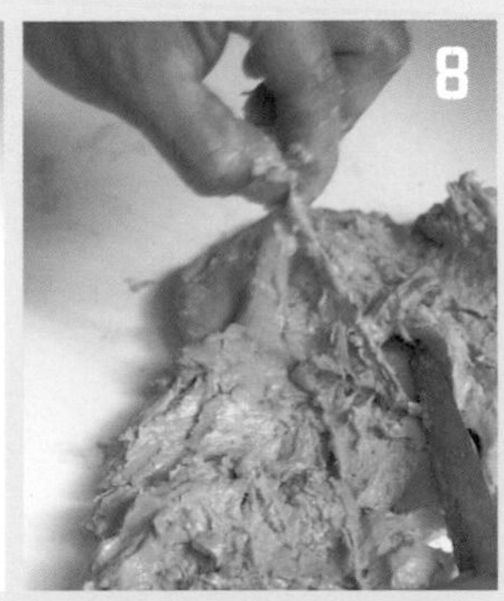

拉著血管，同時以刀子將血管從一端到另一端剝離肥肝之後，取下血管。

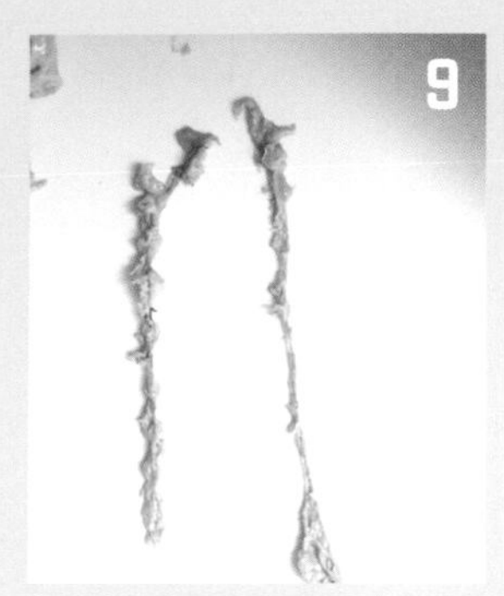

取下的2條粗血管。

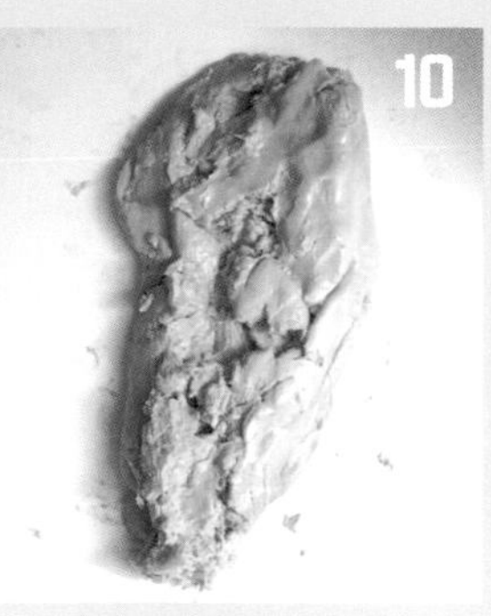

使用刀面，將攤開的肥肝恢復成原本的形狀。盡量不要用手碰觸肥肝。

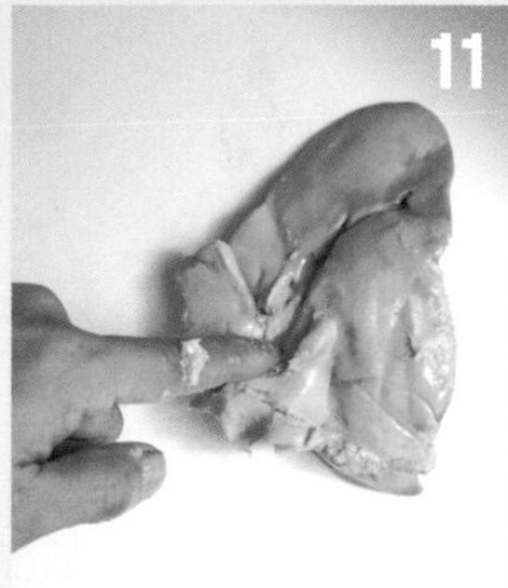

取下小塊肥肝的血管。手指指著的部分就是血管的根部。以這裡為起點，將肥肝向左右攤開。

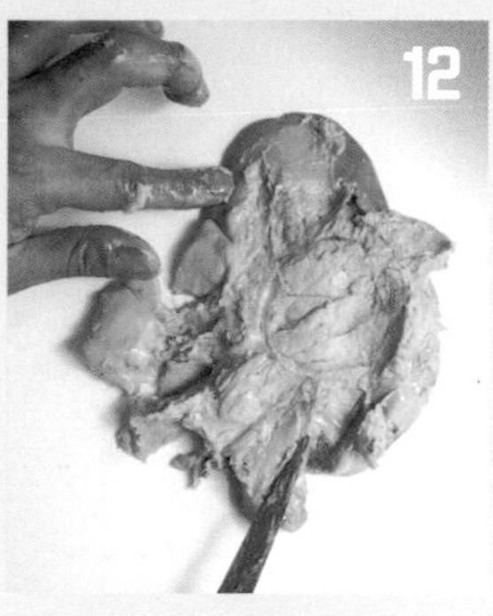

攤開肥肝之後露出血管。

捏著血管的正中央，以刀子將血管剝離肥肝。

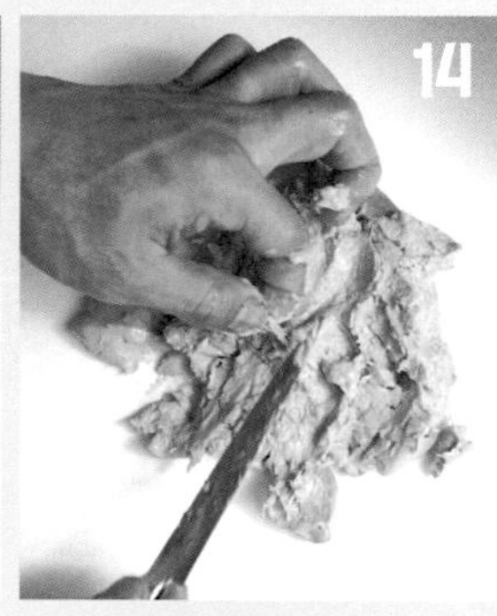

在這條血管的深處，有另1根粗血管通過，用手指探找之後，露出血管。

拉著血管，同時將它剝離肥肝。

攤開的小塊肥肝。

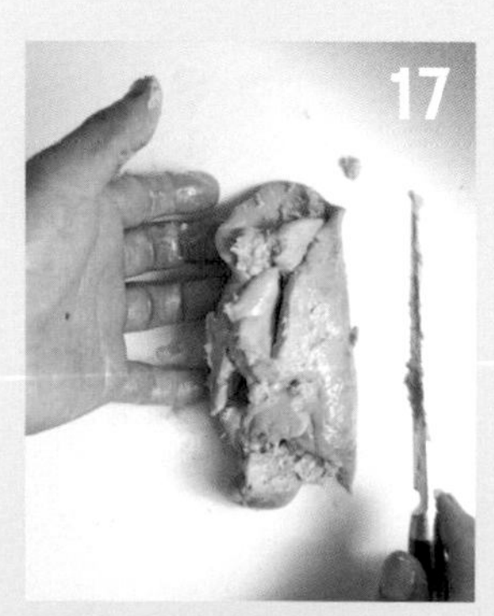

使用刀面，將攤開的肥肝恢復成原本的形狀。

地雞胸肉肥肝凍

Suprêmes de volaille et foie gras en terrine

在日本，一般人對於雞胸肉存有負面的印象。雞胸肉幾乎沒有脂肪成分，而且加熱之後很容易變得乾柴，被當作是很難加熱的食材。
但是，法國人卻把雞當成國家的象徵，雞胸肉是被稱為suprême（至高無上的、最高級的）的高檔食材。加熱之後肉質濕潤的雞胸肉，其鮮美程度實非筆墨所能形容。如果想要更加提升這個鮮美程度，就採用簡單的烹調方式，而為了與味道清淡的肉質取得平衡，要搭配上等的油脂。
要在哪個溫度帶進行加熱，常常需要借助經驗，但是隨著數位技術和調理機器的進步，變得沒有重大的失敗和浪費。在我的廚房裡幾乎沒有最新的機器，唯一只有引進真空包裝機，有了它，料理的範圍更為廣泛，效率也提升了。我覺得像雞胸肉這樣需要小心翼翼加熱的食材，利用真空包裝處理的好處很多。
可以在雞胸肉和肥肝之間夾入松露，或是藏著以肉汁清湯煮過的根西洋芹，正因為簡單，所以要添加各種不同的附加價值也是可能的。

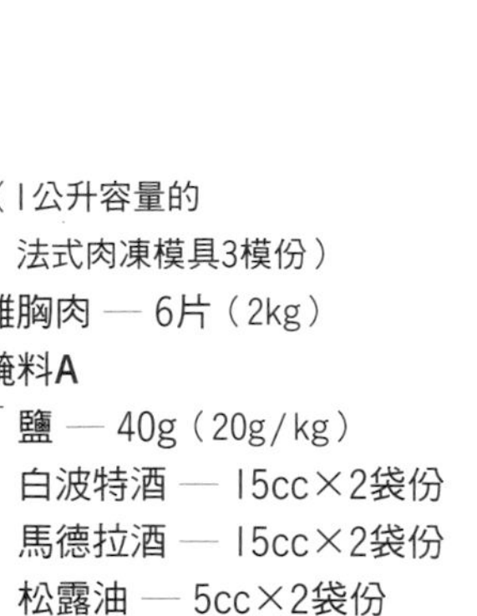

（1公升容量的
法式肉凍模具3模份）
雞胸肉 — 6片（2kg）
醃料A
- 鹽 — 40g（20g/kg）
- 白波特酒 — 15cc×2袋份
- 馬德拉酒 — 15cc×2袋份
- 松露油 — 5cc×2袋份

鴨肥肝（西班牙產）
— 2個（1個500g）
醃料B
- 鹽 — 15g（15g/kg）
- 白胡椒 — 5g（5g/kg）
- 砂糖 — 5g（5g/kg）
- 白波特酒 — 30cc（30cc/kg）

●醃漬

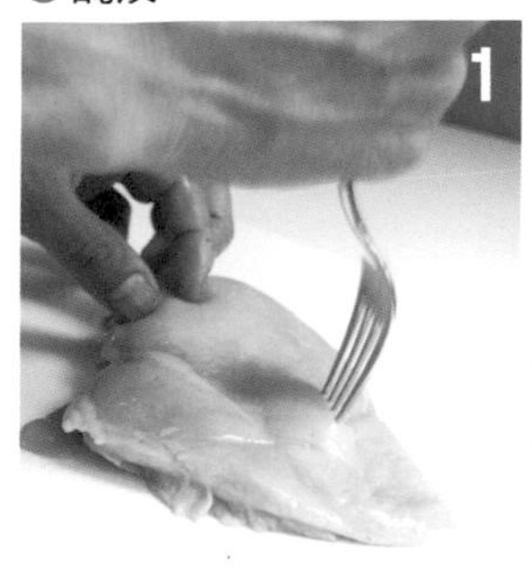

醃漬雞胸肉。剝下雞胸肉的皮之後，切除多餘的脂肪，然後以叉子等器具在大約10個地方戳洞。

＊戳洞是為了讓醃料容易滲入肉裡面。

將雞胸肉排列在長方形淺盆中，在肉的兩面撒上醃料A的鹽（重量的2%）。

＊大塊的肉要多撒一點，小塊的肉少撒一點。依照肉的大小調整。

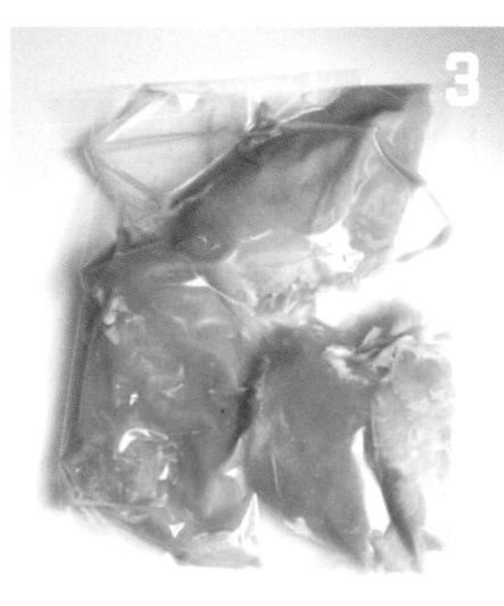

將雞胸肉3片1組平放在真空袋中，分別在各袋中倒入白波特酒、馬德拉酒、松露油，處理成真空包裝之後，放在冷藏室中醃漬1個晚上。

準備醃漬肥肝。將醃料B的鹽、白胡椒、砂糖混合備用。

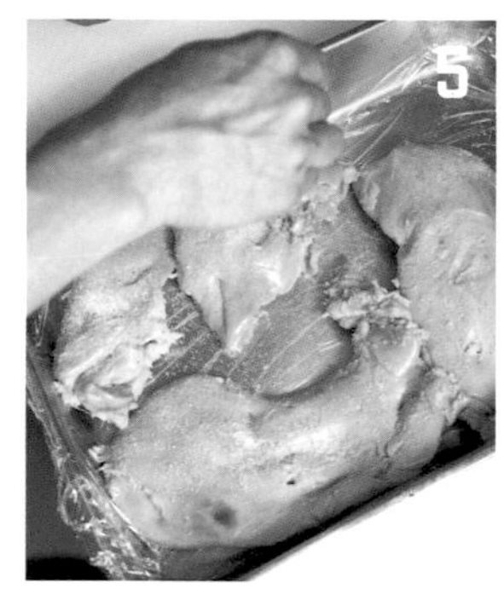

將清理乾淨的肥肝（→135頁）排列在鋪有保鮮膜的長方形淺盆中，均等地撒上4的醃料B。

＊大塊的肥肝要多撒一點。

連同保鮮膜一起翻面，背面也均等地撒上醃料B，然後將大塊肥肝和小塊肥肝分別放入真空袋中，不要重疊在一起。

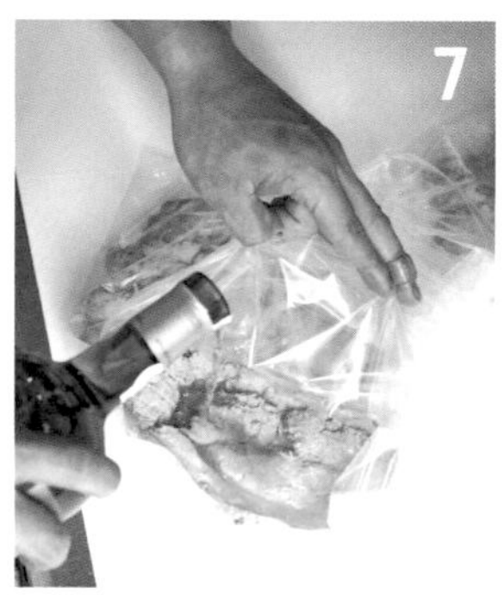

分別在各袋中倒入白波特酒後，處理成真空狀態。

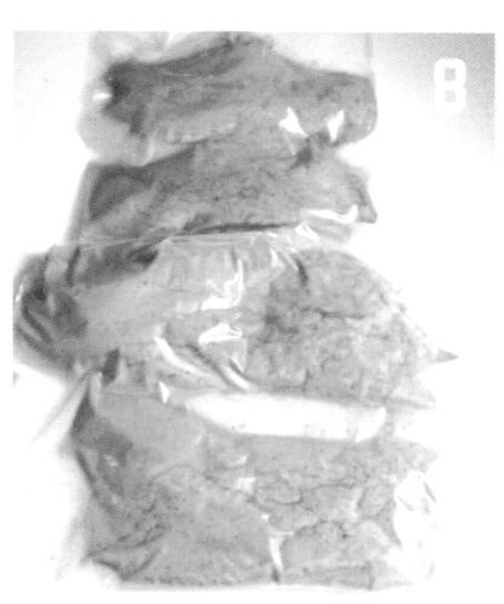

大塊肥肝和小塊肥肝分別處理成真空包裝。放在冷藏室中醃漬1個晚上。

●隔水加熱

隔天，將雞胸肉的真空袋放入70℃的熱水中，加熱20分鐘。偶爾翻面。

＊保持在70℃。注意不要使溫度升高超過這個溫度。

將雞胸肉的真空袋浸泡在流動的冷水中，以此消除餘溫，冷卻至與體溫相當的溫度。

＊這是為了不讓雞胸肉繼續加熱。如果雞胸肉保持熱度，在填入模具中的時候，肥肝會融化。但是，雞胸肉太冷的話，肥肝會變硬，想要毫無空隙地填滿模具就會很困難。要以和肥肝相同的溫度進行作業。

將肥肝的真空袋放入45℃的熱水中，加熱15分鐘。

＊肥肝的脂肪開始溶化，而蛋白質開始凝固的溫度極限則是45℃。保持在像是泡熱水澡的溫度。

將肥肝的真空袋泡在冷水中冷卻。

＊泡冰水的話，肥肝會變得太硬，很難進行作業。以自來水的溫度浸泡就夠了。

●填滿模具

在法式肉凍模具的內側噴上酒精，使保鮮膜緊貼著模具。

＊噴酒精雖是為了消毒模具，但也有使保鮮膜緊貼著模具的用意。保鮮膜要先裁切得比模具大一點。

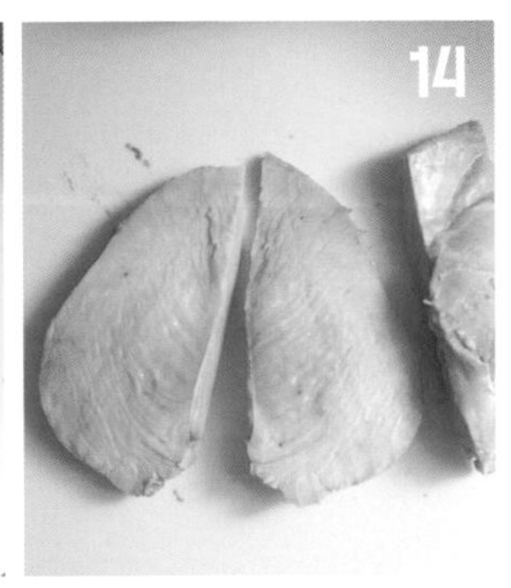

從真空袋中取出雞胸肉，瀝乾汁液。分切成大小2塊，然後再切成一半。

＊分切得太小的話，口感會有所不同，分成4份最適當。

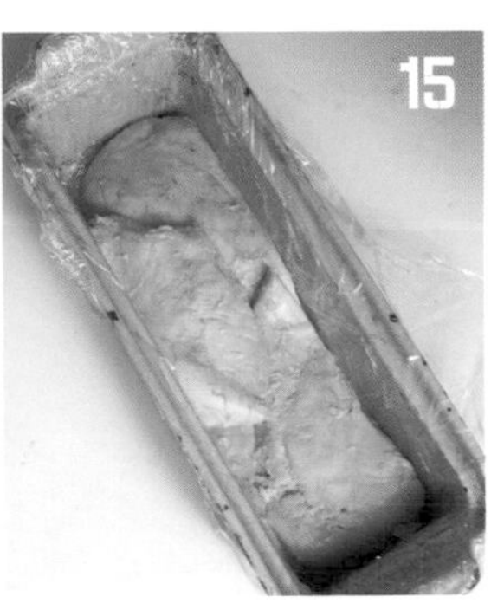

接著將雞胸肉平整的切面朝下，毫無空隙地緊緊塞滿模具。

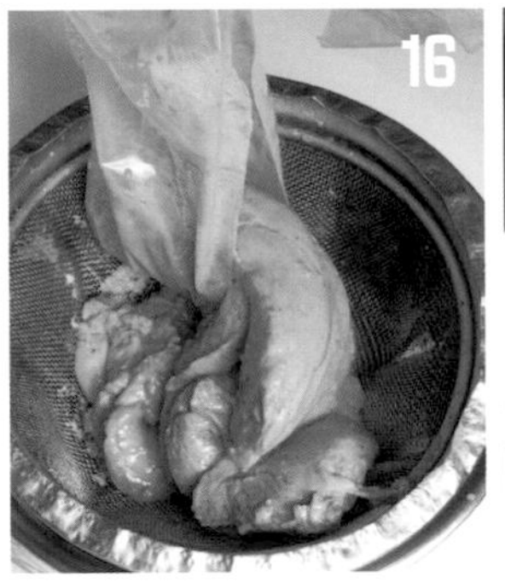

將肥肝從真空袋中取出，瀝乾油脂備用。

＊雖然是冷的，油脂卻尚未凝固是最恰當的溫度。如果肥肝沒有柔軟到某個程度，就無法遍布模具的各個角落。

將大塊肥肝1個份填滿1個模具。將小塊肥肝2個份填滿1個模具。

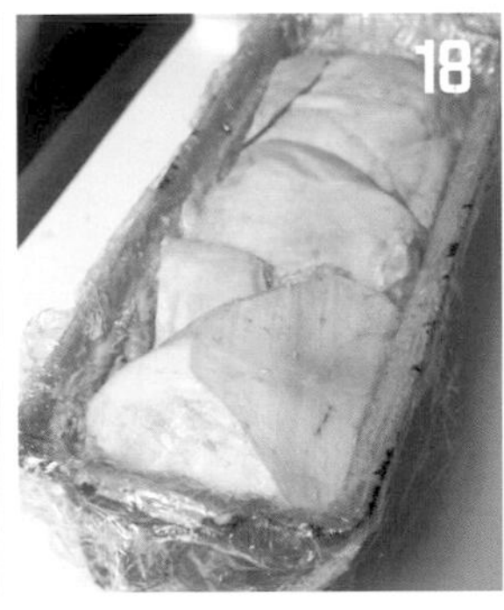

將雞胸肉毫無空隙地填裝在肥肝的上面。如果超出邊緣，就用來填滿空隙，但是雞胸肉最好盡量保持大塊的尺寸。

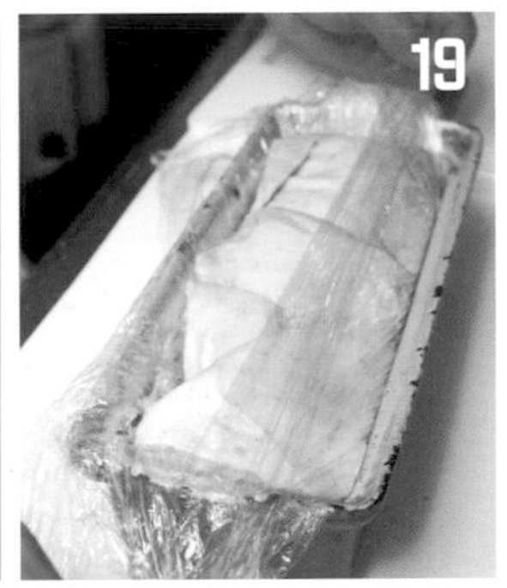

以保鮮膜包覆，再放上另1個模具，由上方壓住。

以空的模具1個＋盒裝牛奶1個份左右當作重石，放在冷藏室中1個晚上，使它完全凝固。

＊如果趕時間，也可以浸泡在冰水中，但是擱置1個晚上，待肥肝完全凝固了之後會比較好吃。

●完成

從模具中取出，連同保鮮膜切成厚片之後，取下保鮮膜。

＊可以冷藏保存7天左右。

鑲肉雞腿卷

Jambonnette de cuisses de volaille

這是將雞腿肉去骨之後，在肉的上面擺放餡料，然後恢復成雞腿原來形狀的料理。雖然近來變得幾乎很少見到這道料理了，但是它華麗的外觀引人食指大動，只要更換內餡，就能發展出好多變化的菜色，最棒的是，成本也很便宜。

因為用網油厚厚地捲起來，所以連乳酪和蔬菜等柔軟或水分多的食材都變得可以當成餡料。

若能好好地煎網油，就不會有油膩感，所以用較多的油以煎炸的方式將多餘的油脂成分煎掉，完成度將可大為提升。

順帶一提，鑲肉雞腿卷不僅可以用煎烤的，也可以做成燉煮料理或以少量的煮汁燉煮。那樣的話，請將一開始取下的大腿骨也一起放進鍋裡燉煮，增添鮮味。

（4人份）

雞腿肉（已取下大腿骨
→134頁）— 4根
鹽、胡椒 — 各適量
肉餡
- 雞腿肉的邊角肉
  — 120g（4根份）
- 菠菜 — 2棵
- 油漬番茄乾
  （切成粗末）— 5片份
- 帕馬森乳酪 — 尖尖1大匙
- 鹽、胡椒 — 各適量

網油 — 適量
沙拉油 — 60cc

高湯醬汁
- 雞大腿骨 — 4根份
- 馬德拉酒 — 50cc
- 紅酒醬汁（→30頁）
  — 100cc
- 鹽、胡椒 — 各適量
- 奶油（增添光澤和風味）
  — 20g

●肉餡

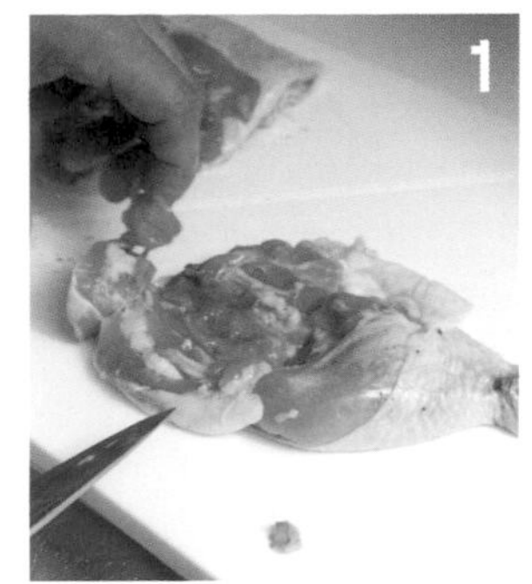

將雞腿肉的根部或內側的肉稍微削掉一些，使雞腿肉變薄。削下來的肉用來製作肉餡。

＊將雞腿肉削切成均等的薄度，加熱就會變得平均，完成時外觀也會變得好看。

將菠菜由根部先放入加了鹽的熱水（分量外）中燙煮，大約30秒之後取出菠菜，泡在冰水中。

將2的菠菜切除根部之後再切成大段，連同1削下來的雞腿肉、油漬番茄乾放入食物調理機中攪打。

加入鹽1撮、胡椒、帕馬森乳酪之後，繼續攪打。

雞腿肉的肉餡。

●包捲

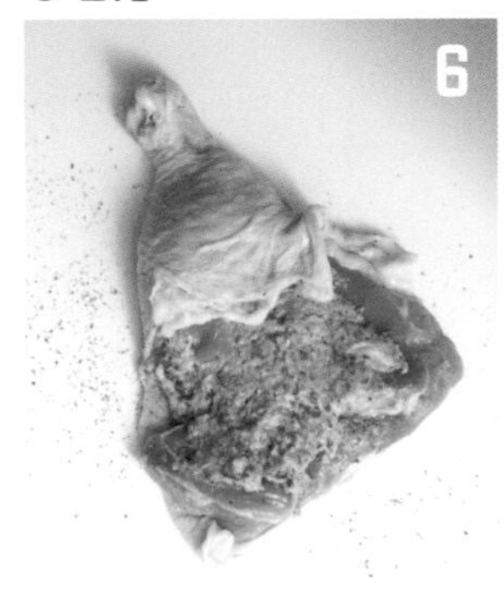

在袋狀的雞腿肉內側撒上鹽、胡椒，塗上分成4等分的肉餡。以雞皮覆蓋，恢復成雞腿的形狀。

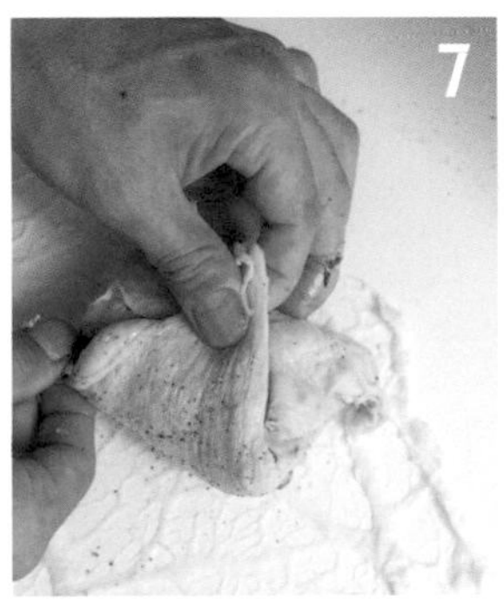

將網油浸泡在醋水中1個晚上之後擠乾水分，鋪開網油，放上6的雞腿肉，將肉餡包捲起來。

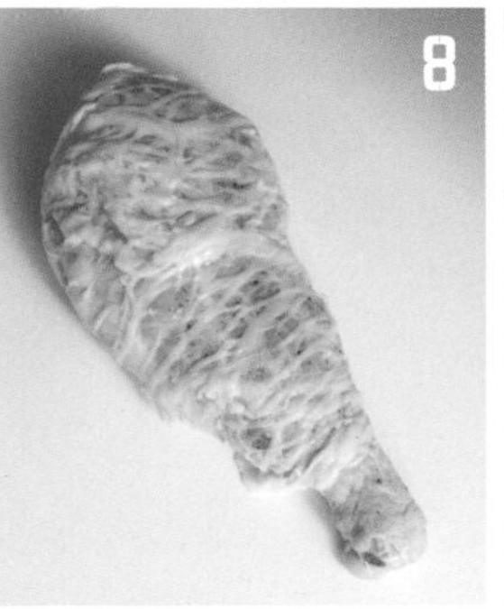

腳部直接露出來，其餘部分則以網油緊緊地包捲3層左右。

＊因為網油在煎製時會溶解，所以也可以包得稍厚一點。

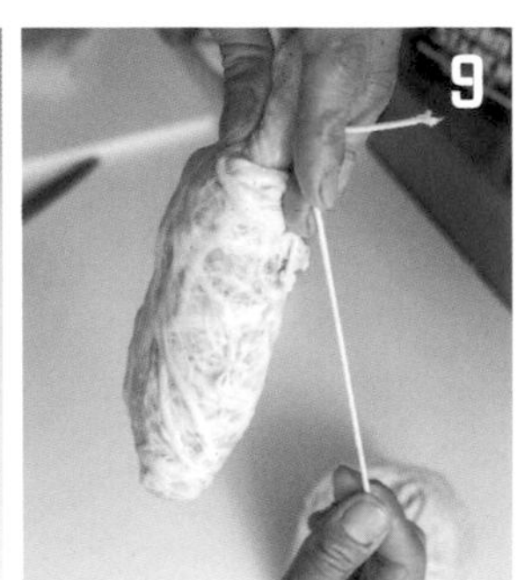

拉著棉繩的一端呈螺旋狀來回地纏繞，然後打結。

＊不要纏太緊，也不要太鬆。

完成綁繩的雞腿肉。

●煎烤

將沙拉油均勻地分布在冷的平底鍋中，然後將10的雞腿肉盡量毫無間隙地塞滿平底鍋中。

形成空隙的地方可塞入大腿骨，填滿空隙，以中火煎雞腿肉。

＊如果有空隙，那個部分的鍋面溫度會升高，因而由肉的周圍開始加熱，所以無法均勻地煎上色。

中途一邊轉動雞腿肉一邊全面淺淺地煎上色。如果油脂變多了，在中途倒掉油脂。

將雞腿肉移至附網架的長方形淺盆中，以250℃的烤箱烘烤5分鐘。

＊為了從四面八方均等加熱，使用附網架的長方形淺盆。

先用手指按壓雞腿肉，以肉的彈性來確認是否烘烤完成。

接著以插入雞腿肉中央的鐵籤是否變熱做最後的確認。利用餘溫加熱3分鐘左右。上菜時，分切成4等分。

＊因為要利用餘溫加熱，所以這裡流出紅色的肉汁也OK。

●高湯醬汁、完成

將大腿骨充分煎到上色之後，移至醬汁鍋中。

加入馬德拉酒，以中火煮乾水分直到如照片所示的程度。

＊這個時候，大腿骨的鮮味會開始溶入醬汁中。

加入紅酒醬汁之後煮滾。煮滾之後以錐形過濾器將醬汁過濾進鍋中。

煮乾水分直到濃度變成糖漿狀。

以鹽、胡椒調味，移離爐火之後，放入固狀的奶油溶勻，增添光澤和風味。將醬汁倒入盤中，再盛放雞肉。

白酒醋燉雞腿

Cuisses de volaille au vinaigre

雞腿肉是煎、煮、炸皆宜的萬能食材。燉煮料理的變化款有奶油基底和番茄基底等，朝非常多方面發展，而使用醋製作的燉煮料理，與其他燉煮料理完全不同。
原本，用醋來燉肉的話，肉會緊縮變硬，味道吃起來也明顯地有突出的酸味，變成很悲慘的料理。這道料理的首要重點就是醋的用法。
醋在沸騰的瞬間，酸味最為突出，繼續燉煮下去就會轉變成美味。這道料理使用只留下醋的美味的煮汁來燉煮雞肉，變得非常重要。即使只留下一點點的酸味，不管燉煮幾個小時，雞肉都不會變軟。因此，分成3次進行燉煮的作業。如果希望醬汁裡有爽快的酸味，在快要完成之前，滴上1、2滴西班牙產熟成的雪莉酒醋，就能做出別具風味的料理。
請充分了解醋的特性，設法純熟地掌握酸味的強弱。

（6人份）
雞腿肉 — 6根（1根200g）
鹽 — 適量
沙拉油 — 60cc
洋蔥（切成2～3mm厚的瓣形）— 大1個份
大蒜 — 10瓣
奶油 — 20g
白酒醋 — 150cc
番茄醬 — 40g
白酒 — 250cc
肉汁清湯（→27頁）— 500cc
月桂葉 — 3片
鹽、胡椒 — 各適量
鮮奶油 — 20cc
奶油（增添光澤和風味）— 30g

配菜（水煮馬鈴薯、荷蘭芹）*

*馬鈴薯帶皮從冷水開始煮，然後切成容易入口的大小，附在一旁。荷蘭芹切成碎末。

● 煎上色

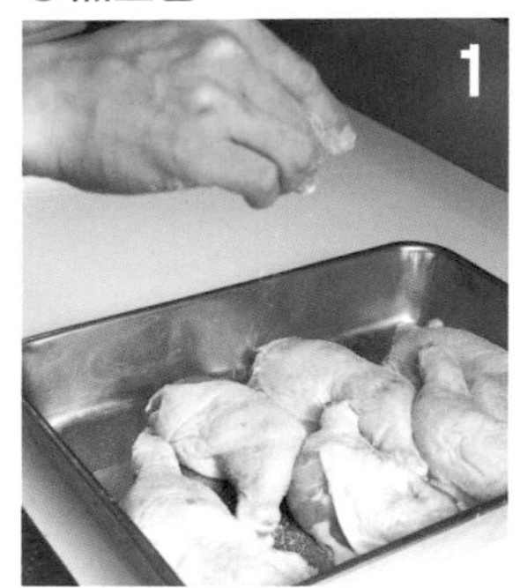

雞腿肉並排在長方形淺盆中，在皮側和肉側撒鹽。

＊油煎的時候鹽分會流失，考慮到這個情形，要多撒一點。

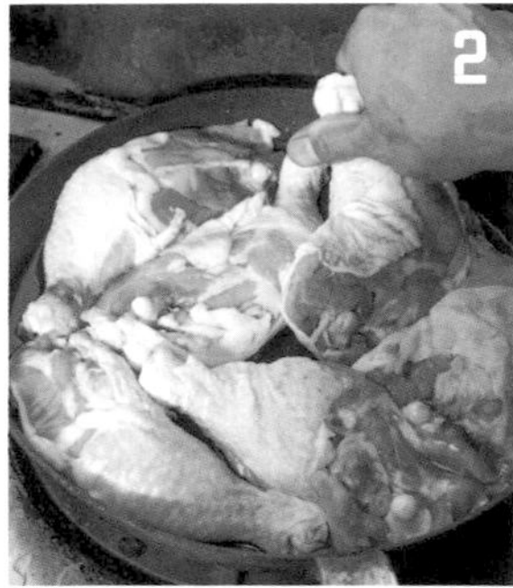

將大量的沙拉油倒入冷的平底鍋中，然後將1的皮側朝下排列在鍋中。

＊以大量的油使溫度升高後，逼出皮下的油脂。由接觸到油的部分開始加熱，上側的肉則靠餘溫加熱。

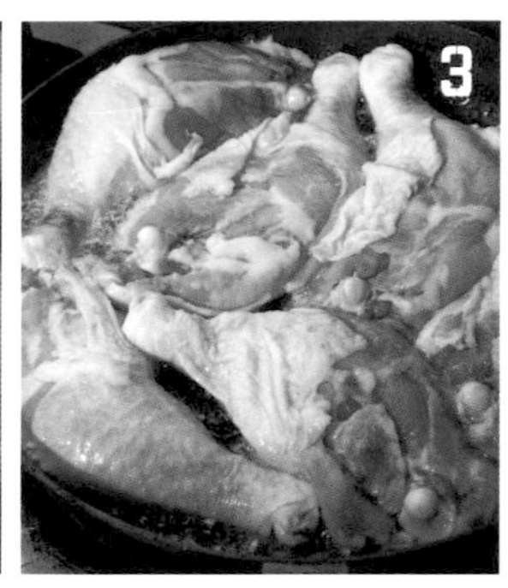

將雞腿肉毫無空隙地塞滿平底鍋，開中火加熱。

＊一旦有空隙鍋面空白部分的溫度會升高，雞腿肉的周圍會先煎上色。要均勻地煎上色，最好毫無空隙地塞滿鍋中。

煎到像這樣的焦色之後，改煎肉側。

＊除了白醬燉菜之外，肉都要充分煎上色到如圖所示程度。煎出的焦色會成為醬汁的醇味和顏色。

將附著在肉側的油脂也煎出來。

從平底鍋中取出已經煎掉油脂的肉，移至附網架的長方形淺盆中。保留存積在長方形淺盆底部的肉汁備用。

● 使酸味消散

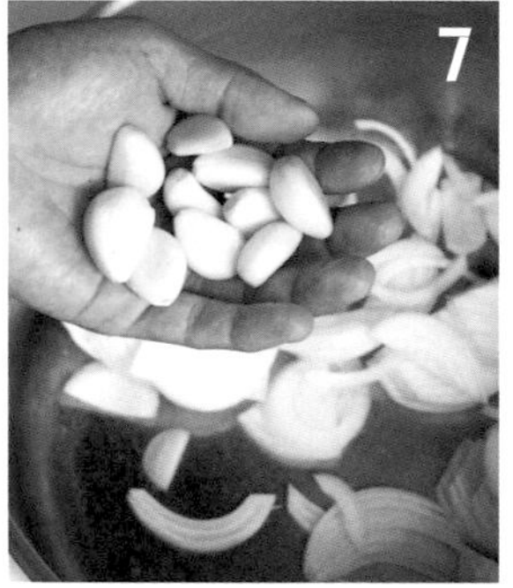

將洋蔥、大蒜和奶油20g放入鍋中，以小火炒。

＊要選擇6根雞腿可以毫無重疊地並列的鍋子大小。

將洋蔥炒到稍微上色。

＊失去水分之後，甜度濃縮。

將白酒醋50cc加入鍋中，溶解沾黏在鍋底的鮮味，然後充分煮乾水分。

＊因為醋有使肉變硬的作用，所以要完全煮乾水分，不要有醋的成分殘留。

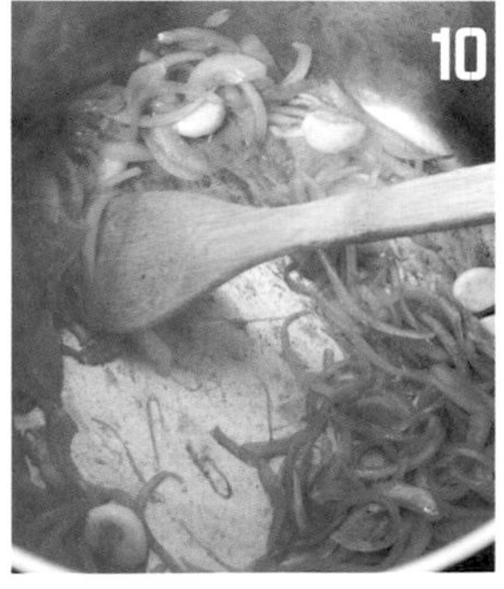

洋蔥已經有點上色了。完全收乾水分之後，再次加入白酒醋50cc，然後充分煮乾水分。水分收乾後再次加入白酒醋50cc，完全煮乾水分直到如照片所示的程度。

＊藉由煮乾水分，酸味會替換成鮮味。充分煮乾水分直到洋蔥變乾為止。

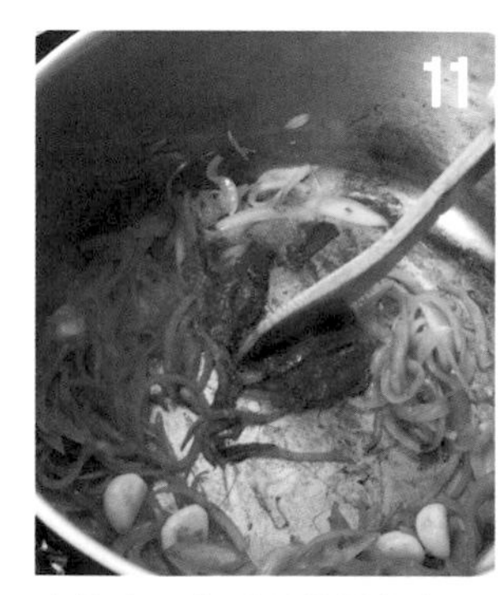

煮乾水分直到洋蔥變乾之後，加入番茄醬。番茄醬加熱後鐵罐味會消散。

為了溶出酸甜焦糖醬（將醋和糖分煮乾水分之後的狀態），在鍋中加入白酒，溶出鮮味。

＊在無須擔心燒焦的情況下充分煎炒，煮汁（醬汁）就會變成清透的顏色。

將白酒充分煮乾水分，使酒精消散。

＊因為肉雞會在酒精消散之前就已經煮軟，酒精進入肉裡之後會產生酸味，所以在這裡就先使酒精充分消散。

●燉煮

將已經煎上色的雞腿肉毫無間隙地塞滿13的鍋中。

將殘留在長方形淺盆中的肉汁倒入鍋中。

加入肉汁清湯、月桂葉3片，開大火加熱。

＊也可以加入新鮮香草束，但是月桂葉比較簡便，而且能充分釋出所需的香氣。

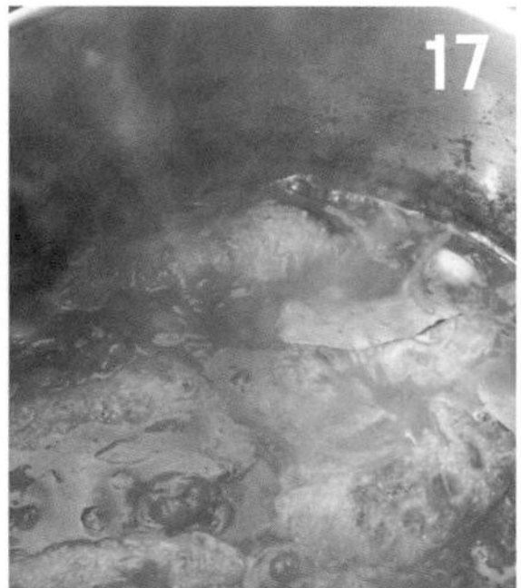

煮滾後以小火煮10分鐘。

＊肉雞的水分多，所以很快就煮熟，蛋白質的凝固也在短時間內發生，但是肉也很快就鬆散了。地雞需要燉煮30～40分鐘，布列斯雞則需要1小時。

先取出雞腿肉備用。前置作業到此為止。分別將1根根的雞腿肉以保鮮膜包好，存放在冷藏室中。

從煮汁中取出大蒜5瓣備用。將煮汁以錐形過濾器過濾。

＊用力按壓殘渣，濾取鮮味。

將取出備用的大蒜放回煮汁中，以手持式電動攪拌器攪拌。這將可以替醬汁提味。煮汁和肉要分開存放。

●完成

上菜時，將冰冷的雞腿肉放入鍋中，再倒入冰冷的20的煮汁，開火加熱，一邊在肉上澆淋煮汁一邊以小火加熱。

＊調和煮汁和肉的溫度，肉就不會加熱過度，藉此可以防止將肉煮到潰散。

煮滾後再加熱2～3分鐘，以鹽、胡椒調味，然後加入鮮奶油。

將鍋子移離爐火，放入固狀的奶油溶勻，增添光澤和風味。盛盤。

＊奶油一旦加熱就會失去原有的風味，但是因為冰冷堅硬的奶油是慢慢地溶入煮汁中，所以完成時不會失去風味。

寡婦雞

Poussin demi-deuil

這是古典料理的代表之作。本店不是將雛雞以真空包裝處理，而是塞在豬的膀胱裡，但是使用真空包裝的話，溫度管理很簡單，不會失敗，又可以只用少量的煮汁就完成，所以完成時可以縮短將煮汁收乾的時間，在廚房的現場相當便利。

就像穿著喪服一般，在雞皮底下暗藏著松露薄片，松露的香氣遍及全部的雞肉和醬汁之中，渾然一體的味道正是這道料理的本質吧。

醬汁中也可以不加入雪莉酒，而是加入像法國侏羅地區產的白酒夏隆堡一樣的，莎瓦涅（白葡萄品種）的熟成香氣。

（1隻份）

雛雞（全雞去內臟）
— 1隻（500g）

黑松露（薄片）— 10片

鹽、胡椒 — 各適量

醃汁

- 白波特酒 — 10cc
- 馬德拉酒 — 10cc
- 白雪莉酒 — 10cc
- 白胡椒 — 少量
- 第2次澄清湯（→29頁）— 50cc

醬汁

- 煮汁 — 全量
- 油封鴨肥肝（→222頁）— 10g
- 奶油 — 10g
- 鮮奶油 — 40cc

配菜（煮四季豆）

●醃漬

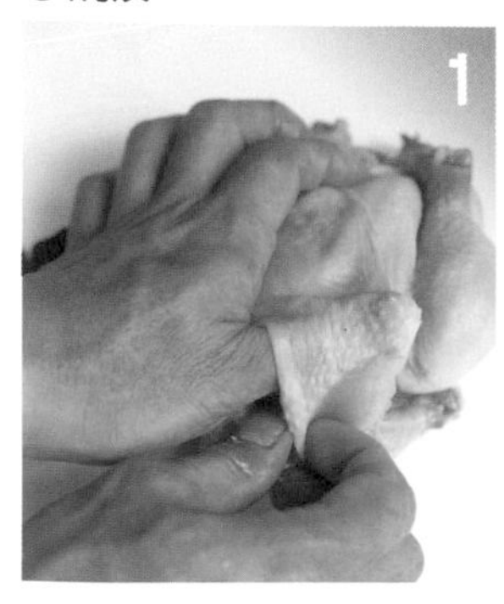

將雛雞的雞翅和鎖骨切除（→134頁），從頸部將拇指伸入雞皮底下，剝離雞皮，注意不要弄破雞皮。胸骨（軟骨）的上面不要剝離。

＊一旦剝離胸骨上面的雞皮，皮和肉就會移位。

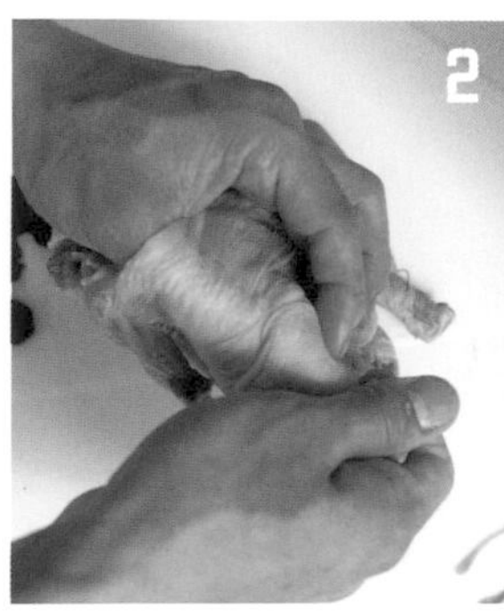

腿部、背部的雞皮也要先剝離。

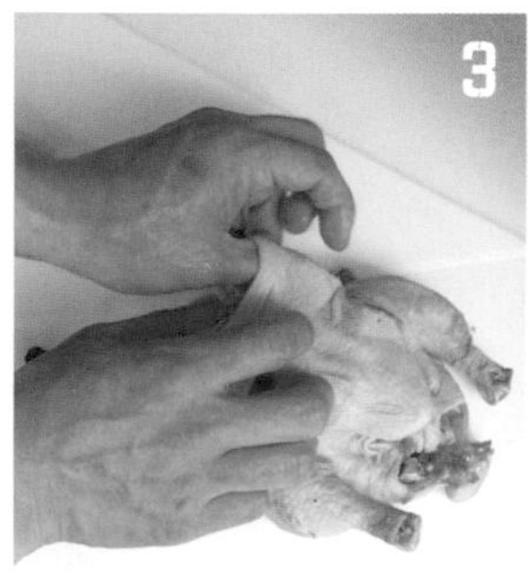

將黑松露塞入雞皮底下。看得到黑松露均勻地分布在雞皮底下。

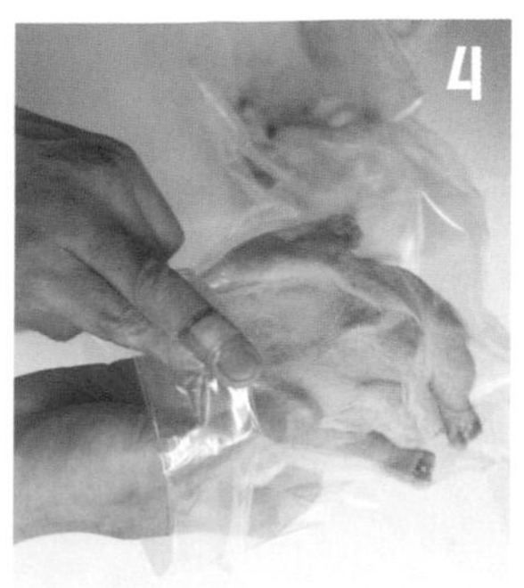

整隻雞撒上鹽、胡椒，連同之前切下的雞翅一起裝入真空袋中，醃漬入味。

＊鹹度大約是可以稍微感覺到鹹味的程度。放入雞翅可以增加鮮味。

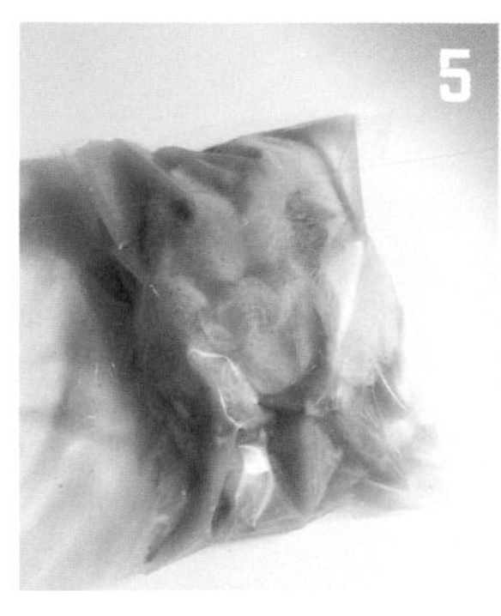

處理成真空狀態。就這樣放在冷藏室靜置3小時。

●隔水加熱

整袋直接放入80℃的熱水中加熱20分鐘之後取出。

＊保持在80℃。因為雞腿肉比雞胸肉難煮熟，所以用稍微高一點的溫度加熱。為了能煮出濕潤的肉質，以接近最高限度的溫度加熱。

●醬汁

將**6**的真空袋中的液體分裝在小鍋中煮滾。全雞則移至附網架的長方形淺盆中。

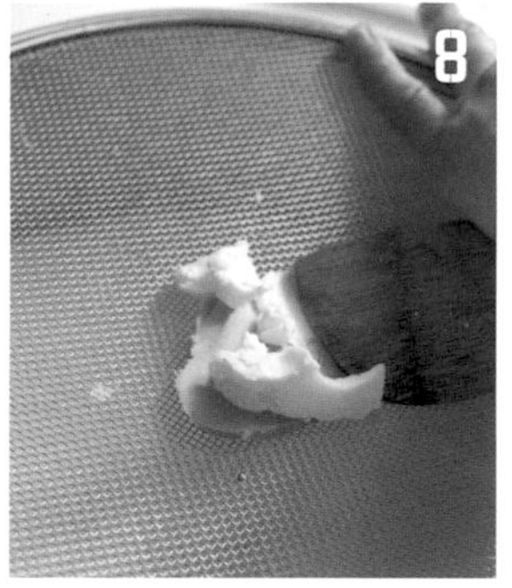

將冰冷的油封鴨肥肝和冰冷的奶油一起濾細，製作成鴨肥肝奶油。

＊為了讓醬汁順利乳化，先將鴨肥肝奶油冰涼備用。

將**7**的醃汁煮乾水分直到剩下一半，加入鮮奶油之後煮乾水分，直到濃度變成糖漿狀。

水分收乾之後移離爐火，將已經濾細的鴨肥肝奶油溶入醬汁中，以打蛋器攪拌溶勻。

●完成

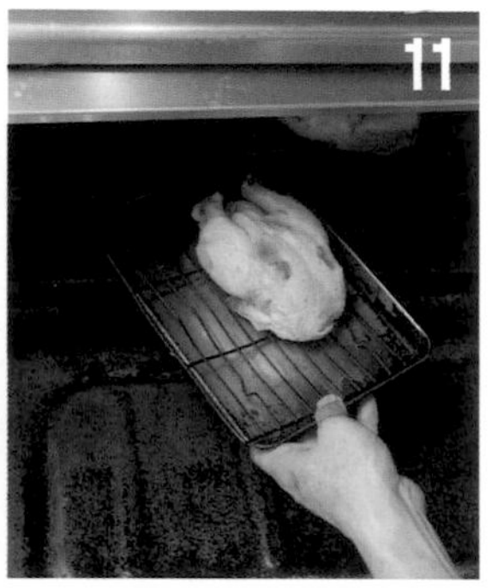

將全雞放入250℃的烤箱中1分鐘，將表面烤乾。將煮四季豆鋪在底下，再盛放全雞。倒入醬汁之後即可端上桌。

派皮包烤鴨肉 佐血醬汁

Feuilleté de canard sauce au sang

派料理大致上一整年都會列入菜單之中。可以集中分量事先完成備料，因為也可以冷凍，所以先包好備用的話，之後只需放入烤箱即可，不會有差錯。在只有少數人員運作的廚房，這道料理的製作非常方便。
配方與法式肉凍冷盤大致上相同。若要說有任何不同之處，就只有鹽的分量而已。在做成熱食的時候，相對於1kg的肉，以添加15g的鹽為限。
也可以將作為裝飾配菜的肥肝或炒蕈菇一起包進派皮裡。
醬汁則是在紅酒醬汁中加入酒以增添香氣，最後再以豬血增加濃稠度的血醬汁（sauce au sang）。萬一買不到豬血，也可以將鴨肝或雞肝加上少量的干邑白蘭地，以果汁機攪打，細細過濾之後加進去。
在野味時期若是改用綠頭鴨或雉雞的肉和內臟，而醬汁是將烤過的骨頭以紅酒醬汁稍微煮出味道，就會成為香氣豐潤的野味料理。

（12人份）

肉餡

- 鴨胸肉（瑪格黑鴨）
  — 700g（內赤身肉440g）
- 雞肝（附雞心）— 300g
- 鹽 — 15g（15g/kg）
- 胡椒 — 2g（2g/kg）
- 紅波特酒 — 20cc
- 馬德拉酒 — 20cc
- 干邑白蘭地 — 10cc
- 橄欖油漬大蒜
  （→42頁）— 1小匙

（1人份）

- 肉餡 — 80～90g
- 千層派皮（→37頁）
  — 1張（20×10cm的長方形）
- 蛋黃 — 適量

血醬汁

- 紅酒醬汁（→30頁）— 40cc
- 干邑白蘭地 — 10cc
- 鹽、胡椒 — 各適量
- 紅波特酒 — 10cc
- 奶油（增添風味和光澤）— 10g
- 豬血 — 15cc

●肉餡

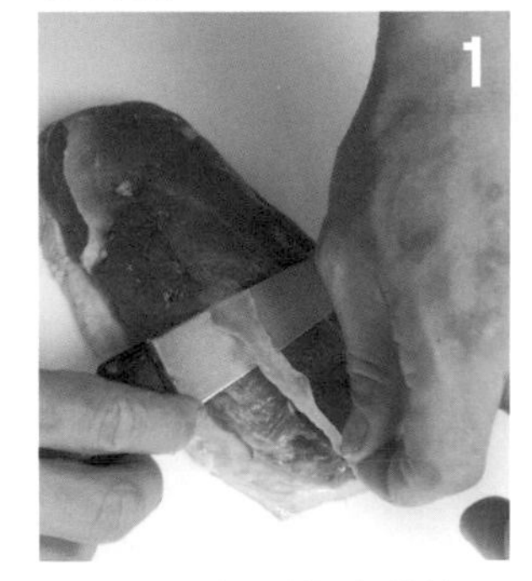

以切片刀刮除鴨胸肉的筋或薄膜。

＊將切片刀的刀刃反向往回拉動，這種刀被稱為牛排用刀，在分切肉的時候使用。拉除薄膜很便利。

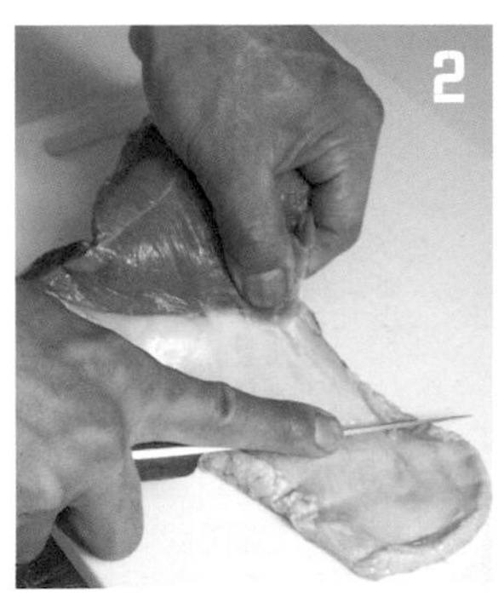

以刀子壓住鴨胸肉的皮，剝下赤身肉。

將赤身肉一律切成3mm小丁。

將鴨皮切成粗末。

將鴨的赤身肉和皮、雞肝擺放在長方形淺盆中，撒上混合好的鹽和胡椒，迅速攪拌，沾裹在全部食材上面。

將紅波特酒、馬德拉酒、干邑白蘭地、橄欖油漬大蒜淋灑在全部食材上面，分別抓拌各種食材。

為了不讓空氣進入，緊貼著保鮮膜，放在冷藏室中靜置1個晚上。

＊覆蓋保鮮膜之後排除空氣，使全體像是浸泡在液體中。

將醃漬好的肉餡以食物調理機攪打至變得滑順。赤身肉先預留半量不放入。

肉餡變得滑順之後，加入剩餘的赤身肉，迅速攪拌一下，保留肉的質感。

●派皮包裹

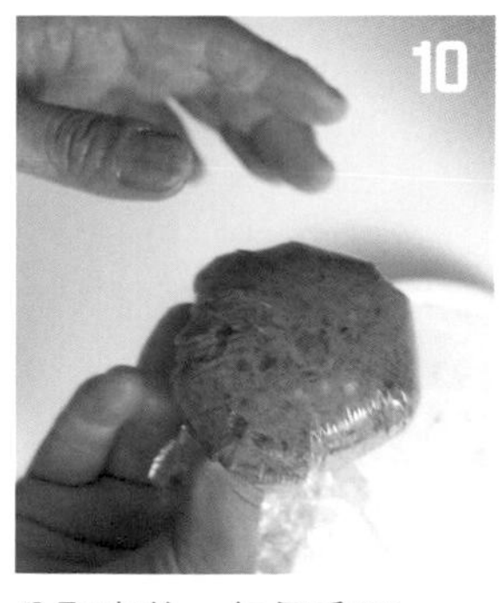

分取肉餡，每個重80～90g，以保鮮膜包住之後存放起來。

＊冷藏可以保存3～4天。

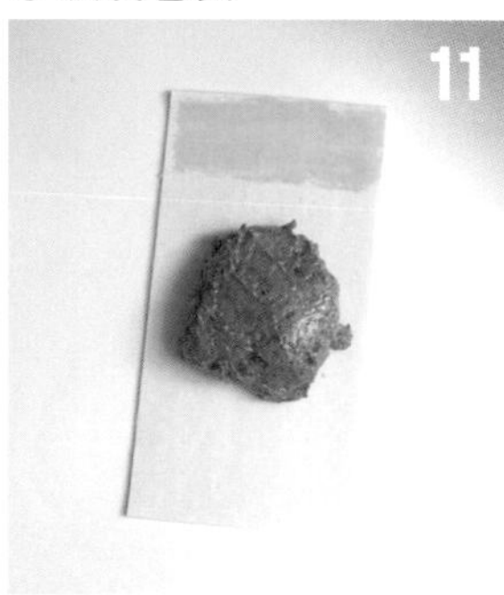

將肉餡放在千層派皮的中央，然後將打散的蛋黃液塗抹在上端。

捲起來之後，將塗抹蛋黃的部分保留1cm的寬度，切除其餘的派皮。

＊減少厚厚的疊合部分，盡可能做得很輕巧。

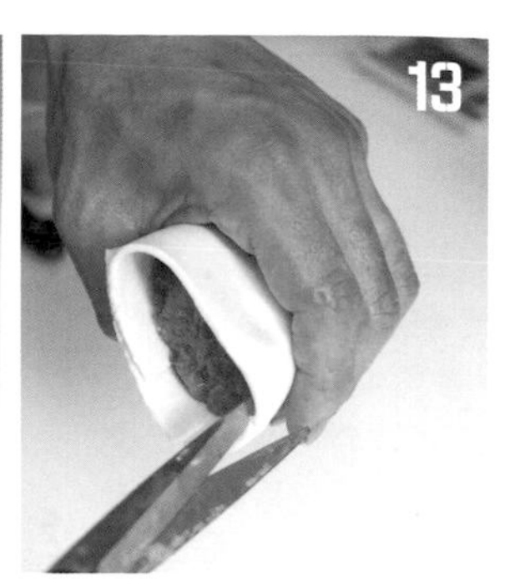

用剪刀在兩邊剪開4個角。

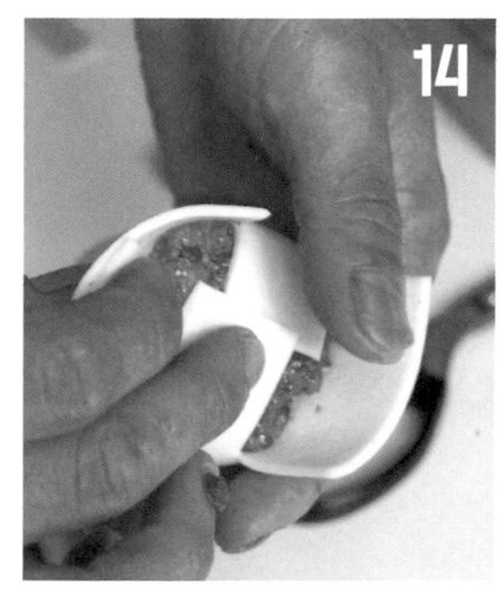

將左右兩邊的派皮摺入。

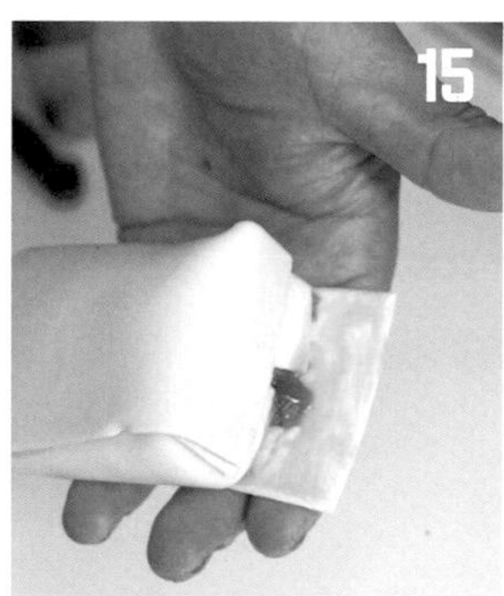

以上方的派皮蓋住，在下方的派皮塗抹蛋黃。

以下方的派皮蓋住，像百貨公司的禮品一樣，包成四角形。

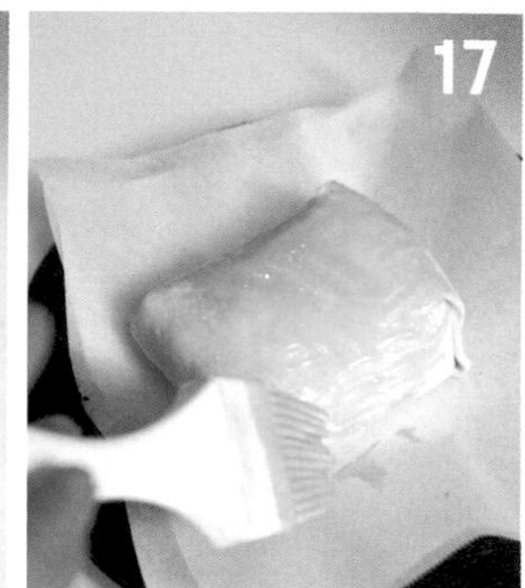

放在派盤上，塗抹蛋黃，然後以250℃的烤箱烘烤15分鐘。

●血醬汁

※在鴨肉派要烘烤完成的10分鐘前，開始動手做醬汁。與鴨肉派同時完成吧！

以鐵籤插入中間，然後觸碰嘴唇，如果中間已經變熱就代表烘烤完成了。

在紅酒醬汁中加入干邑白蘭地和紅波特酒，煮乾水分。

煮到變成糖漿狀之後，以鹽、胡椒調味，移離爐火之後轉動鍋子，將固狀的奶油溶入醬汁中，增添風味和光澤。

最後加入豬血，溶入醬汁中。倒入盤中，然後盛放鴨肉派。

＊將冷凍保存的豬血解凍之後使用。

黑胡椒風味
瑪格黑鴨肉火腿
附肥肝芒果四季豆沙拉

Jambon de magrets canard poivré, salade de mangue et haricots verts aux foie gras

瑪格黑鴨肉的肉味非常濃郁。雖然直接烘烤也很美味，但是經過鹽漬之後再進行加熱，然後做成冷盤，可以細細咀嚼的美味度也是一大魅力。適度保留厚厚的脂肪，使口感變好，搭配甜味的話，更能引出鴨肉的味道。將餘溫考慮進去，稍微加熱即可，趁熱撒滿黑胡椒之後密封起來，鎖住香氣是重點所在。有時候也會先經過燻製處理之後才進行加熱。
分切的時候，最好切成比厚片再多個2mm左右的切片。

（容易製作的分量）
鴨胸肉（瑪格黑鴨）
— 350g（清理後300g）
鹽 — 6g（20g/kg）
砂糖 — 9g（30g/kg）
粗磨黑胡椒 — 適量

（1人份）
鴨胸肉（切片）— 6片
芒果四季豆沙拉
- 煮四季豆 — 6根
- 芒果（切片）— 1/2個份
- 蜂蜜芥末沙拉醬汁* — 適量

油封鴨肥肝（→222頁）
— 2片（1片10g）

*將法式芥末醬15cc、蜂蜜15g、雪莉醋5cc、鹽少量、黑胡椒稍多的適量，以小型打蛋器充分攪拌均勻。將橄欖油25cc一點一點地倒進沙拉醬汁裡面，一邊倒一邊攪拌，使之乳化。

● 肉的準備

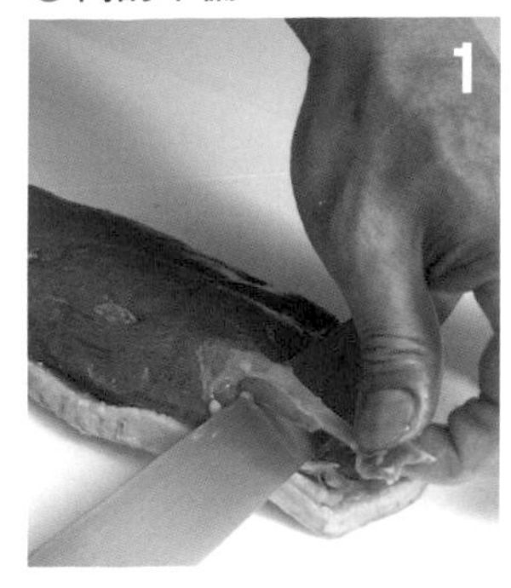

以切片刀削除鴨胸肉的筋和薄膜。如果有超出限度的多餘脂肪就切除。清理後的重量是300g。

在皮側劃入格子狀切痕。為了使脂肪容易脫離鴨皮和皮下，要切到皮下脂肪為止。

在皮側多撒點鹽，在肉側多撒點砂糖。

＊煎到油脂從皮側釋出時，鹽分很容易流失，所以要多撒一點。因為砂糖具有使發色好看的效果，所以要在紅色的肉側多撒一點。

將皮側朝下，以保鮮膜包覆起來，放在冷藏室中1個晚上。

● 烘烤

隔天將皮側朝下放在冷的平底鍋中，以250℃的烤箱烘烤5分鐘。因為撒上了砂糖很容易烤焦，因此要從低溫開始，慢慢使溫度升高，充分烤出油脂。

將皮側朝下移入另一個冷的平底鍋中，開小火加熱，逼出油脂。一邊將油脂澆淋在肉側一邊煎。

＊不要煎到油脂完全釋出，要適度保留油脂。

如同照片所示，將鴨胸肉煎上色之後，把皮側朝上移至附網架的長方形淺盆中，靜置3分鐘。

將皮側朝下移至**6**的平底鍋中，以250℃的烤箱烘烤4分鐘，將鴨胸肉烤出很深的烤色直到圖中的這個程度。

移至附網架的長方形淺盆中，在肉側和皮側撒上大量的粗磨黑胡椒。

＊因為胡椒很容易烤焦，所以在烘烤之後才撒上。胡椒的香氣也會散發出來。

以保鮮膜一層層包捲起來，放在常溫中。放涼之後放在冷藏室中1個晚上，使肉質穩定下來。

＊為了鎖住胡椒的香氣，防止肉變乾。

● 芒果四季豆沙拉

以蜂蜜芥末沙拉醬汁調拌芒果薄片和煮四季豆。

● 完成

將沙拉盛盤，上面擺放切得較厚的鴨肉火腿片、油封鴨肥肝。淋上蜂蜜芥末沙拉醬汁。

鴨胸肉 佐柳橙醬汁

Canard à l'orange

第一次品嚐這道料理時感受到的味覺衝擊，至今仍令我印象深刻。用水果來搭配肉，那種天作之合的絕妙感覺，成為我投入法式料理的契機。原本的柳橙醬汁，製作步驟繁多，非常費時費工，所以我將鴨高湯替換成紅酒醬汁，將柳橙汁和紅酒醬汁煮到水分收乾。我認為，僅僅這樣做就足以表現成為這道料理核心的深奧味道。

當然，如果添加柳橙皮或酸甜焦糖醬（gastrique，將煮焦的砂糖和醋煮到收乾水分）等，會變成味道更有深度的醬汁，但是在烹調人員很少的情況下，我必須改用減法的概念，非得利用最低限度所需要的工夫和材料達到最高的目標不可。

我將上菜時間和理想的味道分別擺在天秤的兩端衡量，幾經斟酌之後終於得到目前這個答案。

而且，這道料理使用幼鴨來製作，應該能與味道溫和的醬汁取得平衡。

（1人份）

鴨胸肉（幼鴨）— 1片（200g）

鹽 — 適量

沙拉油 — 50cc

醬汁

- 柳橙汁 — 100cc
- 紅酒醬汁（→30頁）— 50cc
- 柳橙果汁 — 適量
- 鹽、胡椒、君度橙酒 — 各適量
- 奶油（增添風味和光澤）— 10g

配菜

（柳橙4片→41頁）

● 肉的準備

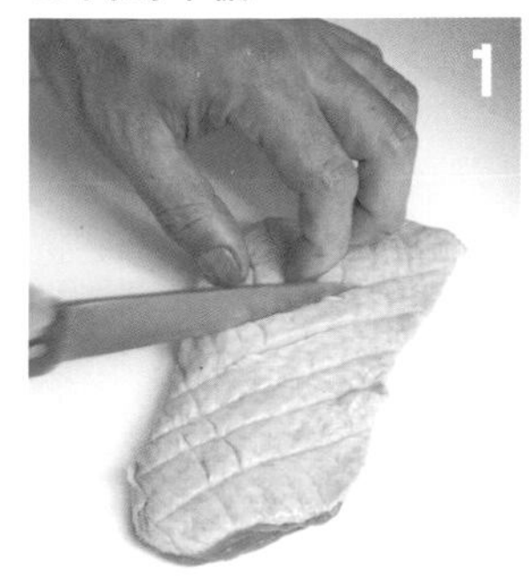

在鴨胸肉的皮上淺淺地劃入格子狀的切痕。

＊幼鴨與瑪格黑鴨不同，皮下脂肪很少，所以切痕要淺。

● 煎烤

在鴨胸肉的兩面撒上鹽，將沙拉油倒入冷的平底鍋中，然後將鴨胸肉的皮側朝下放入鍋中。

＊因為胡椒會燒焦，所以如有需要，煎烤完成之後才撒上。

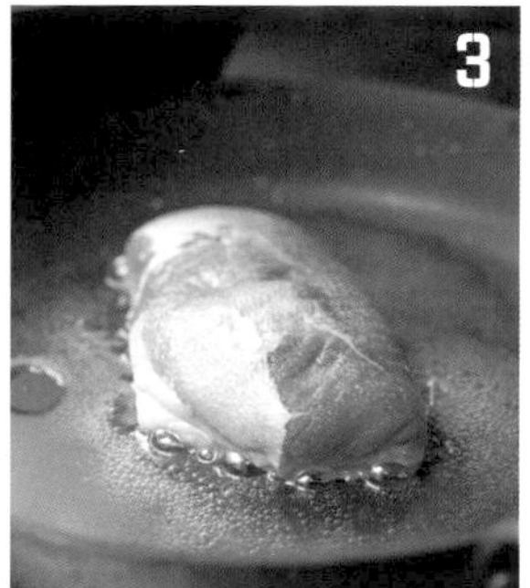

以高溫的法式鐵板爐加熱。

＊一開始水分從肉裡面釋出，會產生很大的氣泡。氣泡很大代表平底鍋的溫度低。

沙拉油的氣泡漸漸變小。

＊肉的水分漸漸消失，氣泡變小，代表平底鍋的已經溫度升高了。

在尚未加熱的肉的上面澆淋沙拉油為肉加熱，同時使平底鍋的溫度下降。

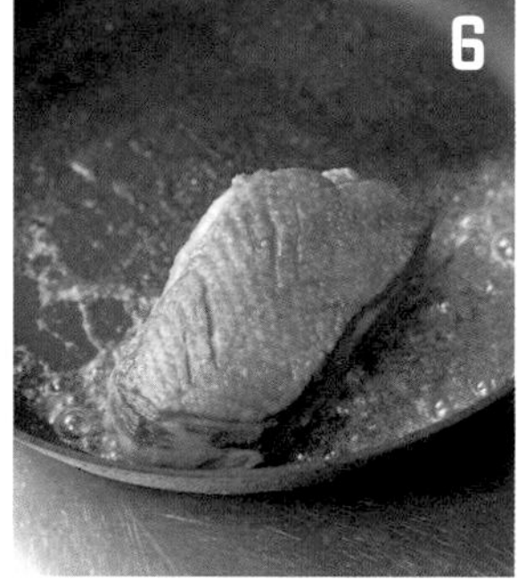

鴨皮煎得很酥脆後翻面，迅速地煎一下肉側，然後立刻移至附網架的長方形淺盆。

＊在這個階段，肉側幾乎沒熟也無妨。

將皮側朝上，放在溫暖的場所靜置3分鐘之後，就這樣以250℃的烤箱烘烤4分鐘。取出之後，放在溫暖的場所靜置3分鐘。上菜時，分切成薄片。

● 柳橙醬汁

柳橙汁中加入紅酒醬汁，煮乾水分。

將逐瓣取出果肉之後剩下的果囊用力擠出果汁，加入8之中。

煮到濃度變成黏稠的糖漿狀之後移離爐火，以鹽、胡椒調味，再加入君度橙酒增添香氣。

將固狀的奶油在醬汁中溶勻，醬汁就完成了。在鴨肉旁添加4片柳橙果肉之後，倒入醬汁。

白桃燉鴨

Canard à la pêche

這道料理也是做成與水果的組合。與鴨胸肉相較之下，鴨腿肉的味覺衝擊更為強烈。雖然直接煎烤也很美味，但是肉質也會變得比較硬，具有嚼勁，所以多半還是做成燉煮料理或油封料理。

桃子使用糖煮罐頭也沒關係。若想要賦與更多附加價值的話，可以使用自製的糖煮白桃，但是因為日本產的桃子不適合加熱，所以與醬汁加在一起，在最後加熱至溫熱的程度即可。

就像柳橙醬汁一樣，如果覺得醬汁的甜度很高，在完成時加入數滴桃子利口酒就能轉化為餘味爽快的甜度，供大家參考。

（4人份）

合鴨腿肉 — 4根（1根300g）
鹽 — 適量
沙拉油 — 40cc
香味蔬菜（全部切成1cm的小丁）
- 洋蔥 — 150g
- 胡蘿蔔 — 80g
- 西洋芹 — 60g
- 大蒜 — 3瓣

奶油 — 30g

白酒醋 — 50cc
桃子果肉飲料（nectar）— 180cc
白酒 — 150cc
小牛高湯（→25頁）— 250cc
月桂葉 — 3片
鹽、胡椒 — 各適量
奶油（增添光澤和風味）— 30g
糖煮白桃（切成瓣形）— 1人份1/2個份

●肉的清理

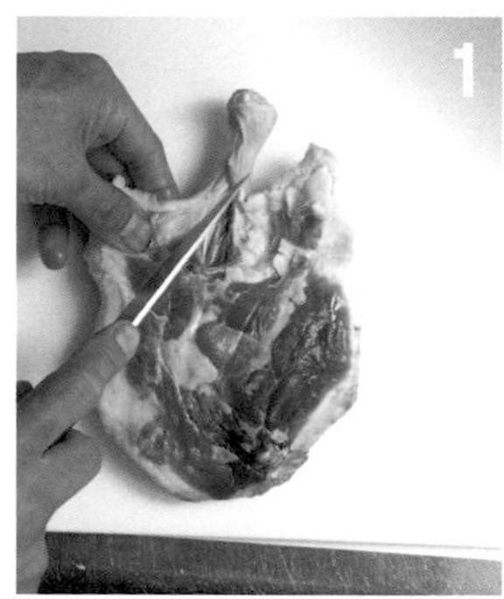

在靠近合鴨腿肉的脛骨邊緣切入切痕，然後將腿肉攤平。

＊因為皮下脂肪很多，所以在油煎之前將肉切開，切下脂肪，讓鴨腿肉比較容易入口。

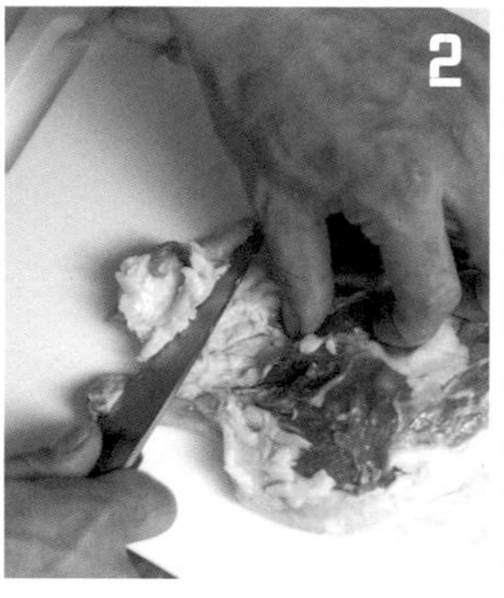

先將過多的皮下脂肪以刀子削除。鴨皮很美味不要切下來，先保留備用。

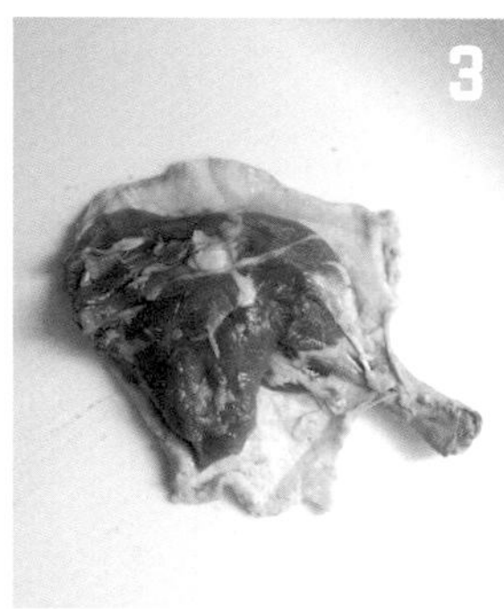

已經清除脂肪的鴨腿肉。

●煎上色

在兩面撒上鹽。

＊因為油煎時鹽分會流失，所以要多撒一點鹽。

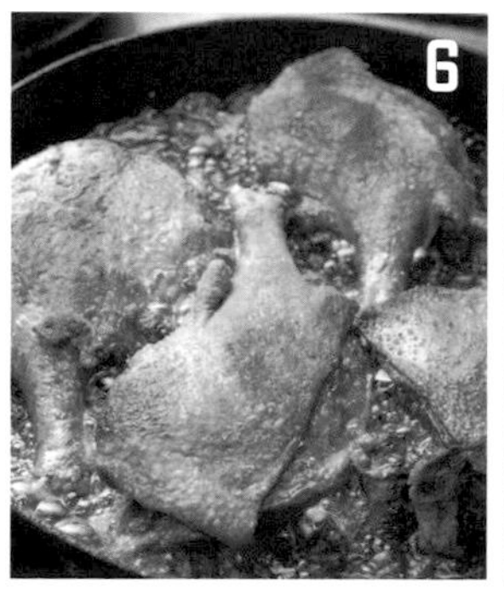

將沙拉油40cc和鴨腿肉放入冷的平底鍋中，將鴨腿肉的皮側朝下並排擺放，以中火煎腿肉。

＊選用無法形成空隙的大型平底鍋。

將皮側充分煎上色之後翻面。

＊合鴨所需的時間要比肉雞稍微久一點。

煎上色之後，取出鴨腿肉放在附網架的長方形淺盆備用。

＊除了白醬燉菜之外，肉都要充分煎上色到這個程度。

●燉煮

將香味蔬菜和奶油放入鍋中，以大火炒蔬菜。

＊蔬菜切成即使燉煮40分鐘也不會潰散的大小。如果是要燉煮1小時以上的料理，香味蔬菜切成5cm塊狀，或是不分切，整個直接使用。

待奶油沾裹在蔬菜上面，轉為中火，不怎麼翻動蔬菜，將蔬菜也煎上色。不時以木煎匙攪拌。

蔬菜煎上色之後，加入白酒醋，完全煮乾水分。

＊為了讓醋的味道有爽快感。徹底使醋蒸發。

白酒醋蒸發後，加入常溫的桃子果肉飲料和白酒。

＊因為在這之後要燉煮很久，所以在這個階段沒有讓白酒的酒精蒸發也沒關係。

將之前取出備用的鴨腿肉放回11的鍋子裡，加入小牛高湯，改以大火加熱。

加入月桂葉和算是預先調味程度的鹽。煮滾之後將火勢稍微轉小一點，然後撈除浮沫。

蓋上鍋蓋防止煮汁蒸發，然後以極小火燉煮。

＊如果是放入烤箱中，蓋上鍋蓋之後以180℃加熱1小時。

燉煮完成時，以鐵籤試插鴨腿肉，拿起鐵籤時鴨腿肉會立刻掉下去的話代表肉已經煮得恰到好處了。

取出鴨肉放在附網架的長方形淺盆中。前置作業到此為止。分別將1根根的鴨腿肉以保鮮膜包好，存放在冷藏室中。

＊將煮汁和鴨腿肉分開存放。如果鴨腿直接在鍋中放涼，餘溫會繼續將鴨腿肉加熱。

以錐形過濾器過濾煮汁，用力按壓蔬菜濾取鮮味。煮汁和肉分開存放。

●完成

取出部分放涼的煮汁，開火加熱。撈除浮在煮汁表面的浮沫和油脂。

煮滾之後，直接放入冰冷的白桃和鴨腿肉，將煮汁澆淋在鴨腿肉上面一邊收乾煮汁，直到剩下一半。

＊因為新鮮的桃子容易煮到潰散，所以改用罐頭為佳。

以鹽、胡椒調味，關火之後加入奶油溶入煮汁中，增添光澤和風味。將鴨腿肉和白桃盛盤，然後倒入醬汁。

野味

在法式料理中野味料理的定位是，僅限於在短暫的狩獵期間享用野生動物獨特的味道和香氣的美味佳餚，它是宣告秋天到來的風物詩，但是像從前一樣進行極限熟成（faisandage）的做法似乎變少了。鹿和野豬等獸類野味，以及真鴨和鴿子等禽類的赤身肉野味，現在一般都是不經熟成，趁新鮮的時候烹調成料理，但是雉雞和野兔則是例外，在充分熟成之後，幾乎會變成完全不一樣的味道。

禽類的熟成一定要以帶著羽毛、內臟的狀態放在通風良好的場所（冷藏室等）進行。為了防止雜菌孳生，所以不拔除羽毛，內臟也直接保留，就這樣進行自然的熟成。確認熟成狀況時，要依據肛門周圍的濕潤情況和氣味、羽毛拔除的難易度、全體的香氣等來判斷，而這只能靠經驗的累積。

在獸類當中，鹿和野豬等大型獸類，也必須在狩獵的現場宰殺之後立刻由頸動脈放血，掏出內臟，利用沼澤或雪急速冷卻體內。因為塞滿腸子的內容物，在動物死後還是會繼續分解和發酵，所以產生的氣體會使體溫升高，肉的惡化也會變得快速。

從11月開始的狩獵，和春季到夏季進行的以有害動物為驅除對象的狩獵，多半是以射死獵物為目的，所以沒有迅速放血、摘出內臟、進行冷卻處理的獵物意外地很多。再加上，從深山地方把肉運到山腳下的作業，也會變成很吃重的勞力工作，所以據說已經射死的獸類有一半以上不會流通，而是掩埋在山裡。

為了不白白浪費這些破壞農田的野獸的性命，全部用來做成料理，這種自己完結的法式料理概念，對於要如何面對因害獸造成農業損失等的課題有所啟發。

與飼料需仰賴外國進口的畜產肉相比，野生鳥獸的肉不需要飼料，所以只要從狩獵者到餐廳的流通能夠確立，就可以說是非常合理的食材。我認為對於這種問題，法式料理的貢獻是今後的料理界所需要的。

在日本，早在大家認識「野味」這個名詞的很久以前，就已經有東北地方北部的又鬼文化和北海道阿伊努文化的狩獵肉食。從熊、果子狸，到海中動物，這些種類廣泛的野生動物在現代法式料理中似乎是不吃的，日本的狩獵文化將牠們的吃法流傳下來。連同狩獵時使用的陷阱和裝置一起學習傳統的飲食文化，是十分有價值的。

禽類共通的前置作業

使用山鳩為範例，解說禽類的羽毛拔法和內臟的摘除、處理方法。其他的禽類也是以此為標準。因為雉雞的皮很薄，所以在拔毛的時候要小心，避免弄破皮。

●羽毛的拔法

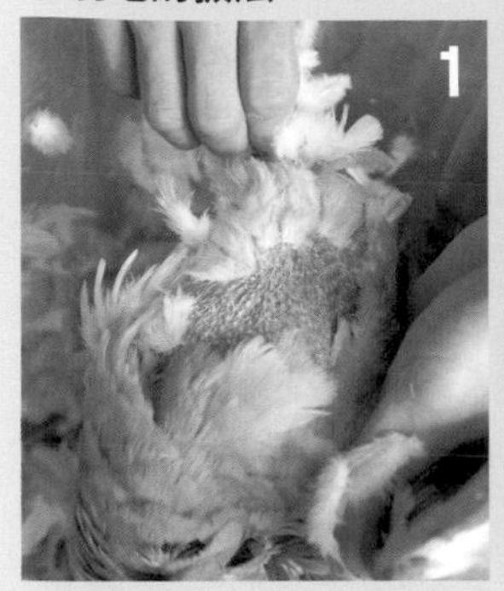

拔除背側的羽毛。因為隨後會以瓦斯噴槍燒除，所以留下一些細毛沒關係。

＊將山鳩放在大型塑膠袋或垃圾桶中拔除羽毛，羽毛就不會四處亂飛而完成作業。

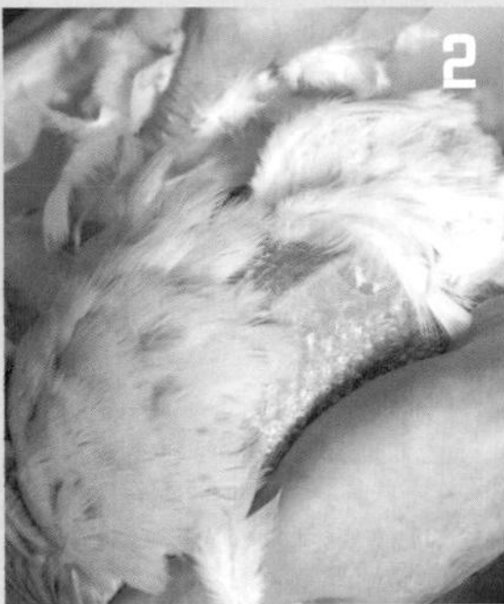

腹側的羽毛也以相同方式處理。

＊其餘的部分因為要切除，所以不拔毛也無妨。

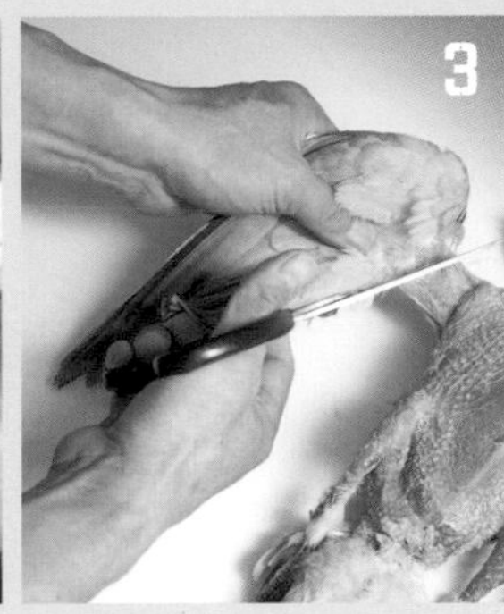

使用剪刀剪下兩隻翅膀的翅腿根部、尾羽的根部。

使用瓦斯噴槍燒除殘留的細毛。

●拔除內臟

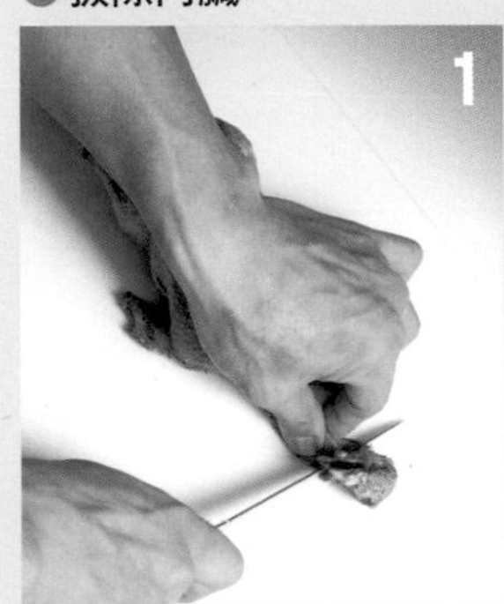

切下已經拔除羽毛的禽鳥頭部。

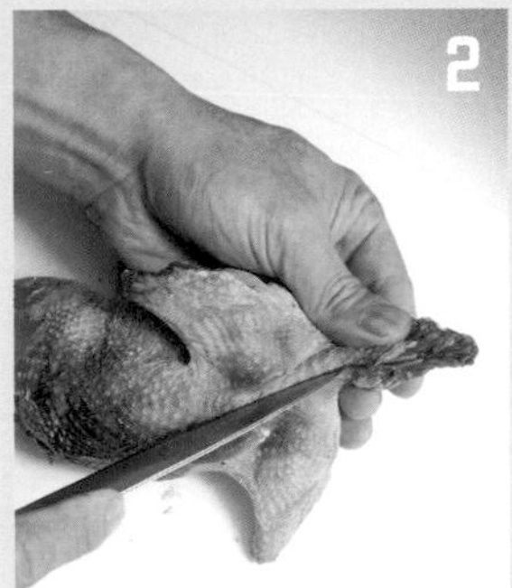

沿著頸肉下刀將皮切開，拉出頸肉。

切斷頸肉的根部。

用手指拉出砂囊，切斷根部之後取出。

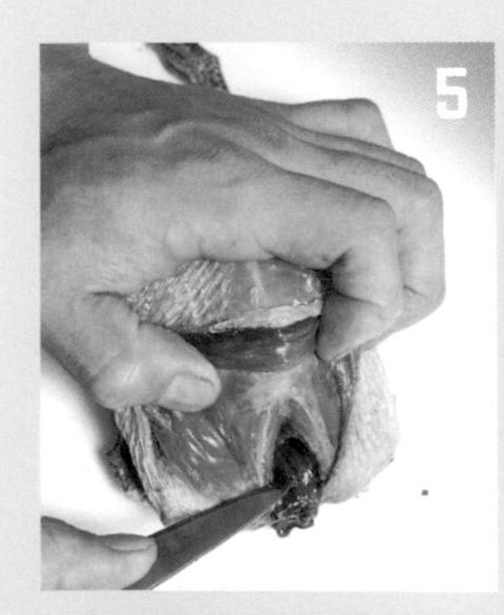

以刀尖刮出V字形鎖骨，讓鎖骨露出來。

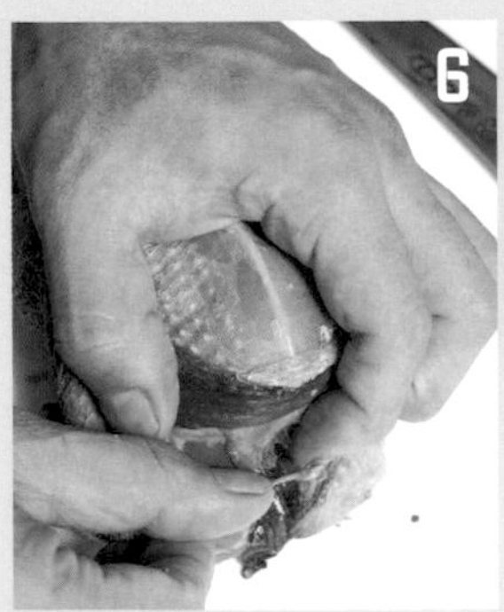

用手指取下鎖骨。

以刀尖切入肛門，切斷腸子的根部。

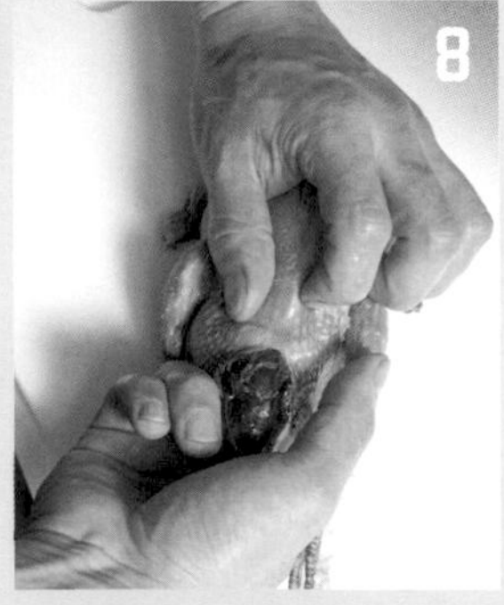

拉出腸子，連同裡面的內臟一起拔除。

＊因為腸內有很多細菌，觸摸腸子之後一定要洗手。

● 內臟的處理

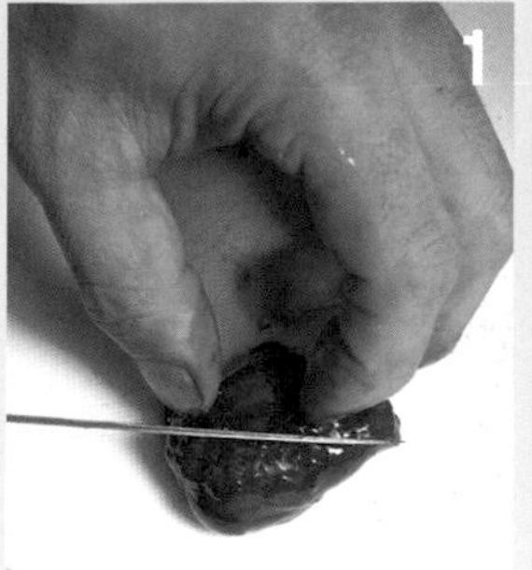

砂囊要用刀子切入筋的上面，切開一半，用流動的清水洗淨裡面。

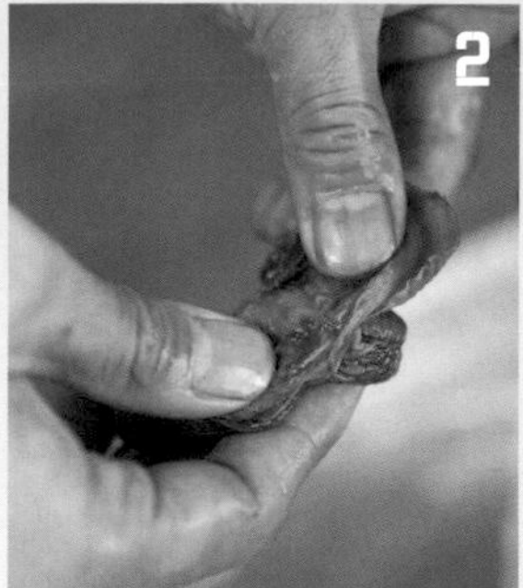

剝除附著在內側的皮。

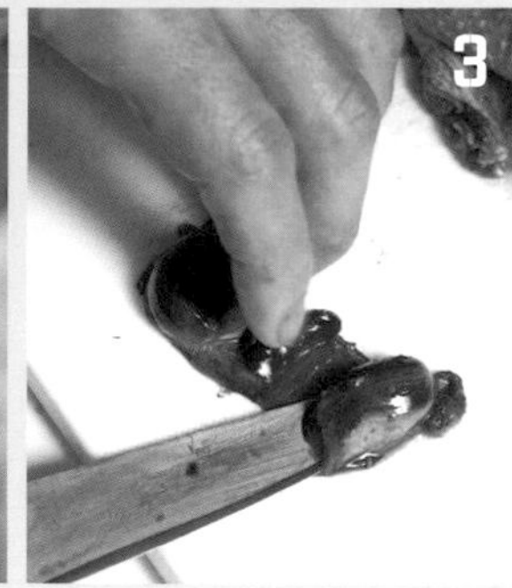

以刀子從表側的厚皮削薄成2塊。

除了心臟、肝臟、砂囊之外，其他的內臟基本上不會使用（山鷸是例外）。

切成4塊

胸肉2片、腿肉2片，共計分割成4片，稱為「切成4塊」。這是所有的禽類共通的分切方法。這裡是使用已經拔除內臟的花嘴鴨來解說。

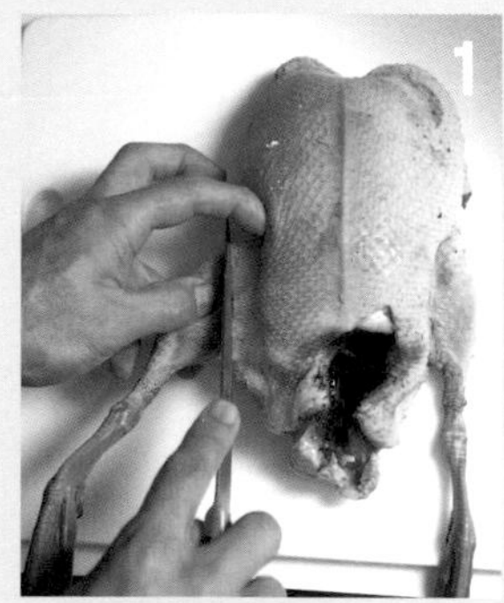

先切下腿肉。胸部朝上，盡量使皮保留在肉上，切開兩隻腿周圍的皮。

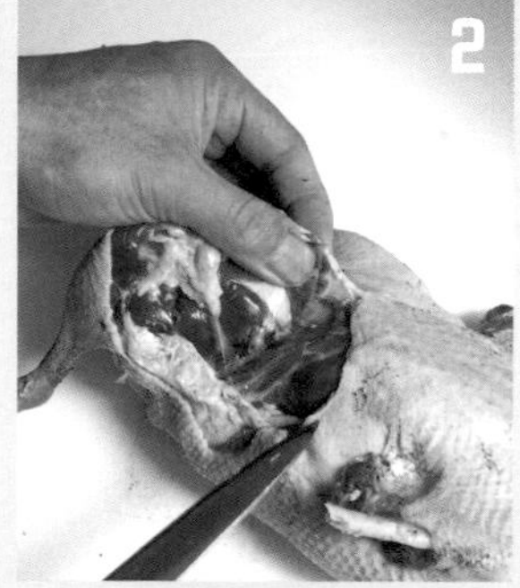

用手拉開腿部，切開腿根的關節，然後在背側橫向切入切痕。另一邊的腿也以相同方式處理。

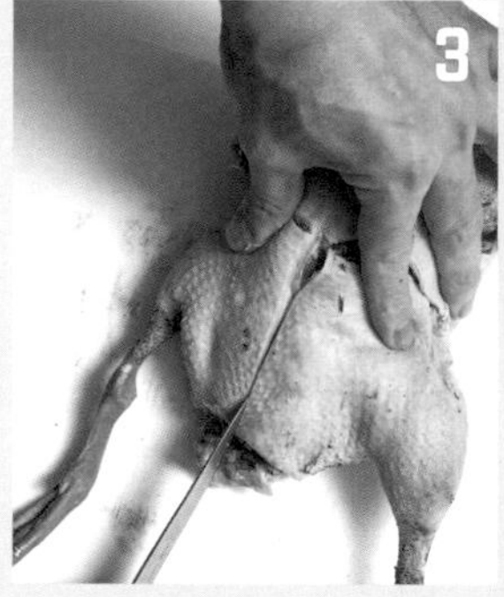

在背側的中央縱向切入切痕，切到臀部為止。

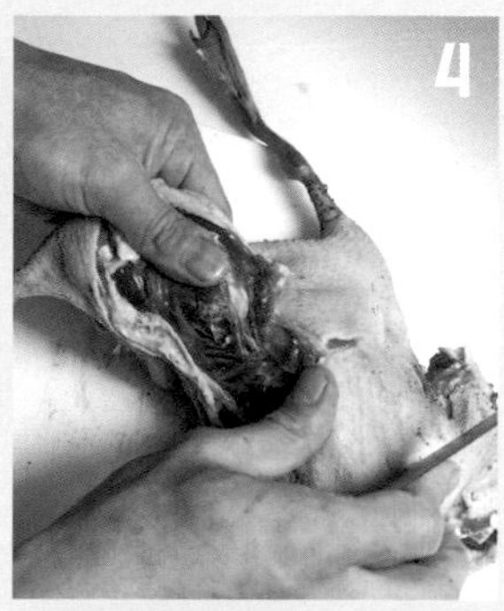

用手指拉開在骨盆上面的肉，把腿部拉扯下來。另一邊的腿部也以相同方式處理。

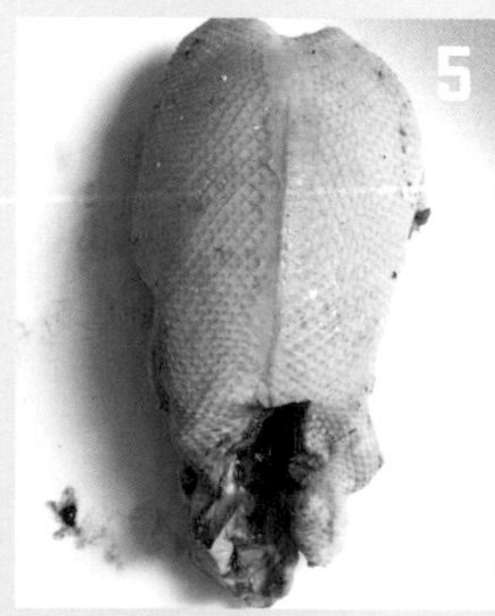

已經取下腿部的胸部。鎖骨在這個時候取出。

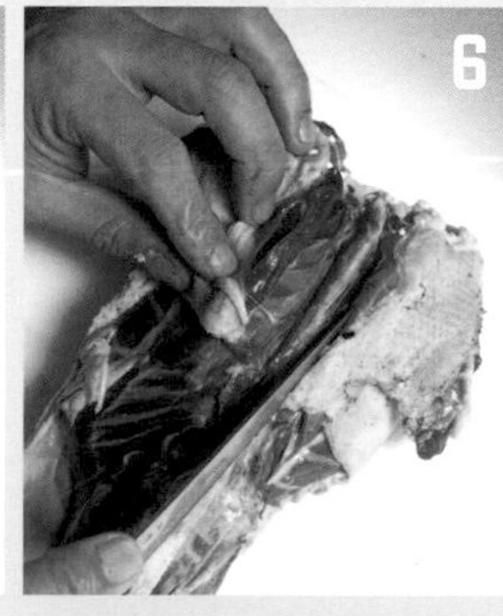

將背部朝上，將刀子切入胸椎（背骨）的兩側，沿著骨架一直切下去，把肉切下來。

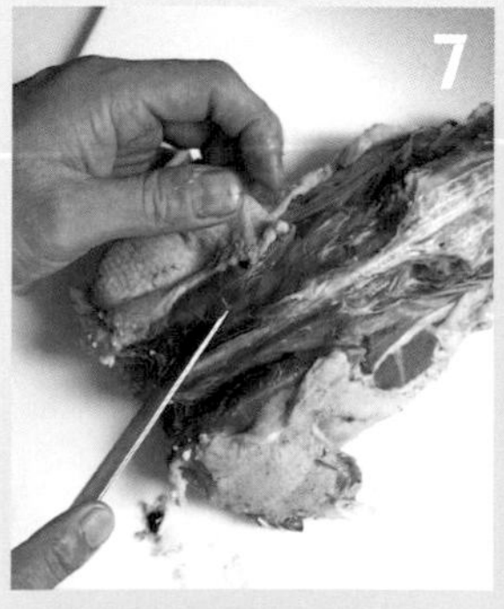

切斷兩側的翅膀和肩胛骨的關節。

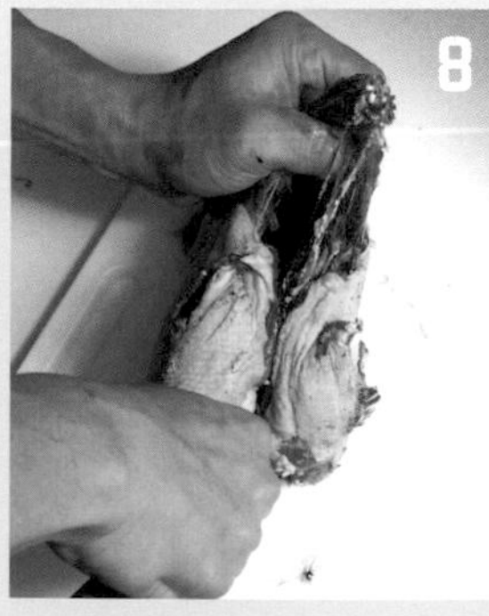

用手立起骨架，以刀子壓著胸部，取下骨架。

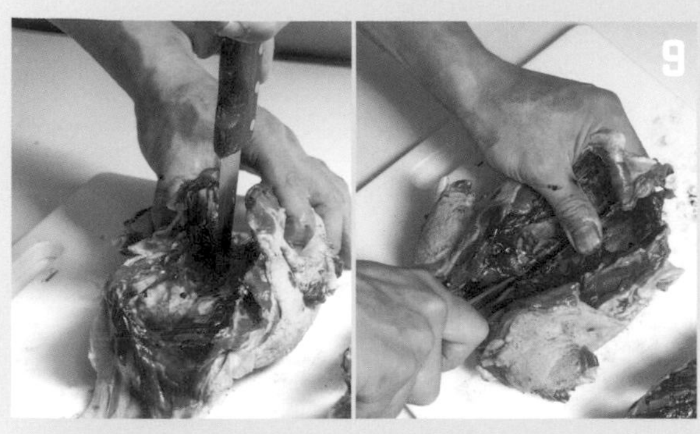

沿著胸椎從中心到下方切開，上下位置
互換後從中心到頭部切開，分成2片。

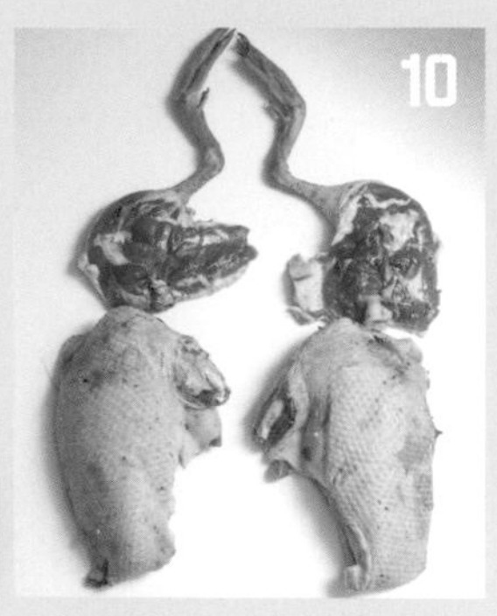

腿部2根，胸部2片。

分切胸部、腿部

切成4塊之後經過烘烤的禽類，分切胸肉和里肌肉的步驟，以及由腿部拔除骨頭的步驟，以花嘴鴨來解說。

●胸部

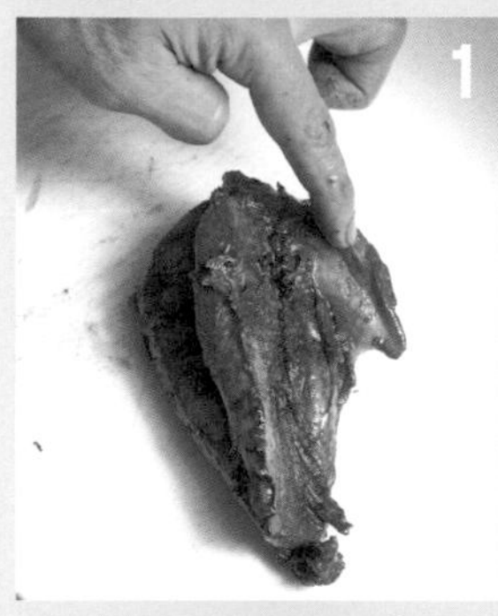

照片中用手指指著的部分是肩胛骨。

沿著肩胛骨切入刀子。

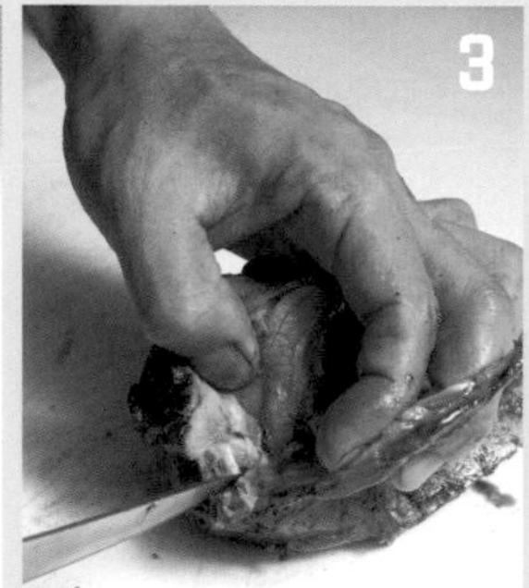

切開在肩胛骨根部的肩關節。

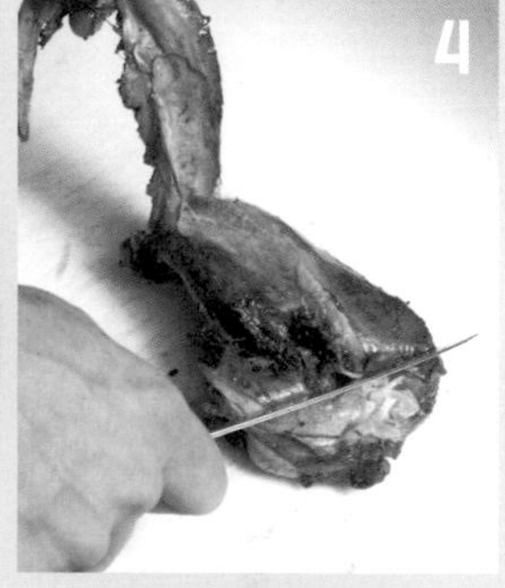

切下翅膀和胸骨，取得胸肉。

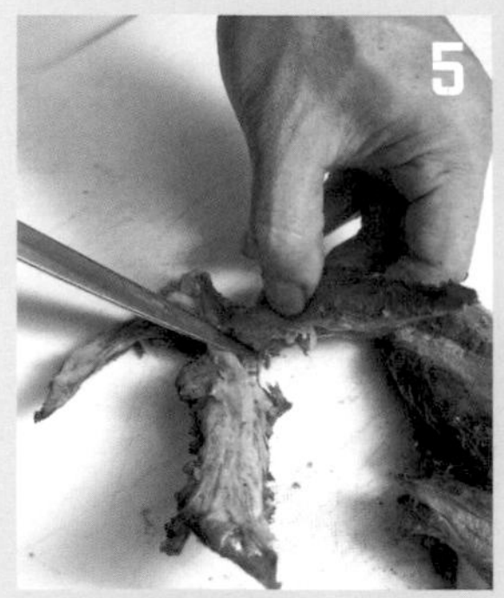

從胸骨切下里肌肉。

●腿部

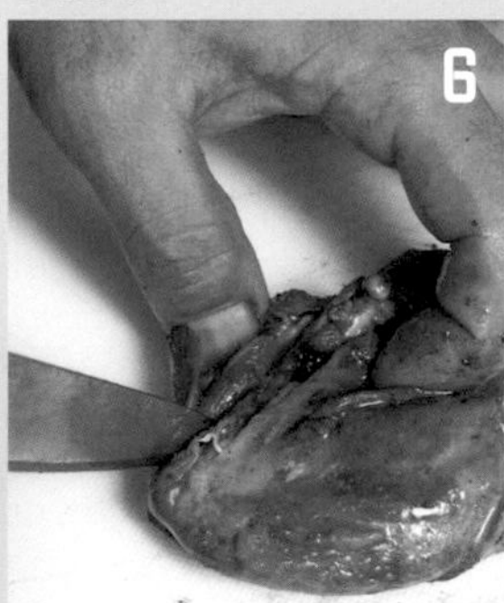

將大腿骨由腿部取出。將刀子切入大腿骨的上面，露出骨頭。

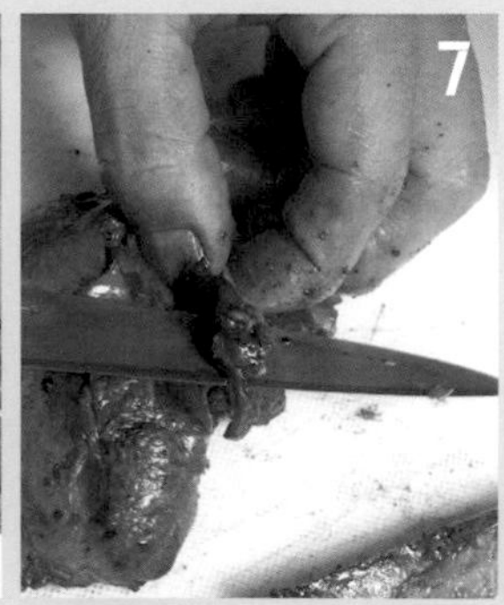

從腿的根部那端開始切離大腿骨。

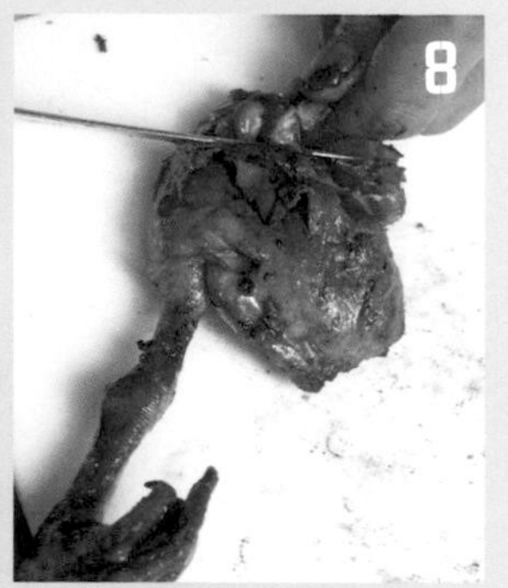

切開大腿骨根部的關節，取下骨頭。

蝦夷鹿佐黑胡椒醬汁

Chevreuil rôti à la sauce poivrade

在日本，北海道的蝦夷鹿、本州以南的日本鹿被當作是狩獵目標；而在法國，一般則是以體型更大的白鹿（狍鹿，chevreuil）和紅鹿（歐洲馬鹿，cerf）等為獵物。
與蝦夷鹿和日本鹿相較之下，白鹿和紅鹿的氣味和味道都有強烈特性，所以多半會以醃汁醃漬。醃汁有兩種，一種是蔬菜、葡萄酒和香辛料未經加熱就直接和肉一起醃漬的生醃汁；另一種則是將葡萄酒、蔬菜和香辛料預先加熱之後引出味道的熟醃汁。比起熟醃汁，有酒精成分殘留的生醃汁用來醃漬腥味濃烈的肉。熟醃汁與其說是用來緩和腥味，更應該考慮的是增添風味，蝦夷鹿或日本鹿要使用熟醃汁來表現深遠的味道。當然，會因鹿的年齡、雌雄或環境而有個體差異。剛好發情期與狩獵期的時間重疊，所以如果肉的氣味很濃烈，也可以使用生醃汁來醃漬。使用哪種醃汁都可以，而剩餘的醃汁因為有鹿肉的味道溶出，所以蔬菜也不要捨棄，燉煮之後做成風味豐富的醬汁吧。

蝦夷鹿的里肌肉。從100kg以上的雌鹿個體身上所取得。雄鹿的肉質粗糙，一旦進入發情期，肉的氣味會變強。

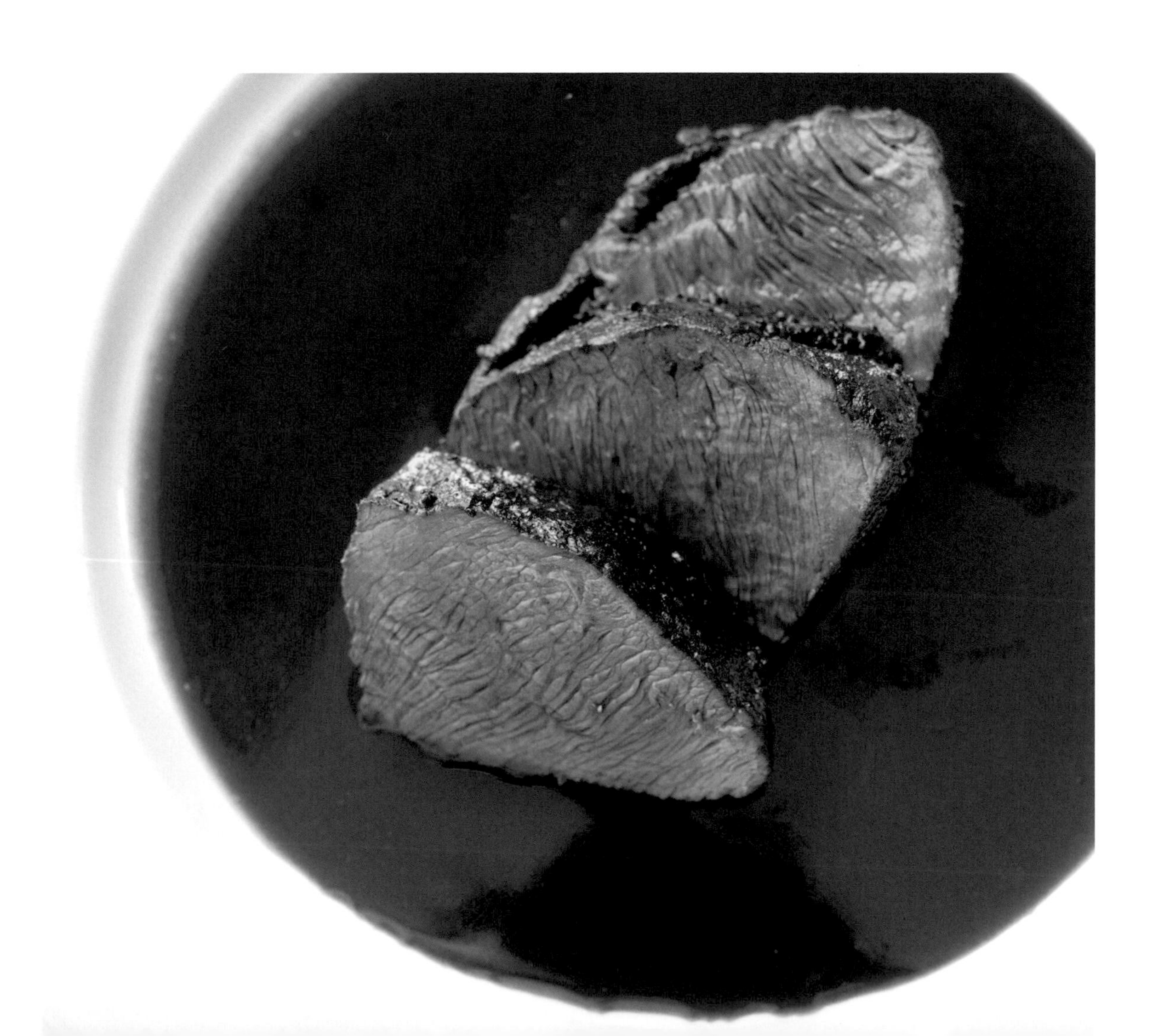

（5～6人份）
蝦夷鹿（里肌肉）— 1/2條
熟醃汁
- 蝦夷鹿的筋
- 香味蔬菜（順著纖維切成薄片的洋蔥100g、切成薄片的大蒜100g、切成薄片的西洋芹50g）
- 橄欖油 — 15cc
- 橄欖油漬大蒜（→42頁）— 尖尖1大匙
- 干邑白蘭地 — 50cc
- 紅酒 — 600cc*
- 香料（黑胡椒粒20顆、月桂葉2片）

鹽、粗磨黑胡椒 — 各適量
橄欖油 — 20cc
奶油 — 20g
完成時的奶油 — 10cc

醬汁（6人份）
- 砂糖 — 1大匙
- 黑胡椒 — 適量
- 雪莉醋 — 15cc
- 紅酒 — 50cc
- 野味高湯** — 200cc
- 鹽 — 適量
- 鮮奶油 — 20cc
- 奶油（增添風味和光澤）— 20g

*因為是預設為真空包裝的分量，所以如果使用其他的方法醃漬，要使用雙倍分量的紅酒。
**將小牛高湯（→25頁）的小牛骨頭替換成野味的骨頭，萃取出的高湯。

● 肉的清理

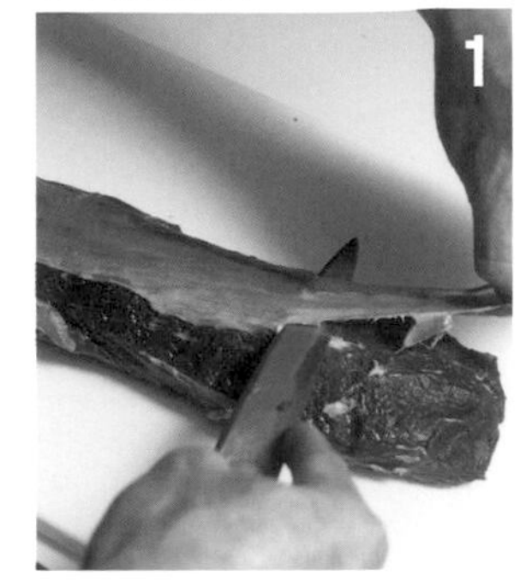

將深入蝦夷鹿里肌肉表面和內側的筋，一邊拉著一邊以刀子薄薄地削除。

● 熟醃汁

以橄欖油炒1的筋。
＊這是為了釋出筋肉的鮮味，要慢慢地炒。目的不是為了炒上色。

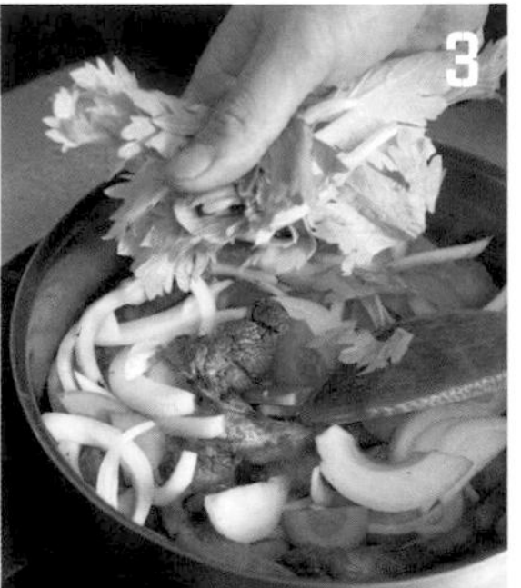

放入香味蔬菜，以中火慢慢地炒。
＊慢慢地炒，炒出蔬菜的甜味。目的不是為了炒上色。

倒入橄欖油漬大蒜、干邑白蘭地之後，刮取黏在鍋底的筋肉和蔬菜的鮮味。
＊藉由水分將鮮味刮取乾淨。

倒入紅酒後煮滾，開大火加熱，使酒精完全消散。
＊一旦殘留酒精成分，就會留下酒的味道。

撈除浮沫後加入香料，煮乾水分直到剩下2/3，然後以冰水急速冷卻。
＊如果沒有完全冷卻，不能使用真空機處理，請注意。

● 醃漬

將1的里肌肉和6的醃汁裝入真空袋中，處理成真空包裝，放在冷藏室中醃漬3天。

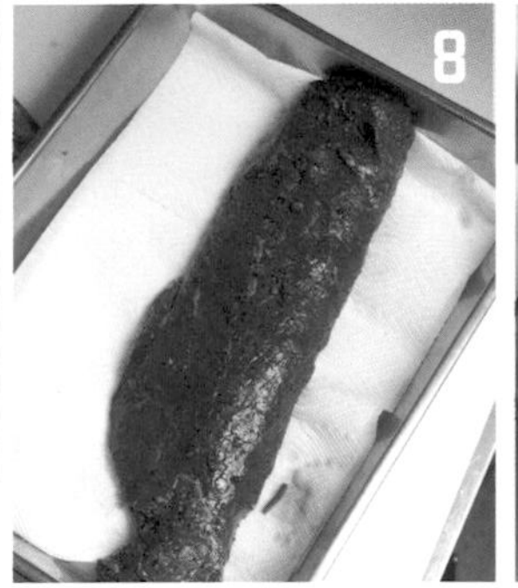

將肉取出，並擦乾醃汁的水分。

醃汁要用力按壓筋肉和蔬菜，濾取鮮味。
＊鮮味已經溶入紅酒中。

● 煎烤

將醃漬過的里肌肉分切成1人份（150g），撒上鹽，在表面黏上大量的粗磨黑胡椒。

將橄欖油和奶油放入平底鍋中加熱溶化，待奶油稍微上色後將肉放入鍋中。

＊因為這個流程是為了將肉加熱，沾裹油分，所以不需要將內部煎熟。

為了避免黏在表面的黑胡椒流失，澆淋油汁要適可而止。

肉的表面變色之後（表面的蛋白質凝固之後），放在附網架的長方形淺盆中，以250℃的烤箱烘烤2分鐘。

從烤箱中取出，放在溫暖的場所靜置2分鐘之後，再度以250℃的烤箱烘烤2分鐘。從烤箱中取出後，靜置2分鐘。

＊靜置時間與烤製時間相同是加熱的基本原則。

將完成時的奶油放入12的平底鍋中，開中火加熱溶化，待氣泡變小，奶油變成褐色之後（變成高溫之後），放入肉，將兩面煎出漂亮的焦色。分切之後盛盤。

＊避免將肉的內部過度加熱。

● 醬汁

將砂糖、黑胡椒、雪莉醋放入鍋中，煮到幾乎沒有水分。

收乾水分之後，倒入已經過濾的9的紅酒，一邊撈除浮沫，一邊煮乾水分直到剩下1/2量。

＊撈出浮沫之後就會呈現出透明感。

加入新的紅酒50cc，煮乾水分直到剩下1/2量，加入野味高湯，然後煮乾水分直到剩下1/2量。

以鹽調味，加入鮮奶油之後轉動鍋子混合均勻。

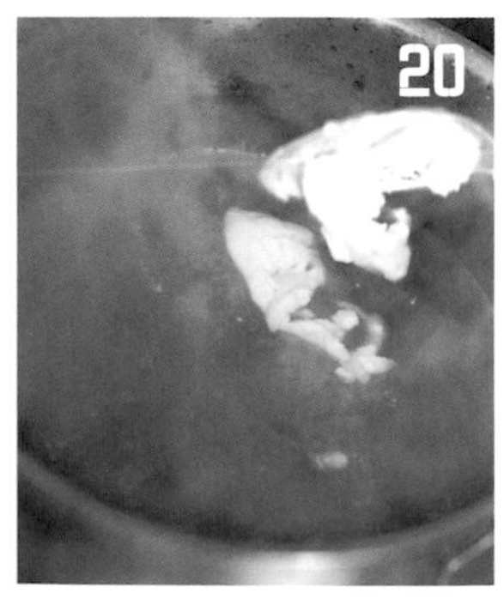

放入固狀的奶油後移離爐火，轉動鍋子混合均勻。將醬汁倒在肉的周圍。

＊奶油一經加熱風味會減少，所以要使用固狀奶油慢慢地溶入醬汁。

紅酒燉野豬肉 佐血醬汁

Civet de sanglier

以紅酒燉煮而成的肉，在醬汁完成時加入豬血勾芡（增添濃度和風味）所製成的醬汁稱為血醬汁（civet）。

基本的作法與牛肉等完全相同。最後加入血，增添獨特的濃醇和香氣，就成了足以與野生動物強韌的肉抗衡、味道強烈的醬汁。

說起來，將野豬馴化成家畜之後就成了豬，所以基本上可以適用與豬相同的烹調方法，雄野豬在遇到發情期（從年底到3月左右）時，會散發出強烈的氨臭味，所以在那個時期一定要注意。因為早就令人食慾全消了，所以特別要完全去除氣味強烈的脂肪，必須花工夫與同量的豬肉加在一起做成肉醬或香腸。

出生後半年左右的小野豬，有時稱為「瓜坊」（小瓜），因為小野豬的肉質柔嫩，呈粉紅色，也沒有氣味，所以需求量很高。小野豬成長之後，肉色轉變成暗紅色，獨特的風味也漸漸增多。

像這樣的野生肉與家畜不同，會隨著不同的環境和時期呈現出多樣的變化。那是野味既有趣又難處理的地方。野味料理持續高踞法式料理的頂峰，乃因需要無法定型化的彈性和臨機應變的能力。的確是考驗廚師手藝的料理類型。

（容易製作的分量）

野豬（肩肉、肩里肌肉、
頸肉、腱肉）* — 5kg

香味蔬菜

洋蔥（切成8等分）
— 大1個份

西洋芹（切成大段）— 2根份

胡蘿蔔（切成銀杏形厚片）
— 1根份

沙拉油 — 120cc

鹽 — 適量

番茄醬 — 200g

紅酒 — 5公升

小牛高湯（→25頁）
— 1公升

香料（月桂葉3片、黑胡椒粒1把）

醬汁（1人份）

收乾的煮汁 — 100cc

紅波特酒 — 30cc

紅酒 — 30cc

鮮奶油 — 10cc

鹽、胡椒 — 各適量

奶油（增添風味和光澤）
— 20g

豬血 — 15cc

*預先適度清理脂肪之後的野豬肉。若要製作美味的燉野豬肉，至少需要5kg。

依照部位分切出來的野豬肉。長野縣木曾產的70kg個體。內臟和骨頭占了重量的一半以上。照片右上是肩里肌肉，右下是頸肉，中央是肩肉，左邊上下是腱肉。因為腱肉是筋和脂肪很多的部位，所以適合燉煮。

●香味蔬菜和肉的準備

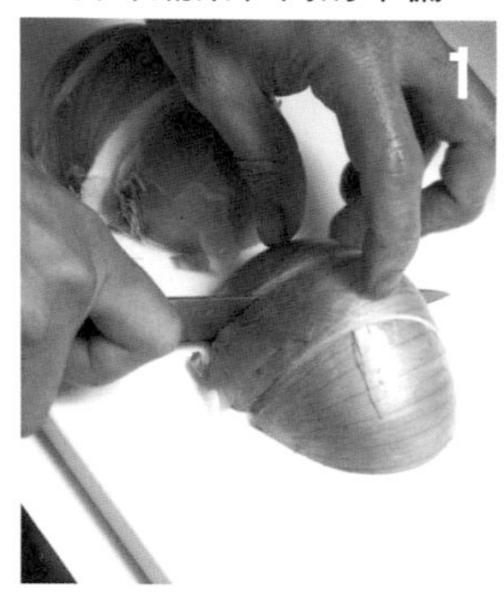

香味蔬菜切成大塊。

＊預設為即使煮1小時也不會煮到潰散，帶皮直接切齊成稍微大塊一點。

將野豬的各部位分切成1塊為150g。

將野豬肉並排在長方形淺盆中，多撒一點鹽之後抓拌。

＊這是為了充分利用野豬肉的香氣，不要醃漬。

●煎上色

在2個平底鍋中分別倒入40cc的沙拉油，然後將肉滿滿地擺放在鍋中。將脂肪朝下，煎出油脂。

＊以本身芳香的油脂來煎肉。如果要煎這個分量的肉，最好以數個平底鍋同時進行。

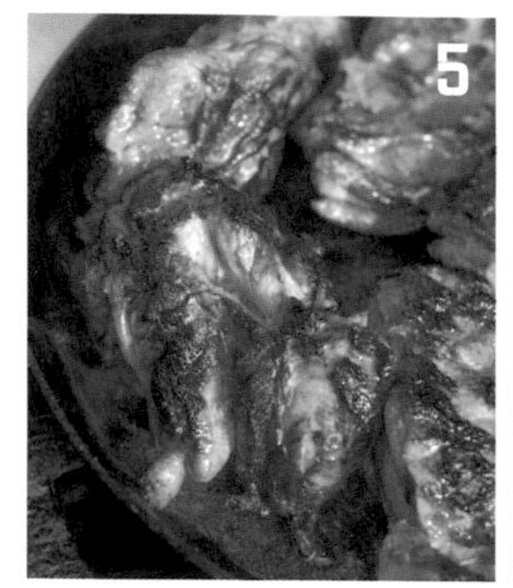

把肉煎出很深的焦色之後翻面，將全體都煎出很深的焦色，然後取出，移至附網架的長方形淺盆中。

●燉煮

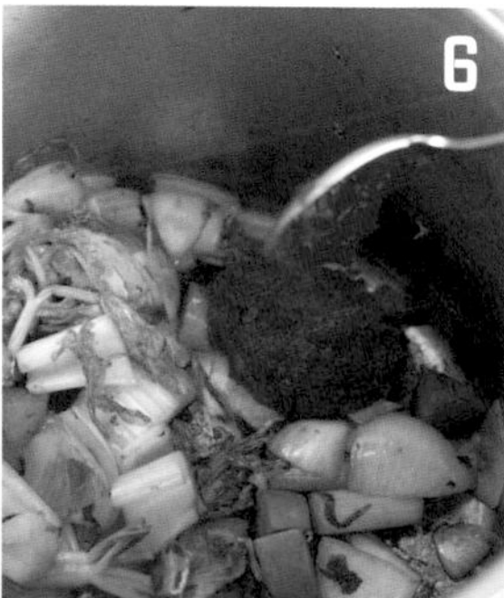

將沙拉油40cc倒入高湯鍋中，再將香味蔬菜放入鍋中炒。將香味蔬菜炒到如照片所示上色之後，加入番茄醬。

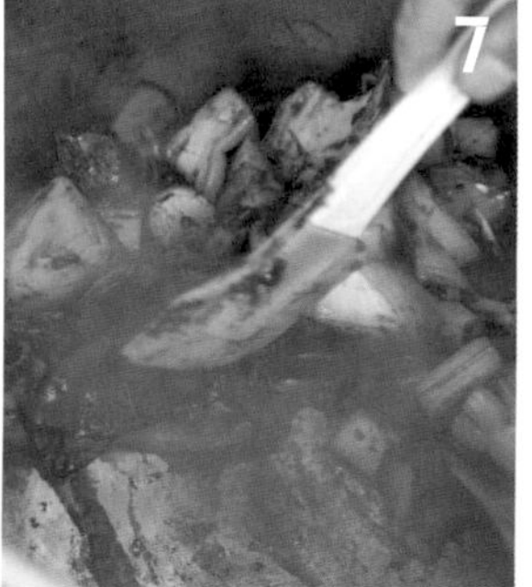

再加入少量的紅酒（分量外），刮下鍋底的鮮味。

＊以往在倒入紅酒之前會撒入麵粉炒一炒，但是現在為了使口感清爽，所以不加入麵粉。

將已經煎上色的5的肉和長方形淺盆中殘留的肉汁倒入鍋中。

＊必須煎到變成快要燒焦那樣相當深的焦色。

倒入大約可以蓋過肉的紅酒（5公升）和小牛高湯，以大火煮滾。

煮滾後將火勢轉小一點，撈除浮沫，然後加入月桂葉和黑胡椒粒，以小火煮2～3小時。

＊在放入香料之前要充分撈除浮沫。

煮到肉變軟，鐵籤可以迅速插入肉中，拿起來時肉會順暢滑落的程度，即可取出肉，移至附網架的長方形淺盆中，包覆保鮮膜存放。

＊為了防止水分從熱騰騰的肉蒸發之後，肉的表面變乾。

以錐形過濾器過濾煮汁，然後煮乾水分1小時以上，直到剩下2/3量的煮汁，放涼備用。

＊過濾時壓榨蔬菜會使煮汁變得混濁，所以改成用力敲擊錐形過濾器的握柄來瀝乾汁液。

●醬汁

將紅波特酒和紅酒加在一起，煮到快要沒有水分。

加入已經收乾的12的煮汁100cc，將11的肉放入其中加熱。

將煮汁煮乾水分直到變成糖漿狀的濃度。

將肉盛盤，在剩餘的煮汁中加入鮮奶油，並以鹽、胡椒調味。

放入固狀的奶油後移離爐火，讓奶油慢慢地溶勻。

＊為了不要破壞奶油的風味，在移離爐火之後讓奶油慢慢地溶化，增添香醇風味。

最後加入豬血之後加熱，淋在肉的上面。

＊基於衛生考量，豬血一定要加熱到快要沸騰之前。

烤山鳩

Tourterelle rôti

稱為山鳩的是在法國被當作斑尾林鴿（pigeon ramier）的大型野生鳩。與日本公園等處的雉鳩相較，胸肉要厚得多，味道也很濃厚。鳩肉最好不要熟成，立刻進行調理。因為熟成之後會增加灰塵般的氣味和苦味。
因為皮很薄，所以用平底鍋煎的時候，肉很快就會變硬，所以要多次進出烤箱，慢慢地加熱。
禽類的內臟不論如何就是鮮美。請務必要以蒸餾酒和高湯煮出味道，將獨特的香氣加入醬汁中享用。不過，因為有時候野禽的腸子會成為病原菌的媒介，所以要慎重地處理。從肛門拉出腸子的時候，如果手上沾有腸子的內容物（簡言之就是糞便），即使很費事也務必要洗手和消毒，細心地注意以免發生事故，隨後才進行調理。
將肉加熱到呈玫瑰色時即可停止，但是危險的內臟類，為了殺菌，要盡可能以蒸餾酒充分地燉煮，完全煮熟，在醬汁中溶入禽類的獨特風味吧。

蘇格蘭產。因為山鳩是赤身肉，不太適合熟成。而且拔除羽毛之後才熟成很容易腐敗，請注意。

（1人份）
山鳩 — 1隻
鹽、胡椒 — 各適量
橄欖油 — 20cc
奶油 — 20g

醬汁（1人份）
- 山鳩的肝臟、心臟、砂囊 — 各1/2隻份
- 干邑白蘭地 — 20cc
- 馬德拉酒 — 30cc
- 紅酒醬汁（→30頁）— 50cc
- 鮮奶油 — 10cc
- 鹽、胡椒 — 各適量
- 奶油（增添風味和光澤）— 5g

●煎烤

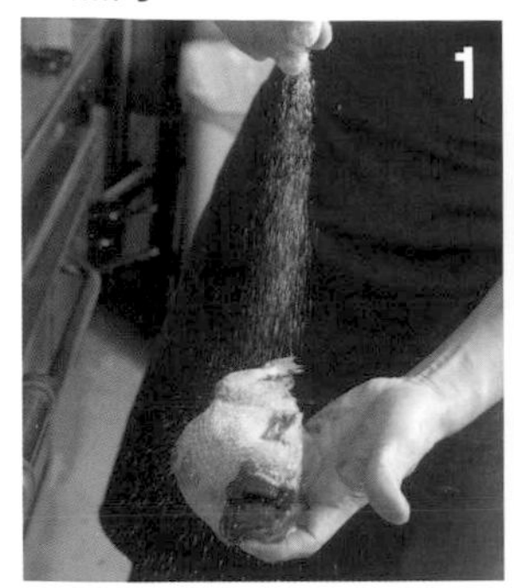

將已經拔除內臟的山鳩（→159頁）撒上鹽。

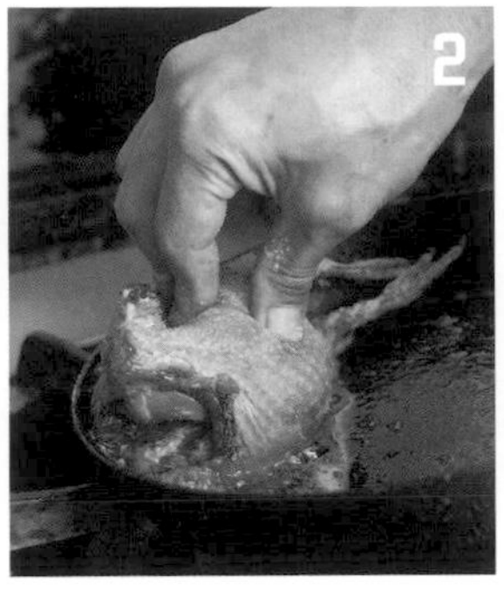

將橄欖油和奶油放入平底鍋中加熱溶化，利用平底鍋的側面將1的山鳩從側面開始煎。

＊只是要煎上色。沒有加熱到裡面也沒關係。用手按壓，均等地煎上色。

另一側的作法也一樣。將頭側、臀側也都煎上色。

＊因為外形凹凸不平，所以用湯匙將平底鍋中的油澆淋在凹陷的部分，使之上色。

頭部在盛盤時會用到，所以先在這裡煎好備用。煎好之後縱切成一半。

將**3**和**4**放在附網架的長方形淺盆中，以250℃的烤箱烘烤4分鐘後取出。靜置4分鐘之後再度以相同的烤箱烘烤4分鐘，然後靜置4分鐘。

＊因為體型小，所以烘烤2次就夠了。

將腹部朝上，從胸骨的兩側下刀，進行分切。

剖開單側的肉。沿著骨架下刀，切開腿的根部關節。另一側也以相同方式處理。

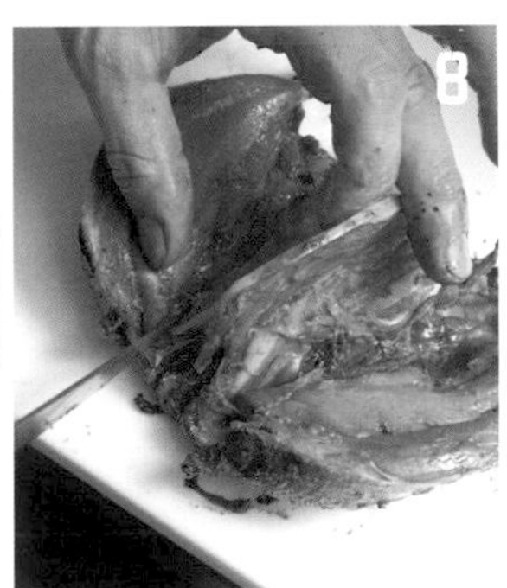

切開翅膀根部的關節之後用手拉著，從骨架切下半身。另一側也以相同方式處理。

放在附網架的長方形淺盆中，撒上鹽、胡椒，以250℃的烤箱稍微加熱（30秒左右）。與醬汁同時完成。

＊加溫至吃起來美味的溫度。不需要將肉加熱過度。

●醬汁

同時進行製作醬汁。將肝臟、心臟、砂囊各1/2隻份放入鍋中，倒入干邑白蘭地、馬德拉酒之後開火加熱。

煮乾水分變成糖漿狀後，加入紅酒醬汁，然後煮乾水分。

醬汁收乾到這個程度時，最後加入鮮奶油，以鹽、胡椒調味之後煮滾，接著加入固狀的奶油之後移離爐火，使奶油溶入醬汁。倒入盤中，盛入**9**的山鳩和**5**的頭部。

嫩煎雉雞胸肉和腿肉 佐奶油醬汁

Faisan sauté à la crème

雉雞的肉質是漂亮的白肉，新鮮的雉雞肉幾乎與雞肉或珠雞肉分不清，味道很清淡。

因此，法式料理中盡最大的努力引出雉雞肉獨特的芬芳熟成香氣，追求黏糊的口感，充分地進行熟成。有的書上是這樣記載的：以往在入秋之後，好像會用掛勾插入雉雞的肛門附近，將頭部朝下，吊掛在廚房裡。過了1週之後，肛門周圍開始濕答答地溶化，變得無法支撐雉雞的體重，然後就會把啪嗒掉下來的雉雞拿來製作料理。

真的熟成到從掛勾上掉下來的雉雞，說起氣味是相當濃烈的，散發出來的臭味根本與食物相去甚遠，雖然捏著鼻子還是取出肉來，然後帶有消毒的用意，以酒精度數很高的蒸餾酒進行醃漬之後，令人難以置信地轉變成高貴的香氣。這個經驗令人對於法式料理超越了尊敬，忍不住產生了崇拜的念頭。

熟成這種操作與腐敗只有一線之隔，非常難以判別，但是製作者將雉雞催熟到看起來很美味的階段，就能夠以真正的價值去理解野味的深奧了。

茨城縣產的雌雉雞。雄雉雞的個體稍微大一點。雉雞是白肉，適合熟成，但是因為皮很薄，所以拔毛的時候要注意，避免把皮弄破。

（1人份）

雉雞（切成4塊→160頁）
— 1/2隻

鹽 — 適量

橄欖油 — 20cc

奶油 — 20g

黃酒* — 80cc

野味高湯** — 100cc

醬汁

- 雉雞腿的煮汁 — 全量
- 鮮奶油 — 20cc
- 鹽、胡椒 — 各適量
- 奶油（增添風味和光澤）— 10g

*黃酒（vin jaune）是法國侏羅地區的特產葡萄酒。顧名思義是黃色的葡萄酒，使用莎瓦涅品種的白葡萄釀造。

**將小牛高湯（→25頁）的小牛骨頭替換成野味的骨頭，萃取出高湯。可以改用小牛高湯代替。

● 腿肉

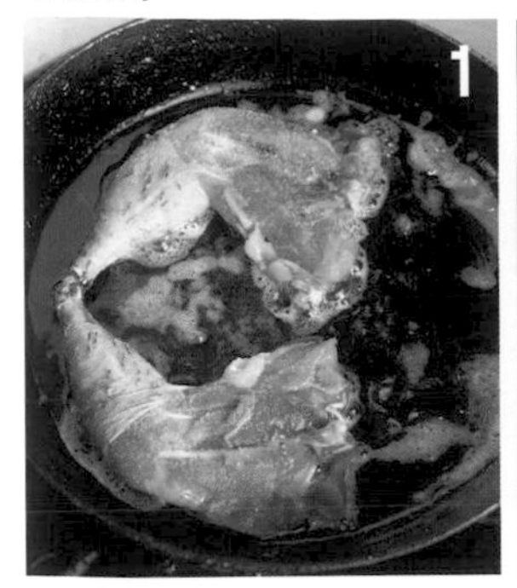

將橄欖油和奶油放入平底鍋中開火加熱，待奶油溶化之後，放入已經撒上鹽的雉雞腿。

＊將凹凸不平的那側朝上，是為了由上方澆淋油汁來加熱。

以剪刀剪斷骨架後放入鍋中。在肉的凹陷部分澆淋熱油一邊煎。中途翻面。

＊將骨架煎過之後的鮮味和香氣溶入油中。

煎上色之後連同骨架移入鍋中。

加入黃酒和野味高湯煮至沸騰後以中火繼續煮。

煮到肉變軟，鐵籤可以迅速插入，拿起鐵籤時肉會迅速掉下來的程度即可取出，放在附網架的長方形淺盆中。

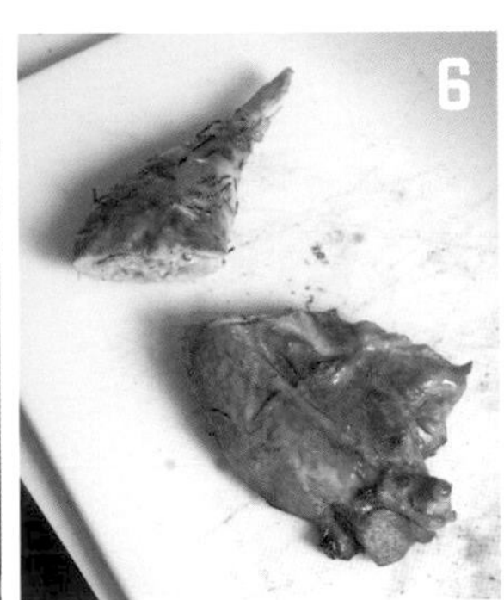

在關節處分切開來。

● 胸肉

將已經撒上鹽的胸肉放入2的平底鍋中，從皮側開始煎。在肉側澆淋熱油，替表面加熱。

＊在凹凸不平的那側，由上方澆淋油汁來加熱。

表面淺淺地煎上色之後，放入250℃的烤箱中烘烤1分半鐘。

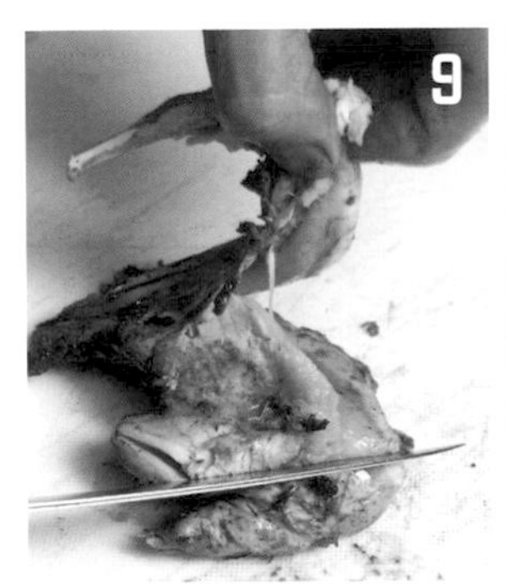

切下肩關節再切下胸骨。

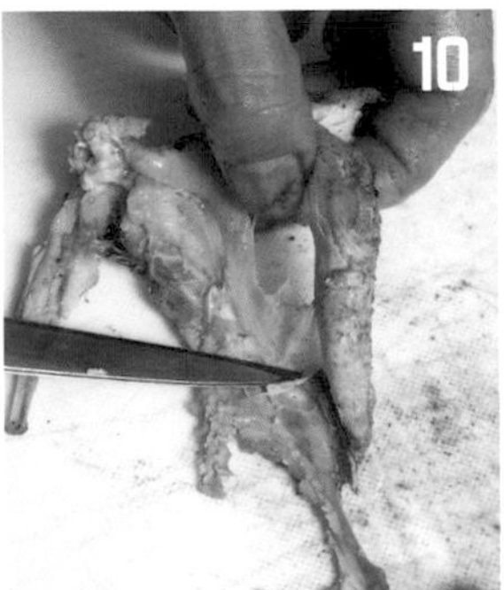

拉著附著在胸骨上面的里肌肉，切下來。另一邊的里肌肉也切下來。

● 醬汁

過濾5的煮汁，以小火煮乾水分直到變成糖漿狀。

＊充分煮乾水分，使煮汁的鮮味濃縮。

加入鮮奶油，以鹽、胡椒調味，放入固狀的奶油之後關火，使奶油溶勻。將腿肉和胸肉盛盤，並淋上醬汁。

＊移離爐火，使醬汁充滿奶油的風味。

野鴨 佐薩爾米野味醬汁

Salmis de canard sauvage

供獸類野味使用的血醬汁，法文稱為civet，而供禽類野味使用的血醬汁，則改稱為salmis。這道料理的基本作法與烤山鳩（→168頁）相同，醬汁以內臟熬煮出味道這點也一樣，但是這個醬汁在最後會倒入豬血以增添濃度。
日本自古以來也一直有食用鴨肉的習慣。一般都認為頭部是綠色的綠頭鴨（真鴨的雄鴨）最高級，其他在各地還捕獲了尖尾鴨、琵嘴鴨和小鴨等形形色色的種類。這裡使用的是花嘴鴨。
平常我們稱為鴨子的禽鳥，嚴格說來不是鴨子，而是經過與家鴨配種，創造出可以取得很多肉的種類。
野生的鴨子，當然個體差異也很大，在鎖骨附近有稱為餌袋的肥大食道，藉由儲存在食道裡面的內容物，或是剖開砂囊時掏出的未消化的食物，可以推測出這隻鴨子生長的環境。
在田地裡吃米長大的鴨子，脂肪是白色的，味道也很柔和，所以搭配能發揮肉的鮮味的輕盈醬汁為佳，但是在水邊吃小魚等長大的鴨子，脂肪分布很薄，腥味也很濃，所以也可以搭配薩爾米等味道強烈的醬汁。
個體差異也是野味的一大魅力，成為了表現該素材生長環境故事的靈感來源。

1.2kg的雌花嘴鴨。沒有強烈的腥味，容易入口。

（1人份）
花嘴鴨（切成4塊）— 1/2隻
橄欖油 — 20cc
奶油 — 20g
鹽 — 適量

薩爾米野味醬汁
- 花嘴鴨的肝臟、心臟、砂囊 — 各1/2隻份
- 干邑白蘭地 — 20cc
- 紅酒醬汁（→30頁）— 30cc
- 鮮奶油 — 5cc
- 鹽、胡椒 — 各適量
- 奶油（增添風味和光澤）— 5g
- 豬血 — 5cc

● 煎肉

將橄欖油和奶油放入平底鍋中開火加熱。待奶油溶化之後，將經過「切成4塊」處理的花嘴鴨的胸肉和腿肉撒上鹽，然後從皮側開始煎。

在凹凸不平的肉側澆淋油汁來加熱。

＊凹凸不平的部分，不是以平底鍋的鍋壁來煎，而是以從上方澆淋的油汁來加熱。胸肉不易煎熟，所以要仔細注意。

從鍋中取出之後，移至附網架的長方形淺盆中，靜置2小時。

＊將骨頭朝下，瀝乾油分。

將肉放回平底鍋中，皮側朝下以中火煎。將熱油從上方均勻澆淋在肉上面。

＊將平底鍋傾斜，比較容易澆淋熱油。

煎了2分鐘之後，靜置2分鐘。再由腿肉拔出大腿骨（→161頁）。

＊靜置時間與煎製時間相同是加熱的基本原則。

只將胸肉放回平底鍋中，一邊從上方澆淋熱油一邊煎肉。如果油量不足了，就追加奶油（分量外）。

＊胸肉不易煎熟。

7

從胸肉取下胸骨，切下里肌肉（→161頁）。

● 薩爾米野味醬汁

將肝臟、心臟、砂囊、干邑白蘭地放入鍋中加熱，以小火煮乾水分。

煮乾水分到這個程度後，加入紅酒醬汁，然後煮乾水分。

取出內臟，盛盤，在剩下的醬汁中加入鮮奶油，然後以鹽、胡椒調味。

＊調味要在加入鮮奶油之後進行。

加入固狀的奶油之後移離爐火，使奶油溶勻。

＊即使加入已經融化的奶油也無法溶入得很均勻。

溫度降低之後混入豬血，再度開火，加熱至快要沸騰。將醬汁倒入盤中，盛入胸肉、腿肉。

＊豬血遇到高溫會產生分離。基於衛生考量，要加熱至快要再度沸騰。

內臟

內臟料理的變化範圍之廣，可以說是西式料理的特有文化。正因為是源自狩獵採集時代的飲食文化，不僅是豬和牛，連羊和禽類都可以毫無剩餘完全用盡的智慧令人吃驚。

一般來說，內臟是以各個部位分別購入的方式居多，幾乎不會見到其全貌。在宰殺的時候，首先會區分成精肉和內臟，然後與精肉一樣，內臟會再細分。

內臟主要可以大致分為紅色內臟（abats rouges）和白色內臟（abats blancs）這兩類。紅色內臟是心臟、肺臟、肝臟、腎臟等，白色內臟是腸、胃、腳、臉部等。腳和臉部嚴格說來不是內臟，但是作為料理的區別時是歸入內臟料理。

紅色內臟是循環系統，絕對重要的是新鮮度。請避免選用變成黑色的內臟，最好選用鮮紅色的內臟。多半會做成以比較低的溫度加熱的法式肉凍的肉餡，或是將新鮮的內臟經過短時間加熱之後食用。

白色內臟主要是消化系統，所以要仔細地清洗乾淨，注意穢物和雜菌。似乎多半會先充分燉煮，將內臟煮軟之後才使用。

上述是關於獸類動物內臟的定義，當然禽類的內臟也經常用來製作料理。禽類的內臟，一般來說主要是使用肝臟、心臟、砂囊。其中也有使用頸肉和雞冠等的古典料理，但是現在幾乎都看不到了。禽類的內臟在日本引以為傲的烤雞肉串料理當中，所有的部位都能食用，感覺必須學習的地方似乎也很多。

蜂巢胃（蜂巢肚）

這是牛的第二胃。因為內壁像蜂巢一樣，所以有此名稱。市面上大部分的蜂巢胃，內壁都是乾淨的白色，但是原本是灰色的。將蜂巢胃浸泡在70℃的熱水中，使表面變軟之後，以刷子等器具搓磨成白色的蜂巢胃之後上市。

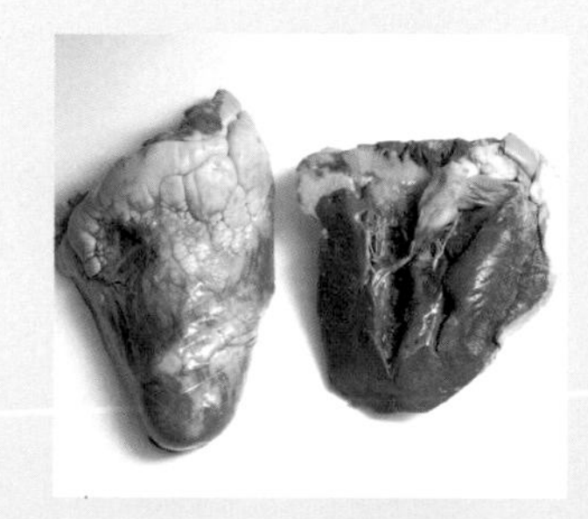

牛的心臟

照片中是將1頭份的心臟2.5kg切成一半之後的狀態。心臟有右心房和左心房之分。脆脆的口感是其特有的風味。嫩煎等煎烤料理要使用厚的部分，薄的部分可以用來製作熱炒料理等。

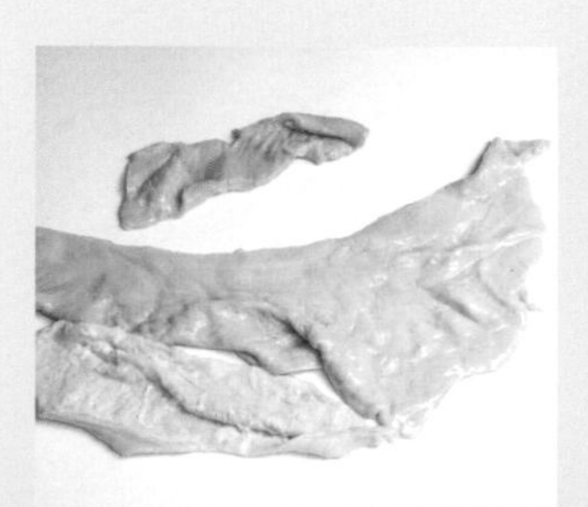

瘤胃

牛的第一胃。也許是受到燒肉需求的影響，這種胃是牛的四種胃當中價格最高的。其中肉厚的部位稱為上等瘤胃，很受歡迎。

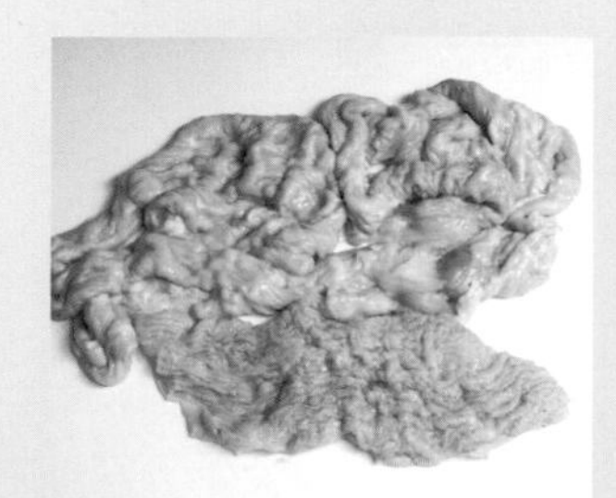

牛的大腸

在日本，是將管狀的大腸以切開的狀態在市面上流通。大小、形狀等都不一致。在法國，市面上販售的是管狀的大腸。

小牛的肝臟

小牛的肝臟（4.8kg）。成牛的肝臟會再大一點。同樣也分為右葉和左葉，右葉的體積比較大。兩者以厚膜相隔，而且有粗的血管通過，所以清除這些東西成為主要的前置作業。剝除表面的薄膜後使用。

豬的腦

因為非常柔軟，處理時要很小心。就像魚的白子一樣滑順，味道清淡。1個約70～80g。以保鮮膜輕柔地包起來，可以冷凍保存。

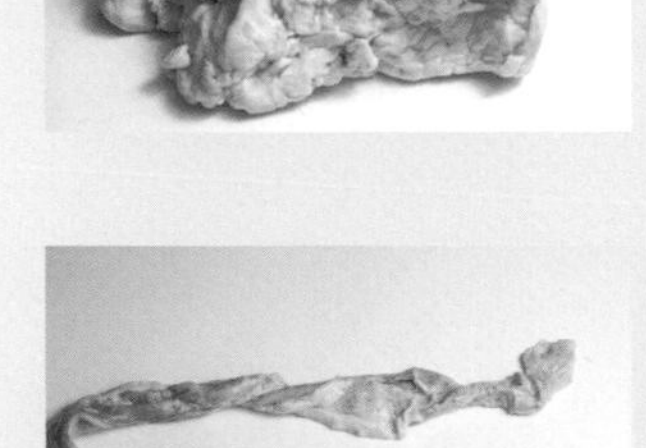

小牛的腎臟

全體包覆著稱為板油的優良脂肪。1頭牛有2個這種腎臟。以脆脆的口感為特徵。若加熱過度，獨特的腥味會變很濃，請注意。板油的融點比背脂低，所以不適合做成法式肉凍，但是可以用來製作熟肉抹醬或油封料理。

雞的肝臟

附有心臟的肝臟。也有肝臟是沒有附帶心臟的。首先最重要的是新鮮度，再來是請選擇沒有因被稱為「苦玉」的綠色膽囊破裂而變色的肝臟。最近，市面上都是品質相當高的肝臟，去除血水和清理乾淨等前置作業也變得幾乎沒有必要。

豬的直腸

又名「鐵砲」。購入被稱為「全腸」、沒有切開的管狀直腸，用它作為腸衣。有時候，直腸的內側會殘留穢物，所以要先把內側翻出來清理乾淨之後才使用。腸子大致上分為小腸和大腸這2種，直腸是接近肛門的大腸的一部分。

雞的砂囊（雞胗）

這是雞的胃。照片中是剖開的砂囊（表側和裡側），已經將裡面殘留的飼料等清理乾淨。

消化系統內臟的前置作業

牛第一胃・瘤胃、牛第二胃・蜂巢胃、牛大腸。豬的消化系統內臟也以相同方式進行前置作業。

1 以流動的水將表面和裡面的髒汙清洗乾淨。

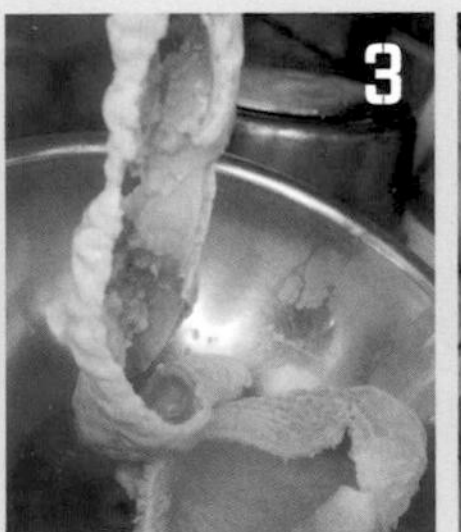

2 放入熱水中，開火加熱。

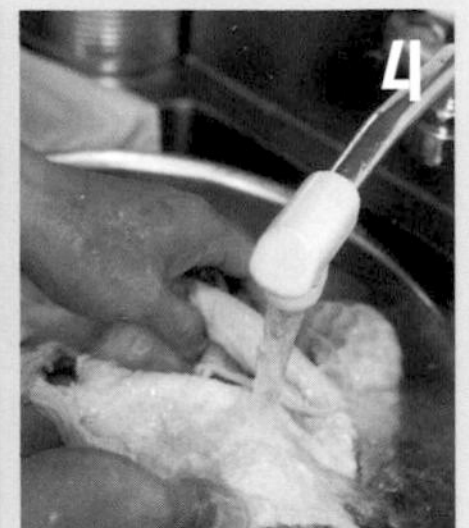

3 煮到咕嚕咕嚕沸騰時取出。

4 以流動的水洗掉殘留的穢物或脂肪。脂肪沒有全部去除也沒有關係。

牛的心臟的清理

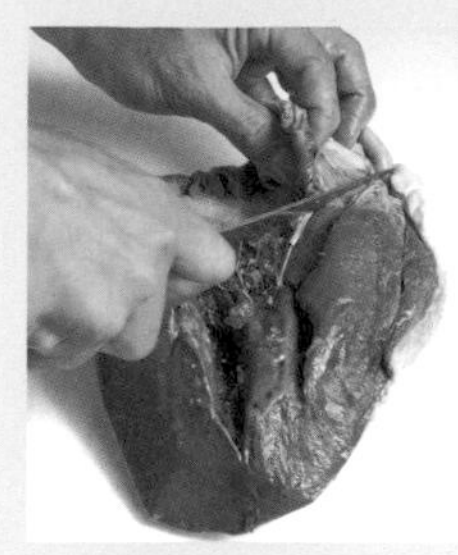

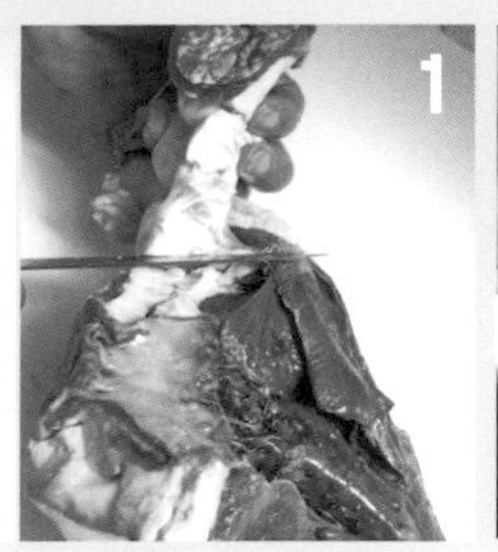

拿起粗的血管根部，以刀子切下來。

另一邊的血管也切下來。

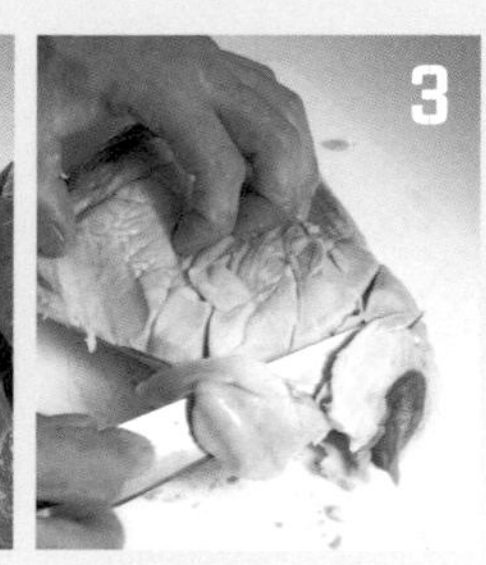

將附著在表側的脂肪，留下薄薄的一層，其餘的削除。

小牛腎臟的前置作業

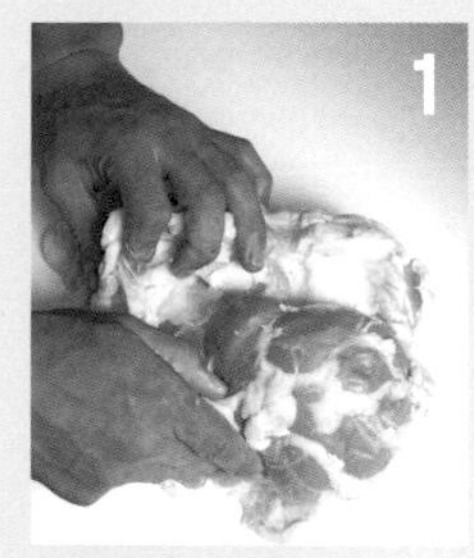

先用手取下附著在腎臟周圍的板油。

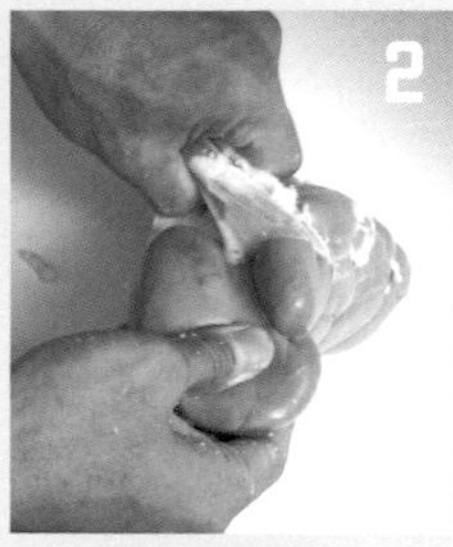

其次用手剝除表面的薄膜。

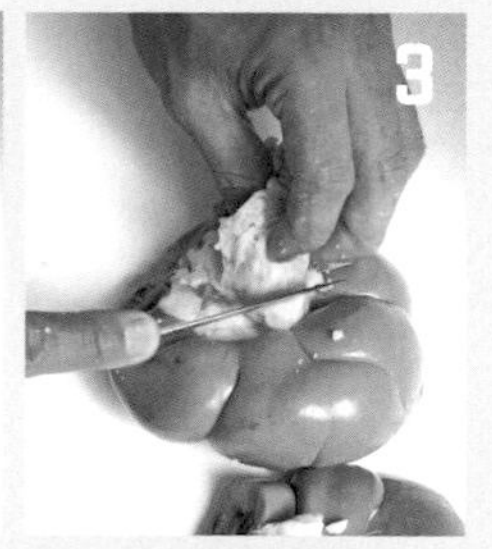

將整副腎臟切成一半，用刀子切除附著在中央，又白又粗的血管。這個部分非常硬。

小牛胸腺的壓製

將小牛胸腺放入鍋中，倒入水，煮滾之後將熱水倒掉。

＊目的是為了能輕易剝除表面的薄皮。

在流動的水中泡一下。

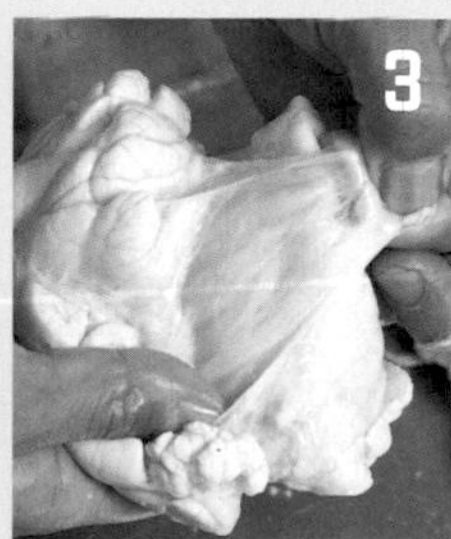

用手剝除表面的脂肪和薄膜，再排列在長方形淺盆中。

＊因為外側較厚的膜很硬，所以要剝除。一旦剝除太多的話小牛胸腺會散開，請注意。以保留1片薄膜的感覺來剝除。

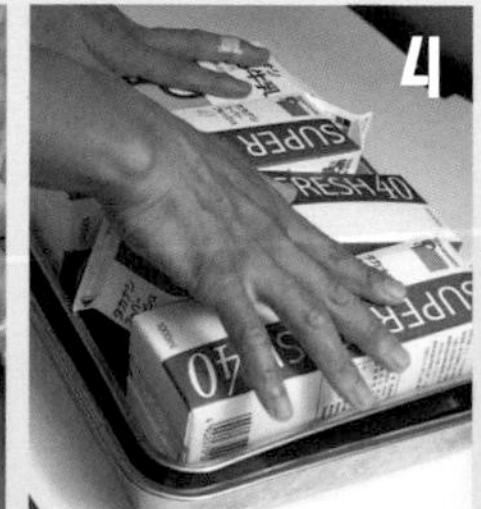

從上面疊上一個相同大小的長方形淺盆，放上4kg左右的重石，在冷藏室中壓製1個晚上。

＊重石太重的話，薄膜破掉之後小牛胸腺會散開，重石太輕則無法去除水分。

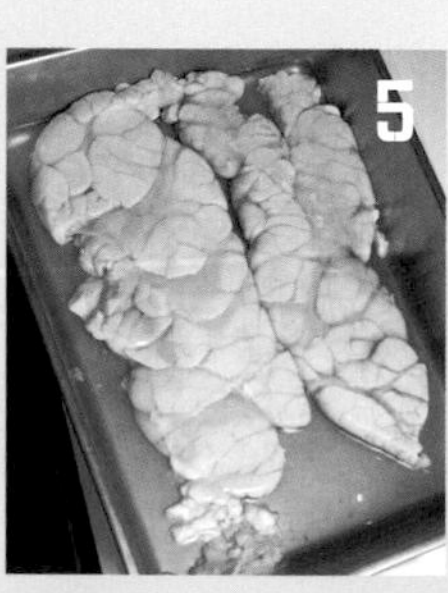

前置作業結束的小牛胸腺。

內臟腸

Andouillette

內臟腸有andouille和andouillette這兩種，是根據粗細程度來區分。這是將胃和腸子等的內臟類當作餡料裝填在腸子裡，水煮變軟所做成的料理。如您所見，因為製作過程異常地花費工夫，所以感覺製作內臟腸的次數明顯地減少了。

不過，要學習法式料理的話，想避開內臟腸這道料理是行不通的吧。內臟的前置作業、肉餡、腸衣、燉煮，然後完成，不惜耗費工夫進行這一道又一道細緻精密的作業，做出極上美味。只要省略其中一個步驟，成品就會變成完全不一樣的東西。

因為在日本會將腸子裡面清洗乾淨，所以大部分都是已經切開的腸子，稱為「全腸」的筒狀腸子很難買得到。雖然以胃或腸子製作餡料，然後充填在香腸用的豬腸裡是最簡單的做法，但是如果買到了「全腸」的大腸，請使用它來製作。獨特的內臟香氣果然別具風味。

＊下方的料理，是將以真空包裝冷藏保存備用的內臟腸，放在倒入沙拉油的平底鍋中，以220℃的烤箱一邊滾動一邊烘烤15分鐘製作而成。最後附上芥末籽醬和沙拉。

（容易製作的分量）

消化系統內臟*（牛第一胃・瘤胃、牛第二胃・蜂巢胃、牛大腸）— 合計2.5kg
香味蔬菜（洋蔥大1個、胡蘿蔔1根、西洋芹2根）
粗鹽適量、月桂葉3片、大蒜1顆份
第戎芥末醬 — 尖尖3大匙
橄欖油漬大蒜（→42頁）— 尖尖1大匙
雪莉酒醋 — 20cc

肉餡（80g×30條份）

A
- 水煮過的消化系統內臟* — 1.3kg
- 豬背脂 — 300g
- 豬赤身肉（腿肉）— 700g

B
- 鹽 — 27.6g（12g/kg）
- 白胡椒、芫荽 — 各4.6g（2g/kg）
- 小茴香、大茴香、肉豆蔻、四香粉 — 各2.3g（1g/kg）

碎冰塊 — 100g

腸衣（豬直腸**）— 適量

煮汁用香味蔬菜（洋蔥皮2個份、西洋芹葉3根份、大蒜6瓣、洋蔥切塊大1個份）
粗鹽 — 適量

*不論牛或豬都可以，但要使用消化系統的內臟。不過，如果加入黑色的牛第三胃重瓣胃，肉餡的顏色會變得不好看。用水清洗之後，如果仍有雜質等殘留，要清除乾淨。

**直腸和大腸是以相連的狀態在市面上流通。

●預煮

將消化系統內臟放入大量熱水中開火加熱，煮滾。
＊去除黏液後比較容易處理。

煮滾之後取出內臟，用水清洗乾淨。留下一點脂肪也沒關係，但是內臟裡面的殘留物要清洗乾淨。

香味蔬菜切得大塊一點，放入高湯鍋中。
＊為了煮2小時也不會煮到潰散，所以要切得大塊一點。

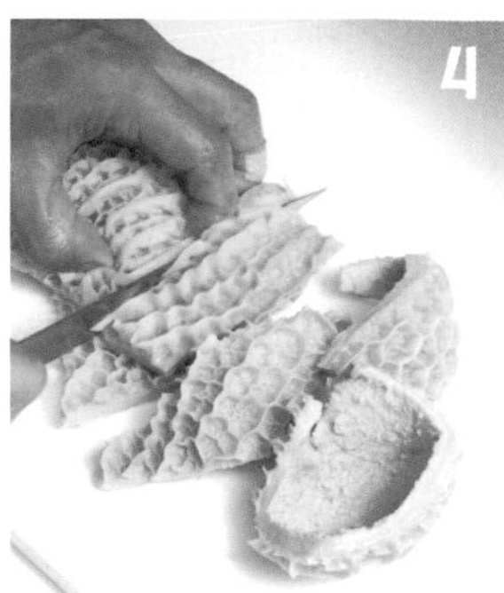

將內臟類分切成絞肉機容易絞碎的大小，放入3的鍋中。

倒入水，放入粗鹽、月桂葉、大蒜之後開火加熱。煮滾之後將火轉小一點，以水面會靜靜滾動的火勢煮2小時。

倒在網篩上瀝乾水分，然後取出內臟移至長方形淺盆中。

趁熱在內臟中加入第戎芥末醬、橄欖油漬大蒜、雪莉酒醋混拌。
＊內臟變涼之後，醋不會滲入內臟裡面而殘留下來，完成時味道會不一樣。

放涼之後，覆蓋保鮮膜，放在冷藏室中1個晚上，使內臟完全冷卻。

●肉餡

隔天，以口徑3mm的絞肉機絞碎**A**。
＊也可以使用口徑再大一點的出肉孔板來絞碎。

改用攪拌勾攪拌，中途加入碎冰塊100g。
＊為了降低轉動時所產生的熱能而加入碎冰塊。也有使肉餡乳化的作用。

加入**B**的鹽和粉狀的香料類混合。均等地混拌就可以了，不需要充分攪拌。
＊長時間攪拌會產生熱能，請注意。

肉餡完成。

●腸衣

將直腸腸衣的裡面翻出來，一邊在腸管內灌入溫水一邊仔細清洗。

用手捋住直腸瀝去水分。13～14反覆進行多次，將直腸的穢物完全清除。

＊直腸是很容易殘留穢物的部分，所以要仔細地清理乾淨。

將直腸迅速浸入滾水中，立刻取出之後，泡在冷水中冷卻，再度清洗之後瀝乾水分。

＊浸入熱水中是為了要去除黏液，以方便作業。

●充填

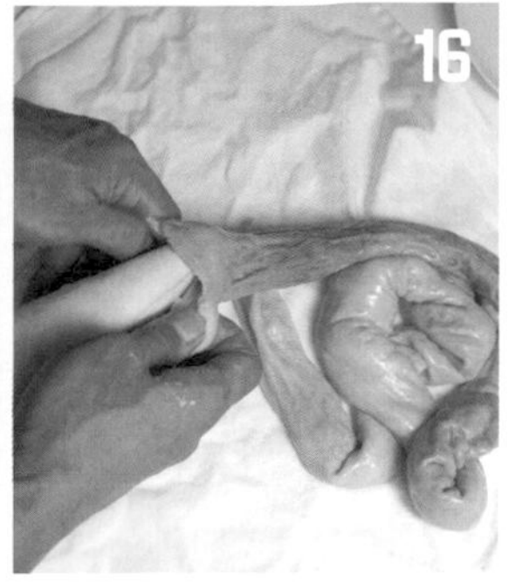

將肉餡裝入擠花袋中，把直腸套住袋口，然後將肉餡擠入直腸中。

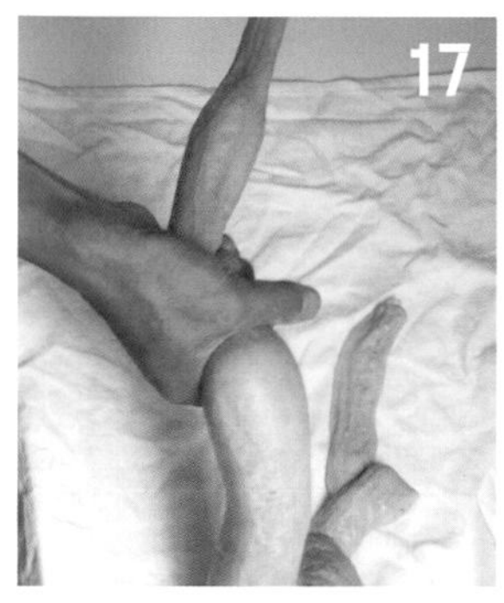

用手捋住直腸順著擠壓，使肉餡填滿直腸。如果直腸很長，也可以從直腸的另一側充填。

＊充填得很飽滿的話，用棉繩綁起來的時候，腸子會撐破，所以要適度地調整。

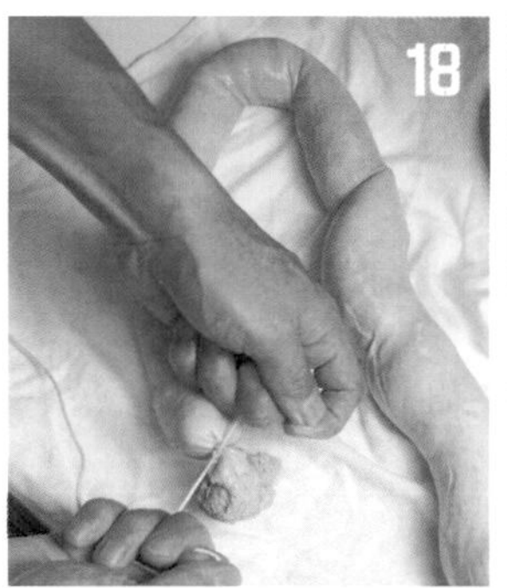

以棉繩將末端牢牢綁緊，然後以每根內臟腸為80g的分量綁上棉繩。

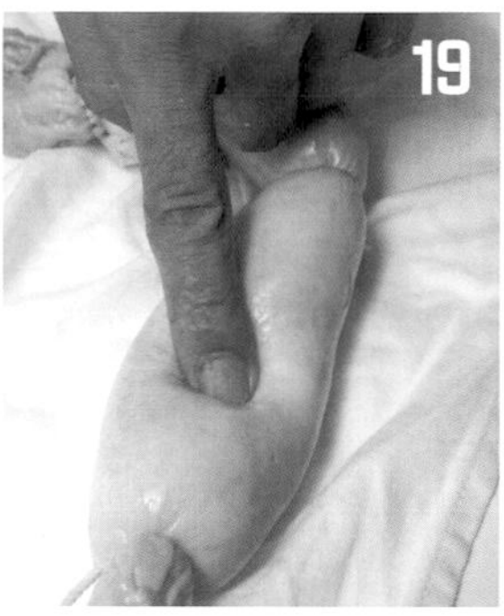

用手指按壓時會造成凹陷的鬆軟度就可以了。

＊加熱時直腸腸衣會收縮，所以充填時要保留空間。

綁完棉繩的狀態。

●水煮

將煮汁用的香味蔬菜放入高湯鍋中。

＊這裡的洋蔥皮是用來為煮汁染色的，所以不要剝除。

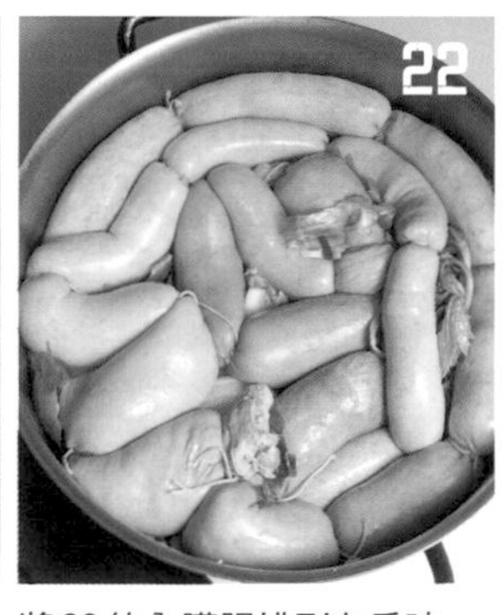

將20的內臟腸排列在香味蔬菜上面，盡量不要重疊在一起。

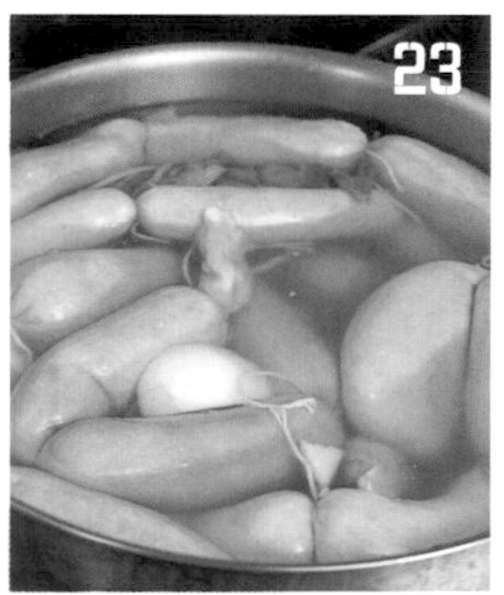

加入粗鹽之後，倒入大約能蓋過內臟腸的水量，以大火加熱。

煮滾之後將火勢轉小，蓋上紙蓋，以快要沸騰的溫度（80～90℃）煮2小時。

＊以大火持續加熱的話，腸衣恐有破裂的疑慮。

＊以香腸用的豬腸作為腸衣的話，煮30分鐘就可以了。

番茄燉蜂巢肚

Tripes à la tomate

蜂巢胃（蜂巢肚）與肝臟可說是並列為法式料理中最常使用的部位。
因為蜂巢胃有獨特的氣味，所以先煮一次，將熱水倒掉之後，再與香味蔬菜一起慢慢燉煮，不保留咬勁，預煮至完全變軟為止。燉煮得十分柔軟的話，細嚼的時候，變得可以感受到蜂巢胃的甜度。這個甜度正是蜂巢胃的美味之處。有多少蜂巢胃料理無法表現出這個基本的味道呢？
如果使用已經引出味道的蜂巢胃，任何料理都可以做得很美味。相反地，如果沒有適切地做好前置作業，就會像在嚼橡膠一樣，一直都很硬，還有腥臭味，淪為不知道究竟吃到什麼東西的料理。
進行適切的處理之後以最大的限度引出素材的原味，這個烹調的基礎完全展現在這道料理之中。

（容易製作的分量）
牛第二胃（蜂巢胃）— 3kg
香味蔬菜
- 洋蔥 — 大1個
- 胡蘿蔔 — 1根
- 西洋芹 — 1根
- 大蒜 — 6瓣

丁香 — 6顆
粗鹽 — 1大匙
水 — 適量

橄欖油 — 40cc
橄欖油漬大蒜（→42頁）
— 尖尖1大匙
洋蔥（切成薄片）— 大1個份
白酒 — 1公升
整顆番茄罐頭 — 2.5kg
月桂葉 — 3片
鹽 — 適量

荷蘭芹（切成碎末）— 適量

●預煮

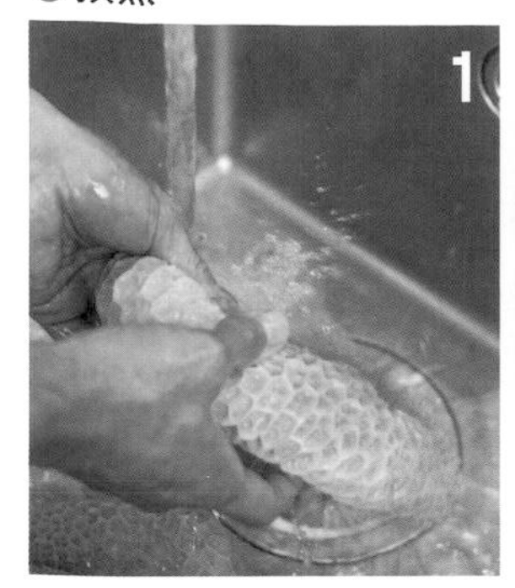

蜂巢胃從冷水開始煮起，煮滾之後倒掉熱水，用水輕輕沖洗蜂巢胃。

分切得大塊一點備用。

＊因為蜂巢胃呈袋狀，所以整個直接下鍋的話體積會變大。分切之後體積減小，之後燉煮只需要很少的水量即可完成。

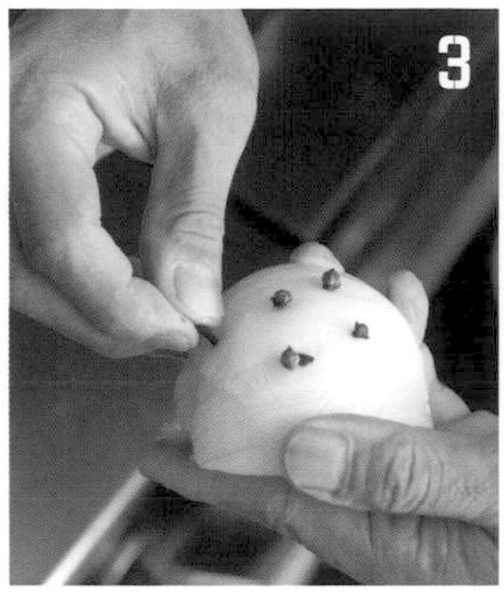

洋蔥切成4等分，先將丁香扎入洋蔥裡就不會四散在鍋中，也方便取出。

將蜂巢胃移入鍋中，再放入洋蔥、切成2等分的胡蘿蔔和西洋芹、大蒜，然後倒入水，再放入粗鹽，開火加熱。

＊因為烹煮的時間很長，所以蔬菜要切得大塊一點。

5

煮滾後將火勢轉小一點，以這程度的火勢煮3小時。

＊中途水分變少之後，補加水到這個水位。

將蜂巢胃煮軟，煮到指甲可以一下子掐入的程度，就可以取出放在長方形淺盆中。預煮完成。

●燉煮

將橄欖油、橄欖油漬大蒜放入鍋中，開火加熱。

冒出香氣之後，將順著纖維切成薄片的洋蔥下鍋去炒，不要炒上色。洋蔥炒軟之後，加入白酒。

以攪拌棒將整顆番茄罐頭絞碎成糊，直到滑順，然後倒入8的鍋中。

將蜂巢肚切成容易入口的長方形，放入9之中。

＊也可以加入水煮白腎豆。

加入月桂葉之後以大火加熱。煮滾之後以小火燉煮30分鐘。

加鹽調味之後，以小火煮15分鐘左右。煮好之後盛盤，撒上荷蘭芹。

蘋果酒燉牛肚

Tripes à la mode de Caen

法國的內臟販賣店稱為triperie。將法文tripe（義大利文trippa）翻譯成蜂巢胃是誤譯，正確的意思是指牛的四個胃，也就是瘤胃、蜂巢胃、重瓣胃、皺胃。

將那四種胃，或是這當中任何一種胃，與豬腳、蘋果氣泡酒和卡爾瓦多斯蘋果白蘭地一起燉煮，製作出這道諾曼第地區的料理。據說原本是農民在農事作業之前，將鍋子寄放在麵包店，利用爐灶的餘溫燉煮而成的料理，到了現代則像是使用壓力鍋製作的料理。

無論如何，花費很長的時間以小火慢慢燉煮，可以緩和牛肚的腥味和氣味，而豬腳的膠質溶解出來之後，渾然一體的美妙滋味便是牛肚的原味。

為1人份的燉牛肚備料很難，最起碼要準備5～6人份。如果是在餐廳，可以連同鍋子送到客人的桌上，切開麵包麵團之後讓客人享受香氣，以這種方式來呈現也不錯。只需緊密地封住鍋蓋，很有耐心地以小火慢慢燉煮，就能煮出最美味的料理。

（容易製作的分量）
牛第一胃（瘤胃）— 400g
牛第二胃（蜂巢胃）— 800g
豬腳 — 2根
香味蔬菜
- 洋蔥 — 大1個
- 胡蘿蔔 — 1根
- 西洋芹 — 1根

丁香 — 4顆
蘋果氣泡酒* — 750cc
卡爾瓦多斯蘋果白蘭地** — 200cc
粗鹽 — 8g/kg
月桂葉 — 2片
麵包麵團***
（高筋麵粉600g、水300cc）

荷蘭芹（切成碎末）— 適量

*cidre，以蘋果釀製的氣泡酒。
**Calvados，以蘋果製作的蒸餾酒。
***將水加入高筋麵粉中混合，攏整成一團。不需要揉麵。以保鮮膜覆蓋麵團以免表面變乾，存放在冷藏室中。

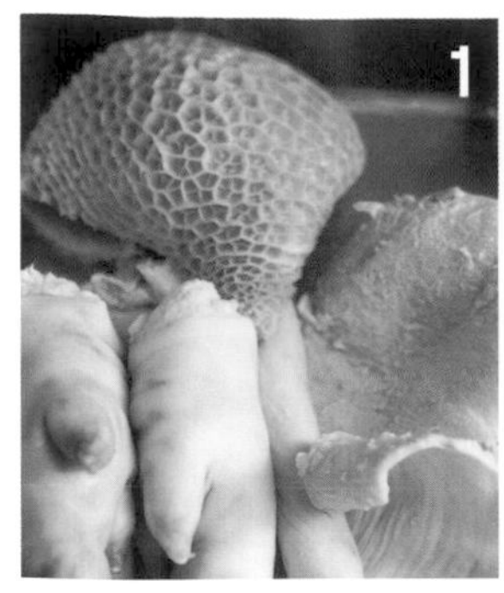

將瘤胃和蜂巢胃（→175頁）、豬腳（→124頁）先以滾水燙煮之後倒掉熱水備用。

香味蔬菜切得大塊一點，放入鍋中。先將4顆丁香扎在洋蔥上面。

然後放入豬腳在香味蔬菜的上面。

＊如果肉放在香味蔬菜下面，鍋底容易煮焦，所以要把蔬菜放在下面。

瘤胃和蜂巢胃切得大塊一點，放在**3**的上面。

倒入蘋果氣泡酒和卡爾瓦多斯蘋果白蘭地。

＊為了調配出複雜的味道，準備了2種蘋果酒。

加入粗鹽和月桂葉之後蓋上鍋蓋。

取出麵包麵團，將適量的麵團拉長成細長條。

＊如果撒上手粉的話會無法黏貼在鍋子上，請注意。

將麵包麵團覆蓋在鍋蓋的周圍，完全密封起來，不讓空氣進入。

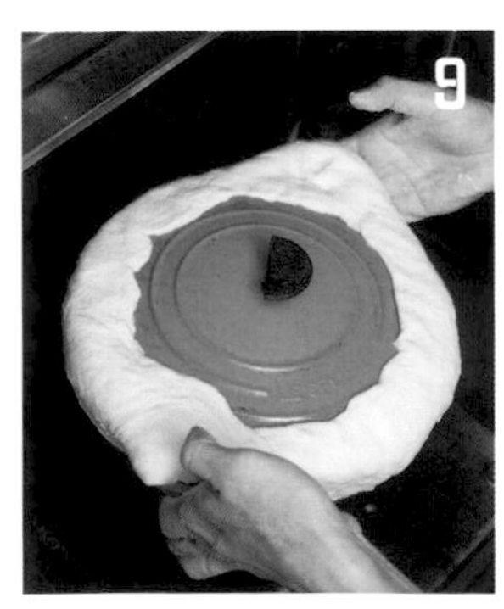

接著以150℃的烤箱加熱4小時。

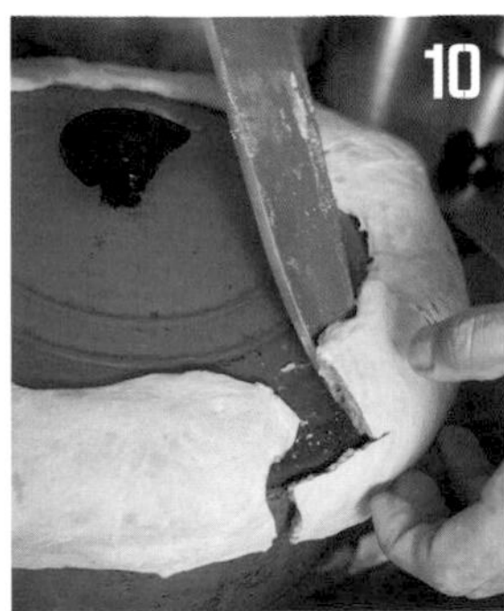

切開麵包麵團，然後掀開鍋蓋。

燉煮完成的狀態。豬腳煮到潰散也沒關係。加鹽調味。盛盤之後撒上切成碎末的荷蘭芹。

大蒜香藥草風味嫩煎牛心
佐紅酒醬汁

Cœur de bœuf sauté, sauce vin rouge à l'ail et au persil

牛心是肌肉塊，這裡也請注意，要避免加熱有所失誤。心臟的形狀歪斜，不適合整塊下鍋油煎。最好切成薄片之後，迅速煎一下。另外，還可以切成小丁，作為法式肉凍的配料，或是經過鹽漬之後，先加以燻製再水煮做成煙燻牛心，也可成為一道前菜。
附著在心臟周圍的脂肪是品質優良的脂肪，如果太厚的話，最好只保留薄薄一層脂肪，其餘的去除。
如果想在嫩煎之後產生獨特的清脆口感，太薄的話也不好，所以至少要切成大約1cm的厚度再烹調。而且請加熱到血會滴下來的程度就停止加熱。

（2人份）
牛心 — 4塊（1塊180g）
鹽、胡椒 — 各適量
沙拉油 — 20cc
奶油 — 20g
高筋麵粉 — 適量
紅蔥頭（切成碎末）
— 尖尖1大匙
橄欖油漬大蒜（→42頁）
— 尖尖1大匙
荷蘭芹（切成碎末） — 1小匙
雪莉酒醋 — 15cc

紅酒醬汁（→30頁） — 適量

結束清理作業之後分切成1cm厚的牛心，撒上鹽、胡椒。

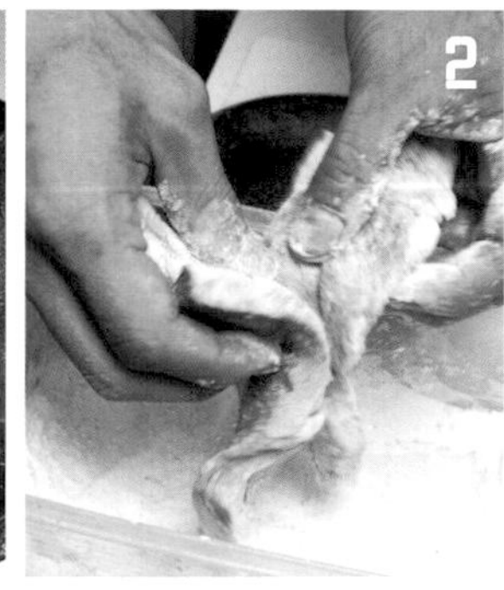

沾裹高筋麵粉之後拍除多餘的麵粉。
＊麵粉太多的話成品會變重。

將沙拉油和奶油放入平底鍋中，開火加熱，放入2的牛心，以大火將表面煎出看起來很美味的焦色。
＊沾裹麵粉的話，肉就不會直接接觸到平底鍋的鍋面，可以減輕對肉的損傷，煎出柔嫩的牛心。此外，也會比較容易煎上色。

煎上色之後翻面，背面也要煎上色。

暫時將牛心取出放在烤盤上，倒掉平底鍋的油之後，將紅蔥頭、橄欖油漬大蒜、荷蘭芹放入鍋中迅速炒一下。

將牛心放回鍋中，煎的時候沾裹5。

移離爐火之後，將雪莉酒醋加入完成的牛心裡。盛盤之後倒入紅酒醬汁。

紅蔥頭香藥草風味
裹粉香煎小牛肝

Foie de veau meunière aux échalotes et herbes

如果要將牛肝稍微加熱之後就食用的話，小牛的肝臟是最佳的選擇。小牛肝具有連甜度都感受得到、清脆舒服的口感，以及恰到好處的鐵質，因為牛隻的年紀輕，所以獨特的氣味也很少，很容易處理。

調理牛肝的時候，必須多加注意的仍是加熱狀況的調整。如果煎得太嫩會無法入口，在衛生方面也伴隨著危險性。煎得太老的話，口感變得乾柴，也白白糟蹋了味道。如果想要將牛肝加熱成能讓客人感受到甜度的「粉紅色」，就只能靠巧妙地運用餘溫加熱。將厚度切成3cm左右，表面迅速煎過之後，放入烤箱中升高表面的溫度，然後取出，放在溫暖的場所利用餘溫慢慢地加熱。因為牛肝遠比肉更容易煎熟，所以希望大家能細心注意來處理。

（2人份）
牛肝 — 2塊（1塊180g）
鹽、高筋麵粉 — 各適量
沙拉油 — 20cc
奶油 — 20g
第戎芥末醬 — 適量
香草麵包粉（→97頁No.3）— 適量

雪莉酒醋醬汁
- 紅蔥頭（切成碎末）— 1/2個份
- 雪莉酒醋 — 20cc
- 小牛高湯（→25頁）— 50cc
- 鮮奶油 — 15cc
- 鹽、胡椒 — 各適量

●肉的準備

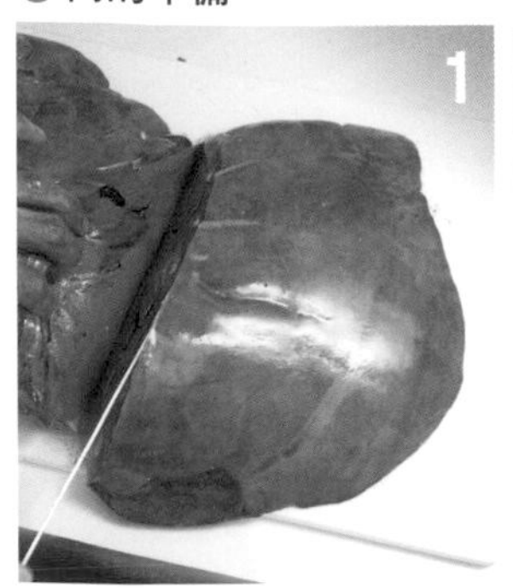

將牛肝右葉的左邊分切開來。

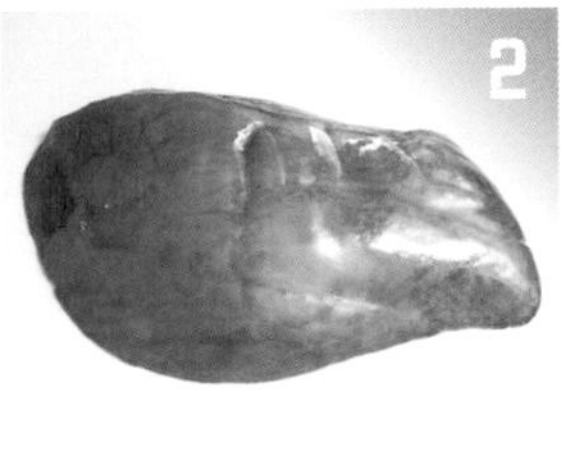

如果要裏粉香煎或嫩煎的話，血管或筋少的左邊（右葉）這端比較適合。

＊像法式肉凍等不講究形狀的料理，就利用有血管通過或有筋之類的部分等來製作。

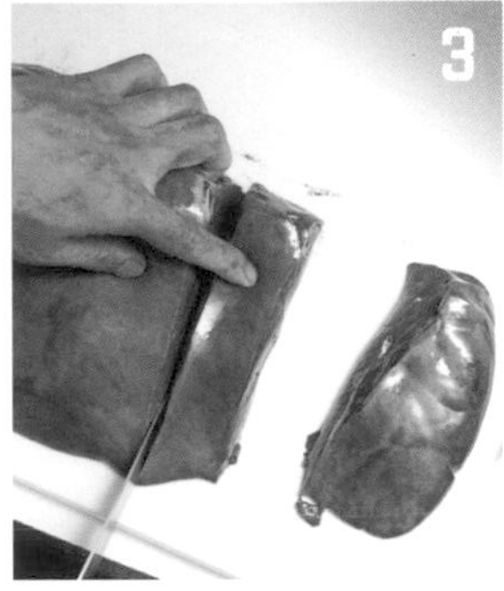

分切成1人份180g。用手剝除表面的薄膜。

●裏粉香煎

裏粉香煎用的牛肝。稍微撒點鹽。

沾裏薄薄一層高筋麵粉。

＊多餘的麵粉先拍除

將奶油和沙拉油放入平底鍋中開火加熱。待奶油融化後放入牛肝以小火煎。

＊為了避免肉有所損傷，先裏上麵粉再以小火煎。

平底鍋的溫度升高，奶油變成慕斯狀的時候，就是差不多該翻面的時機。

＊一旦變成高溫，奶油的氣泡就會變成慕斯狀。

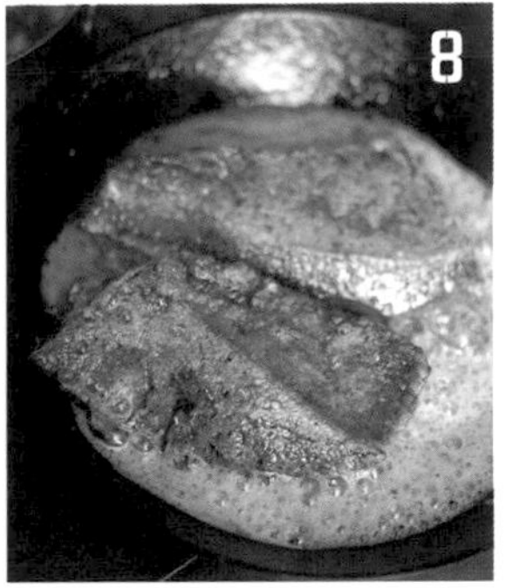

煎上色到這個程度。

＊因為一翻面，溫度就立刻下降，所以奶油的氣泡會稍微變大。這氣泡漸漸變成慕斯狀之後，就表示溫度升高，已經煎上色了。

背面也煎上色之後，取出牛肝放在附網架的長方形淺盆中，上面塗抹第戎芥末醬。

＊增添風味的同時，也能作為香草麵包粉的黏著劑。

將香草麵包粉擺放在牛肝上面，然後以250℃的烤箱加熱2分鐘。

●雪莉酒醋醬汁

將紅蔥頭和雪莉酒醋放入小鍋中，開火加熱。煮乾至幾乎沒有液體之後，加入小牛高湯。

＊為了將酸味轉換成鮮味而煮乾水分。

在已經煮乾水分變成糖漿狀的11當中，倒入鮮奶油溶匀之後，以鹽、胡椒調味。倒入盤中，然後盛放分切好的裏粉香煎牛肝。

威尼斯風味嫩煎小牛肝

Foie de veau sauté à la vénitienne

使用洋蔥製作的料理，有時候會冠上威尼斯風味的名稱。里昂風味也同樣是使用洋蔥製作，但是它的起源是來自於威尼斯。將只迅速煎過表面的牛肝，先從鍋中取出，然後以平底鍋製作醬汁，同時在最後將牛肝倒回鍋中，以慢慢從外加熱至中心的感覺來製作。

牛肝的味道很濃厚，所以藉由添加清爽的酸味就不會吃得很膩。因為只有鮮明的酸味，味道不夠均衡，所以最好搭配以洋蔥的甜度、小牛高湯的膠質增添分量的醬汁一起享用。

此外，也可以將這道料理冰涼之後當作冷盤提供。

（1人份）

牛肝 — 130g

鹽、胡椒、高筋麵粉 — 各適量

沙拉油 — 20cc

奶油 — 20g

炒洋蔥（→42頁） — 尖尖1大匙

雪莉酒醋 — 30cc

白酒 — 50cc

小牛高湯（→25頁） — 50cc

胡椒 — 適量

荷蘭芹（切成碎末） — 1大匙

奶油（增添光澤和風味） — 5g

●肉的清理

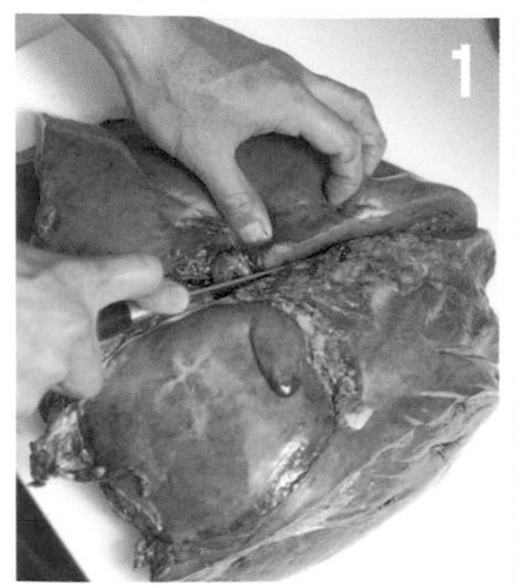

將牛肝有血管通過的那側朝上，沿著厚膜分切成右葉和左葉。

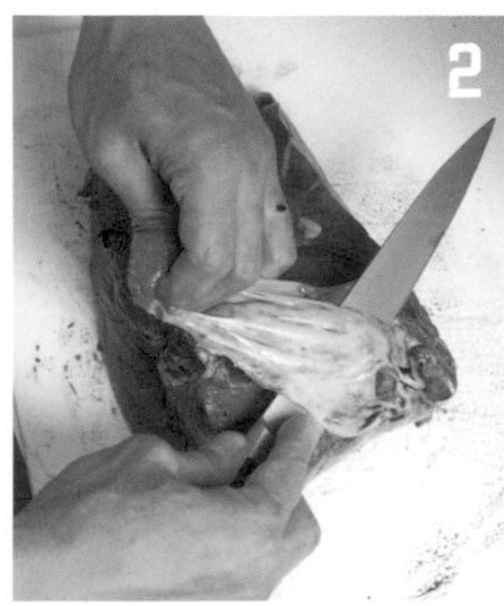

以刀子削除厚膜。

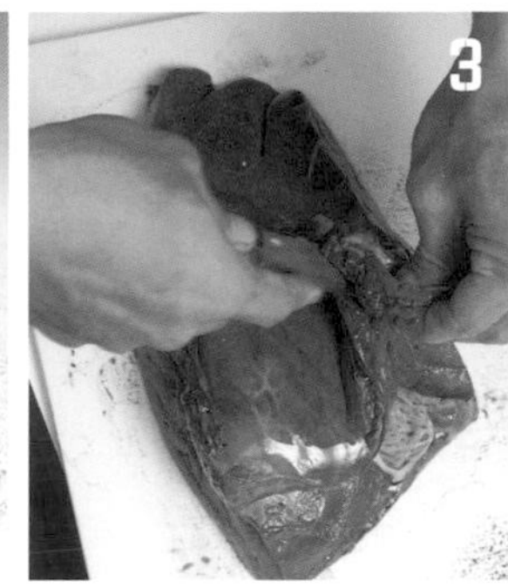

清除粗的血管。

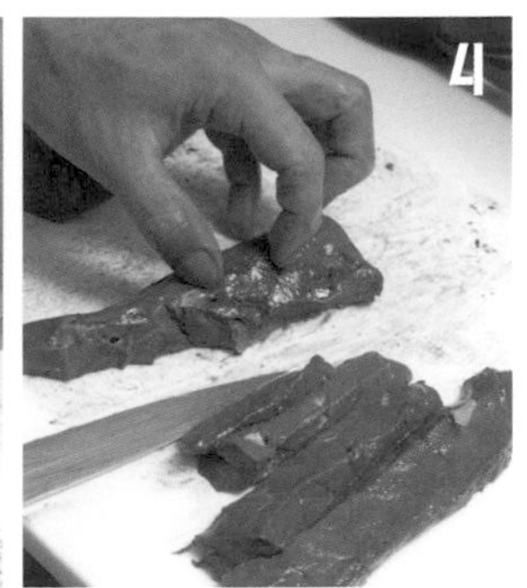

切成1.5cm寬之後剝除表面的薄膜，然後切成細長條。稍微有點不整齊也沒關係。

＊切細的話，連末端的血管也能清除，直到邊緣的部分都能利用。

●油煎

將牛肝撒上鹽、胡椒之後裹滿高筋麵粉，然後拍除多餘的高筋麵粉。

＊如果有很多麵粉，做出的料理會變得沉重。

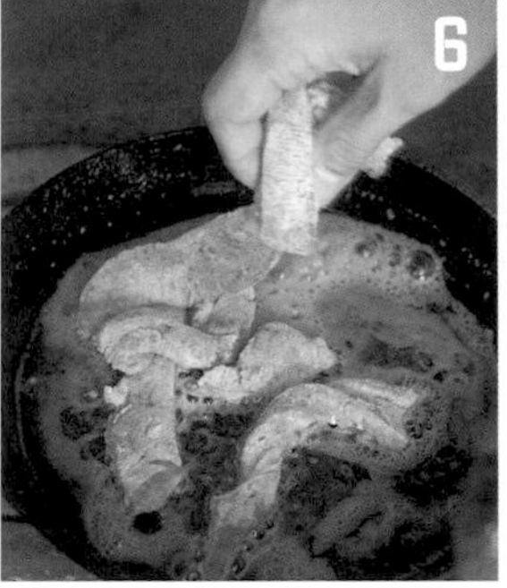

將沙拉油和奶油放入平底鍋中，開火加熱，使奶油融化。奶油上色之後，放入5的牛肝。

＊以不會把奶油燒焦的溫度來炒牛肝。

將牛肝煎上色之後，取出牛肝放在網篩中，過濾平底鍋的油。

＊牛肝中心還是生的沒關係。

將炒洋蔥放入7的平底鍋中，加入雪莉酒醋，煮乾水分。

＊煮乾水分，使洋蔥吸收醋。這裡希望能煮出鮮味，所以要充分煮乾水分，使酸味消失。

煮乾水分之後加入白酒。

將白酒煮滾之後，加入小牛高湯，再度煮滾。

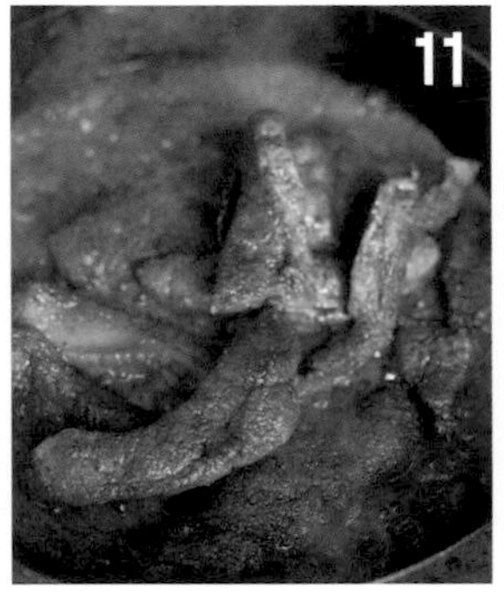

煮滾之後，將7的牛肝放回鍋中。沾裹在牛肝上面的高筋麵粉溶出之後，煮汁會變得稍微濃稠一點。

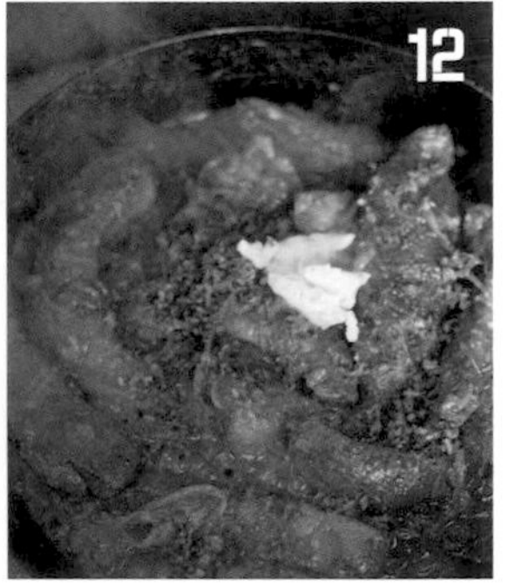

煮乾水分之後，撒入多一點的胡椒，放入荷蘭芹。關火之後，加入固狀奶油溶匀，然後盛盤。

＊在沸騰的狀態下，即使加入奶油增添光澤和風味，也不會呈現預期的光澤。

嫩煎牛腎 佐芥末醬汁

Rognon de veau sauté, sauce à la moutarde

法文rognon是腎臟之意。腎臟具有獨特的香氣和口感，提到內臟料理時不能不提到它。這道料理要好吃，加熱時就必須讓腎臟這個內臟不要釋出太多異味。

而且，要控制火候讓牛腎幾乎是生的狀態。一旦加熱過度就會散發出很濃的氣味。不過，不能以生的牛腎提供給客人。這是在加熱到最大限度時就停止加熱，添加有著清爽酸味的醬汁之後立刻端上桌，請客人趁熱享用的料理。

（2人份）

牛腎臟（→176頁）
— 2塊（1塊160g）

鹽、高筋麵粉 — 各適量

奶油 — 20g

沙拉油 — 20cc

芥末醬汁

- 紅蔥頭（切成碎末）— 1個份
- 雪莉酒醋 — 50cc
- 小牛高湯（→25頁）— 100cc
- 鮮奶油 — 25cc
- 鹽、黑胡椒 — 各適量
- 芥末籽醬 — 10g

●油煎

將腎臟（→176頁）剝除板油和薄膜之後，切成一口的大小。

將腎臟稍微撒點鹽，再裹滿高筋麵粉。

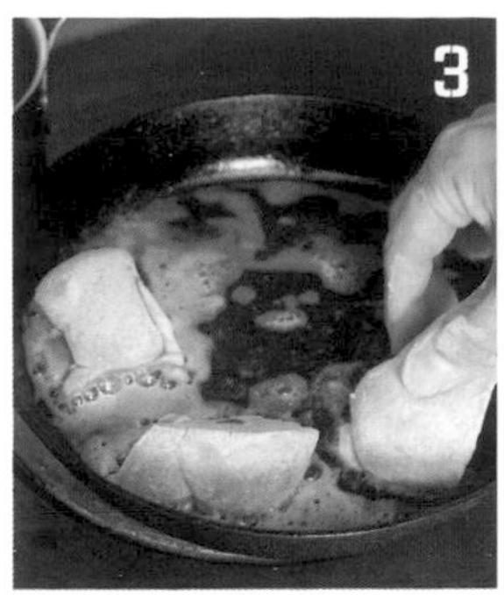

將奶油和沙拉油放入平底鍋中開火加熱。將奶油加熱到變成褐色之後，將腎臟拍除多餘的麵粉，放入鍋中，以小火煎。

＊請注意不要將奶油燒焦。

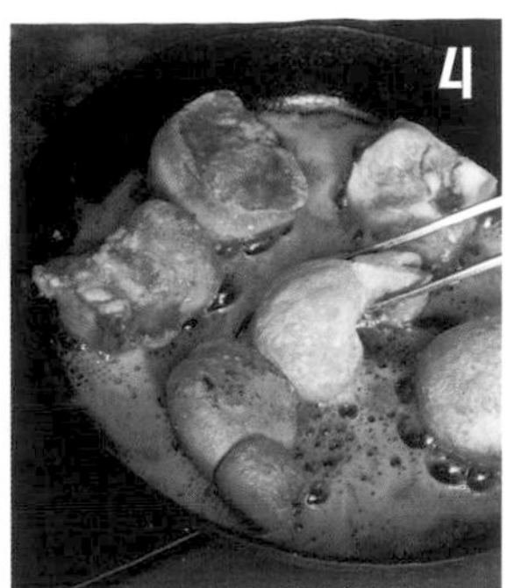

煎上色之後翻面。

5

氣泡漸漸變大之後，表示油溫下降。加大火勢。

肉的凹陷部分等不易直接接觸平底鍋的部分，也要以湯匙澆淋熱油，為凹陷部分加熱。

漂亮地煎上色之後，取出放在烤盤中，放置在溫暖的場所2分鐘，利用餘溫加熱。

●芥末醬汁、完成

將紅蔥頭、雪莉酒醋放入小鍋，以小火煮乾水分。

煮乾水分，直到幾乎沒有水分。

＊因為比起酸味，更想煮出鮮味，所以在這裡要充分地煮乾水分。

加入小牛高湯之後，以小火煮乾水分。在作法7中由腎臟流出來的肉汁，也加進去。

加入鮮奶油之後，加入鹽來決定味道。將黑胡椒磨碎之後加入鍋中。

關火加入芥末籽醬。將嫩煎牛腎盛盤，淋上醬汁。

＊如果在開火加熱時直接將芥末籽醬加進去，芥末的酸味會消失。

烤牛腎 佐酸甜醬汁

Rognon de veau rôti, sauce aigre-douce

一般都是先去除覆蓋在腎臟表面的板油之後，將腎臟分切開來，但是如果匯集了3～4名客人點餐，也可以保留薄薄一層脂肪，將整副腎臟送進烤箱烘烤。因為表面受到脂肪的保護，所以能夠慢慢地、溫和地加熱。

當然，與分切之後再嫩煎一樣，絕對不可以加熱過度。無法以彈性來判斷，在試切開來之前，無從得知加熱狀況的好壞。以鐵籤試插看看，如果中心加熱到像洗澡熱水的程度，就表示可以利用餘溫來加熱。

烘烤完成之後，去除脂肪，切成薄片提供給客人，醬汁最好是有甜度的、以醋為基底的醬汁，以取得味道的平衡。

（4人份）

牛腎臟 — 1副

鹽 — 適量

酸甜醬汁

- 砂糖 — 10g
- 雪莉酒醋 — 30cc
- 黑胡椒 — 少量
- 鹽 — 適量
- 小牛高湯（→25頁）— 150cc
- 奶油（增添風味和光澤）— 50g

●腎臟的清理

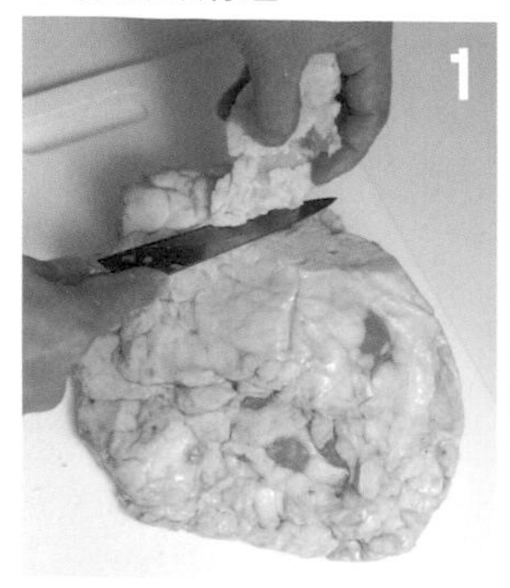

腎臟周圍的板油保留2mm厚，其餘的以刀子削除。

＊保留脂肪，可以避免腎臟直接受熱。

以這樣的感覺削除脂肪。

●烘烤

將削切下來的板油放入平底鍋中，開火加熱。

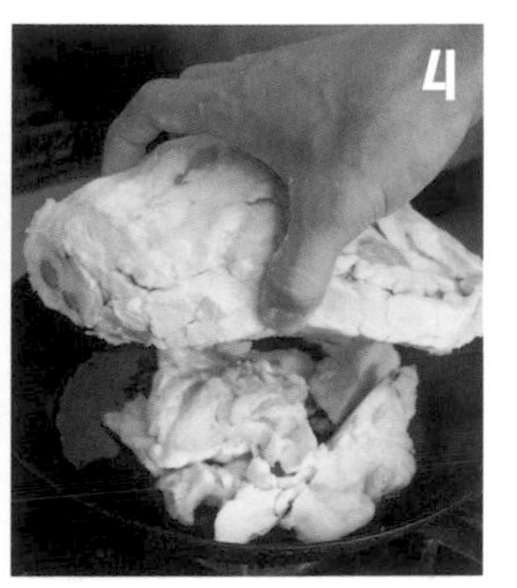

將腎臟稍微撒點鹽，放在板油的上面。直接連同平底鍋以250℃的烤箱加熱3分鐘。

＊一旦加熱過度，會散發出氨臭味。

取出之後翻面，放置在溫暖的場所3分鐘，利用餘溫加熱。

再度翻面之後，以250℃的烤箱加熱3分鐘。

取出之後移至附網架的長方形淺盆中，放置在溫暖的場所3分鐘，利用餘溫加熱。

＊加熱4成左右，還不太熟。一旦加熱超出這個程度，肉汁會流出來。

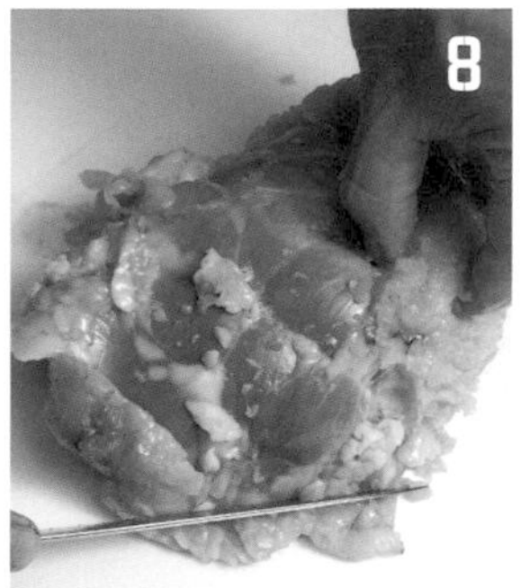

用刀子和手取下腎臟周圍的板油。

●酸甜醬汁

將砂糖、雪莉酒醋、黑胡椒放入小鍋中，以小火加熱。

＊這裡醬汁的法文名稱aigre-douce是酸酸甜甜的意思。以小火煮乾水分，直到變成糖漿的狀態。

加入小牛高湯之後，以多一點的鹽調味。

移離爐火之後加入固狀奶油，一邊轉動鍋子一邊使奶油溶勻。

●完成

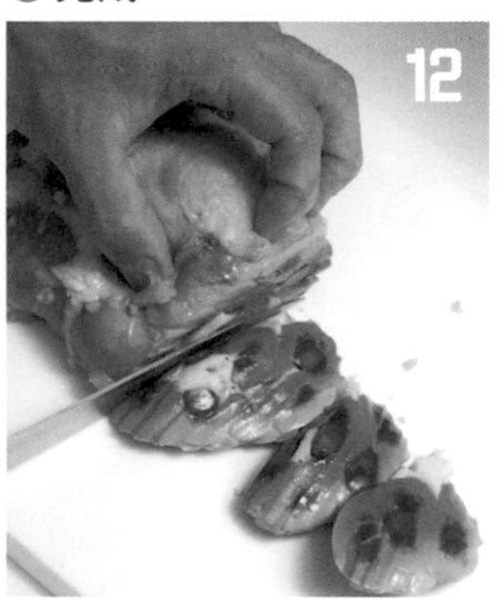

將腎臟分切成薄片。盛盤之後淋上醬汁。

根西洋芹酸豆風味燉小牛胸腺

Fricassé de ris de veau au céleri-rave et aux câpres

相對於牛蒡和松露這類帶有泥土香氣的組合（→196頁），作為加法的變化，介紹這道應用料理，裡面添加了酸豆的酸味、根西洋芹的特殊香氣和苦艾酒的異國香氣。
雖然濃厚的松露醬汁也不錯，但是像這樣輕盈的變化，也引出小牛胸腺不同的魅力。
不論是哪種料理，重要的是最低限度所需要的水量。如果水量太少，在煮出素材的味道之前，放入烤箱加熱時就會煮焦，而如果液體太多的話，則會變成平淡無味的醬汁。煮汁太多的話，只要煮乾水分就可以了，但是以剛好的水量煮出來的煮汁，與將很多水分收乾所煮成的煮汁，最後的味道完全不一樣。
這是能否做出美味醬汁的分水嶺。

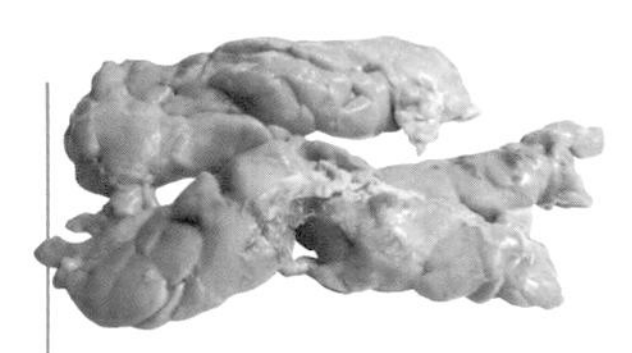

小牛胸腺（法國產、冷凍）。近年來，流通事業漸趨發達，於是開始買得到很新鮮的小牛胸腺。日本國產的很少，幾乎都是進口貨。如果採用這裡介紹的汆燙之後再壓製的方法，去除水分也去除了腥味，而味道也濃縮起來。有時候也會直接使用生的小牛胸腺。

（1人份）
小牛胸腺（→176頁）— 180g
鹽、胡椒、高筋麵粉 — 各適量
橄欖油 — 20cc
奶油 — 20g
根西洋芹（切成小丁）— 50g
酸豆 — 10g
紅蔥頭（切成粗末）— 20g
苦艾酒 — 50cc
小牛高湯（→25頁）— 80cc
鮮奶油 — 15cc

●油煎

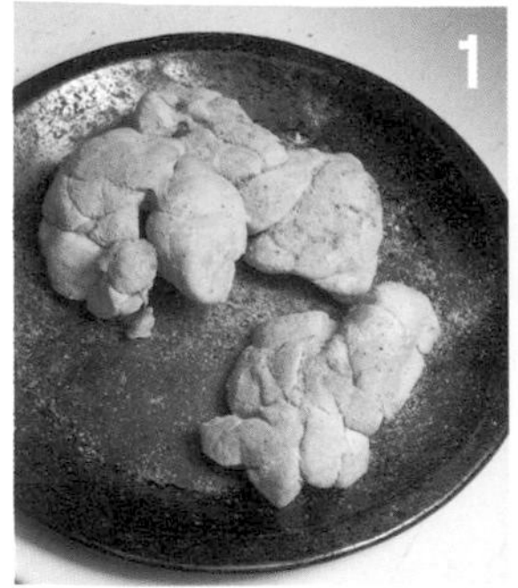

將經過壓製的小牛胸腺（→176頁）撒上鹽、胡椒之後，裹滿高筋麵粉，然後拍除多餘的高筋麵粉。

將橄欖油和奶油放入平底鍋中，開火加熱，使奶油融化。

奶油的大氣泡變成白色慕斯狀之後，放入1的小牛胸腺。

＊白色慕斯狀的氣泡表示平底鍋已經變成高溫。

在這個階段，小牛胸腺沒有煎到裡面變熟沒關係。這裡是要將表面煎上色，為醬汁增添濃醇和顏色。

小牛胸腺煎上色後翻面。

●燉煮

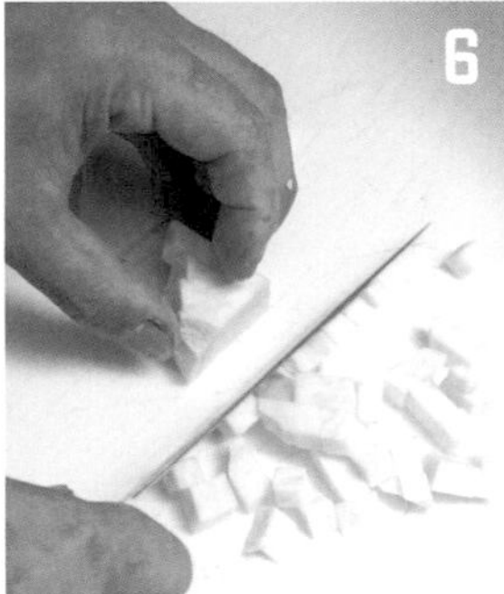

根西洋芹縱切成一半，去皮時去除得稍厚一點，然後切成小丁。

紅蔥頭切成粗末。

＊因為燉煮時間短，所以蔬菜要切小一點。

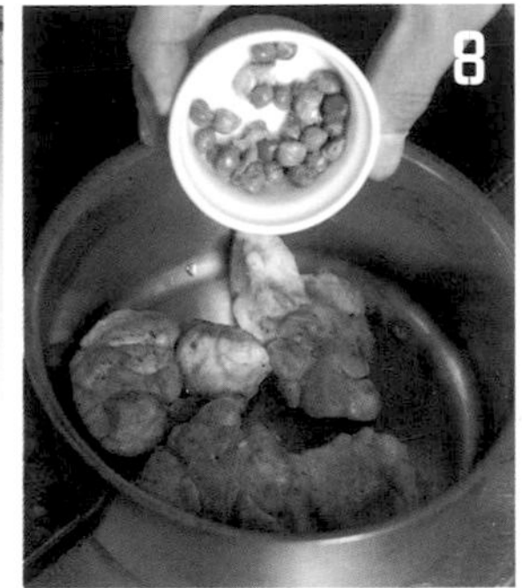

將5的小牛胸腺移入燉鍋中，放入已經用水洗過的酸豆。

＊鹽漬酸豆用水清洗，稍微洗去鹽分。

放入切碎的根西洋芹和紅蔥頭，加入苦艾酒、小牛高湯開火加熱，煮滾。

＊在放入烤箱之前先將煮汁加熱。酒精沒有蒸發也沒關係。

以240℃的烤箱燉煮15分鐘。不蓋鍋蓋，一邊煮乾水分一邊燉煮小牛胸腺。

燉煮完成的小牛胸腺。鐵籤可以毫無阻力地迅速插入小牛胸腺，就完成了。

●完成

加入鮮奶油之後，以鹽、胡椒調味。盛盤之後即可端上桌。

松露風味燉小牛胸腺 附牛蒡

Ris de veau braisé aux truffes et aux GOBOU

將經過壓製之後已經脫水的小牛胸腺，以大量的奶油進行裹粉香煎，也非常美味。不過，本書要介紹的是基本的作法。
小牛胸腺是充分加熱之後才會發揮優點的素材。只用油煎會看不見的深度魅力在於，以少量的煮汁蒸煮或是以白酒燉煮（fricassée）所產生的素材味道和煮汁，變成渾然一體複合多重的味道。正因為原本的味道清淡，只有以各種酒類和松露等的香氣堆疊起來的加法概念，才適合可以說是王道的小牛胸腺料理。
善用松露的泥土香氣，選用更能提升香氣的牛蒡。

（1人份）
小牛胸腺（→176頁）
— 180g
鹽、胡椒、高筋麵粉
— 各適量
沙拉油 — 20cc
奶油 — 20g
蒸牛蒡（斜切）— 5片
黑松露（切成粗末）
— 5g
馬德拉酒 — 20cc
紅波特酒 — 20cc
松露油 — 6滴
小牛高湯（→25頁）
— 50cc
奶油（增添風味和光澤）
— 15g

●油煎

將經過壓製的小牛胸腺（→176頁）撒上鹽、胡椒之後，裹滿高筋麵粉。

將沙拉油和奶油放入平底鍋中，開火加熱，使奶油融化。

油變熱，變成白色慕斯狀後，放入1的小牛胸腺。

表面煎好之後翻面。

＊在這個階段，不需要煎到內層也變熟。

●燉煮

將蒸過的牛蒡切成斜片。松露也切成粗末。

＊牛蒡的泥土香氣與松露非常契合。

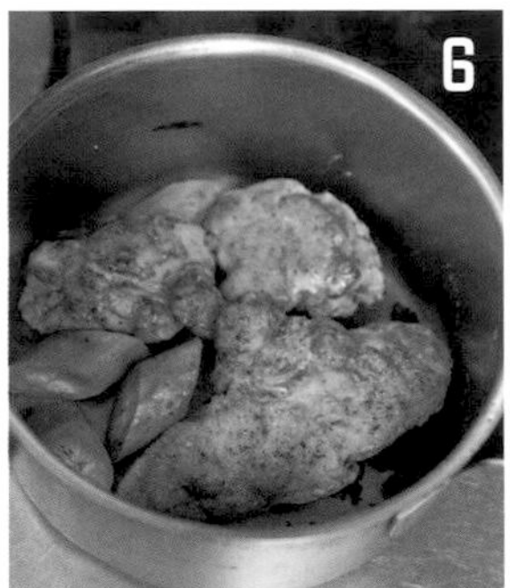

將牛蒡、黑松露放入燉鍋中，擺上4的小牛胸腺。

在鍋中加入馬德拉酒、紅波特酒、松露油、小牛高湯之後，開火加熱。

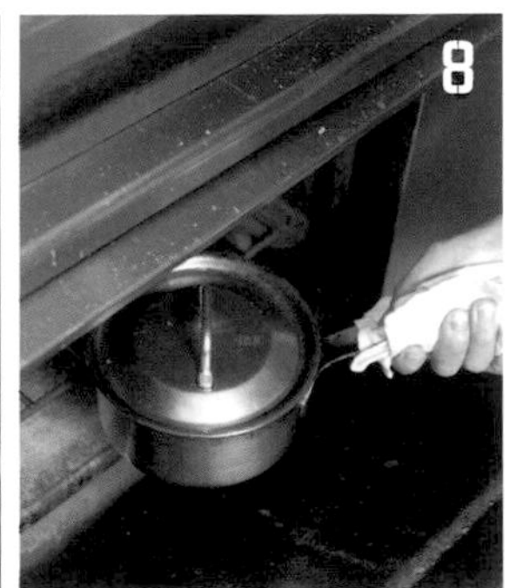

煮汁沸騰之後蓋上鍋蓋，以240℃的烤箱加熱15分鐘。以少量的液體燉煮。

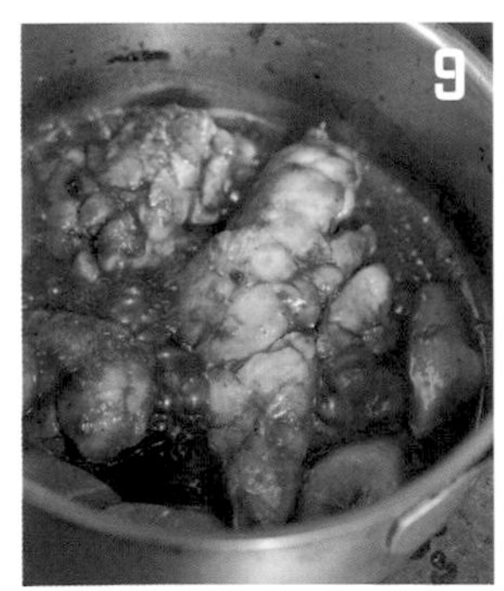

燉煮完成的小牛胸腺。

●完成

取出小牛胸腺和牛蒡，盛盤，再將剩餘的煮汁煮乾水分。

煮乾水分成糖漿狀。

＊利用煮乾水分，煮成濃厚的煮汁。味道清淡的小牛胸腺，需要搭配濃郁的醬汁。

將固狀的奶油放入鍋中，加熱融化，增添濃醇味道，淋在小牛胸腺上面。

裹粉香煎豬腦 佐焦香奶油醬汁

Cervelle de porc au beurre noisette

雖然大部分都是使用小牛的腦來製作料理，但是自從發生狂牛病之後，就改用豬腦了。前置作業等是共通的，可以把它想成烹調方法也是一樣的。
豬腦的大小比小牛的腦小了一圈，所以單點的話，1人份是附上2個豬腦。
豬腦吃起來既像鱈魚的白子，又像豆腐，是難以形容的獨特口感和味道。
作為古典的烹調方法，還是只能選擇裹粉香煎。像是泡在已經稍微上色的奶油中游泳一樣將豬腦煎過之後，就會加上奶油的香氣和芳香感，做出絕佳的料理。
醬汁的決勝關鍵在於將煎完豬腦的奶油充分地燒焦。超越焦香奶油的焦黑奶油，應該會成為與豬腦的香氣相較也毫不遜色的醬汁。腦的料理，總之最重要的就是要買到新鮮度佳的腦。

（1人份）
豬腦 — 2個
牛奶、鹽、高筋麵粉
— 各適量
橄欖油 — 20cc
奶油 — 20g

焦香奶油
- 奶油 — 5g
- 橄欖油漬大蒜（→42頁）
— 尖尖1大匙
- 酸豆 — 1大匙
- 荷蘭芹（切成碎末）
— 1大匙
- 雪莉酒醋 — 20cc
- 小番茄（2cm小丁）
— 1個份
- 小牛高湯（→25頁）
— 30cc
- 鹽、胡椒 — 各適量
- 用水調勻的玉米粉液
— 少量

●裹粉香煎

將少量的牛奶加入水中，再放入豬腦。就這樣浸泡3小時之後，取出豬腦，瀝乾水分。

＊加入牛奶的話，去除血水之後顏色就會變白。

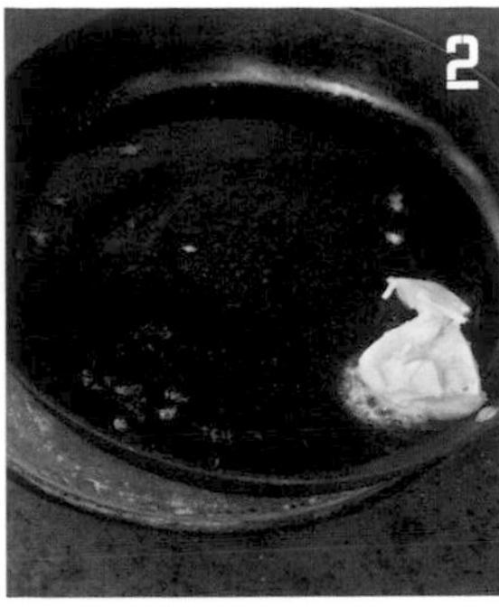

將奶油和橄欖油放入平底鍋中開火加熱，使奶油融化。

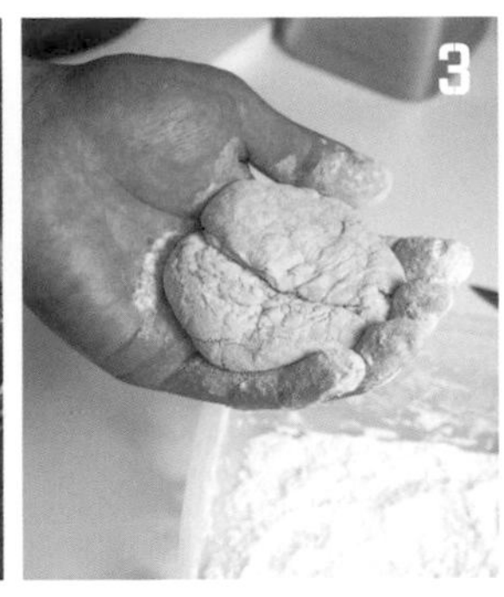

在豬腦的兩面撒上鹽，裹滿高筋麵粉之後拍除多餘的麵粉。

＊因為豬腦是水分多又柔軟的素材，為了防止變形來煎上色，所以要裹滿麵粉。

奶油融化之後放入豬腦。

奶油變色，氣泡變小之後將豬腦翻面。

＊氣泡變小表示溫度已經漸漸上升。裡面是生的也沒關係。

氣泡變小後取出豬腦放在烤盤上，以250℃的烤箱加熱3分鐘。烘烤完成。

●焦香奶油、完成

在6的平底鍋中添加奶油並開火加熱。

在奶油融化的階段，氣泡還很大。

＊氣泡很大這個狀況成為判定油的溫度還沒升高的標準。

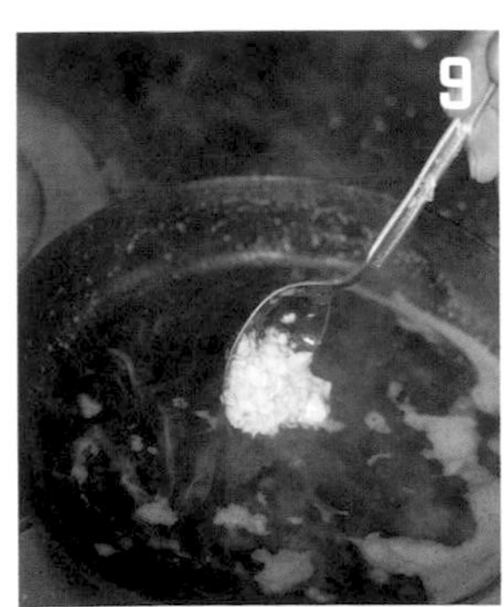

氣泡消失，奶油變得漆黑後，加入橄欖油漬大蒜，釋出香氣。

＊像這樣的奶油顏色，稱為焦黑奶油。將奶油加熱至會稍微冒出煙的高溫。

加入酸豆、荷蘭芹、雪莉酒醋、小番茄、小牛高湯，然後移入小鍋中煮乾水分。

煮汁收乾之後以鹽、胡椒調味。

如果想要更濃一點，以用水調勻的玉米粉液增加濃度。將裹粉香煎豬腦盛盤，淋上大量的醬汁。

嫩煎油封雞胗馬鈴薯

Gésiers de volaille confits et pommes sautées

雞的內臟也都可以食用。現今雖然已經很少見了，但是以前曾經有過使用雞冠製作的料理。其中，肝臟和砂囊到現在還是很受歡迎的食材。
砂囊相當於胃，質地非常硬。它不是這樣直接煎過之後就能吃的東西，前提是要燉煮。因此，鮮味不會流失，纖維能夠鬆開的油封是適當的烹調法。
舉例來說，加進了香料的香氣燉煮完成的話，就可以怎麼吃都吃不膩。
做成油封雞胗之後，可以與章魚一起用番茄去煮，或是像培根蛋一樣和蛋加在一起，也可以當成配料拌入法式肉凍，所以放入冷藏室中保存備用，會是相當便利的品項。

（容易製作的分量）
雞的砂囊（雞胗）— 2kg
醃料
- 鹽 — 38g（19g/kg）
- 黑胡椒 — 8g（4g/kg）
- 辣椒粉 — 10g（5g/kg）
- 芫荽粉 — 6g（3g/kg）
- 橄欖油漬大蒜（→42頁）— 尖尖1大匙

豬油 — 適量

（1人份）
油封雞胗 — 4個
馬鈴薯 — 小2個
橄欖油 — 15cc

沙拉醬汁
- 紅蔥頭（切成碎末）— 1大匙
- 法式芥末醬 — 1小匙
- 荷蘭芹（切成碎末）— 1小匙
- 黑胡椒 — 少量

蔬菜沙拉* — 適量

*以油醋醬汁（→33頁）調拌葉菜類蔬菜。

●醃漬

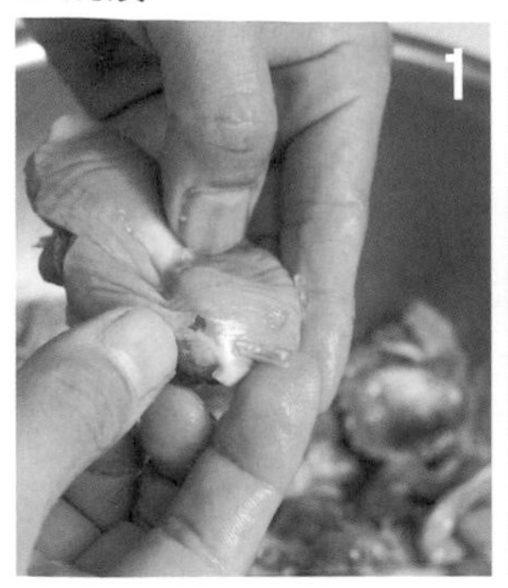

如果雞胗的表面殘留著薄薄的胃壁，要將之剝除。

將雞胗放入缽盆中，加入醃料。

充分混合均勻。

裝入塑膠袋等容器中，排出空氣之後放在冷藏室中醃漬1個晚上。

●油封

醃漬完成的雞胗。

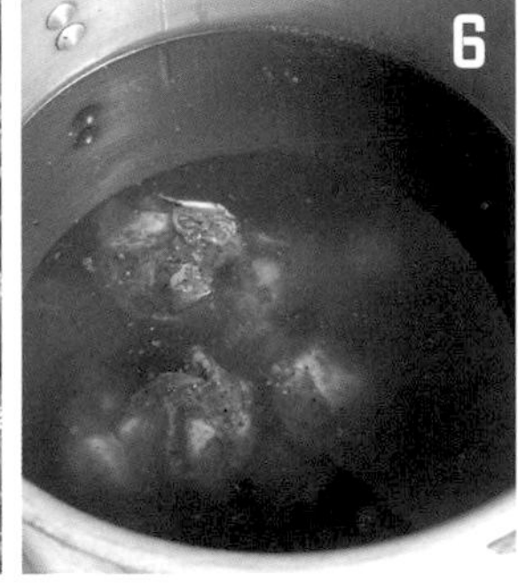

將豬油倒入高湯鍋，放入5的雞胗。開中火加熱，將豬油保持在80～90℃，加熱1.5～2小時。

＊豬油的分量要能將雞胗完全浸泡在裡面。為了煮出想要的軟硬度，要調整加熱時間。

取出雞胗，放在長方形淺盆中。加熱時間是1.5小時。完成時仍保留一點嚼勁。

●完成

馬鈴薯帶皮直接水煮之後去皮，切成一半。將橄欖油倒入平底鍋中加熱，將馬鈴薯的切面煎成漂亮的金黃色。

將雞胗放入相同的平底鍋中。煎上色後，瀝乾油分。

＊因為要以沙拉醬汁調拌，所以雞胗的表面只需加點酥脆的口感即可。

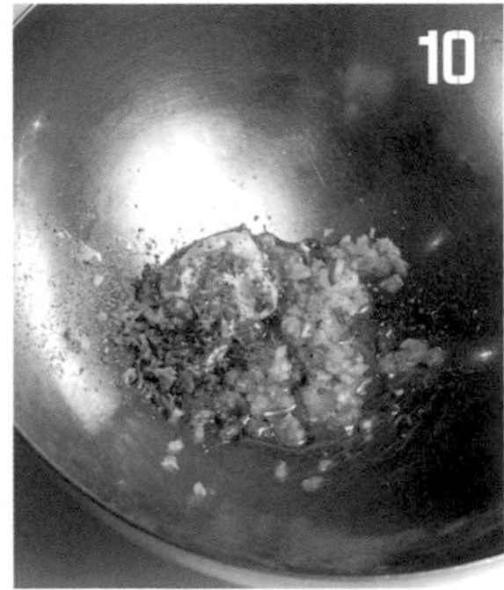

將沙拉醬汁的材料放入缽盆中混拌。

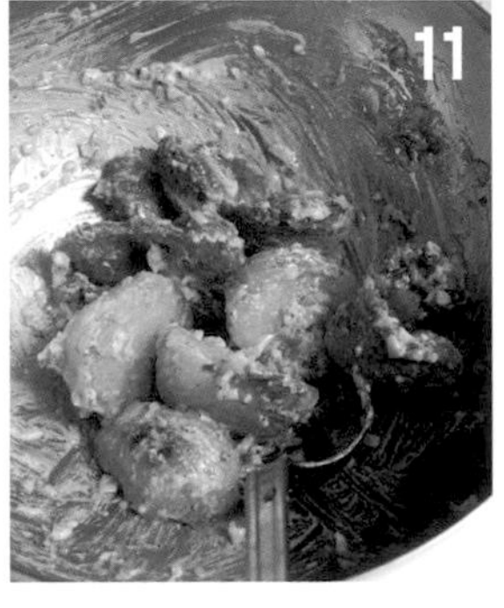

放入9的馬鈴薯和雞胗，輕輕攪拌。

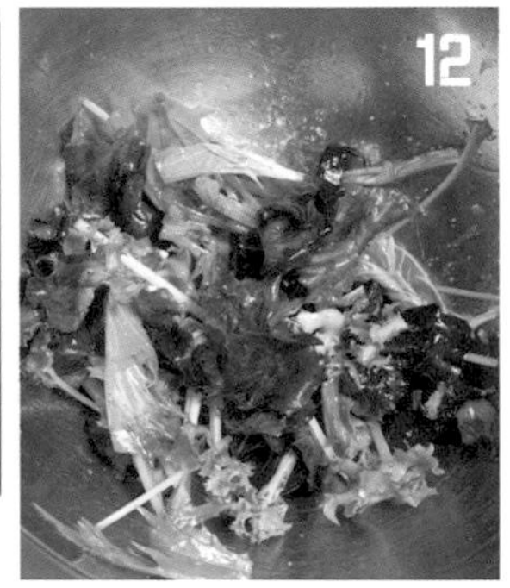

準備蔬菜沙拉鋪在盤中，上面盛放11。

松露風味嫩煎雞肝附水波蛋

Foie de volaille sauté aux truffes, œuf poché

上等的雞肝遠遠超越小牛肉或豬肉的味道。當中還有被稱為白肝，像肥肝一樣增大的雞肝。
加熱狀況終究是加熱成粉紅色，太生或太熟都不好。加熱時間出乎意料地很長，即使以大火嫩煎之後加入液體稍微燉煮一下，也很難變成全熟。目標是煮出感覺得到甜度的雞肝，剛煮好就端上桌。
為了引出肝臟原有的味道，也就是鐵分的甜度，所以使用帶有甜味的酒，搭配上松露的香氣，就能提高雞肝這種便宜食材的價值。將雞肝煮出濃厚的味道，搭配相同的雞蛋的濃醇味道，就能使全體漂亮地整合在一起。
此外，雞肝是肉醬等加工肉品的肉餡中不可欠缺的食材。不僅經濟實惠，而且其柔和的味道，不會壓抑以肉為主角的味道，還能讓肉餡的味道更有深度。

（2人份）
雞肝 — 320g
鹽、胡椒 — 各適量
奶油 — 20g
沙拉油 — 20cc
紅蔥頭（切成碎末）— 1大匙
松露（切成碎末）— 10g
紅波特酒 — 50cc
馬德拉酒 — 50cc
小牛高湯（→25頁）— 80cc

水波蛋
全蛋 — 2個
醋 — 適量

● 油煎

雞肝撒上鹽、胡椒。

＊將雞肝排列在烤盤上，不要重疊，撒上鹽、胡椒之後，以另一個相同的烤盤蓋住，然後翻面，這樣一來，雞肝背面也很容易撒上鹽、胡椒。

將奶油和沙拉油放入平底鍋中加熱，然後將雞肝互不重疊地排列在鍋中煎。

＊表面煎得酥脆，裡面是生的即可。這裡的目的是煎上色。

煎上色到如上圖這個程度之後翻面。

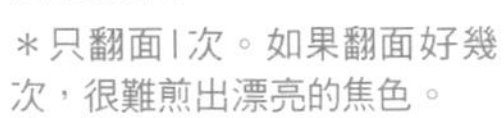

＊只翻面1次。如果翻面好幾次，很難煎出漂亮的焦色。

取出雞肝之後，倒掉平底鍋的油。將紅蔥頭、松露放入鍋中，倒入紅波特酒、馬德拉酒之後煮滾。

在平底鍋中點火燃燒，使酒精完全蒸發。

酒精蒸發之後，加入小牛高湯，再次煮滾。

煮滾後將雞肝倒回鍋中，以中火煮乾水分直到變成糖漿狀態。

＊以小火花時間煮乾水分的話，雞肝會加熱過度，所以用中火加熱。

煮乾水分，使濃度變得黏糊，就完成了。

● 水波蛋

以小鍋將熱水煮滾，加入少量的醋。

＊加醋後蛋會比較容易凝固。

將打蛋器放在滾水沸騰的鍋子中一圈圈轉動，製造漩渦。

將蛋打進漩渦的中心，以小火加熱。

＊因為漩渦的水流，蛋液在中心很容易匯集成一體。如果滾水咕嚕咕嚕地沸騰，蛋會到處分散，請注意。

加熱1分半鐘之後取出。將雞肝盛盤之後，擺上水波蛋，將蛋弄破，以蛋液取代醬汁。

＊因為想煮成蛋黃會流出來的狀態，所以要短時間內取出。

加工肉品

我認為，在歐洲各國的肉食文化當中，以料理技術來說，加工肉品也是一個表現突出的領域。

將在家裡或地區飼育成長的家畜宰殺後，除了眼球和蹄之外，全部徹底地使用完畢，這個合理的方法，我們可以從中學習的東西非常多，不僅僅是法國料理文化，在學習歐洲料理文化時想要避開加工肉品是行不通的。

近年來，家庭手工製作的加工肉品變少了，大家購買被稱為加工肉品師的專家所生產的最上等加工肉品在家享用，似乎是很普遍的現象。

我覺得那些加工肉品，在四面環海的日本，從柴魚、魚乾，一直到關東煮的食材等魚肉加工品，這麼豐富的魚食文化中可以找到共通的品項。不只是肉類，內臟和海鮮，有時甚至納入了蔬菜，以自由的發想將加熱法和調味料等組合起來，呈現出無限寬廣的變化。只要熟悉了基礎概念，加上適切的前置作業、基本的配方，就能應用在很多料理上面。

本書受限於篇幅，要解說全部的細節有所困難，所以只提及理論和基本的概念，詳細內容請參考我先前的著作《法式肉類調理聖經》（日文版由誠文堂新光社出版）。

【法式肉凍類肉餡的基本配方】

赤身肉（豬或鴨等為主要材料）
：
肝臟（雞、豬、牛皆可）
：
背脂（豬的硬質脂肪：僅限於豬）

＝2：1：1

相對於肉的總量，請以每1kg的肉使用18～24g的鹽來計算。

將各種材料絞碎，混拌到充分產生黏性為止，然後讓材料乳化，成為可以長期保存，味道很棒的肉餡。這個配方的各個要素，最好能依照各個想要做出的味道，以微幅增減來調整。

在已經充分乳化的肉餡當中，加入作為配料的切丁肉類、堅果，或以加熱過的蕈菇為首的蔬菜類、增添香氣的各種酒類，就能做出變化豐富、創意十足的法式肉凍。

【香腸的基本配方】

香腸，不只在歐洲，在亞洲也可以看到有許多不同的變化。

到底是誰，經歷什麼樣的過程，才想到把肉充填在腸子裡的創意呢？至今，除了腸子以外，仍然找不到合理的材料，而且即使經過時代變遷，基本的作法也幾乎相同，是完美地完成的料理。

香腸的肉餡有沒有獲得完全的乳化，做出來的香腸會完全不一樣。正因如此，如果可以的話，改變配料或風味，也能發展出很多的變化。

雖然是基本的肉餡配方，但是歷經非常多次的反覆試驗，自己漸漸摸索出不易失敗的比例。

＊關於材料表中鹽以及其他的調味料、香料的調配分量。在所需的g數後面，像（12g／kg）這樣標記在括弧中的數值，意思是相對於肉總量1kg要調配12g。

沒有筋或筋膜，完全的赤身肉

：

背脂（豬的硬質脂肪）

：

碎冰塊（或者接近0℃的水）

＝6：3：1

重要的是，盡量在低溫中進行作業。要絞碎成絞肉時，先將肉的表面冷卻至稍微結凍的狀態，機材也放在冷藏室中冷卻，盡量排除摩擦時所產生的熱能。

溫度升高的話（11℃以上），原本是固體的背脂會融化，連同都是水分的豬肉一起，便不可能進行乳化。

以香腸來說，請以相對於肉（赤身＋背脂）的分量（加入的水分不計算在內），每1kg的肉使用12～15g的鹽分為標準。

使用的肉以豬肉最適合，而預先乳化的肉餡當中，加入其他的肉丁作為配料，也可以創造出不同的變化。

古典鄉村肉醬

Pâté de campagne façon classique

根據法國的規範，想要冠上鄉村風味（campagne）的名號，原本材料必須全部都是來自於豬。開店當初，因為我覺得豬肝的腥味太強，所以改用雞肝，製作出味道柔和的肉醬。
開店之後，過了10年，在客人也都漸漸習慣了之後，我使用豬肝來製作鄉村肉醬，將菜名追加了「古典」（classique）的字眼。
在我的肉醬當中，不可欠缺的是被稱為濃縮蔬菜醬（réduction）的蔬菜泥。以酒和牛奶將香味蔬菜煮乾水分，攪碎之後拌入肉中作為提味之用。這樣一來就可以加入只有用肉製作的話很難做出的深奧味道。
在店裡，為了以客人可以盡情享用的型式提供料理，所以使用容量稍大一點的琺瑯鑄鐵鍋或焗烤盤烘烤，希望在端上桌時令人留下深刻的印象。我覺得，以大型容器烘烤，可以烤出比較濕潤的肉醬。

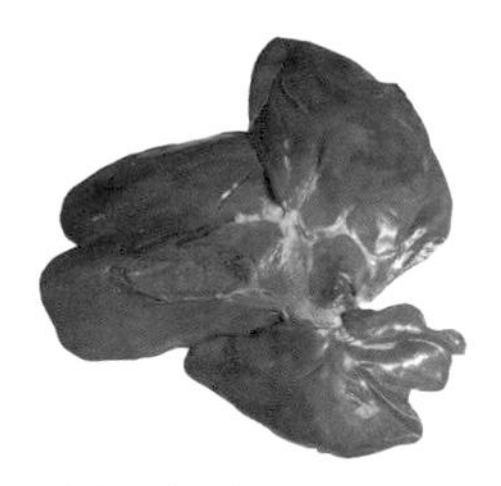

豬肝。今天的豬肝是2kg，稍微小一點。2.5～3kg左右的豬肝是一般市面上流通的規格。當然，買進新鮮度佳的豬肝很重要。

（2公升容量的耐熱容器2模份／或
1公升容量的法式肉凍模具5條份）

肉餡
- 豬腿肉（只有清理完畢的赤身肉、5cm方塊）— 2kg
- 豬肝（5cm方塊）— 2kg
- 豬背脂（5cm方塊）— 1kg
- 全蛋 — 5個
- 鹽 — 120g（24g/kg）
- 馬德拉酒、干邑白蘭地、紅波特酒 — 各50cc
- 四香粉 — 8g
- 黑胡椒 — 8g

濃縮蔬菜醬
- 洋蔥（切成薄片）— 大1個份
- 西洋芹（只用葉子）— 40g
- 大蒜（切成薄片）— 60g
- 蘑菇（切成薄片）— 60g
- 紅酒 — 250cc
- 牛奶 — 200cc

網油 — 適量
月桂葉 — 4片
百里香 — 10根
黑胡椒 — 適量

配料
法式芥末醬

●濃縮蔬菜醬

將洋蔥、蘑菇、大蒜切成薄片，放入廣口鍋中。

＊使用廣口鍋可以比較快速煮乾水分。

加入紅酒、西洋芹葉子之後，以中火煮乾水分。

＊紅酒要充分煮乾，使水分蒸發，將甜味和鮮味濃縮起來。

煮乾到這個程度之後加入牛奶。

繼續煮乾水分，直到能看見鍋底。

將4倒入食物調理機中攪拌之後放涼備用。

＊集中一次製作，再分成小份冷凍起來，就會很有效率。

●肉餡

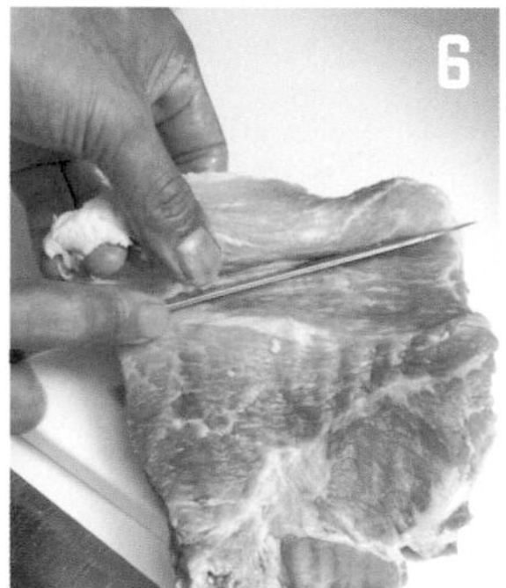

豬腿肉去除脂肪，分開每塊肌肉，將周圍的筋膜削除，只使用赤身肉。

＊去除的脂肪當作背脂使用。筋膜則是在萃取高湯時使用。

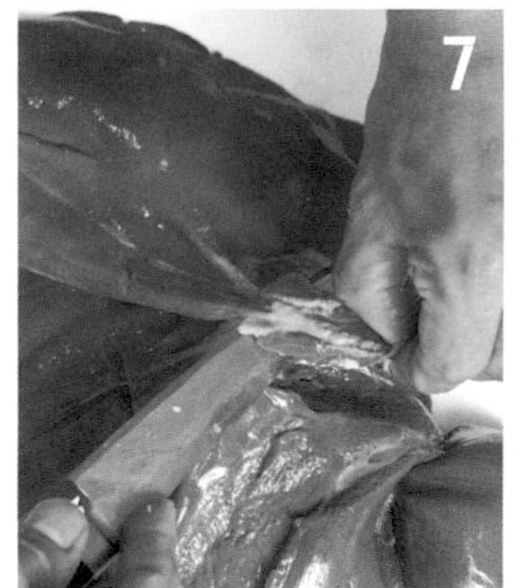

將整副豬肝相連處附近的粗大血管，以刀子削除。將每片豬肝分切開來。

＊細小的血管留著即可。

將腿肉、肝臟、背脂切成5cm的方塊，放入長方形淺盆中。

加入鹽、四香粉、黑胡椒、馬德拉酒、干邑白蘭地、紅波特酒抓拌，然後放在冷藏室中1個晚上。

＊馬德拉酒、干邑白蘭地、紅波特酒沒什麼怪味，可以使肉的味道更有深度。

隔天，從冷藏室取出之後，以裝上口徑3mm的配件的絞肉機（KitchenAid）將9絞碎。

將肉餡的肉移入缽盆中，加入全蛋。

＊為了避免拌入蛋殼，最好先將蛋1個1個打入小缽盆中，然後才加進去。

張開手掌，將蛋抓拌入肉裡面。

＊盡量迅速地攪拌，以免脂肪融化。

攪拌至像這樣滑順地黏在一起。

＊充分黏結起來之後，會變得沉重，產生像牽絲般的黏性。

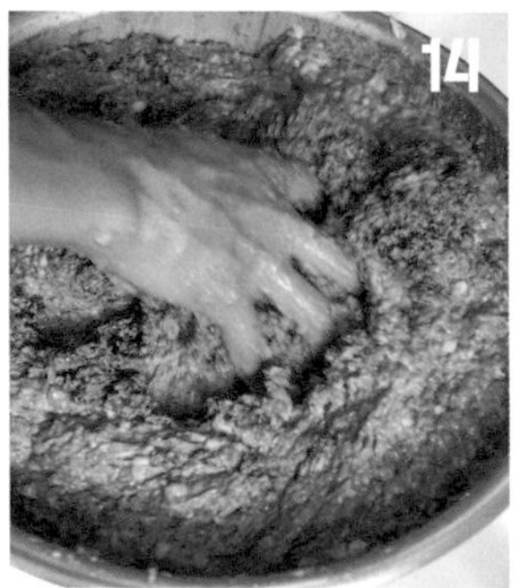

加入5的濃縮蔬菜醬，然後攪拌均勻。

＊進行手工作業時，需要相當大的力氣。加油。

● 填滿模具

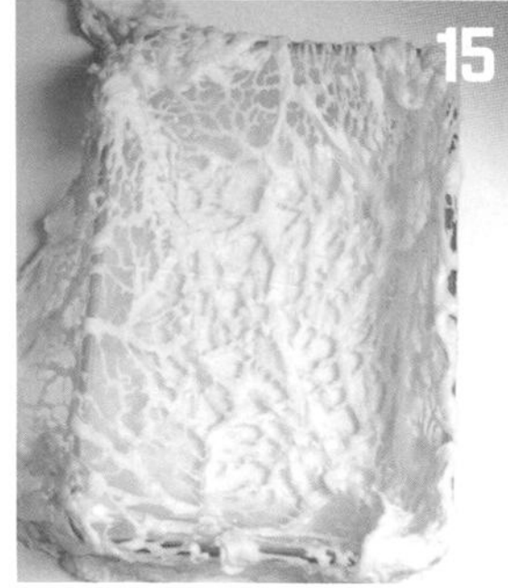

將切得比耐熱容器大一點的網油鋪進容器中。

一邊將肉餡摔擲在容器中以便排出空氣，一邊將肉餡填滿容器。先將肉餡填滿至稍微隆起的程度。

＊預設肉會縮水，多裝一點。

將網油覆蓋起來，末端塞入模具內側。

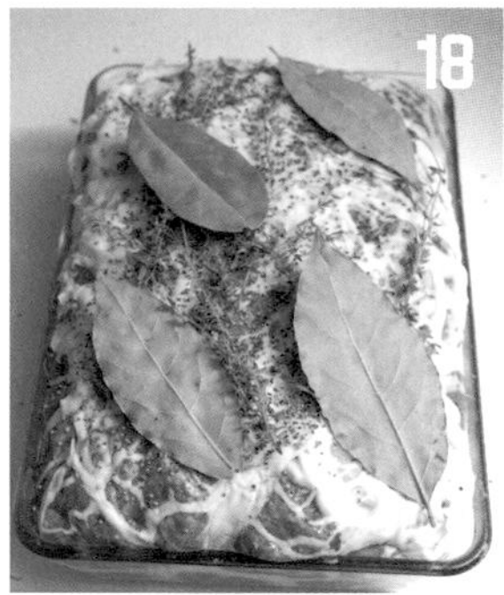

撒上黑胡椒，表面貼上月桂葉、百里香。

＊百里香也可以換成迷迭香。

● 烘烤

緊密地覆蓋保鮮膜之後，上面再包覆鋁箔紙。

＊保鮮膜是為了將肉餡密封起來，鋁箔紙是為了避免保鮮膜融解，用來取代蓋子，所以包覆了雙層。

先將紙鋪在烤盤上（為了不讓模具直接接觸到烤盤的熱度），擺上容器之後，將滾水倒入烤盤中。以180℃的烤箱加熱1小時。

＊滾水的量大約是容器高度的2成左右能浸泡在水裡的程度。進行隔水加熱是為了避免烤焦肉餡。

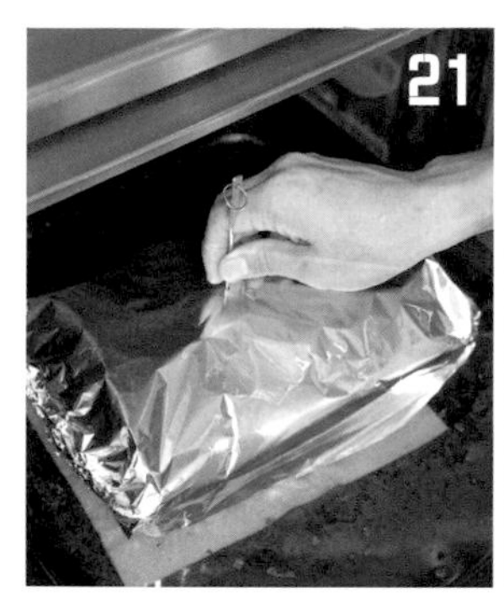

打開烤箱，將鐵籤插入肉餡的中心部分之後試著接觸嘴唇看看，如果覺得很燙，就是烘烤完成了。

＊如果鐵籤是溫的，就表示還沒烤熟。

取下香藥草類，將肉醬放在冷藏室中1個晚上，使味道穩定下來。分切取出之後，附上法式芥末醬。

豬肉抹醬

Rillettes de porc

熟肉抹醬（rillettes）原本的形態是花長時間將肉進行油封處理，加熱之後將肉類打散，調味而成的料理。
使用什麼肉都可以，也可以用鴨肉和兔肉等來製作。帶骨燉煮的話，必須仔細確認，避免拌入骨頭。
如果是豬肉的話，以赤身肉和脂肪分布均衡的肩里肌肉、腹脅肉和頸肉等部位較適合。當然，也可以使用腰內肉的背帽肉，或其他每天產生的邊角肉和筋來製作，絲毫不浪費材料，補充膠質之後味道也變得很好。
在進行油封之前，先將肉煎出漂亮的金黃色，就能做出香醇的抹醬，請依喜好調整。

豬肩里肌肉。脂肪分布恰到好處的肩里肌肉，肉質柔軟，是不論烘烤或燉煮都很美味的部位。相較於里肌肉，價格也合適，使用方便。

（容易製作的分量）

豬肩里肌肉 — 5kg
洋蔥（切成薄片）— 大1個份
西洋芹（斜切成薄片）— 1根份
大蒜（切成薄片）— 5瓣份
沙拉油 — 40cc＋50cc
白酒 — 1公升
豬油 — 適量（可以使肉完全沉入的分量）
鹽、胡椒 — 適量

●炒蔬菜

將洋蔥、大蒜順著纖維切成薄片，西洋芹則是斜切成薄片。

＊如果使用白色蔬菜，就可以增添甜味，做出白色的抹醬。如果要加入胡蘿蔔，就要切成大塊，在燉煮過後取出來。

將沙拉油40cc倒入鍋中，再將1的蔬菜全部下鍋，以小火炒。炒到如照片所示蔬菜都變軟就可以了。

●煎上色

將豬肩里肌肉切成5cm寬，然後分切成大小一致的5cm方塊。

＊切成小塊的話，上色的表面積會變大，變成顏色很深的熟肉抹醬。如果不想有顏色的話要切得大塊一點。

使用好幾個平底鍋同時，或是分成好幾次進行，以50cc的沙拉油煎肉。把肉毫無空隙地排列在鍋中，開大火加熱，直到平底鍋的溫度升高，溫度升高之後轉為中火。

＊為了不要煎出很深的焦色，所以改用中火加熱。因為鹽很容易加深焦色，所以煎的時候不要撒鹽。

將平底鍋傾斜，讓油流動，使平底鍋內的溫度保持一致。

＊為了能均勻地煎上色。

將肉稍微煎上色之後，以料理夾將肉翻面，將肉的各面煎出一定的焦色。

●油封

肉的內部還是生的狀態也沒關係。

將肉煎上色到如照片所示的程度之後，把已經煎好的肉依序倒入2的鍋中。平底鍋中的油，都是使用相同的油直到煎完全部的肉，最後與肉一起全部倒入2的鍋中。

將白酒倒入8的鍋中，放入豬油之後開火加熱。

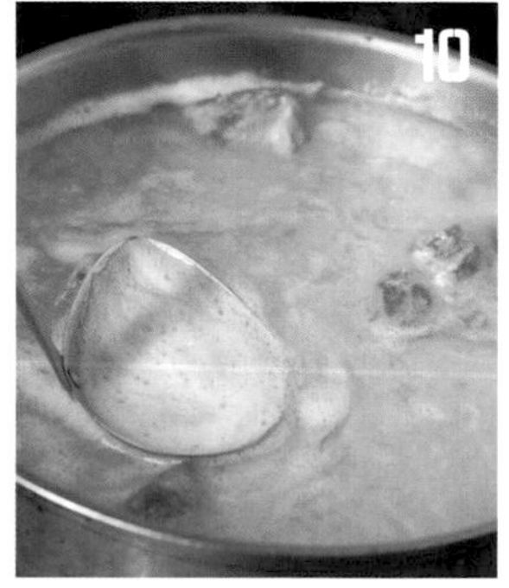

豬油的分量以這個程度為適量。放入足以將肉完全蓋過的大量豬油。浮沫浮上來之後要撈除。

以小火加熱，大約是表面會啵啵冒泡的程度，煮2小時左右，把肉煮軟。

把肉煮軟，直到夾起時會分解散落。

將肉和煮汁（油脂）分開。

●攪散

趁熱將取出的肉放入食物調理機中攪打。

移入長方形淺盆中攤平，急速冷卻之後，放在冷藏室靜置1個晚上。

＊如果有急速冷凍庫，就利用它來處理。在短時間內通過在衛生上最危險的溫度帶。

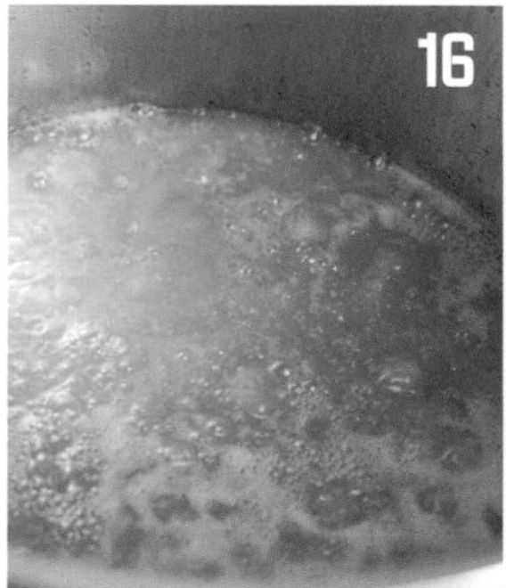

煮汁（油脂）先煮滾之後移入容器中，放在冷藏室中冷卻。

＊因為經過長時間熬煮，應該幾乎沒有水分殘留了，但是為了慎重起見，再煮滾一次，使水分蒸發。

將冷卻之後已經變硬的15的肉從冷藏室取出，以攪拌勾攪拌。

攪散之後，在這裡面加入適量的16的豬油。

＊豬油的分量依喜好而定。如果想要做出滑順的抹醬，豬油就多加一點，如果想要有吃肉的感覺，就減少油脂的分量。

累積在豬油下面的煮汁，因為已經將鮮味濃縮，所以一定要加進去。

剩餘的豬油大約是這個程度。留待下次使用。

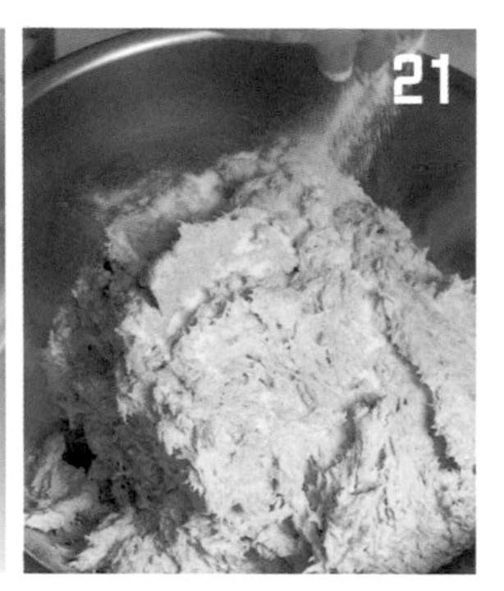

迅速將肉移至缽盆中，加入鹽、胡椒攪拌。分成小份之後以真空處理保存。未開封的情況下，冷藏可以保存2週，冷凍可以保存1個月。解凍之後要在3～4天內使用完畢。

＊豬油加了很多的話，鹽就要多加一點。

鴨肉和鴨肥肝的法式肉派

Pâté en croûte au canard et foie gras

所謂的pâté，原本指的是以麵皮包覆而成的料理。近年來，法式肉凍（terrine）和肉醬（pâté）兩者之間幾乎沒有界線，似乎是根據製作者的想法來劃分。
古典的法式肉派是以派皮包住肉餡之後烘烤，放涼之後，在派皮和肉餡之間形成的縫隙中倒入澄清湯等的湯凍，然後冷卻凝固，因為經歷了這些特別的流程，所以要花費非常久的時間才能完成。而且，因為倒入了湯凍，所以無法長期保存，小規模的餐廳變得很難提供這道料理，所以法式肉派漸漸消失了蹤影。
不過，它那很值得花費那種工夫的複合式味道，是其他料理所沒有的，所以我認為，這應該是從今以後無論如何要繼續製作下去的料理。
為了能夠更輕鬆簡單地製作法式肉派，我好不容易才摸索出，不使用特殊的肉醬模具，而是改用法式肉凍模具，而且不使用湯凍，以真空包裝密封的作法。

配料用的瑪格黑鴨肉。為了摘取肥肝，肥育而成的鴨子，脂肪肥美，肉質的味道也很有深度，所以深受喜愛用來製作料理。

肉餡用的豬腿肉。因為是脂肪少的部位，所以在製作成加工肉品時，不需考慮到脂肪的分量，很容易計算。

（1公升容量的法式肉凍模具2模份）

配料

- 鴨胸肉（瑪格黑鴨、1cm小丁）— 赤身肉600g、皮120g
- 鴨肥肝（1.5cm小丁）— 200g
- 鹽* — 18.4g（20g/kg）
- 干邑白蘭地 — 30cc
- 馬德拉酒 — 30cc
- 白波特酒 — 20cc

肉餡

- 豬腿肉（只有清理完畢的赤身肉）— 600g
- 雞肝（附帶雞心）— 300g
- 豬背脂 — 300g
- 鹽 — 24g
- 黑胡椒 — 適量
- 大蒜粉 — 1小匙
- 干邑白蘭地 — 20cc
- 馬德拉酒 — 30cc
- 白波特酒 — 30cc
- 全蛋 — 1個

酥脆塔皮（→38頁）— 450g×2模

網油 — 適量

手粉（高筋麵粉）— 適量

配菜（胡蘿蔔絲沙拉）**

*鹽的分量是相對於肉的總量1kg，以20g計算。

**將胡蘿蔔2根切絲，以鹽2撮、胡椒少量、白酒醋15cc、橄欖油30cc調拌。

● 配料的醃漬

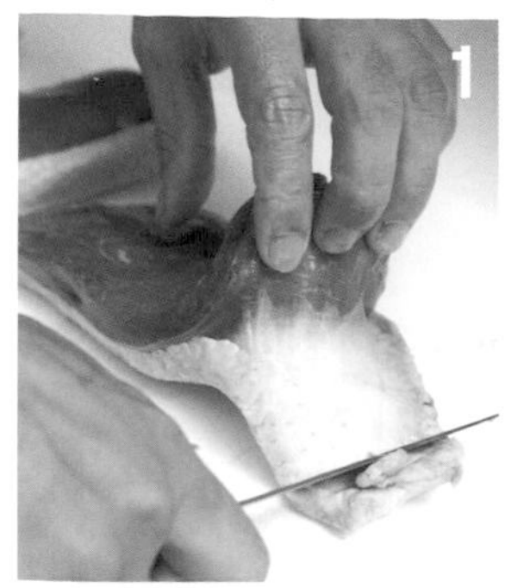

剝除瑪格黑鴨胸肉的皮。用刀子壓住鴨皮，拿起赤身肉往上拉。

＊難以剝下的部分，將刀刃輕輕抵住皮和肉之間的薄膜，一邊削除一邊拉。

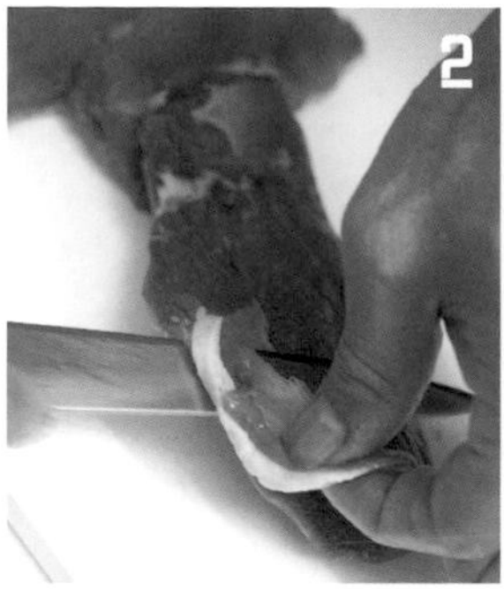

從赤身肉切下粗筋。單手拉住筋的邊緣，同時一直往前切。

將赤身肉、鴨皮切成1cm小丁。鴨肥肝去除粗血管（→135頁）之後，統一切成1.5cm小丁。

＊肥肝要切得比鴨皮和赤身肉稍大一點。

將3移入缽盆，加入鹽、干邑白蘭地、馬德拉酒、白波特酒，將全體拌勻。

＊張開手掌，以將下面的肉翻拌到上面的方式混拌。

移入長方形淺盆中，覆蓋保鮮膜，放在冷藏室中醃漬1個晚上。

＊為了避免表面變乾，所以要覆蓋保鮮膜。

● 肉餡的醃漬

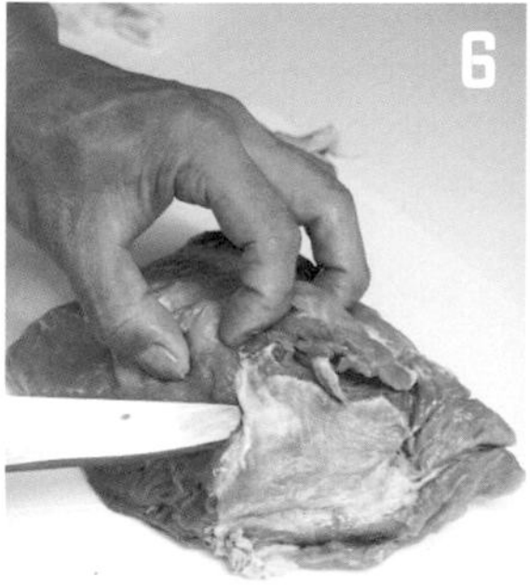

豬腿肉要削除肌肉和肌肉之間的厚膜。

＊不會殘留在嘴裡的薄膜，就這樣留著就好。

豬腿肉統一切成3cm大。雞肝就這樣連帶著雞心，豬背脂切成與豬腿肉差不多的大小。

＊配合所使用的絞肉機，調整成適當的大小。

在7之中加入鹽、黑胡椒、大蒜粉、干邑白蘭地、馬德拉酒、白波特酒。

大幅度翻拌，均勻地裹滿肉的表面。覆蓋保鮮膜，在冷藏室中醃漬1個晚上。

● 將塔皮鋪進模具中

這個法式肉凍模具1模份要使用450g的酥脆塔皮。

＊沒有法式肉派的專用模具也OK。

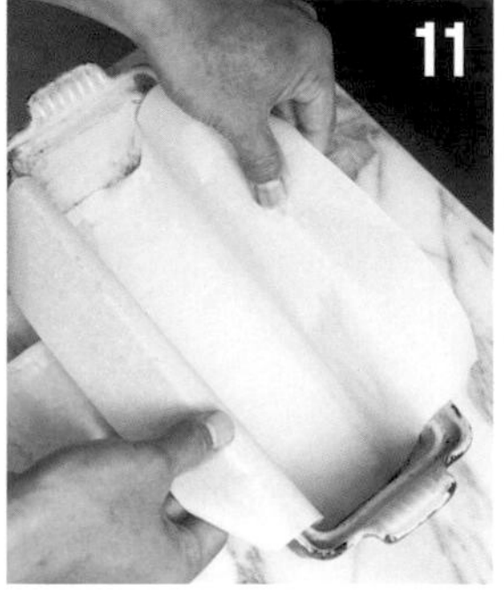

將烘焙紙裁切得比模具大一點，鋪進模具中。

＊烘焙紙要先預留可以覆蓋上面的部分之後裁切。

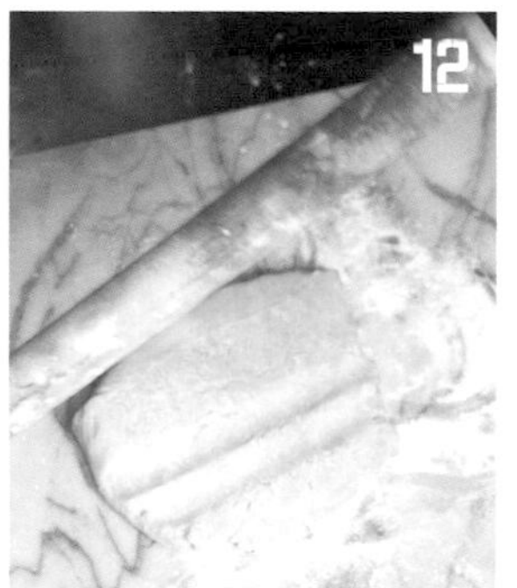

從冷藏室取出的麵團會很硬，所以撒上手粉之後以擀麵棍敲打，延展開來。

＊在濕度高的時期（梅雨季或夏季），麵團的表面會立刻結露，所以要迅速進行作業。

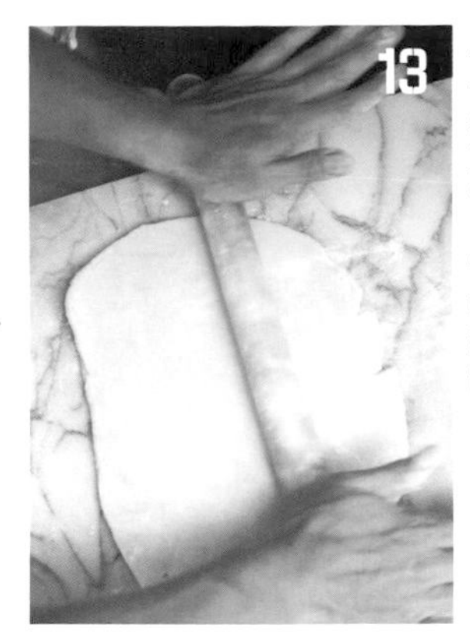

之後，設想模具的形狀，一邊變更麵團的方向，一邊以厚2mm、11的烘焙紙大小為標準擀開麵團。

＊從麵團的正中央附近朝另一側滾動擀麵棍，就能擀成均等的厚度。如果擀麵棍滾動的距離變長，就很難從正上方施加體重，厚度會很難變得平均。

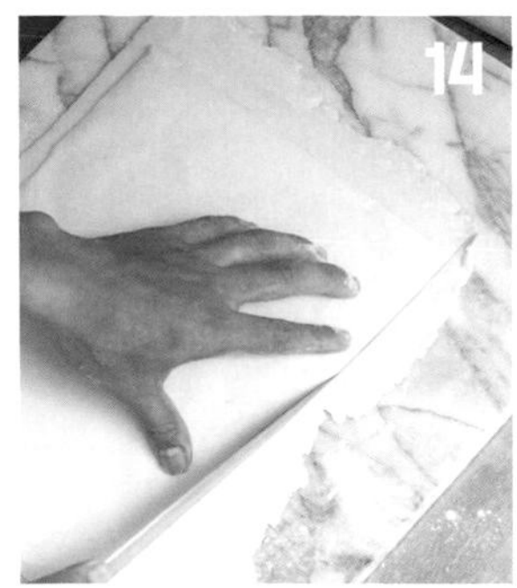

配合11的烘焙紙大小裁切麵皮。

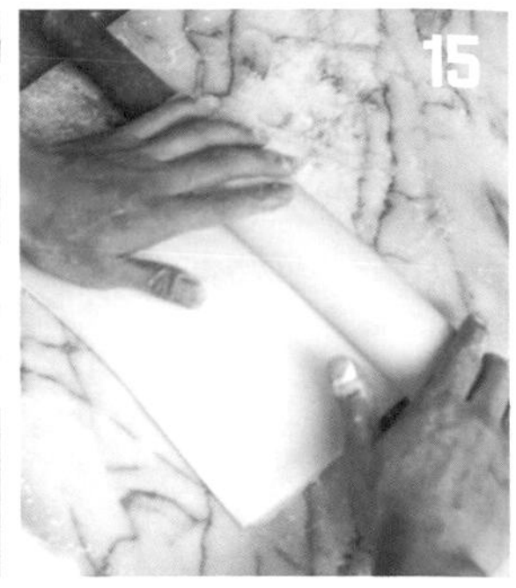

將麵皮和烘焙紙一起用擀麵棍捲起，鋪進模具中。

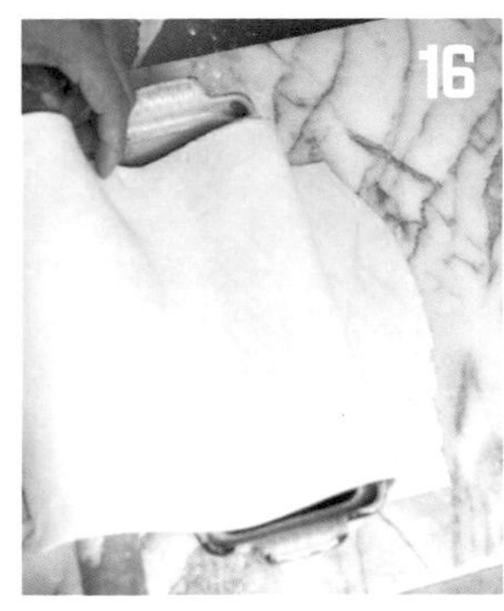

為了讓烘焙紙在下面，將麵皮從擀麵棍反捲回去，把麵皮和烘焙紙鋪進模具裡面。

使麵皮緊貼著模具底部。形成角度的長邊要先特別確實地壓進去。

將泡過醋水之後已經去除血水的網油（→121頁）鋪進模具內側。以這個狀態靜置在冷藏室中。

＊為了能包覆到肉餡的上面，多留點空間，讓網油的尺寸大一點，緊貼著麵皮。

● 肉餡

將醃漬過的**9**的肉餡從冷藏室中取出之後，以絞肉機絞碎。

＊在這裡使用的是KitchenAid的配件（口徑3mm）。

20

將肉全部絞碎完畢之後，放入保鮮膜，將絞肉機裡面的肉完全推出來。

將配件更換成攪拌勾，打入全蛋，充分攪拌。

＊攪拌至肉餡變得滑順，像牽絲一樣連接起來。

放入配料之後，以攪拌勾攪拌，均等拌入肉餡中。

＊肥肝很柔嫩，所以也可以用手攪拌，但是肥肝會鬆弛，所以要迅速進行作業。

● 填滿模具

肉餡。將法式肉凍模具從冷藏室中取出，然後將肉餡摔擲在模具中，把肉餡裝填進去。

＊使用摔擲的方式是為了排出肉餡裡面的空氣。

填滿模具直到這個程度。

＊在法式肉凍模具中填入1～1.1kg的肉餡，但是如果扣除酥脆塔皮和網油的厚度，單單只有肉餡的話是略少於1kg的狀況。

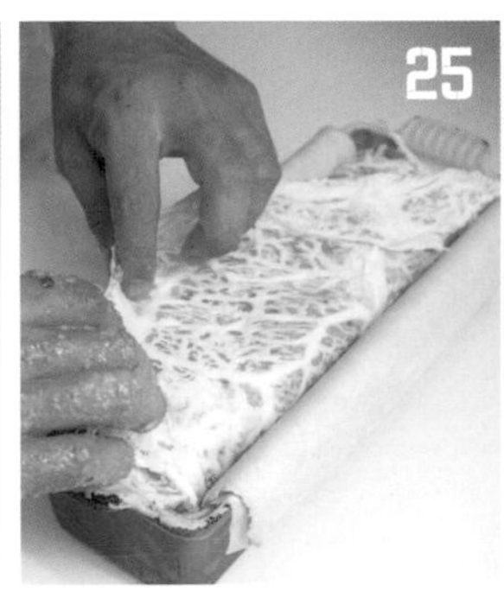

以網油覆蓋，將邊緣塞入模具的內側。如果網油太大，要適當地切除。

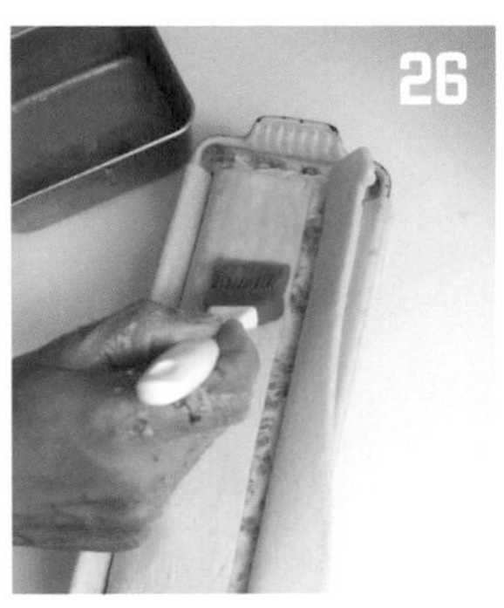

以單側的麵皮覆蓋，在上面塗抹打散的蛋黃液（分量外）。

＊這裡的蛋液是作為黏住塔皮的黏著劑。

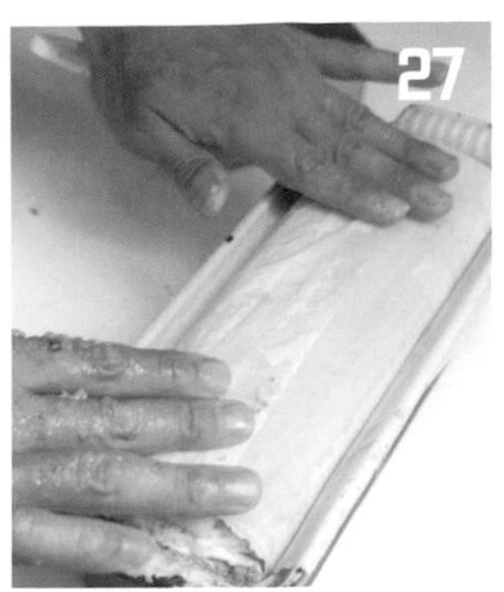

蓋上另一側的麵皮，貼住，上面也要塗抹打散的蛋黃液（分量外），然後覆蓋烘焙紙。

●烘烤、保存

放在烤盤上，以180℃的烤箱烘烤1小時。

烘烤完成的法式肉派。放涼之後，放入冷藏室中1個晚上，使肉派變緊實。

取出模具後倒著放，用瓦斯噴槍加熱底部和側面之後，取下模具。

＊周圍變硬的油脂一旦融化，就很容易脫模。

取下烘焙紙之後，裝入真空袋中，真空處理之後，在冷藏室中放置2小時。

＊加熱之後，肉會縮小，在塔皮和肉餡之間形成空隙。為了壓縮這個空隙，所以處理成真空包裝。因為沒有放入湯凍，所以變得可以長期保存。經過真空處理之後，可以冷藏保存1～1個半月。

●完成

連同真空袋直接分切，然後將法式肉派盛盤。附上胡蘿蔔絲沙拉。

＊如果先取下真空袋之後才切開，法式肉派很容易潰散。

豬肉香腸

Saucisse

如果是只需將已經調味的生絞肉充填進腸衣裡，像義大利香腸（salsiccia）一樣的香腸，作法很簡單，但是如果要將香腸燉煮或是水煮的話，填入腸衣裡的肉餡非得經過乳化不可。原本沒有混合在一起的肉（水分）和背脂（油脂成分），如果徹底進行水分調整和低溫管理的話，即使沒有使用乳化劑等，也能夠獲得充分的乳化。一旦乳化之後，就可以在加熱之前冷凍起來，而且即使在卡酥萊砂鍋和火上鍋等燉煮料理中長時間加熱，也不會失去滑順的口感。相反地，乳化失敗的香腸，會變成像沙子一樣乾鬆的口感，怎麼樣都沒辦法做出美味的料理。

如果能夠了解乳化，調整絞碎的方式或調味，就可以製作出各種香腸，一口氣擴展變化的範圍。

此外，關於基本的配方，請參考205頁。

（80g×12條份）

豬腿肉（只有清理完畢的赤身肉）— 600g
豬背脂 — 300g
碎冰塊 — 100g
普羅旺斯綜合香料 — 1小匙
黑胡椒 — 2g
鹽 — 12g（12g/kg）
橄欖油漬大蒜（→42頁）— 1小匙
豬腸 — 適量

配菜（烤番茄*、芥末籽醬）

*將小番茄切成一半，切面撒上普羅旺斯綜合香料，添加橄欖油漬大蒜，然後以220℃的烤箱烘烤。

●肉餡

將豬腿肉剝除脂肪、筋膜等，切成大小一致，絞肉機容易絞碎的大小。豬背脂也切成同樣的大小。

加入鹽、普羅旺斯綜合香料、黑胡椒、橄欖油漬大蒜，攪拌均勻。

覆蓋保鮮膜，就這樣放在冷藏室中醃漬1個晚上。可以的話最好醃漬2天。

將肉從冷藏室中取出，接著以口徑3mm的絞肉機（KitchenAid）絞碎。

再以食物調理機來製作碎冰塊。

＊比方塊狀冰塊容易溶化。

絞肉機換上攪拌勾，逐次少量地放入碎冰塊攪拌。

＊因為超過11℃，肉餡的脂肪就會開始溶化，所以要以冰塊來降低因摩擦所產生的熱能。此外，冰塊一點一點地溶化，比較容易乳化。

●充填

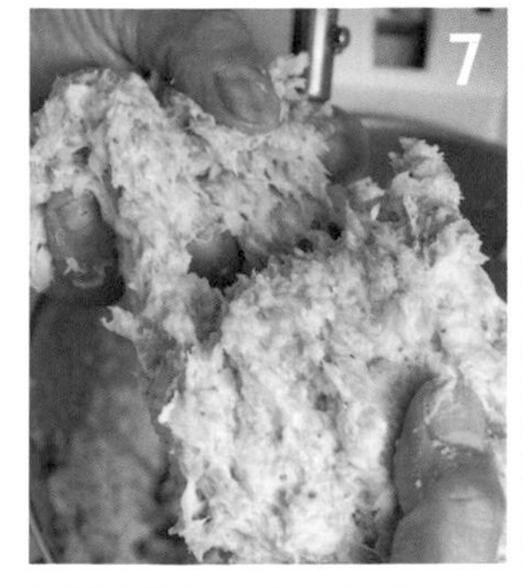

攪拌3分鐘左右，直到如照片所示產生黏性相連在一起，變得會牽絲為止。

＊乳化之後，肉餡會泛白。

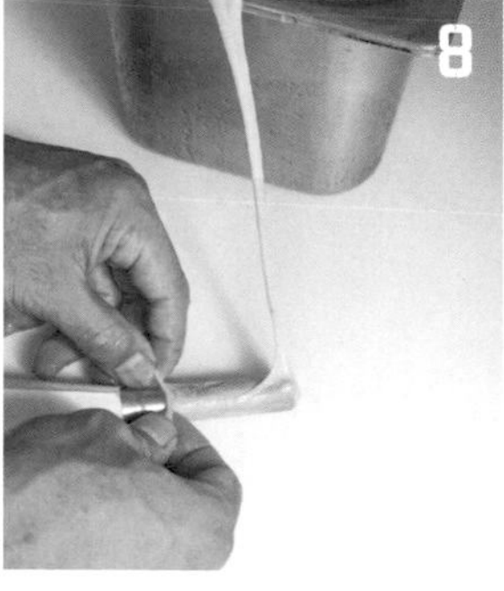

將擠花嘴裝上擠花袋，將清理乾淨的豬腸（→221頁No.11）1條份，收攏在一起，套在擠花嘴上。

＊和薩拉米香腸不一樣，肉餡很柔軟，所以裝上擠花嘴也能輕鬆擠出肉餡。一旦裝上擠花嘴，就很容易收攏在一起。

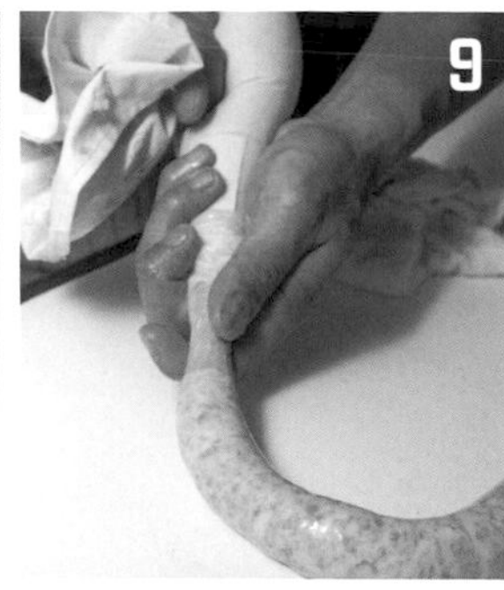

將肉餡裝入擠花袋中，填滿豬腸。

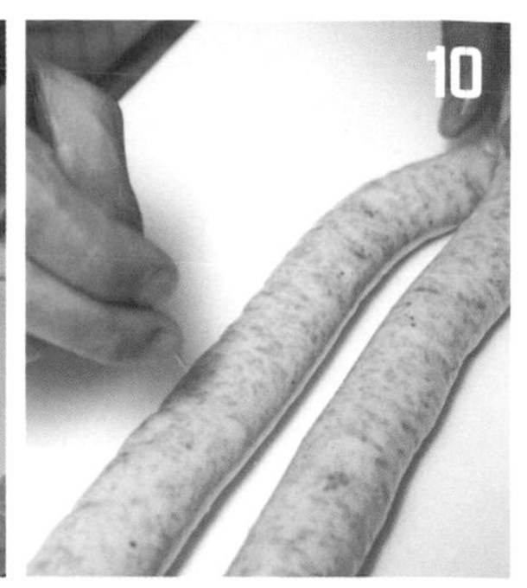

在有空氣進入的部分，以牙籤戳洞，排出空氣。

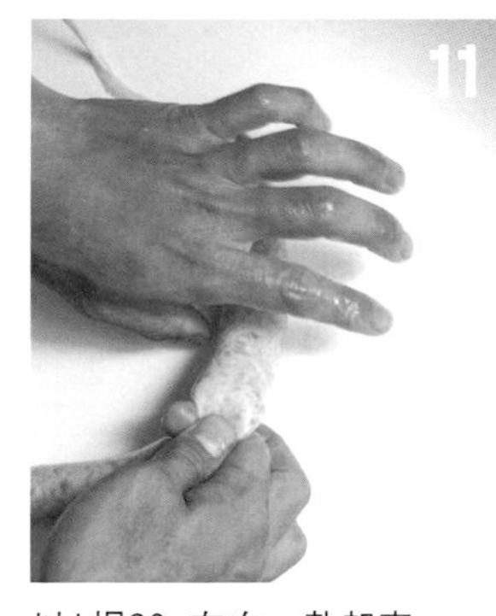

以1根80g左右，紮起來。固定在80g左右的地方，用手指捏住，然後以手掌滾動。

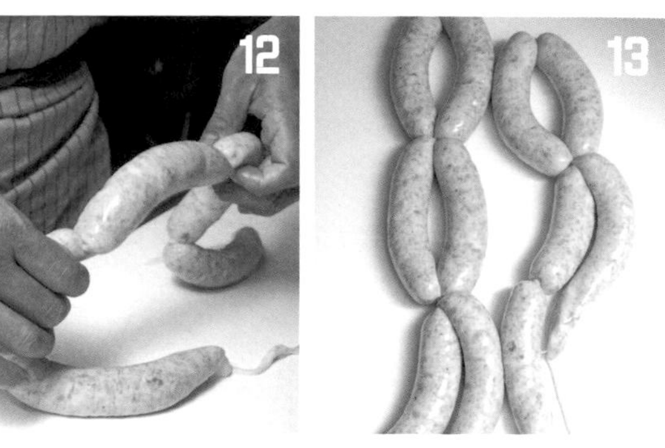

第2條，只捏著香腸但不扭轉，再下一條，拿著香腸邊轉邊扭。像這樣，每隔1條香腸就扭轉，繼續進行下去。兩端紮緊。

放在冷藏室中吹風晾乾30分鐘左右。

＊如果沒有晾乾，水煮之後扭轉處會恢復原狀。一旦晾乾了，某種程度上豬腸會黏結在一起。

●水煮

晾乾之後將香腸浸泡在75℃的熱水中15分鐘煮熟。

＊如果煮到咕嚕咕嚕沸騰的話，肉餡會分離。而且，豬腸也恐怕會破裂。

＊如果用油進行油封處理的話可以長期保存（1週）。

15分鐘之後取出，攤開放在鋪有布巾的長方形淺盆中，放在冷藏室中急速冷卻。也可以泡在冰水中。

＊迅速通過會造成腐敗的危險溫度帶。

＊保存期間到隔天為止。

完成的香腸。如果順利乳化，切面會變得很平滑。

●完成

將沙拉油（分量外）倒入平底鍋中，將香腸的兩面煎上色，使香腸變熱。附上烤番茄和芥末籽醬。

牛肉生薩拉米香腸

Salami

薩拉米香腸和生火腿等不加熱的肉食製品，是加工肉品當中最需要經驗和時間的。
藉由調配3%以上的鹽分，保存時間變得特別長。而且，如果一邊嚴格地觀察數值一邊製作的話，也有加入水活性（顯示在食品中微生物增殖時可以利用的水分比例的數值）等的必要。
使用上等新鮮的赤身肉和豬背脂，嚴格地計量香料和鹽等的調味料後，一邊保持低溫一邊迅速地進行作業，保持適切的濕度和溫度進行熟成和乾燥。
必須嚴格地進行衛生管理就不用說了。為了不直接接觸素材，製作者除了要戴上手套，同時請徹底執行消毒和低溫的作業，以免附著雜菌。

牛腿肉（內腿肉）。這個部位是筋很少，而且脂肪很少的地方。不加熱的薩拉米香腸請使用新鮮的生肉製作。

（300g×6條份）

牛內腿肉（只有清理完畢的赤身肉）— 1.4kg

豬背脂 — 450g（腿肉的1/3量）

鹽 — 55.5g（30g/kg）

香料

- 黑胡椒 — 6g
- 大蒜粉 — 8g
- 辣椒粉 — 10g
- 洋蔥粉 — 16g
- 小茴香粉 — 8g
- 四香粉 — 4g
- 芫荽粉 — 6g
- 艾斯佩雷辣椒粉 — 26g
- 紅椒粉 — 14g

橄欖油 — 49cc

豬腸 — 適量

高筋麵粉 — 適量

● 肉餡

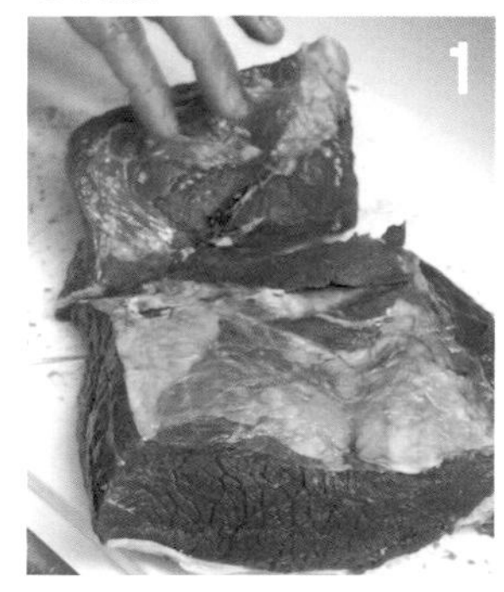

將牛內腿肉的各塊肌肉分開來。

＊腿肉有好幾塊肌肉聚集在一起。所以要將每塊肌肉分開。

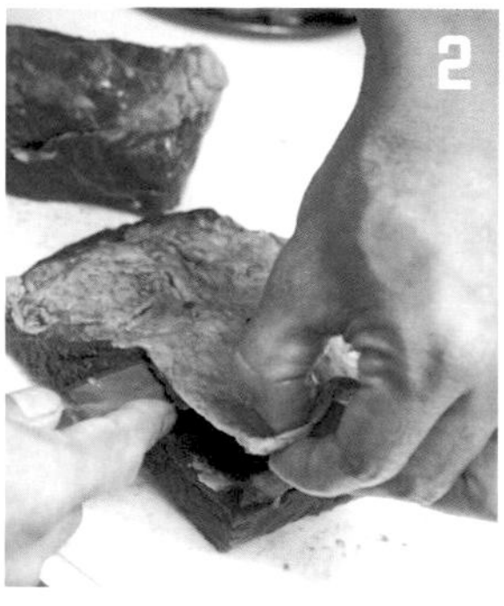

用刀子刮除附著在各個肌肉周圍的筋膜。

已經變色的部分也要將肉的表面薄薄地切下一層。

＊因為是不加熱的加工肉品，所以要盡量排除危險的要素。

已經清理完畢的牛內腿肉的肉塊。

將牛內腿肉和豬背脂切成絞肉機容易絞碎的大小。

＊牛的脂肪因為融點（固體開始變成液體的溫度）很高，所以不適用。

撒上鹽，分量是肉的總量的3%，混拌均勻。

＊鹽的分量相當多，是為了防止腐敗，必須去除水分。

覆蓋保鮮膜之後，放在冷藏室中鹽漬1個晚上。隔天，在要用絞肉機絞碎的30分鐘之前，先放在冷凍室中冷卻成半冷凍狀態。

＊因為摩擦會產生熱能，所以最好先使肉稍微結凍。

將口徑3mm的出肉孔板安裝在絞肉機上面，把7的肉絞碎。

將8的出肉孔板更換成攪拌勾，加入香料、橄欖油攪拌。

＊橄欖油有助於比較容易攪拌肉餡，而且可使香料比較容易均勻分布在肉餡中。

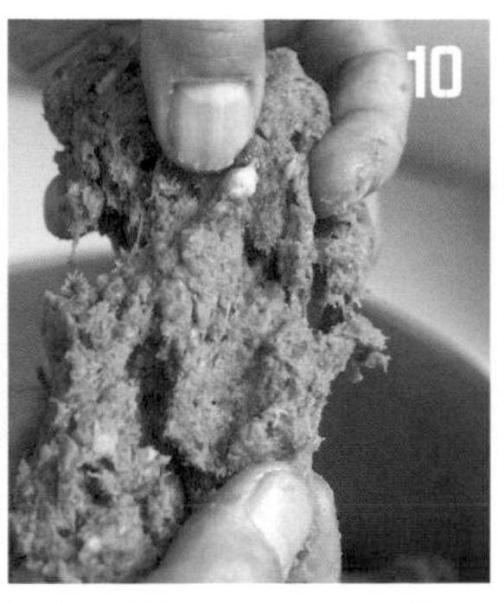

攪拌至拉開肉餡時會因黏性而呈牽絲的狀態為止。

● 充填

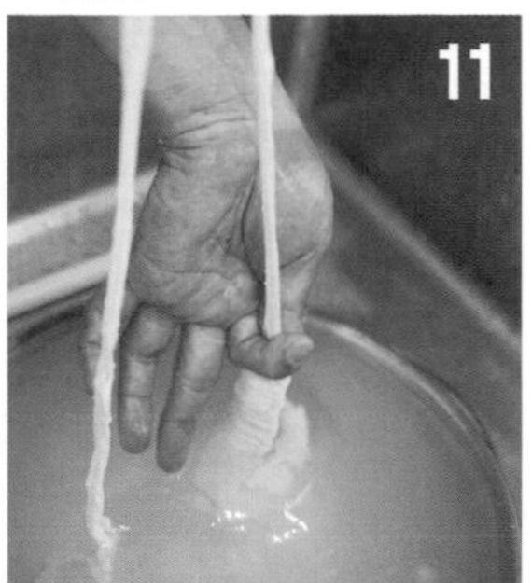

將溫水灌入豬腸中，拿著豬腸的一端，兩手交替拉起豬腸，擠出溫水，將豬腸清洗乾淨。同時也確認破損等狀況。最好在缽盆裝滿溫水，將豬腸泡在裡面來作業。

＊先將豬腸的一端放在缽盆的外面，就不會混淆，方便作業。

將11的豬腸套在擠花袋上面，充填10的肉，擠入豬腸裡。

＊因為肉餡很硬，所以沒有安裝擠花嘴。

＊因為之後會去除水分，所以充填得很飽滿。

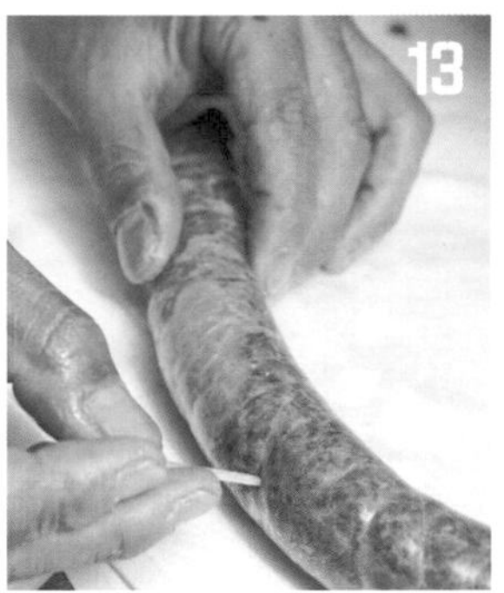

在有空氣進入的部分，以牙籤戳洞，排出空氣。

＊一旦有空氣進入，就會造成腐敗。

● 乾燥

以棉繩紮緊開口，使1條香腸變成30cm，為了吊掛起來風乾，預先將棉繩綁出一個吊環。將香腸吊掛在冷藏室的送風處晾乾3週左右。

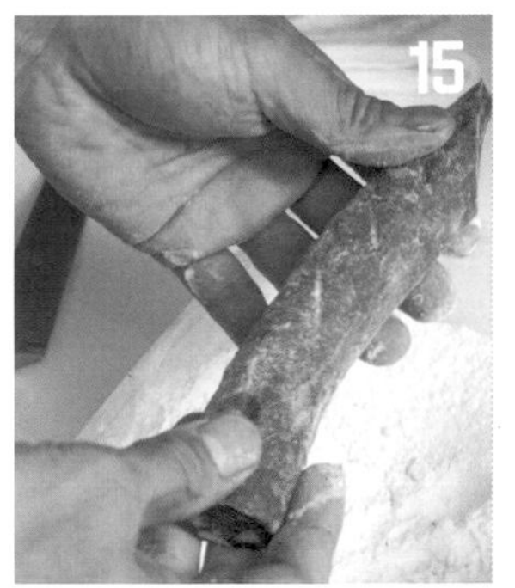

1週大約1次，在薩拉米香腸的表面撒上高筋麵粉。

＊因為高筋麵粉會將肉的水分吸收、發散，有助於乾燥。

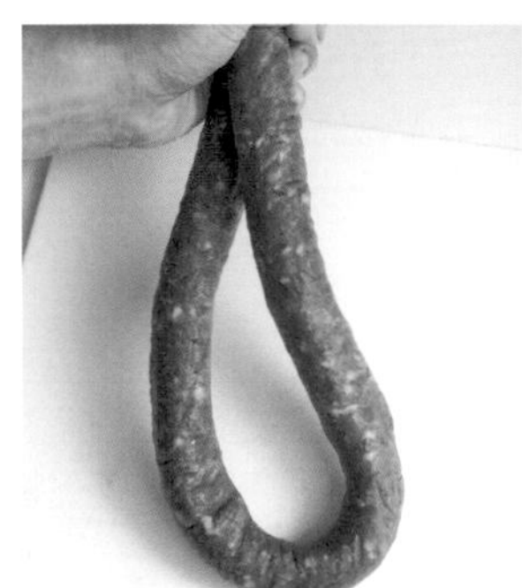

16

風乾3週之後的薩拉米香腸。切成薄片之後盛盤。

油封鴨肥肝

Foie gras de canard confit

油封這個技法是能夠以豬油和鴨脂等直接鎖住素材的味道，予以溫和地加熱的首要方法，但是這個油封鴨肥肝不使用油脂來製作。這裡利用真空包裝，然後隔水加熱，感覺就像是藉由原本的油脂塊，也就是肥肝本身的油脂來替自己加熱。

相較於先清理血管，醃漬之後進行低溫加熱的法式肉凍等加工肉品，這個方法所花費的工夫和調理時間很少，因為沒有進行破壞組織的清理作業，油脂的流出量也很少就能完成，所以成品率很高。

如果要說有什麼重點的話，就只有選擇最高級的肥肝這一點而已。

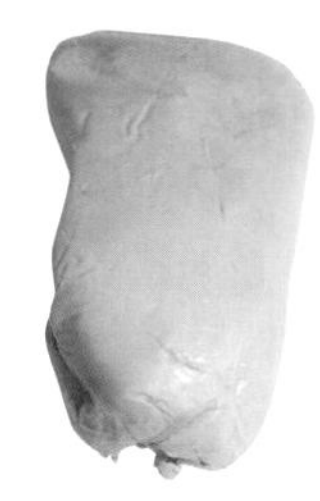

肥肝。使用的肥肝來自於不是以強迫灌食法飼養的鴨。以口感細滑，容易入口的清淡味道為特徵。

（容易製作的分量）
鴨肥肝 — 1個（500～600g）
鹽 — 7.5～9g（15g/kg）
白胡椒 — 2.5～3g（5g/kg）
砂糖 — 2.5～3g（5g/kg）
白波特酒 — 30cc

蜂蜜

●醃漬

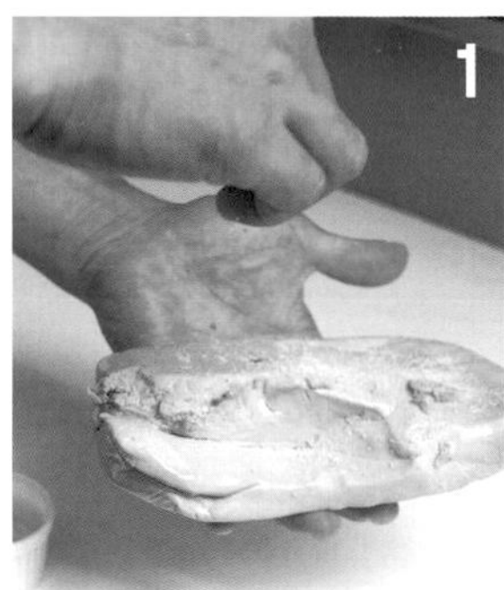

1 鴨肥肝可以不需經過特別的清理。在肥肝的兩面撒上鹽、白胡椒、砂糖。

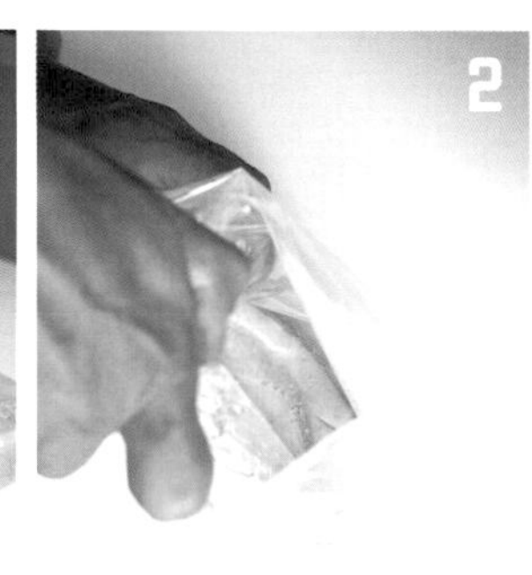

2 將1裝入真空袋中，倒入白波特酒。

3 經過真空處理之後放在冷藏室中1個晚上，使肥肝入味。

●隔水加熱

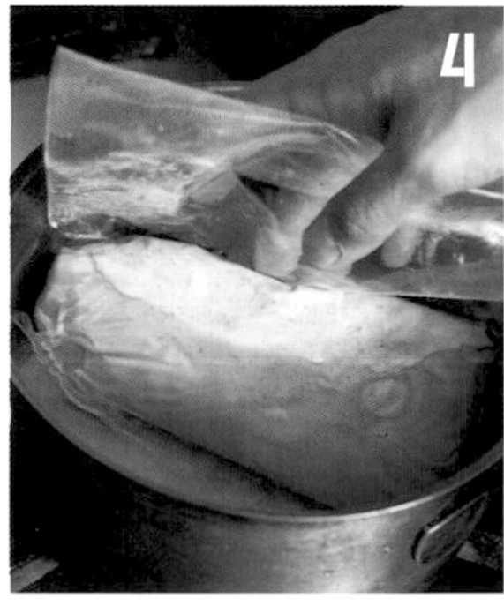

4 隔天，將**3**放入45℃的熱水中加熱15分鐘。
＊利用由肥肝本身溶出的油脂做成油封肥肝。

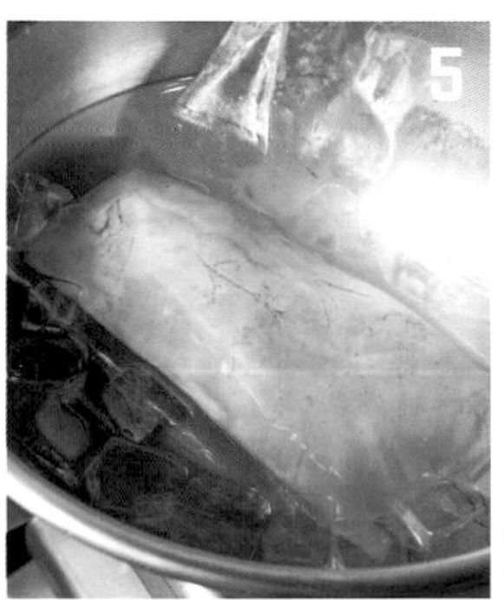

5 取出後泡在冰水中急速冷卻，然後放入冷藏室中至少3小時使質地緊實。冷藏可以保存1週，但不可以冷凍。
＊因為不希望因餘溫而加熱過度，所以予以急速冷卻。

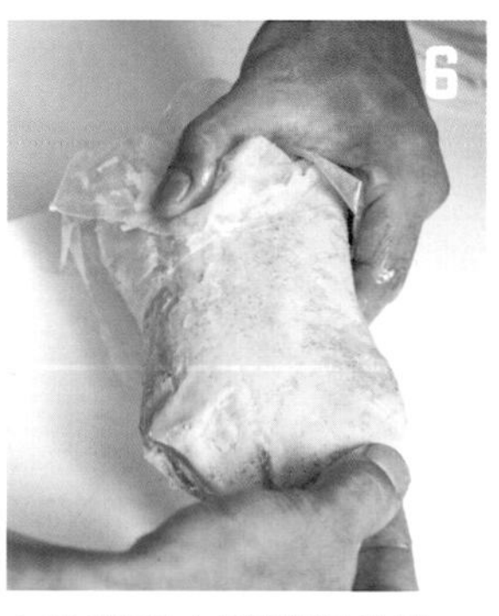

6 在冷藏室中變緊實的肥肝。上菜時，從真空袋中取出，切片後淋上蜂蜜。

油封鴨腿

Cuisse de canard confite

這是日本的餐酒館具代表性的料理。不過，在法國的餐酒館菜單上卻不太常看到油封鴨這道料理。也許在法國一般都是在家裡享用買來的油封鴨，而瀰漫著油脂豐潤香氣的鴨肉，與酥脆鴨皮的口感所形成的對比，是沒有油封這種飲食文化的日本人所能接受的。

鴨腿肉直接下鍋嫩煎的話會有點硬，所以用油脂慢慢燉煮，在完成時把它烤得香脆，使素材感大為增加。以店家的立場來說，備料也很輕鬆，可以先做好備用。完成時也不須在意加熱狀態，把鴨皮烤得香氣四溢就可以了，是作業上很方便，而且負擔很少的一道料理。

一般都是用鴨肉來製作，當然如果用其他的肉類以相同的方式調理的話，也能做出很有特色的油封料理。最好使用帶有含膠質的筋、單單只是烘烤會難以入口、適合燉煮的肉來製作。

合鴨腿肉。製作油封料理時，不是使用幼鴨，而是大型的鴨子比較適合。

（容易製作的分量）

合鴨帶骨腿肉 — 5根（2.5g）

鹽漬劑

- 鹽 — 47.5g（19g/kg）
- 白胡椒 — 12.5g（5g/kg）
- 大蒜 — 25g（10g/kg）
- 芫荽籽 — 50g（20g/kg）
- 月桂葉 — 7.5片（3片/kg）
- 丁香 — 7.5g（3g/kg）
- 水 — 125g（50g/kg）

水 — 200cc

豬油＋沙拉油 — 適量

配菜（烤馬鈴薯*）

*將油封時使用過的油以小火加熱，用來煮切成瓣形的馬鈴薯。煮軟之後，以鴨肉完成時所使用的平底鍋，將馬鈴薯的表面烤得脆脆的，然後撒上鹽、胡椒。

●醃漬

準備鹽漬劑。將材料全部放入果汁機中，充分攪碎成液狀為止。

＊月桂葉要充分攪拌得細碎。

將合鴨腿肉放入缽盆中，加上鹽漬劑。

用手均勻地搓揉在腿肉上面，再移入塑膠袋等容器中，排出空氣，放在冷藏室中醃漬12小時。

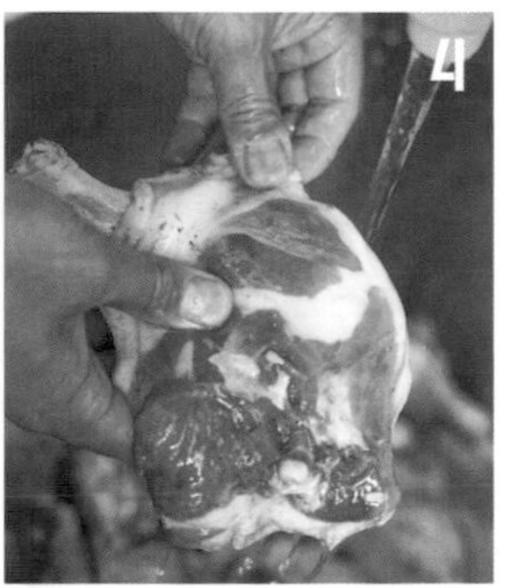

醃漬過後，以流動的清水將鹽漬劑沖淨，然後充分瀝乾水分。

●油封

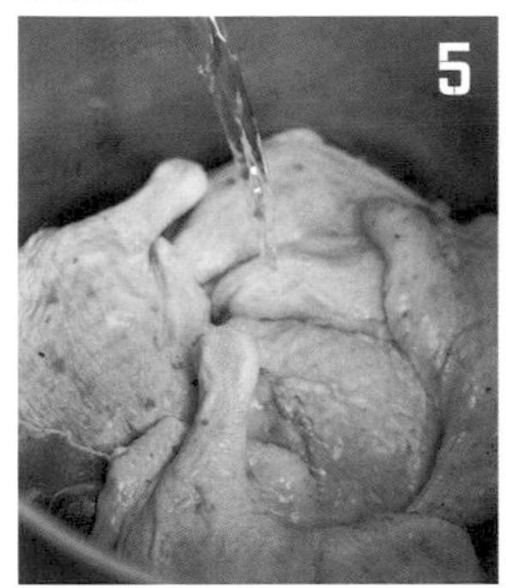

將肉側朝下填滿鍋中，加入200cc的水。

＊為了防止鴨皮黏在鍋底造成破損，所以將肉側朝下。

＊為了防止溫度上升，所以先加入水。

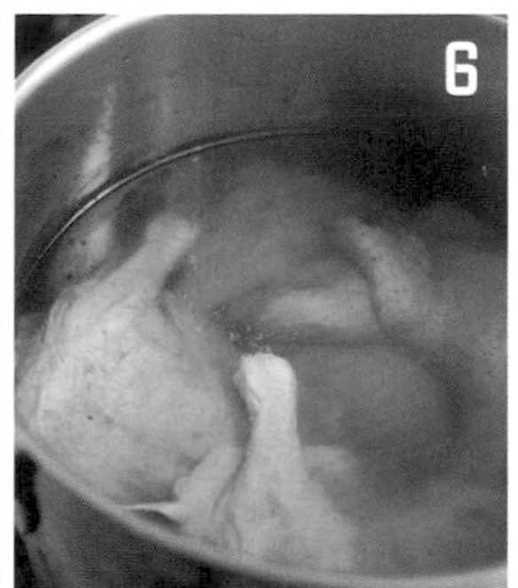

將以豬油與分量為豬油3成的沙拉油混合而成的大量油脂加入鍋中，直到完全蓋過腿肉的程度。將油溫保持在85℃，加熱1小時左右。

＊如果只用豬油，冷卻之後要從凝固的油脂中取出腿肉的時候，皮或肉會潰散，所以加入沙拉油，比較容易取出腿肉。

＊時而開火加熱，時而關火靜置，保持一定的油溫。

火勢大小是這個程度。表面偶爾啵啵冒泡的滾動是85℃的判定標準。

加熱到鐵籤可以迅速插入肉，拿起鐵籤時腿肉會很快掉下的程度就完成了。

＊保存方式有真空包裝、浸泡在油封的油脂中，或1根1根分別以保鮮膜包住等。不論哪一種方式都要存放在冷藏室中。

●完成

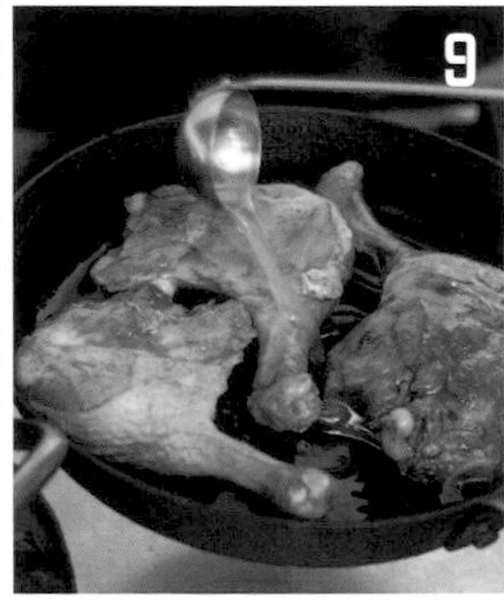

將油封時使用過的油，多倒一點在平底鍋中，然後將皮側朝下放入鴨肉，以煎炸的狀態將鴨皮炸得很酥脆。

＊充分去除鴨皮的水分等，鴨皮就會變得很酥脆。

將皮側朝上擺在烤盤上，以220℃的烤箱烘烤3分鐘。取出之後盛盤，附上烤好的馬鈴薯。

＊以烤箱將鴨肉加熱至吃起來很美味的溫度。

鹿肉酥皮派

Pâté chaud de chevreil

肉餡配方的基本概念與法式肉凍類相同，赤身肉：肝臟：背脂＝2：1：1。不同的地方在於鹽的分量。人類的味覺在吃到熱食的時候會變得比較敏感，一旦食物變冷，就不易感受到鹹味了。因此，熱製酥皮派的肉餡，相對於1kg的肉總量，鹽的分量要以比基本配方（→204頁）少的12g為計算標準。更換肉的種類，可以發展出許許多多的變化。如果是以野禽肉做的派，最好將赤身肉的配方使用真鴨、鴿子和山鶉等的肉。即使是外皮破損，或是腳掉下來，無法做成烤肉料理的野禽，只要絞碎了，也可以做出華麗的料理。當然，小牛和家鴨等家畜家禽的肉也同樣可以辦到。
使用的肝臟，不限於雞肝，小牛肝或豬肝也不錯，可以做出帶有各種風味的逸品。也可以將當令食材，譬如切碎的松露等，當作配料拌入肉餡中。

蝦夷鹿的腿肉是赤身肉。外腿肉稍微硬了一點，而腰臀肉、內腿肉和後腿股肉比較柔嫩。適合製作成加工肉品等。

（1模2人份）

肉餡（容易製作的分量）

- 蝦夷鹿腿肉（只有清理完畢的赤身肉、5cm方塊）— 250g
- 豬腿肉（只有清理完畢的赤身肉、5cm方塊）— 250g
- 雞肝（5cm方塊）— 250g
- 豬背脂（5cm方塊）— 250g
- 鹽 — 12g（12g/kg）
- 黑胡椒 — 2g
- 四香粉 — 1g
- 橄欖油漬大蒜（→42頁）— 1小匙
- 馬德拉酒、紅波特酒、干邑白蘭地 — 各10cc

鴨肥肝（→135頁）— 50g

千層派皮（→37頁）— 2張（直徑21cm和17cm）

蛋黃 — 適量

●肉餡

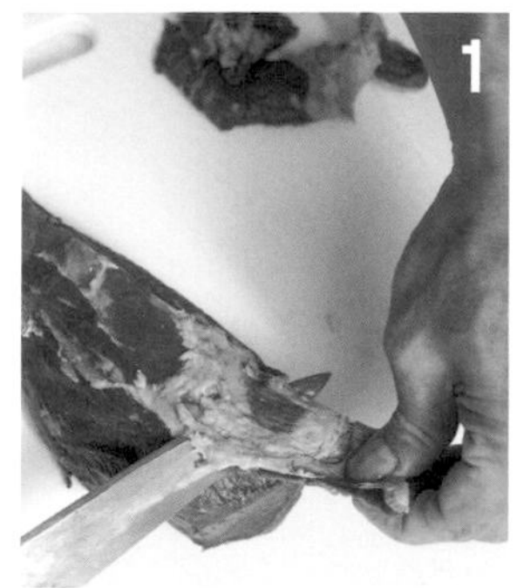

將蝦夷鹿腿肉的筋膜薄薄地削除。豬腿肉也同樣削除筋膜。

＊只計量赤身肉的部分。

將蝦夷鹿腿肉、豬腿肉、雞肝、豬背脂切成5cm的方塊。

＊也可以使用鹿以外的野味。那樣的話，要將半量替換成豬肉，以減少腥味。豬肝加熱後香氣會變強，所以選用雞肝。

將**2**攤開鋪在長方形淺盆中，加入鹽、黑胡椒、四香粉、橄欖油漬大蒜、馬德拉酒、紅波特酒、干邑白蘭地混拌均勻，放在冷藏室中醃漬1個晚上。

＊鹽的分量是冷盤的半量。

＊馬德拉酒、紅波特酒、干邑白蘭地使味道更有深度。

隔天，將**3**的肉以口徑3mm的絞肉機（KitchenAid）絞碎。

將配件更換成攪拌勾，將肉餡攪拌至產生黏性。移入容器中，放在冷藏室中30分鐘，使肉餡緊實。

●派皮包覆

將肉餡分出180g，包住鴨肥肝50g。

將千層派皮以直徑17cm和21cm的圓形模具壓切出形狀。

＊17cm的麵皮當作底部，以21cm的麵皮從上面包覆肉餡。

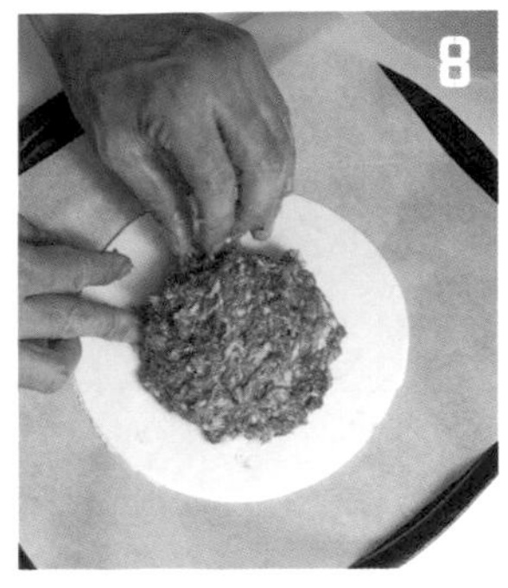

將烘焙紙鋪在烤盤上，放上17cm的麵皮，再將6放在麵皮上面。

使用刷子沾取打散的蛋黃液，塗抹在麵皮的周圍。

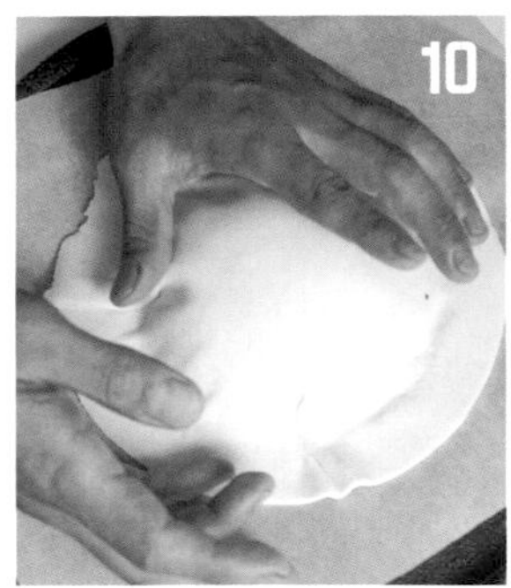

將21cm的麵皮從上面包覆肉餡，用手按壓周圍，黏合起來。

＊為了避免空氣進入要貼緊。

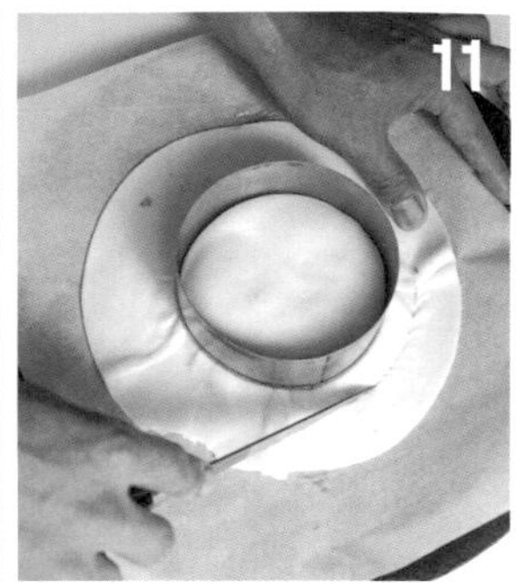

套上直徑10.5cm的圈模，調整形狀，多餘的麵皮以刀子切成圓形。

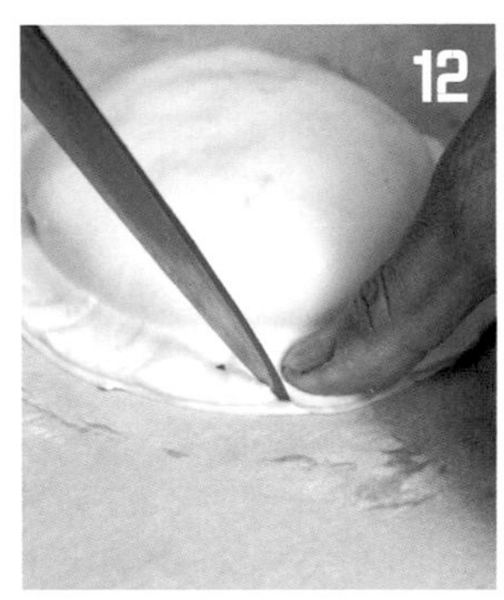

取下圈模，一邊以刀峰按壓一邊使麵皮緊密貼合。

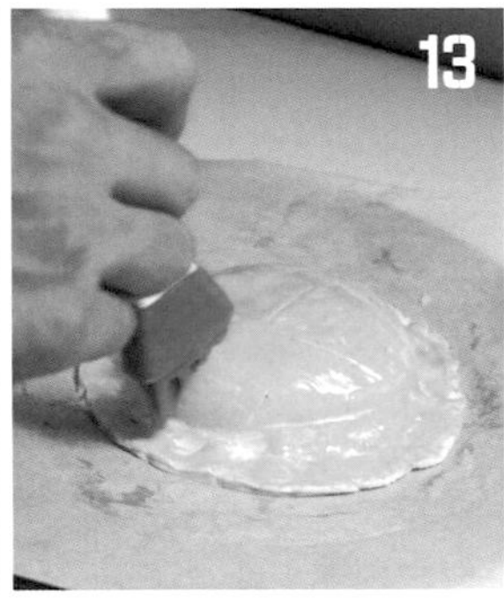

在表面塗抹蛋黃之後，以冷藏室的風吹乾3分鐘左右。再度塗抹蛋黃。

＊塗抹2次蛋黃是為了烘烤出漂亮的顏色。

將刀子立在麵皮中央（大約是在麵皮和少許的肉上面開孔的程度）轉1圈，在中央開孔。

＊肉餡的蒸氣可以從這個孔洞散發出去。如果沒有開孔的話，麵皮恐怕會破裂。

以刀背在蛋黃上面刻劃出放射狀的細細紋路。

＊要注意不要切開麵皮。

● 烘烤

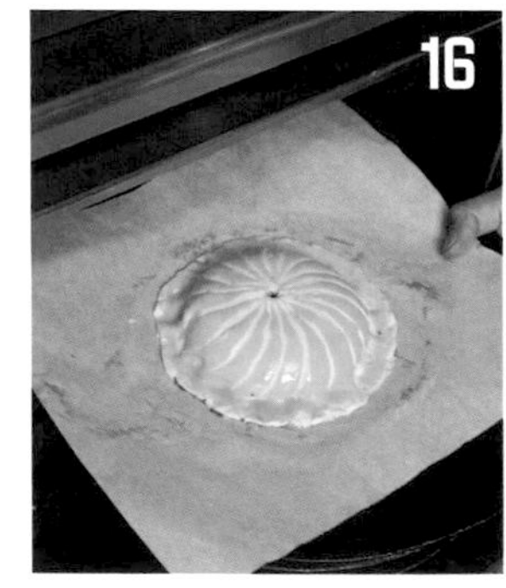

以220℃的烤箱烘烤16分鐘。

顏色烤得很漂亮的酥皮派完成。

蔬菜・水果

蔬菜和水果是特別有意思的食材。

雖然是至今不太被提及的主題，這個領域卻擁有出版了各種書籍的深度，以及即使如此還是書寫不盡的無限廣度。

不過，原本的法式料理結構，特別是所謂的古典料理這個類別中，關於蔬菜和水果的記述，分量出乎意料地很少。蔬菜始終只能被分配到小菜、配菜的角色，除了特定的特殊蔬菜（蘆筍和蕈菇類等）之外，可說是全都被埋沒了。

在素食主義和宗教上的問題等越來越多樣化的現代社會中，蔬菜和水果料理的角色變多了。有的製作以蔬菜為主角的套餐，有的採用水果製作料理，呈現出季節感、輕盈感，和耳目一新的感覺，這類費心的設計早已不是罕見的事了。

但是，以往使用肉和魚製作的套餐，或是作為單一品項製作成料理時，無論如何蔬菜都很難當成主力商品，在經營法式料理店的情況下，要面對的課題還很多。

因此，使用蔬菜或水果製作的料理類型是我未曾涉足的領域，身懷實力堅強的料理技術，果敢地開拓新的領域，不是非常有價值嗎？

我自己也是使用全國有機農家直送的蔬菜和水果，展開副線（品牌的普及品）的熟菜品牌事業，強烈地感受到其中的可能性之大，和同時將此當作事業經營的困難度。

即使是同樣的蔬菜，也會將適合那片土地的氣候水土的品種稱為原有品種，或是固定品種。即使起源是相同的品種，在別的土地栽培之後，第2代或第3代也會轉變成扎根於那塊土地的特有成果。

再加上，像有機農業之類貼近自然循環（氣候、土壤、季節）的農業，不是根據市場的情況，而是根據農田的情況供應農作物，所以何時、何地、有什麼、有多少可以獲取，都受到農作物收成的影響。

以真正的意義來說，如果使用有機作物的話，不是先寫好菜單，而是變成必須請農家送來那個時期最好的作物，對素材施行正確的烹調，製作成料理。難易度和多樣性遠超過現代工業化養殖的畜產和水產。

正因如此，我覺得，這是身為廚師的技術和經驗受到考驗，很有意思的一個領域。

夏季蔬菜凍

Légumes d'été en terrine

蔬菜本身沒有膠質，即使經過加熱，冷卻之後也不會黏結。因此，經常將澄清湯和番茄汁等的膠質液當作黏著劑使用。雖然這種做法很普通，但是如果使用澄清湯，就會變成澄清湯的味道，使用番茄汁，則會變成番茄的味道。還有個方法，就是將大量的蔬菜填入法式肉凍模具中，施加壓力，使蔬菜緊密相貼。

這裡所介紹的蔬菜凍，是充分利用蔬菜這種食材的味道的類型。利用充斥著夏季蔬菜味道的豐富水分。將明膠粉撒在加熱過的蔬菜之間，填滿模具之後以烤箱烘烤，就能靠蔬菜的水分使明膠粉溶化。將這個放涼之後，全體就會凝固，這是我好不容易才找到的方法。

關於蔬菜料理，處理水分的方式非常重要。為了避免蓋過素材的原味，請務必認真處理蔬菜的水分。

（1公升容量的法式肉凍模具2模份）
櫛瓜（縱切成2等分）— 5根份
茄子（縱切成2等分）— 8根份
番茄（切成4等分的瓣形）
　— 大6個份（1個250g）
鹽 — 適量
橄欖油漬大蒜（→42頁）
　— 尖尖6大匙
普羅旺斯綜合香料（乾燥）
　— 8大匙＋2小匙
橄欖油 — 180cc
明膠粉 — 8大匙

●烘烤蔬菜

1

將櫛瓜排列在鋪有烘焙紙的烤盤中，表面、背面都多撒一點鹽。

＊因為夏季蔬菜的水分很多，所以調味要重一點。

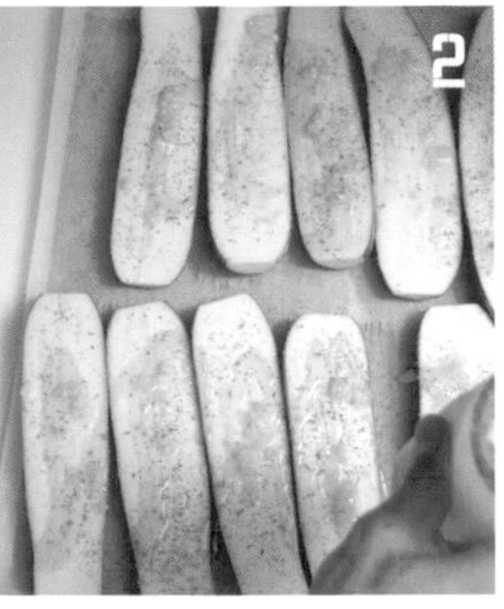

將橄欖油漬大蒜尖尖1大匙均等塗在蔬菜的切面，然後撒上普羅旺斯綜合香料，淋上橄欖油。

以預熱至230℃的烤箱烘烤約20分鐘。櫛瓜變軟之後取出。

茄子也和櫛瓜一樣統一切好，表面、背面都多撒一點鹽，切面塗上橄欖油漬大蒜，撒上普羅旺斯綜合香料，淋上橄欖油，然後以230℃的烤箱烘烤約20分鐘。

番茄以小刀子的刀尖挖出蒂頭，然後切成4等分。

＊配合蒂頭的深度，拿著刀，一邊以拇指壓住蒂頭一邊以蒂頭為中心將刀子轉一圈，拔出成圓椎形。

將**5**排列在烤盤上，多撒一點鹽，放上橄欖油漬大蒜，撒上普羅旺斯綜合香料，淋上橄欖油。

以230℃的烤箱烘烤約20分鐘。

鐵籤可以毫無阻力迅速插入野菜就是烤好了。

＊纖維變軟之後，蔬菜的味道就從正面釋放出來。

●填滿模具

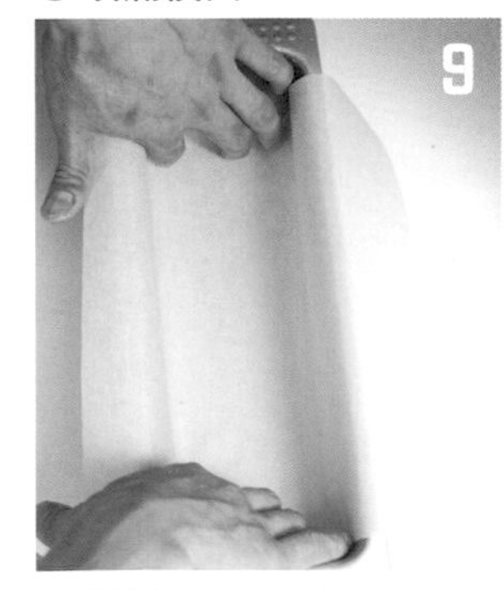

將烘焙紙裁切得比法式肉凍模具還要大一點，然後鋪進去。

＊為了使蔬菜凍容易脫模，要先將烘焙紙鋪進去。烘焙紙要裁切得大一點，大小足以覆蓋蔬菜凍上面的程度。

首先將茄子平坦的切面朝下排列。

＊雖然順序依個人喜好而定，但是要使茄子的紫色、櫛瓜的綠色和番茄的紅色漂亮地互相襯托，就要照這樣裝填進去。

將番茄壓碎塞在茄子的縫隙，填補縫隙。

＊為了稍後撒入明膠粉時，釋出的水分足以溶解明膠粉，所以要適度地壓碎番茄。

均等地撒上1大匙左右的明膠粉。

●烘烤

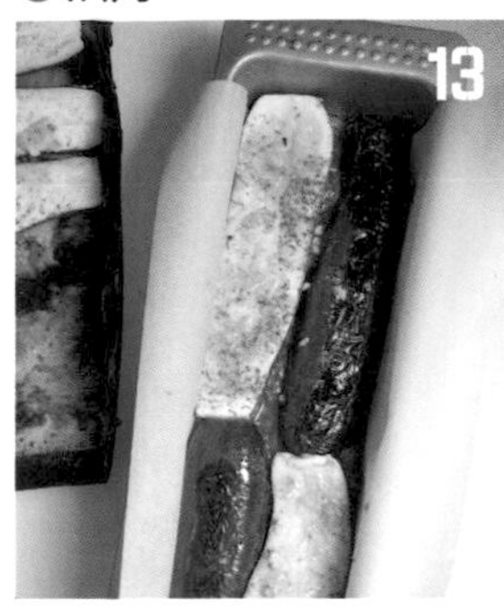

將櫛瓜填入模具中，色彩搭配得很漂亮。

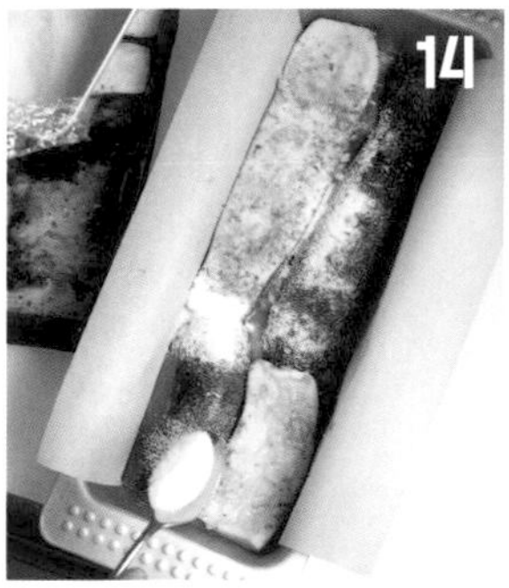

撒上1大匙左右的明膠粉。
＊稍微撒多一點也沒關係。

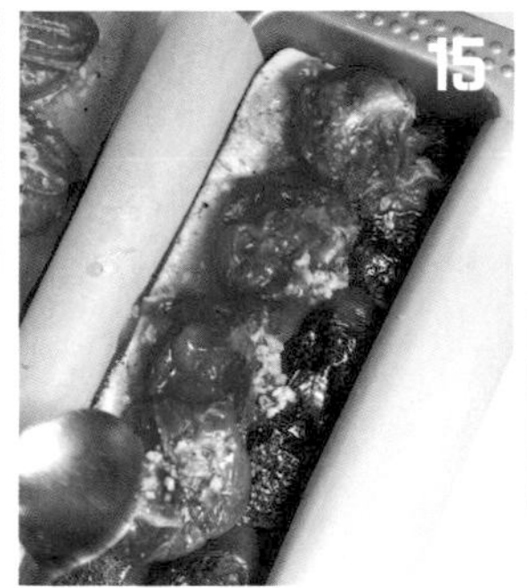

為了填補縫隙，緊緊地填入番茄。

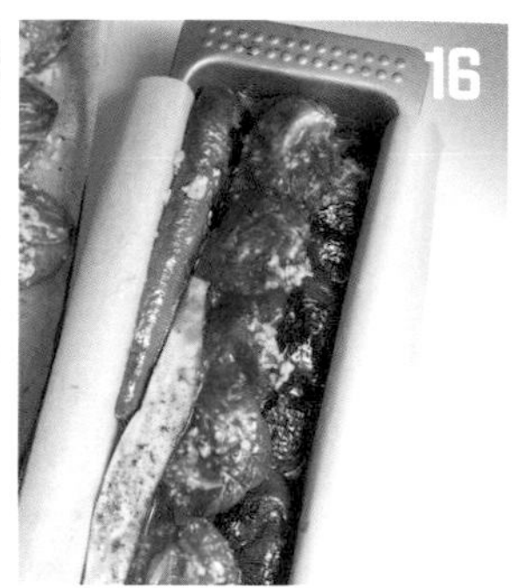

兩側填入櫛瓜和茄子。

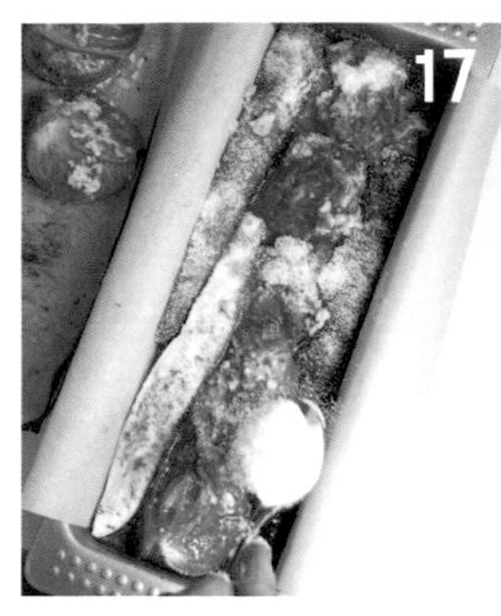

從上面撒入大量明膠粉。反覆進行這個作業，填入蔬菜，然後撒上明膠粉作為黏著劑。

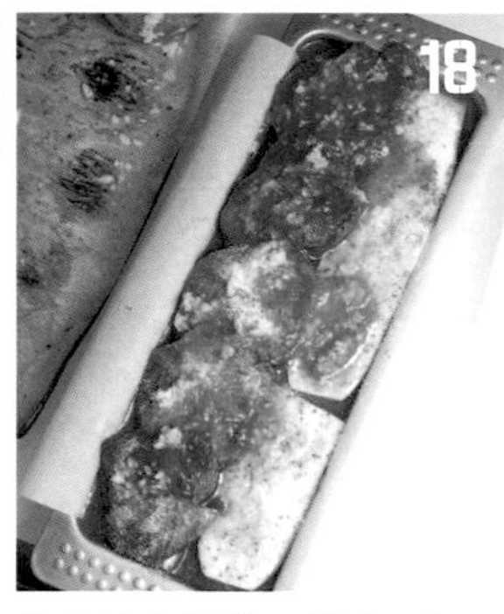

最後填入番茄，撒上1大匙左右的明膠粉，然後將烘焙紙覆蓋起來。

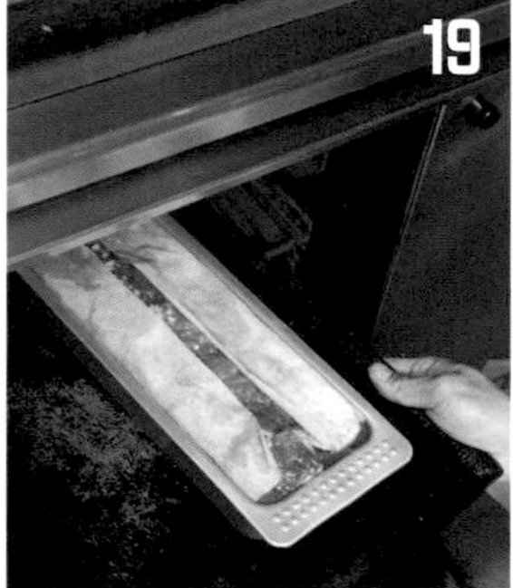

放入230℃的烤箱中。咕嚕咕嚕加熱之後立刻取出。放涼至常溫之後，放在冷藏室中1個晚上，冷卻凝固。
＊為了以蔬菜的水分溶解明膠粉而進行加熱大約5分鐘。

●完成

從冷藏室取出之後，用火烤一下使明膠變軟，比較容易取下烘焙紙。

將模具倒扣之後脫模具。取下烘焙紙，以保鮮膜包住，再以鋁箔紙包起來。

接到客人點餐之後，將刀刃很長的刀子加熱，從刀尖到刀跟使用整把刀在蔬菜凍上面切入切痕。

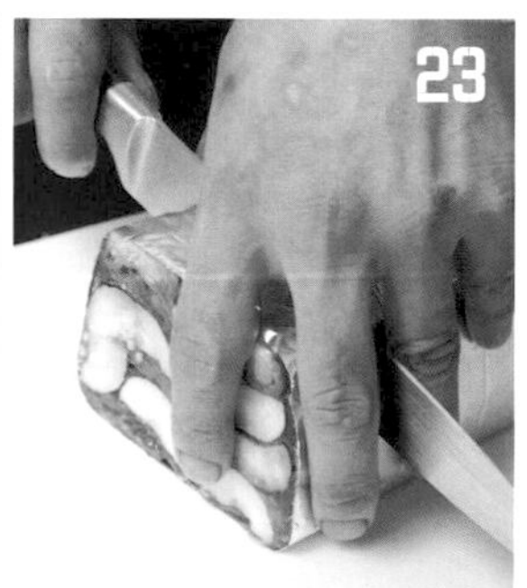

切入切痕後，以無名指支撐蔬菜凍，壓切到一半。

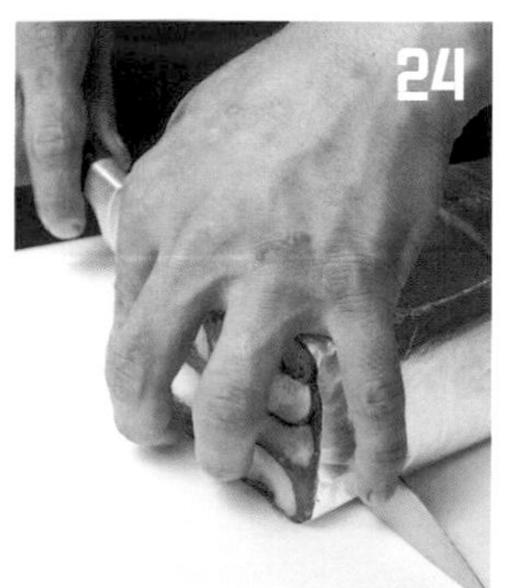

接著，為了避免蔬菜凍潰散，一邊按住蔬菜凍的切面一邊切斷。取下保鮮膜和鋁箔紙之後，盛盤。
＊放回法式肉凍模具中存放，就能保持形狀，不會潰散。

尼斯風味紅酒燉牛頰肉

Joue de bœuf en daube au vin rouge à la niçoise

又名為普羅旺斯燉牛肉（Daube Provençale）。
冠上尼斯風味之名，大部分是使用特產的檸檬來製作。這裡不是使用檸檬，而是用了柳橙。
這道菜用柳橙汁來燉肉。以日本人的感覺來看，拿果汁來燉肉之類的，跟拿可樂來燉肉一樣，都有格格不入的感覺，但是葡萄酒原本也是葡萄汁，像這樣的發想靈活度，是大家務必要學習的地方。
雖說是以柳橙來燉煮，但是全量都使用柳橙汁的話，還是太甜了。與葡萄酒各占一半的比例似乎比較好。
將蔬菜充分炒過，肉則煎出很深的焦色，然後以剛好蓋過食材的水量燉煮，這點與其他的燉煮料理並沒有兩樣。遵守基本的概念，成為是不是法式料理的分界線。

牛頰肉。因為肌肉發達，肉質很硬，所以適合做成燉煮料理或油封料理。

（容易製作的分量）
牛頰肉 — 5kg
鹽 — 適量
香味蔬菜（全部切成5cm左右的塊狀）
- 洋蔥 — 2個份
- 西洋芹 — 2根份
- 胡蘿蔔 — 2根份
- 大蒜 — 5瓣份

柳橙的表皮 — 2個份
沙拉油 — 適量
番茄醬 — 150g
柳橙汁 — 1公升
紅酒 — 5公升
小牛高湯（→25頁）— 500cc
芫荽粉 — 1小匙
小茴香粉 — 1小匙

（1人份）
燉牛頰肉 — 180g
煮汁 — 150cc
紅酒 — 20cc
鹽、胡椒 — 各適量
奶油（增添光澤和風味）— 5g
橄欖油（增添光澤和風味）— 30g

配菜（柳橙1/2個*）
*剝除柳橙皮之後切成4等分的圓片，1人份使用2片。

●煎上色

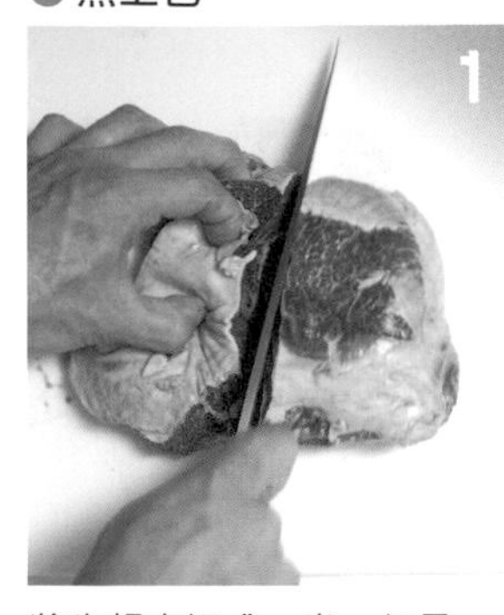

將牛頰肉切成一半。如果肉有薄薄的、會晃動的部分，下刀時要避免切掉這個薄的部分。

＊如果有骨頭殘留，要將骨頭去除。

稍微撒點鹽在長方形淺盆中，在鹽的上面擺放牛頰肉，由上方再稍微撒點鹽備用。

將牛頰肉排放進平底鍋，不要重疊，倒入多一點的沙拉油之後，以中火煎肉的表面。

＊多倒一點油，變成煎炸狀態的程度。

煎上色之後翻面。充分煎到肉飄散出好聞的味道。

＊如果翻面好幾次，平底鍋的溫度會下降，就煎不出漂亮的焦色了。

＊如果煎出較深的焦色，最後會為煮汁增添濃醇的味道。不過，要注意避免燒焦。

●炒香味蔬菜

與肉的煎上色同時進行，將香味蔬菜切成5cm左右的方塊，放入已經倒入沙拉油20cc的鍋子裡。

＊為了即使煮3小時也不會潰散，要切得大塊一點。

以削皮刀削下柳橙表皮，加入**5**的鍋子裡。

以中火炒到上色。

＊不是炒焦，而是炒上色。如果沒有炒到上色，蔬菜會吸收紅酒的色素，導致煮汁的顏色變淡。請讓蔬菜的焦色流出到紅酒裡。

從蔬菜釋出的水分煮乾之後，蔬菜會黏在鍋底，這時加入番茄醬一起炒。

＊如果使用的是罐裝番茄醬，在這裡把鐵罐味炒到消失。

番茄醬與蔬菜混拌均勻之後加入柳橙汁，溶解黏在鍋底的鮮味。

●燉煮

將已經煎好的**4**的肉放入**9**之中，倒入紅酒和小牛高湯，以大火加熱。

煮滾後撈除浮沫和油脂。

加入芫荽粉和小茴香粉，以表面會晃動的火勢煮3小時。水分蒸發之後，如果肉塊冒出頭來，就要加入適量的水。

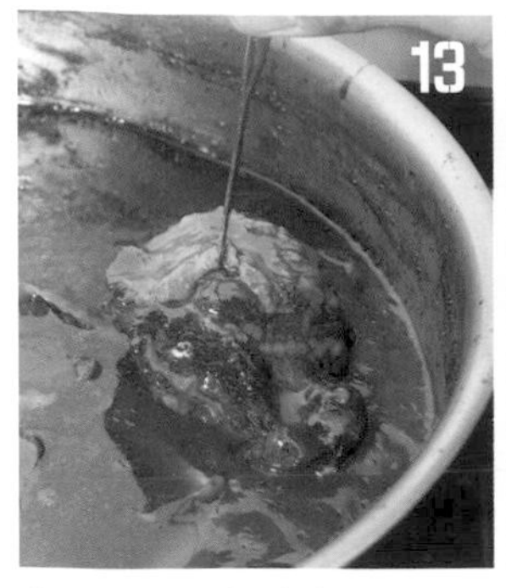

將肉煮軟，直到鐵籤能迅速插入肉中，拿起鐵籤時肉會自然地掉下來，就可以將肉從鍋中取出了。
＊肉的膠質和蛋白質的變性程度在恰到好處的狀態。

趁熱將牛頰肉與煮汁分開來存放。
＊重新加熱的時候，肉會煮到紛紛潰散的程度，所以為了避免餘溫加熱過度，要將肉與煮汁分開存放。

覆蓋保鮮膜之後存放，以免肉的水分蒸發。

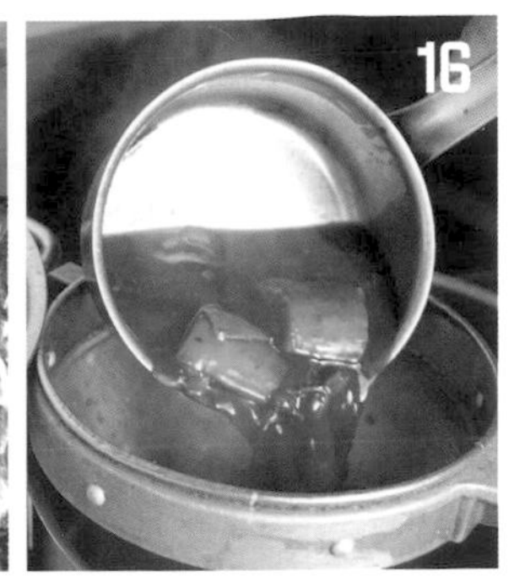

以錐形過濾器過濾煮汁。如果按壓的話煮汁會變得混濁，所以要靜待煮汁自然流下去。

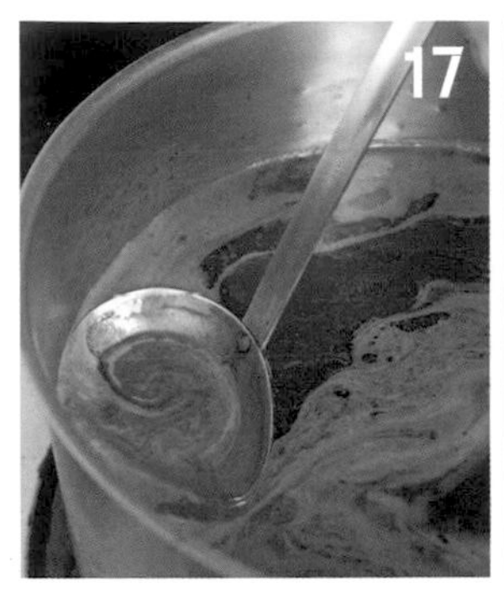

將已經過濾的煮汁以大火煮滾，若有浮沫和油脂浮上表面就將火關小一點，以湯勺撈起來。
＊沒有煮滾無法撈除浮沫。

撈除浮沫之後，吹掉浮在湯勺表面的浮沫，將剩餘的煮汁倒回鍋中。
＊萃取高湯等的時候也採用相同的作法，就不會浪費。只去除掉浮沫而已。

撈除浮沫之後，以小火煮乾水分直到剩下2/3。
＊在這個階段，如果先煮乾到剩下完成時的一半左右，最後在將肉加熱的時候，就可以縮短加熱時間，肉就不會潰散。

已經收乾的煮汁。放涼之後，與肉分開存放。

●完成

分別取出**15**的牛頰肉180g、**20**的煮汁150cc，和紅酒20cc放入小鍋中，以小火將肉加熱。以鹽、胡椒調味，為了避免肉變乾，要一邊澆淋肉汁一邊加熱。肉變熱之後即可盛盤。

將切成圓片的柳橙放入煮汁中加熱，然後盛放在肉的上面。
＊加熱之後，醬汁中會增添柳橙的香氣。

將固狀奶油加入煮汁中溶匀，再加入橄欖油增添光澤和風味。
＊因為是南法風味，所以添加橄欖油的香氣。

最後淋上煮汁。

烤什錦鮮蔬

Bayaldi

這是一道南法的鄉土料理。
雖然有各種不同的說法，像是以三種蔬菜取代洋蔥，呈放射狀交替排列，鋪成普羅旺斯燉菜（ratatouille）之類的，但我只喜歡這種簡單的做法。
至今我都還清楚地記得，第一次吃到這道料理時內心受到的衝擊。忍不住發出讚嘆的聲音。
我所使用的素材是普通的夏季蔬菜組合，因為它有著增一分太多，減一分太少的完美調和，所以是OGINO餐廳夏季一定會登場，很受歡迎的菜色。
如果硬是要加點什麼的話，將夏季的魚，譬如沙丁魚、竹筴魚或鱸魚，切成薄片之後，夾在洋蔥和蔬菜薄片之間，成為分量滿滿的味道。
重點有2個。蔬菜的厚度要一致，而且出乎意料地要撒上大量的鹽。

（長徑30cm×短徑26cm×高6cm的
橢圓形焗烤盤1盤份）
番茄（切成3mm厚的薄片）
— 大2個份（1個250g）
茄子（切成3mm厚的圓片）— 4根份
櫛瓜（切成3mm厚的圓片）— 2根份
炒洋蔥（→42頁）— 2個份
百里香 — 6根份
橄欖油漬大蒜（→42頁）— 2大匙
橄欖油 — 60cc
鹽 — 2大匙

● 蔬菜的準備

將番茄挖出蒂頭（→231頁No.5），縱切成一半之後，一律切成3mm左右的厚度。

＊太薄的話，水分消失之後容易烤焦，太厚的話，不能充分烤熟。

茄子切除蒂頭之後，切成大約3mm厚的圓片。

＊為了配合番茄的高度。

櫛瓜也一樣，切除蒂頭之後，再切成大約3mm厚的圓片。

＊各樣蔬菜，不要亂切，先切成一致的厚度，之後的作業也比較容易進行。

● 裝填

將炒洋蔥鋪滿焗烤盤。

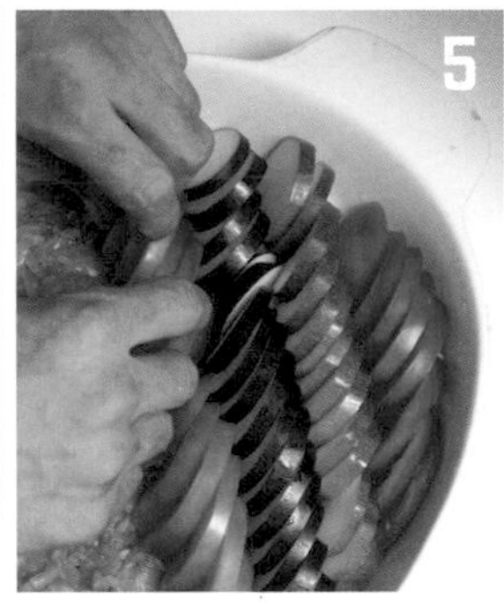

將蔬菜稍微錯開位置，滿滿地塞入焗烤盤中。

緊緊地塞滿，不留空隙。

＊因為蔬菜的水分消失之後會縮小，所以在這個階段要先緊緊地塞滿。

將百里香的葉子撕碎，均等地撒在上面。

撒上多一點的橄欖油漬大蒜、橄欖油、鹽。

＊因為蔬菜會釋出水分，所以味道要加得相當重。

● 烘烤

以250℃的烤箱烘烤15～20分鐘。

＊蔬菜釋出的水分，在烤箱中因為受熱而收乾時即可享用。

燉時蔬

Légumes braises

燉煮（braiser）是以最少限度的水量，濃縮素材精華，為法式料理獨特烹調方法。
蔬菜一旦加熱，組織就會遭到破壞，一口氣釋出水分。這道料理的加熱，感覺像是以蔬菜本來具有的水分為自己加熱。蔬菜釋出的水分之多，令人吃驚。
將煮汁煮滾，在鹽溶化的時間點放入蔬菜，再次以大火將煮汁煮滾，蓋上鍋蓋讓蒸氣環繞著全部的蔬菜。
然後，在熱力循環到鍋蓋變得十分燙手時就可以關火，利用餘溫慢慢地為蔬菜類加熱。在放涼至常溫的期間，一點一點地為蔬菜加熱。連同鍋子放在冷藏室冷卻，使蔬菜入味，就完成了。
考慮到餘溫的因素，如果沒有在還保留相當咬勁的階段關火，那麼在放涼的期間，就會加熱過度了。蔬菜的分量越多，餘溫的時間就會變得越長，請注意。

（容易製作的分量）
紅、黃甜椒（滾刀塊）— 各6個份
胡蘿蔔（切成圓片）— 1根份
玉米筍（4等分）— 15根份
蘿蔔（切成半月形或圓片）
— 小1/2根份
蕪菁（切成瓣形）— 4個份
櫛瓜（切成半月形）— 2根份
西洋芹（切成大段）— 3根份
洋蔥（切成瓣形）— 2個份
橄欖油 — 45cc
橄欖油漬大蒜（→42頁）
— 尖尖1大匙

A
白酒醋 — 200cc
白酒 — 200cc
芫荽粉 — 1小匙
小茴香粉 — 1小匙
鹽 — 2大匙

蠶豆、四季豆 — 各適量

●燉煮

將蔬菜切成一樣的大小。

＊為了全部蔬菜要同時加熱，稍微統一大小。胡蘿蔔、蘿蔔因為想要保留咬勁，所以切得稍微大一點。

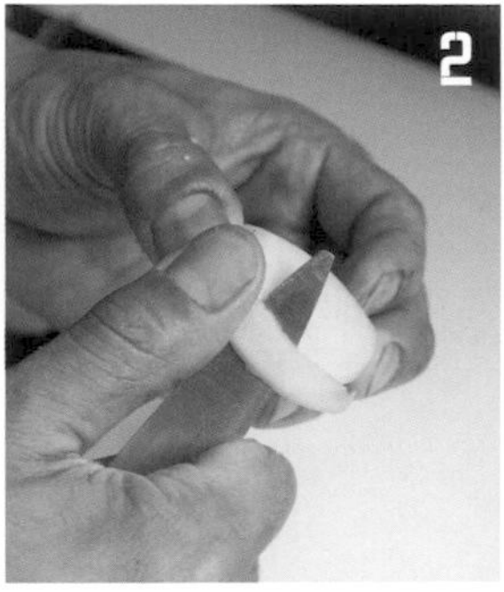

蕪菁容易煮到潰散，所以要先修邊，將邊角削除。

準備廣口鍋，將橄欖油和橄欖油漬大蒜放入鍋中，以中火炒。油變熱之後，以小火炒出香氣。

＊因為想在橄欖油中增添大蒜香氣，所以要避免炒焦。

大蒜去除了水分，冒出香氣之後，加入A煮滾。

＊最少限度的白酒和醋、較多的鹽是美味的關鍵。

鹽要多加一點。

＊蔬菜的水分會使味道變淡，所以調味要先稍微重一點。如果鹽加得少，完成時會變得平淡無味。

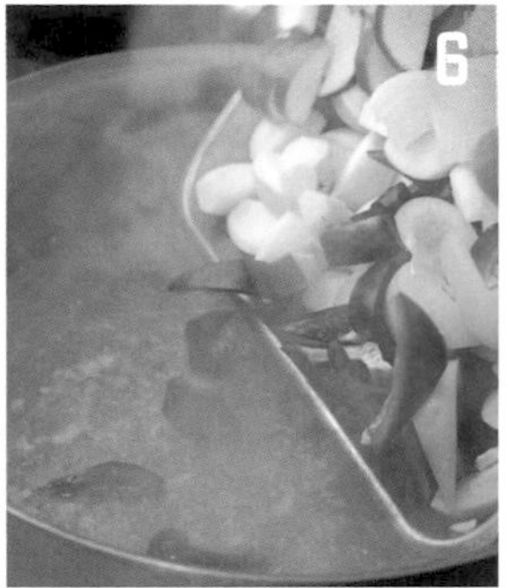

將蔬菜一次全部放入這裡面。以大火加熱。

＊如果想要一次加入的話，蔬菜要切得小一點。為了在完成時，全部的蔬菜都能同時加熱到最佳狀態，請考慮到切塊的大小。

撥開中央的蔬菜，以便看得見煮汁的狀態。

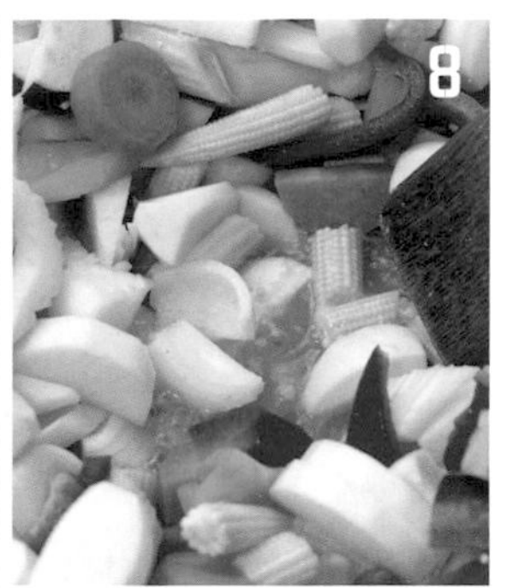

煮汁咕嚕咕嚕沸騰之後，以上下翻轉的方式大幅度地攪拌蔬菜。

＊如果使用高湯鍋，用雙手拿著鍋子搧動，使蔬菜翻轉。

與7一樣，撥開蔬菜，待煮汁再度沸騰之後蓋上鍋蓋。熱力在鍋內循環之後關火，將蔬菜燜著，放涼至常溫。放涼之後移入保存容器中，放在冷藏室中1個晚上。

＊因為餘溫會繼續加熱，所以要立刻關火。

在把冷卻蔬菜的過程中，取出數次，大幅度混拌。

＊讓味道分布平均。

●完成

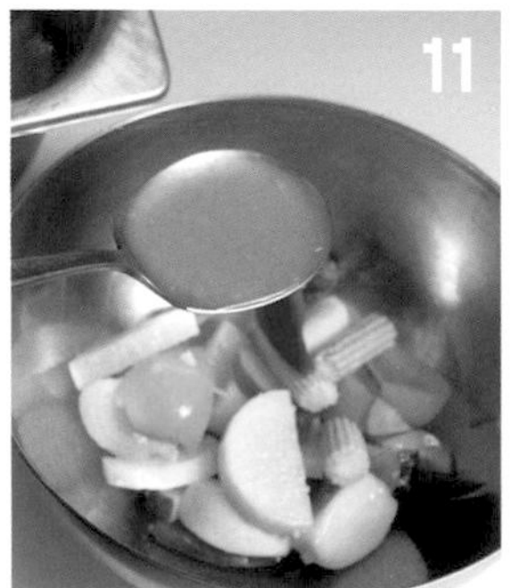

客人點餐之後，依照人數取出所需分量的蔬菜，再加入煮汁（1人份22.5cc左右）和橄欖油（分量外、1人份15cc左右），以湯匙輕柔地攪拌，使之乳化。

將煮熟的綠色蔬菜（此處為蠶豆和四季豆）以漂亮的配色一起盛盤。也可以搭配嫩煎生干貝或蝦。

＊如果一開始就加進去的話，顏色會變得黯淡。

鹽漬鮭魚
佐百香果醬汁
附茅屋乳酪

Saumon mariné et fromage cottage, sauce au fruit de la Passion

日本產的百香果在南部地區開始上市。其強烈的酸味，經過收穫後的催熟會漸漸轉化為甜味。外觀看起來不是爛了嗎？幾乎要捨棄了，但是切開果實，提心吊膽地吃吃看，驚訝地發現竟然意外地甜。

百香果要入菜的話，最好選用外皮緊繃有光澤，還不夠成熟的果實。幾乎沒有甜味，強烈的酸味會酸到令人面部扭曲的程度剛好適用。只需加入少許的鹽和橄欖油，就能變成味道清爽的沙拉醬汁。

適合搭配的食材，是以脂肪肥美的鮭魚或鰤魚醃漬而成的生魚切片。

近年來，總算把百香果的籽做成舒服的口感讓客人可以愉快地享用。不禁想起以前被客人罵說百香果的籽是摻雜異物，於是含著眼淚重新製作的苦澀回憶……。

百香果。一直放到表面的水分消失，變成皺巴巴的為止，味道會變得更甜。照片中的狀態，幾乎沒有甜味。因為想要醬汁中有酸味，所以使用這個狀態的百香果剛剛好。

（容易製作的分量）

麥奇鉤吻鮭
　— 已清除內臟1尾（5.5kg）

鹽漬劑* — 適量

橄欖油 — 適量

百香果醬汁

- 百香果 — 3個
- 鹽 — 1撮
- 魚露 — 10cc
- 橄欖油 — 50cc
- 法式芥末醬 — 1大匙

（1人份）

鹽漬鮭魚 — 薄片5片（60g）

百香果醬汁 — 2大匙

茅屋乳酪 — 20g

蒔蘿的葉子、酸豆 — 各適量

*將同量的精鹽、岩鹽、砂糖混合，適量使用。

●魚肉的準備

將鮭魚以三片切法剖開，清理乾淨（→45頁），以魚刺夾拔除殘留的小刺。

●鹽漬

在長方形淺盆中鋪上薄薄一層鹽漬劑。

＊利用大小不同的鹽粒製造時間差，滲透到魚肉裡面。精鹽先滲透，岩鹽則是慢慢溶化。溶化後會由上面轉移到下面，所以底部只有少量就OK了。

將鮭魚的皮側朝下放置，撒上鹽漬劑如照片所示的程度，讓鹽從肉側滲透到中心。

＊腹側或尾鰭附近的肉，薄的部分少撒一點鹽，厚的部分要撒上大量的鹽。

再將1片魚肉也放入長方形淺盆中。同樣是肉薄的腹部，將2片稍微重疊也無妨。

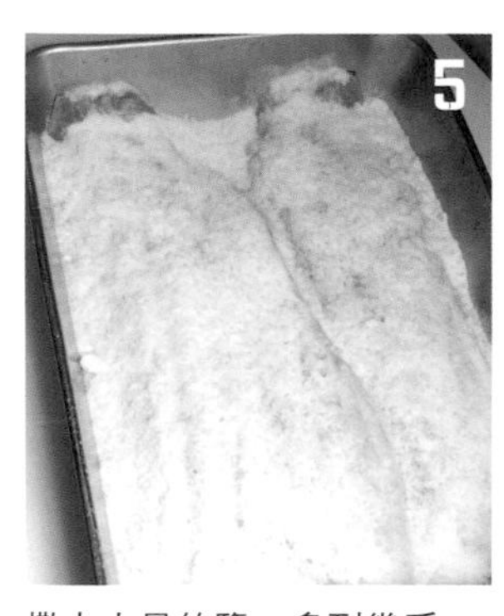

撒上大量的鹽，多到幾乎看不見魚肉（直到照片所示的程度），然後放在冷藏室中12小時。

從冷藏室中取出之後，將鹽洗淨，在流動的清水中漂洗大約1小時，適度去除鹽分。

＊照片的已經在水中漂洗50分鐘。根據鮭魚的大小和鹽漬時間等調整去除鹽分的時間。

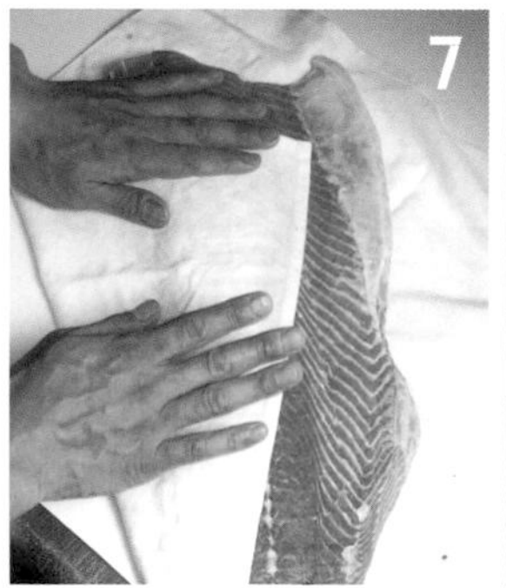

擦乾水分。在有風的場所放置1個晚上去除水分。薄薄地切下魚肉，試嘗味道。鹹味不足要延長乾燥的時間，使水分蒸發。

＊如果想要去除水分，就放在冷藏室讓魚片長時間乾燥。

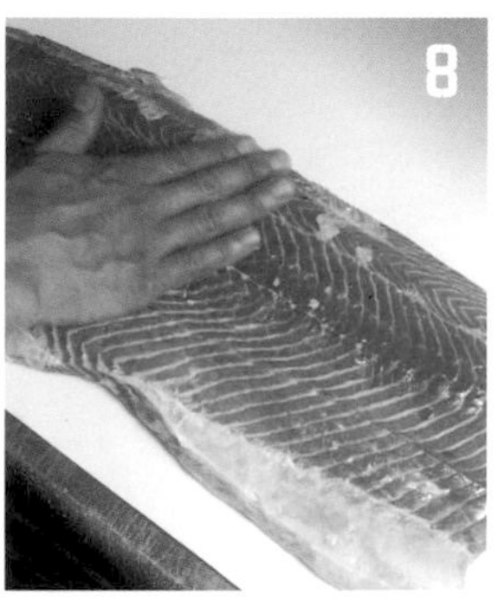

隔天在表面塗抹橄欖油。也可以貼上蒔蘿的葉子。以這個狀態進行真空包裝處理，冷藏保存。不可以冷凍。

●百香果醬汁

在快要上菜之前，將百香果切成一半，以湯匙挖出籽和果肉，放入缽盆中。

加入鹽、魚露、橄欖油、法式芥末醬，以小型打蛋器攪拌，使之乳化。

＊選擇適合缽盆大小的打蛋器尺寸，比較容易攪拌。

●完成

將刀子放平，充分利用刀刃的長度，薄薄地切下魚肉，從魚皮處削下來。

＊使用刀刃有凹凸起伏的刀子，魚肉就不會黏在刀子上。

＊如果沒有使用好切的刀子，會切出破損的魚片。

保存時，以殘留的魚皮包覆魚肉。將魚片攤放在盤中，以湯匙挖取茅屋乳酪擺放在魚片上面，倒入百香果醬汁，撒上蒔蘿的葉子和酸豆。

白蘆筍 佐馬爾他醬汁

Asperges blanches, sauce maltaise

確實是王道中的王道。馬爾他醬汁是將要加入白酒煮紅蔥頭的水，替換成柳橙汁之後打發起泡。
我覺得歐洲產的蘆筍，與帶有柳橙清爽的甜味和香氣的馬爾他醬汁很對味。如果使用日本產的蘆筍，搭配鮮明突出的酸味，其滋味的輪廓會變得很清楚。
我將蘆筍，特別是白蘆筍用水煮得相當柔軟。即使近來無論如何都要保留咬勁，讓客人品嚐到素材感，還是將蘆筍充分水煮過，所引出的芬芳香氣和深邃甘甜，連新鮮度都感覺到了。
以東方的作法來說，我覺得將削好皮的蘆筍進行蒸煮，也是將味道和香氣的流出限定在最小限度的有效手法，但是因為鹹味沒有滲入到裡面，所以別忘了趁熱充分地撒上鹽，使蘆筍入味。

（1人份）
白蘆筍 — 3根
鹽 — 適量

馬爾他醬汁（容易製作的分量）
- 蛋黃 — 2個份
- 白酒煮紅蔥頭（→56頁）— 1小匙
- 柳橙汁 — 60cc
- 橄欖油 — 100cc
- 鹽、白胡椒 — 各適量
- 檸檬汁 — 1/2個份

● 水煮

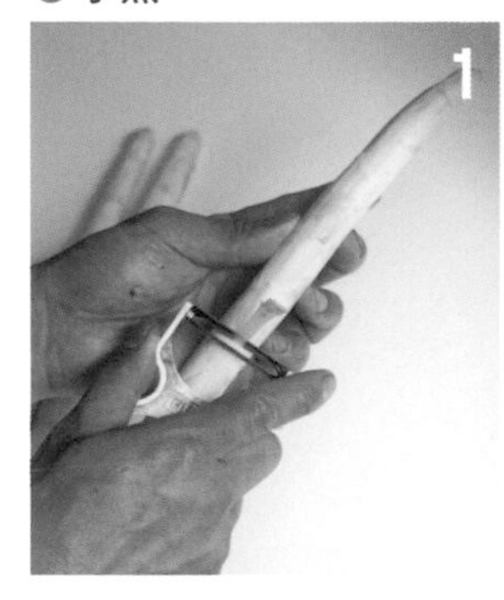

以削皮刀將白蘆筍一半以下的皮削掉。

準備一個廣口鍋，可以讓長長的蘆筍直接放進去。將熱水煮滾之後，加入相當於鹽分濃度5%的鹽，從根部開始先放入滾水中，停頓一下再全部放入。

將全體放在熱水中，不用管它，煮10分鐘。

＊有時候也會連皮一起水煮，但是因為法國產的蘆筍香氣芬芳，所以即使沒有連皮一起水煮，香氣也不會有變化。

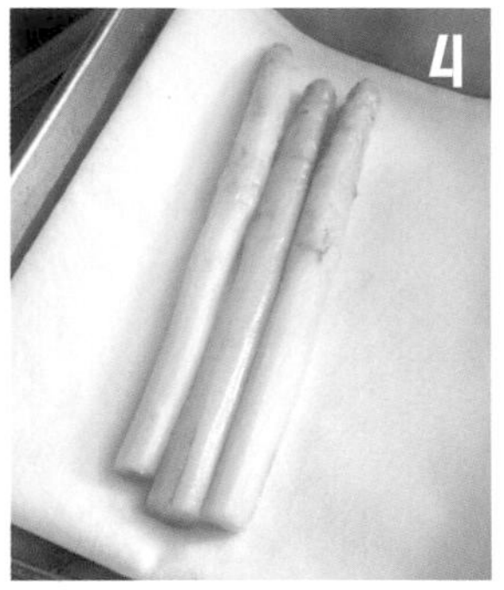

取出蘆筍之後瀝乾水分。放涼之後存放在冷藏室。

＊不泡在冷水中冷卻。熱氣消散之後表面就會變乾，品嚐時就不會有水分很多的感覺。

● 馬爾他醬汁

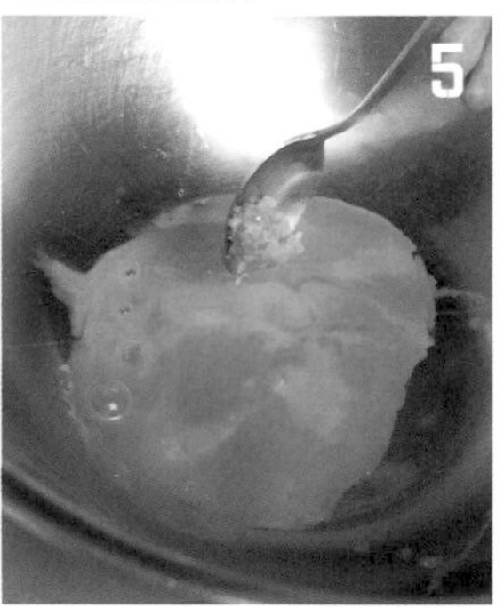

將蛋黃2個份、白酒煮紅蔥頭、柳橙汁放入缽盆中，攪拌均勻之後以小火加熱。

一邊加熱一邊用打蛋器畫8字形打發起泡。

＊使用尺寸適合缽盆大小的打蛋器，就可以很有效率地打發起泡。

打發至缽盆裡留下打蛋器的痕跡為止。

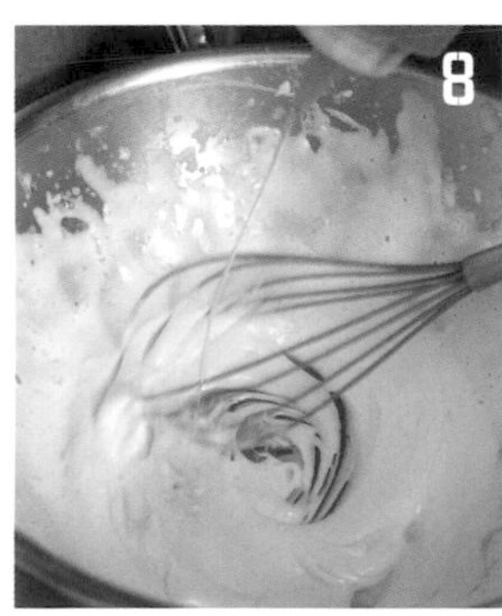

拌入橄欖油，增添香氣和光澤。

＊以奶油來替冷製的醬汁增添香氣和光澤的話，會凝固成零零碎碎的結塊。

加入鹽、白胡椒、檸檬汁攪拌，為醬汁調味。

移入容器中，放在冷藏室冷卻。可以使用到隔天。接到客人點餐之後，將白蘆筍盛盤，再淋上冰涼的醬汁。

美乃滋拌蘋果根西洋芹蟹肉沙拉

Rémoulade de celeri-rave aux pommes et crabes

馬鈴薯沙拉是否要加入蘋果？糖醋豬肉裡面有沒有鳳梨？究竟水果可不可以入菜？這樣的討論，即使隨著時代的變遷，都一直是爭論不休、沒有結論的議題。
對日本人來說，水果稱為「水菓子」（意為水分多的甜點），把定位成甜點的水果用來製作料理，也許確實有人喜歡，有人不喜歡，卻可以呈現出已經變得有點曖昧不明的季節感和耳目一新的感覺。
法文Rémoulade指的是以美乃滋調拌而成的料理。根西洋芹和蟹肉的契合度高，裡面再加入有著酸味、口感和微弱甜味的蘋果，成為很適合作為用餐開場時的前菜。當然，主角是蟹肉，而用來提引出蟹肉鮮美的則是根西洋芹和蘋果。這道沙拉如果不加入蟹肉，也可以當成法式肉凍的配菜。

根西洋芹。英文是celeriac，法文是céleri-rave。這裡使用的是澳洲產的根西洋芹（5月攝影）。除了生食也適合在水煮之後細細過濾，做成泥或煮成濃湯。

（容易製作的分量）
根西洋芹 — 1/4個
蘋果 — 1個
松葉蟹剝散的蟹肉
— 50g
鹽 — 2撮
美乃滋（→34頁）
— 滿滿2大匙
蒔蘿葉（切成碎末）
— 1小匙
保樂茴香利口酒 — 5cc

根西洋芹縱切成一半。

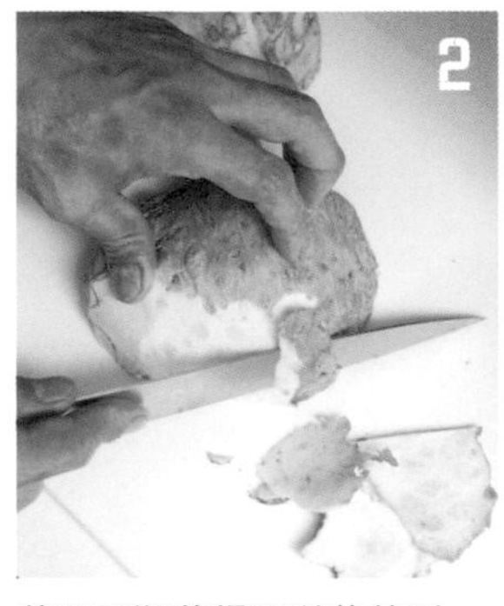

將刀子順著根西洋芹的弧度削皮。

＊因為體積大，質地又硬，所以像這樣削皮比較有效率。皮可以當作香味蔬菜使用。

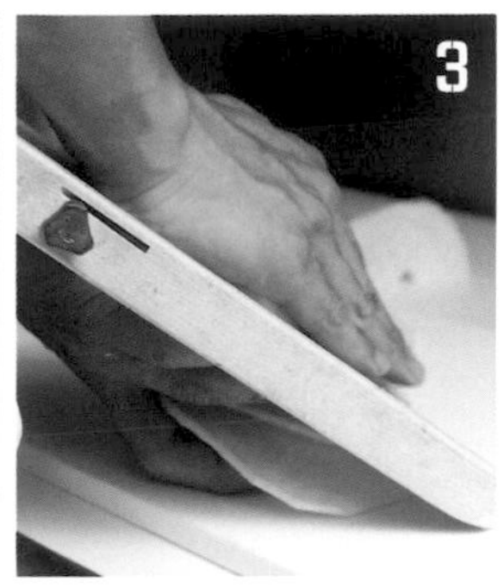

以BENRINER萬能蔬菜調理器刨成1～2mm薄片。

＊日本製造的BENRINER萬能蔬菜調理器，在歐美國家也是很受歡迎的調理器具。比起Mandoline切片器，使用上更方便。

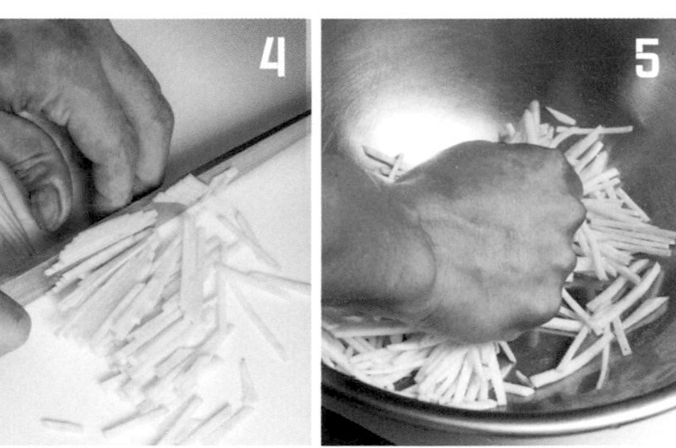

將根西洋芹一片片稍微錯開位置排列在一起，從一端開始切成細絲。

移入缽盆中，加入2撮鹽之後用手揉拌，使根西洋芹變軟。存放在冷藏室。前置作業到此結束。

＊揉拌可以破壞蔬菜的纖維，去除水分。

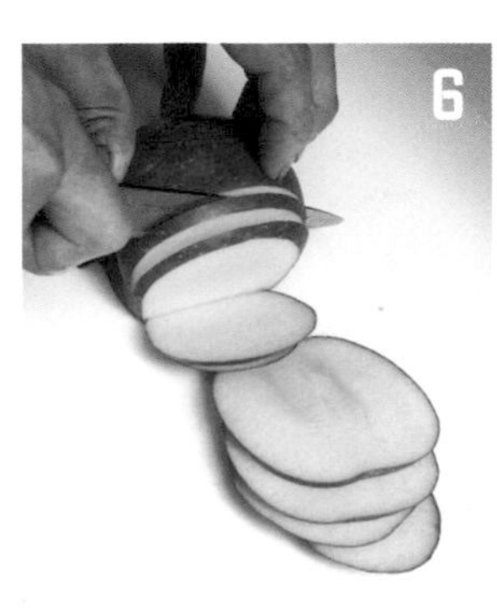

蘋果直接帶皮切成薄片。

然後將蘋果片切成細絲。

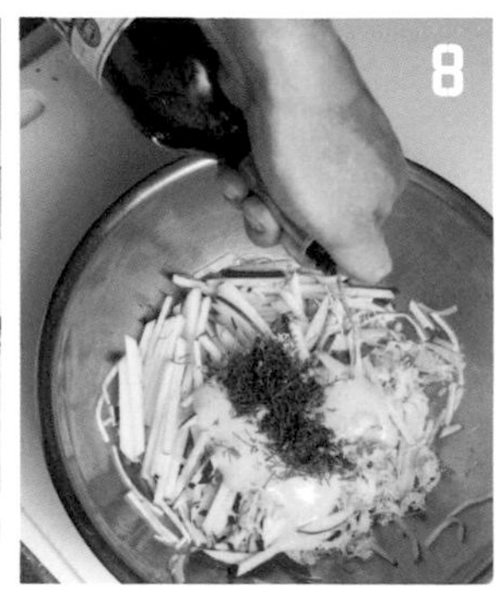

將**5**的根西洋芹、**7**的蘋果、松葉蟹肉、美乃滋、蒔蘿葉、保樂茴香利口酒放入缽盆中調拌。盛盤。

帆立貝葡萄柚綠蘆筍塔布勒沙拉

Taboulé de coquilles Saint-Jacques, pamplemousse, asperges vertes

葡萄柚與螃蟹和蝦等甲殼類、貝類的味道很契合。因為海鮮充滿礦物質的獨特香氣和柑橘的酸味所形成的對比，是絕妙的天作之合。即使水果能夠以糖漬、熬成果醬，或單純地添加砂糖等方式補足甜度，水果原有的酸味也無法以調味料來彌補。
使用水果製作料理或糕點時，要用什麼方法處理該水果的果汁成為重點所在。只要時間一久，水果的水分滲出來，味道就會失衡，已經決定好的味道隨著時間過去而產生變化，外觀也會變得不好看。因此，像粗粒小麥粉（semoule）這種可以吸收水分的素材，非常有用。也可以把粗粒小麥粉替換成義大利麵，或是米沙拉所用的米來製作。

（1人份）
綠蘆筍 — 3根
帆立貝貝柱 — 5個
葡萄柚 — 1個
粗粒小麥粉（庫斯庫斯）
　— 100g
薄荷枝葉 — 10根
檸檬汁 — 1/2個份
魚露 — 15cc
鹽、黑胡椒 — 各適量
橄欖油 — 適量

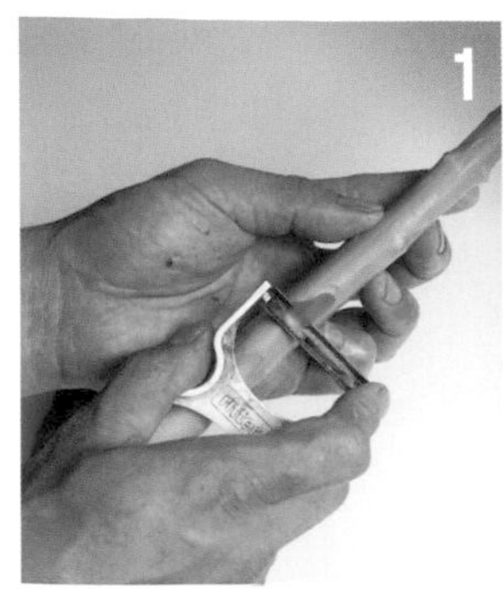

以削皮刀削除蘆筍根部的硬皮。

準備一個蘆筍可以直接放進去的廣口鍋，將熱水煮滾之後，加入鹽，然後將蘆筍從根部開始煮。停頓一下再全部放入滾水中。

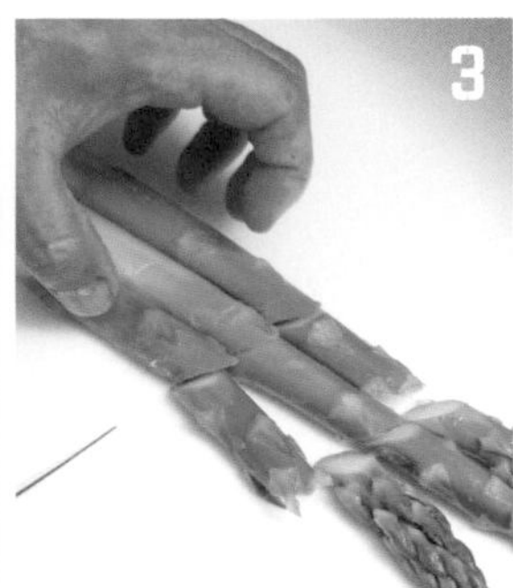

取出蘆筍之後瀝乾水分，切成一口大小的長度。

將帆立貝貝柱斜切，毫無重疊地排列在鋪有烘焙紙的烤盤上，撒上鹽、黑胡椒，淋上橄欖油。

＊保留帆立貝的咬勁切成適當的厚度。

放入250℃的烤箱中烘烤3分鐘左右，加熱成半熟狀態。照片為烘烤完成的帆立貝貝柱。

＊雖然表面稍微泛白，但是貝肉還是保留透明感。

將葡萄柚逐瓣取肉（→41頁）。

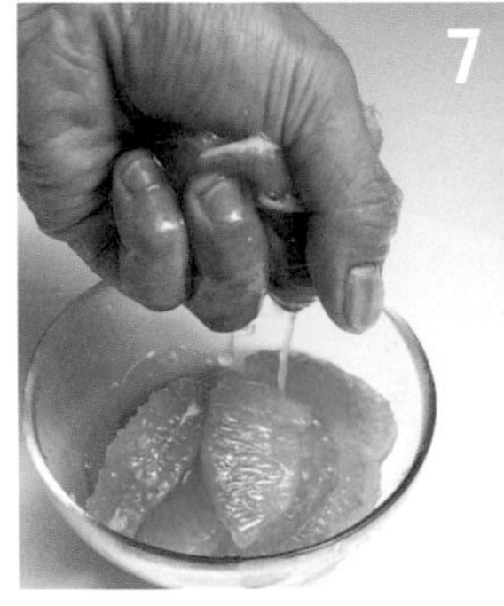

從已經取下果肉的果囊擠出果汁。

粗粒小麥粉放入缽盆中，倒入同量的滾水。覆蓋保鮮膜之後，放置5分鐘。

在8的缽盆中加入蘆筍、葡萄柚和葡萄柚汁、帆立貝的貝柱和烤汁。

加入切成粗末的薄荷葉10根份、檸檬汁1/2個份、魚露15cc、橄欖油30cc、黑胡椒。

用手輕輕攪拌之後盛盤。

布拉塔乳酪番茄草莓沙拉

Salade de tomate et fromage Burrata,fraises

雖然草莓是水果，但是事實上草莓不全是甜的，經常都還要靠煉乳或蜂蜜來調味。酸味明顯，不能利用砂糖補足甜度的草莓，也很難用來製作糕點。

但是這個酸味適合用來製作成料理。將草莓當成蔬菜看待的話，其酸味就具有獨一無二的魅力。譬如，搭配番茄的話，不會有格格不入的感覺。有道義大利料理稱為「卡布里沙拉」（Caprese salad），如果在番茄的酸味和乳酪的濃醇、羅勒和沙拉油這個基本組合當中拌入了草莓，就會頓時化身為春意盎然的料理。

根據那個時期的素材味道，要如何來製作呢？只要學習料理和糕點的廚師具有靈活富彈性的發想力，就能做出不同創意的料理。

不只是草莓，凡是帶有酸味的蜜柑等柑橘類、蘋果，和芒果等熱帶水果也很適合。反過來說，沒有酸味的水果，例如香蕉和西洋梨等，因為以甜度為先，所以不適合這道料理。

草莓上市的時期是從冬季到初夏，時間相當長。從北海道到沖繩，栽培範圍非常廣泛，品種相當多，各個品種的味道、大小和形狀都不一樣。照片是日本栃木縣產的「栃乙女」品種。

（1人份）
草莓（縱切2等分）— S尺寸7顆份
水果番茄（切成8等分的瓣形）— 1個份
紅蔥頭（切成碎末）— 1個份
橄欖油漬大蒜（→42頁）— 1/2小匙
羅勒 — 2根
鹽、黑胡椒 — 各適量
雪莉酒醋 — 5cc
橄欖油 — 30cc
布拉塔乳酪 — 1個

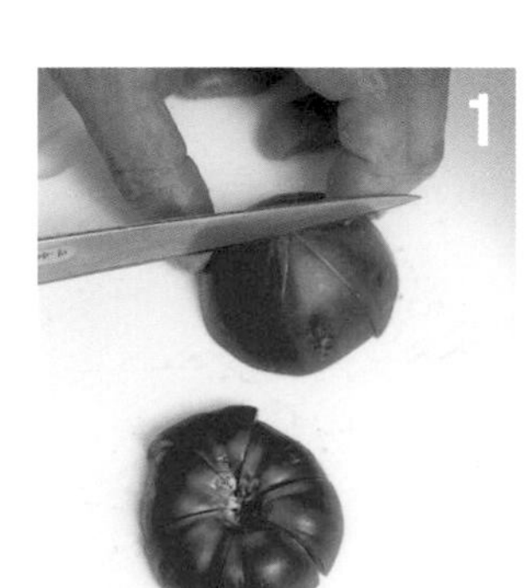

1 草莓縱切成一半。番茄橫切成一半之後，分別切成8等分的瓣形。

2 將紅蔥頭、橄欖油漬大蒜、切成粗末的羅勒、番茄、草莓放入缽盆中。

3 加入鹽、黑胡椒、雪莉酒醋、橄欖油。

4 用湯匙攪拌，乳化成如照片所示的程度。立刻盛盤，添加布拉塔乳酪之後即可端上桌。

＊以在缽盆中製作沙拉醬汁的感覺來攪拌。

麵包店的馬鈴薯

Pommes de terre boulangère

法文原名就是「麵包店的馬鈴薯」的意思。農民在出門從事農事作業之前，將馬鈴薯放入鍋子裡，然後寄放在麵包店，利用爐灶的餘燼烘烤，等到回家時再順路去領回來，是一道真的充滿法國風情，有合理故事背景的料理。

這道料理的美味本質在於口感。以烤箱慢慢烘烤的過程中，馬鈴薯吸收煮汁，表面的水分漸漸蒸發之後，像瓦片屋頂一樣捲起來，變得酥脆，而內部則是入口即化，馬鈴薯的甜度很明顯。儘管如此，以湯匙舀取時，並沒有剩下那麼多水分。有著這樣的對比是最理想的成品。

這道料理與知名的多菲內焗烤馬鈴薯（Dauphinoise）有個共通點，也就是倒入的液體分量是重點所在。煮汁太多的話無法烤出濕潤緊密的馬鈴薯，煮汁太少的話最後鍋底會煮焦。

利用馬鈴薯的澱粉質將全體黏結在一起，慢慢地加熱之後轉化為甜味。在計算要添加的馬鈴薯之後決定鹽的用量等，這類流程中的小差異會使做出來的料理有所不同，所以希望大家正面迎向馬鈴薯的挑戰。

（長徑30cm×短徑26cm×高6cm的橢圓形焗烤盤1份）

馬鈴薯（五月皇后、2mm厚的薄片）— 8個份（1個180g）
洋蔥（3mm厚的薄片）— 1個份（300g）
培根（3mm方形的細長條）— 140g
奶油 — 20g＋50g
鹽 — 1小匙
肉汁清湯（→27頁）— 600cc
百里香葉子 — 2撮
月桂葉 — 2片
橄欖油漬大蒜（→42頁）— 適量

將洋蔥、培根和奶油20g放入廣口鍋中，以小火炒到洋蔥變軟。

＊如果是口徑很大的廣口鍋，就能在短時間內均等地炒軟。

炒軟之後加入鹽1小匙左右，預先調味。

加入肉汁清湯。

加入百里香、月桂葉之後以大火煮滾。

＊百里香的莖會殘留在口中，所以只將葉子撕碎加進去。

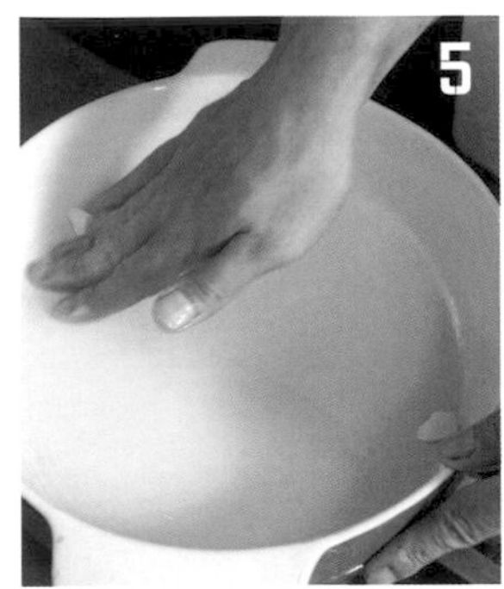

在焗烤盤的內側塗抹奶油（分量外），上面再將橄欖油漬大蒜抹開。

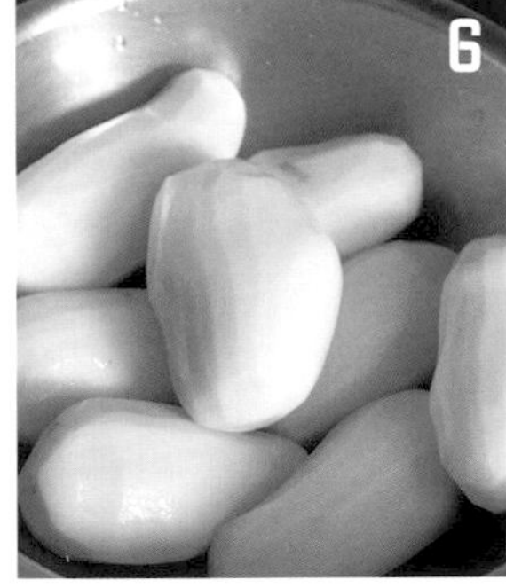

馬鈴薯先削皮備用。

＊不需要泡水。想要澱粉質的時候，如果將馬鈴薯泡水，澱粉質會流失。要油炸的話，因為希望去除澱粉質，所以要泡水，然後充分擦乾水分。

將BENRINER萬能蔬菜調理器架在焗烤盤的上面，一邊將馬鈴薯切成2mm厚的薄片，一邊先將6個份的馬鈴薯填入焗烤盤。

將**4**的鍋煮乾水分直到變成如照片所示的程度。

＊收乾煮汁直到看得見洋蔥和培根。

倒在**8**的馬鈴薯上面。

以BENRINER萬能蔬菜調理器從上方將馬鈴薯切成2mm厚，覆蓋在表面，以免培根烤焦。

將奶油50g剝碎之後放在上面。

最後以200℃的烤箱烘烤30分鐘。

＊鐵籤可以毫無阻力地插到下方，而且表面的馬鈴薯酥脆地捲起來，烤出看起來很美味的焦色時，就是烘烤完成了。

洋食

日本的洋食是以從幕府末期明治期間，在長崎十分盛行的西洋料理為開端，而後調整成「適合日本人」的西洋料理。
若要清楚展現「適合日本人」的特色，就是很適合搭配米飯。總之，西洋料理是搭配麵包，洋食的話，則是用來配飯的菜餚。
當然，因為洋食的定位是適合日本人的菜餚，所以在調味料方面，大量採用了醬油、伍斯特醬和番茄醬等，作為在日本特有的料理類型完全確立。雖然洋食的歷史尚短，但是作為昭和時代的懷舊象徵，成為印刻在日本人的DNA中令人懷念的味道，十分有意思。
因為1960～70年代在法國當地展開的，發揮素材本質的新潮烹調（Nouvelle Cuisine）運動興起，多蜜醬汁（西班牙醬汁）和貝夏梅醬汁等消除素材感的厚重醬汁遭到排除，而日本的洋食最後進化到與法國料理界劃清界線，至今多蜜醬汁、白醬還蓬勃發展成兩大重要醬汁。在本國已經沒有人製作的料理，卻在遠東的國家得以延續下去，不是很令人欣慰嗎？

綜合炸物

把它想成炸物＝cutlet。所謂cutlet，說的是像炸小牛排一樣，沾裹麵包粉之後嫩煎而成的料理。在日本，提到cutlet的話，指的是像以炸豬排為代表，用油去炸的料理，但這是日本獨自進化創造出來的料理。
那麼，說到綜合炸物，並沒有明確的定義，肉、海鮮、蔬菜等，不論是什麼、有幾種炸物盛裝在同一個盤子裡面都可以。在這裡要介紹三種具代表性的炸物。
蟹肉奶油可樂餅是在煮得較硬的貝夏梅醬汁中拌入配料，待冷卻凝固之後沾裹麵包粉下鍋油炸，依照這樣的步驟製作。貝夏梅醬汁加熱之後當然會變得黏稠柔軟，所以餡料有可能在油炸的時候流出來。因此，蟹肉奶油可樂餅的麵包粉，請盡量使用細粒的麵包粉，均勻緊密地將餡料包覆起來。如果「沾裹2次」麵包粉的話，就可以減少失敗的機率。
蝦子在加熱時會收縮成圓形，造成麵衣脫落，但是如果先在腹側斜斜地切入切痕，就能炸出筆直的蝦子，所以麵衣就不容易掉下來了。
牡蠣因季節或品種的不同，有時尺寸很小。遇到這種情形時，就在沾裹麵粉的時間點將2顆牡蠣湊在一起，然後沾裹麵包粉就可以了。

蟹肉奶油可樂餅
（容易製作的分量）

- 貝夏梅醬汁*（→36頁）
- 洋蔥（順著纖維切成薄片）— 150g
- 蘑菇（切成薄片）— 10個份
- 甜玉米（粒狀）— 100g
- 白酒 — 150cc
- 蟹碎肉 — 200g
- 鹽 — 1小匙
- 白胡椒 — 適量
- 肉豆蔻粉 — 少量

炸蝦（1人份）

- 蝦 — 2尾
- 鹽、胡椒 — 各少量

炸牡蠣（1人份）

- 牡蠣（去殼）— 2個

麵衣（高筋麵粉、蛋液、乾燥麵包粉、生麵包粉各適量）
炸油 — 適量

塔塔醬、炸豬排醬

*以奶油100g、高筋麵粉130g、牛奶1公升製作而成的貝夏梅醬汁，使用全量。

●蟹肉奶油可樂餅

將配料中的洋蔥、蘑菇、甜玉米、白酒放入鍋中，開火加熱。

煮乾水分直到水分消失之後，加入鹽、白胡椒、肉豆蔻粉調味，然後拌入貝夏梅醬汁中。

加入蟹碎肉後攪拌均勻。

倒入長方形淺盆中推平填滿，上面緊貼著保鮮膜，然後放在冷藏室中1個晚上使整體變得緊實。
＊在均等地分切成塊時會變得比較容易。

均等地分切成塊。

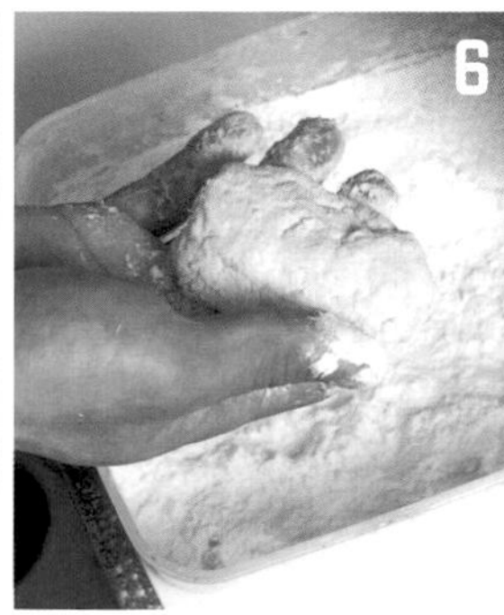

整理成圓筒狀之後沾裹高筋麵粉。

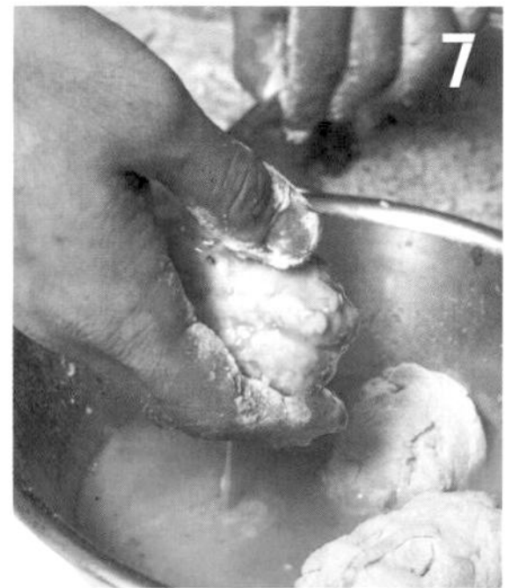

迅速浸泡一下蛋液後，沾裹細粒的乾燥麵包粉，然後再次迅速泡一下蛋液。
＊餡料很柔軟所以要沾裹2次蛋液，加強麵衣的堅固程度。

再次放在麵包粉中滾動，調整形狀。

●炸蝦

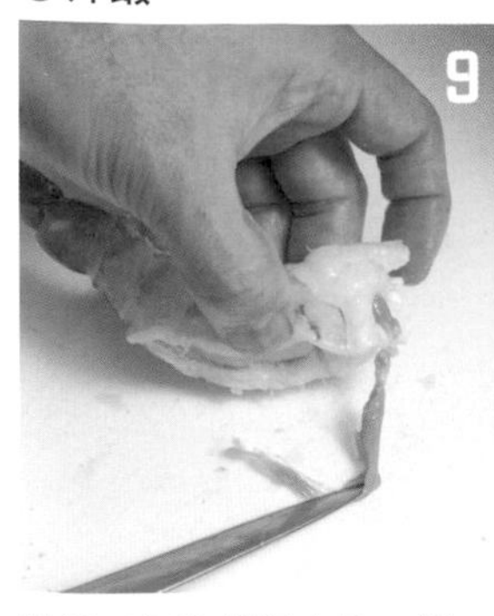

將蝦子切除蝦頭之後，剝除蝦殼，然後在背側切入切痕，挑除腸泥。

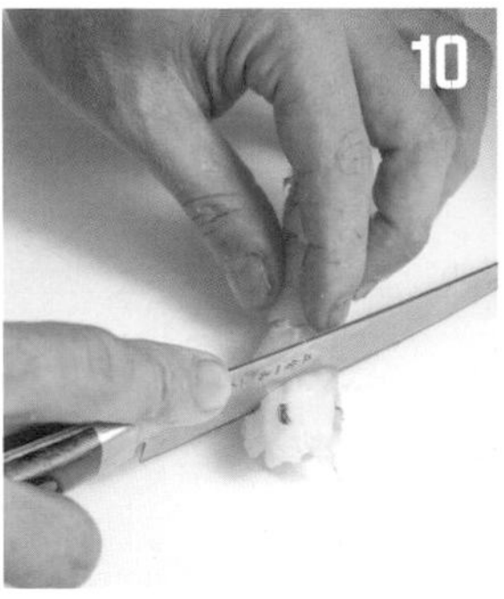

在蝦身的內側斜斜地切入數道較深的切痕，使蝦子變得筆直。

＊因為蝦子變長所以看起來變大了，而且因為蝦子是筆直的，麵衣變得不容易剝落。

稍微撒點鹽、胡椒之後，沾裹高筋麵粉，然後迅速浸泡一下蛋液。

將蝦子埋在生麵包粉中輕輕按壓，然後拍除多餘的麵包粉。

＊麵包粉像是擺放在蝦上面的感覺。

●炸牡蠣

擦乾牡蠣的水分之後，沾裹高筋麵粉。

牡蠣迅速浸泡一下蛋液，連皺褶都沾到蛋液之後，甩掉多餘的蛋液。

＊拿著牡蠣的一端，輕輕旋轉，就能甩除蛋液。

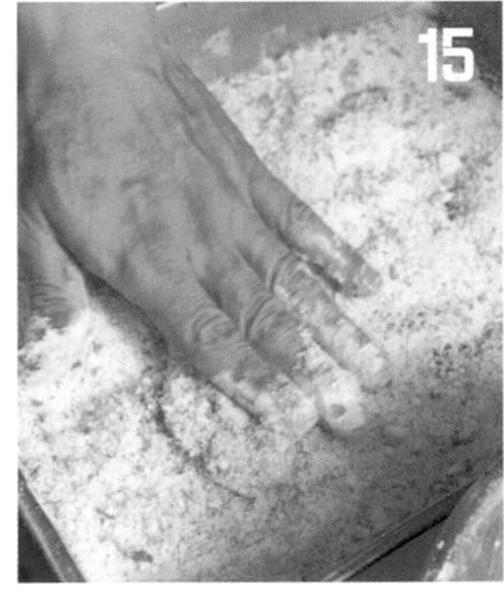

沾裹生麵包粉。以輕輕按壓的方式均勻地沾裹。

●油炸

以180℃的炸油依照順序炸蟹肉奶油可樂餅、蝦、牡蠣。

炸成看起來很可口的焦色之後，從鍋中取出，瀝乾油分。

＊蟹肉奶油可樂餅要炸到奶油白醬裡面都變熱為止。也可以在炸過之後放入烤箱中加熱。

分別利用餘溫加熱2分鐘之後盛盤。附上塔塔醬和炸豬排醬。

炸肉餅

我對於炸肉餅有種特殊的情懷。曾經受母親之託去商店街的肉店採買，在回家的路上，邊走邊吃剛炸好的可樂餅或炸肉餅作為跑腿的報酬，是一種暗自欣喜的快樂。因此，我希望可樂餅或炸肉餅不附醬汁，而是好好地將餡料調味。

在綜合絞肉當中，決定拌入其中的調味絞肉的比例。在這個調味用的絞肉中，添加足以概括全體肉量的濃厚味道之後，先讓它完全冷卻，然後均勻地混入剩餘的絞肉中。將絞肉成形之後製作成炸肉餅。

因為餡料有幾成的比例已經加熱完成，所以油炸的時間比起全部用生肉製作的炸肉餅要來得短。而且如果將液體調味料全部拌入生肉中，肉餡會變得不易黏結，但是如果將一部分的絞肉煮乾水分之後才拌入生肉中，就可以將全體均勻地調味。調味絞肉的比例從3成，最多也只到占半量而已。如果超過這個比例，會很難黏結在一起，也無法乳化，口感會因而變得乾巴巴的。調味絞肉的調味料依個人喜好調整也很有意思。

（容易製作的分量）
綜合絞肉 — 700g
全蛋 — 2個
生麵包粉 — 20g
牛奶 — 20cc

調味絞肉
- 綜合絞肉 — 300g
- 洋蔥（切成碎末）— 150g
- 沙拉油 — 10cc
- 砂糖 — 20g
- 味醂 — 50cc
- 炸豬排醬 — 60cc
- 濃口醬油 — 50cc

麵衣（高筋麵粉、蛋液*、生麵包粉各適量）
炸油 — 適量
鹽 — 適量

*以鹽、胡椒預先調味備用。

● 調味絞肉

將沙拉油均勻地分布在平底鍋中，炒洋蔥。

洋蔥稍微變軟之後，加入綜合絞肉300g一起炒。

＊綜合絞肉絞成粗粒，就能吃到像肉的感覺。

將絞肉在鍋壁上以一邊煎一邊撥散的感覺去炒。

＊為了均等地混入餡料的生肉中，所以先撥散絞肉。

將絞肉撥散變細之後，加入砂糖、味醂煮乾水分，收乾汁液之後加入炸豬排醬、濃口醬油，充分煮乾水分。

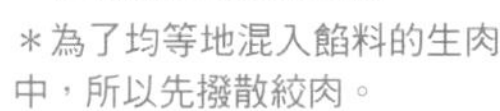

攤開在長方形淺盆中讓絞肉完全放涼，然後放在冷藏室中冷卻。

● 餡料

將綜合絞肉700g放入攪拌機中以攪拌勾攪散之後加入調味絞肉一起攪拌。

將全蛋、生麵包粉、牛奶加入**6**之中。

充分攪拌至產生大約像這樣的黏性。

＊直到肉的纖維糾結在一起。

取出餡料100g，攏整成團之後沾裹高筋麵粉，然後在以鹽、胡椒預先調味過的蛋液中迅速浸泡一下。

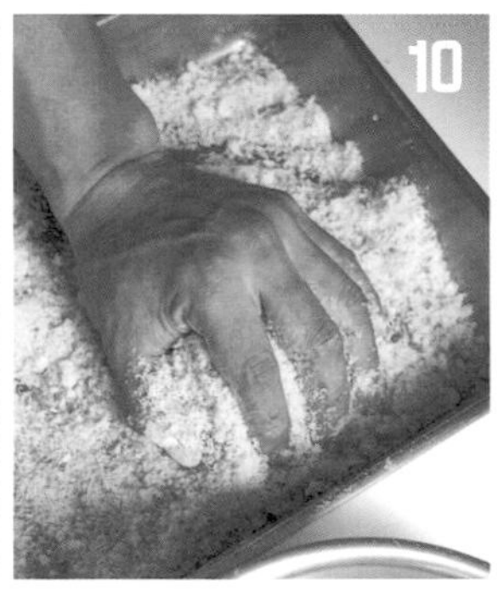

埋在生麵包粉中，均勻地沾裹。因為肉餡很柔軟，所以一邊成形一邊沾裹生麵包粉。

● 完成

放入160℃的炸油中，中途數度翻面，炸出淺淺的焦色之後取出炸肉餅，瀝乾油分。放置2分鐘，利用餘熱加熱。

最後以180℃的炸油炸得很酥脆之後，瀝乾油分。

＊為了升高到吃起來很美味的溫度，最後再炸一次。焦色也變得稍深一點。一旁附上鹽之後端上桌。

俄式燉牛肉

這道料理的重點在於不要慢吞吞，要一鼓作氣製作完成，把肉煮得軟嫩。
肉的方面，使用牛肉為佳。雖然成本變高，但是以腰內肉製作的話，味道最棒。這裡是使用橫隔膜肉來製作，但是用腿肉也可以。不論使用哪一種肉，肉的加熱以在短時間內接近粉紅色的狀態完成是毫無異議的。
調味的主體只有多蜜醬汁和鹽、胡椒，而濃郁的香氣和高雅的甜味則來自干邑白蘭地和馬德拉酒。添加了令人意識到東歐風味的紅椒粉作為提味之用，做出層次複雜的味道。
這道菜的起源眾說紛紜，沒有明確的定義，雖然含糊不清，卻因而能夠隨心所欲地創作。
以法式料理的角度來看，此形式是沿用了「搭配米飯」這個洋食的定義。

（1人份）
牛橫隔膜肉（已經清理乾淨）— 100g
洋蔥（順著纖維切成薄片）— 70g
蘑菇（切成3mm厚的薄片）— 50g
鹽、胡椒 — 各適量
紅椒粉 — 適量
高筋麵粉 — 3g
奶油 — 10g
干邑白蘭地 — 15cc
馬德拉酒 — 30cc
多蜜醬汁（→35頁）— 100cc
鮮奶油 — 10cc

荷蘭芹（切成碎末）— 適量

●肉的準備

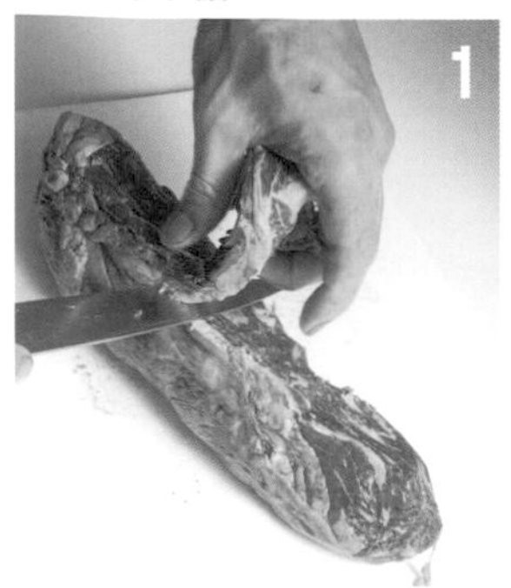

以刀子剝離牛橫隔膜肉的筋或多餘的脂肪。

＊原本是以腰內肉製作，但是橫隔膜肉的價格合理，味道也不會比腰內肉差。

切斷纖維，切成細長條。

＊肉的嚼感變好。

●熱炒

將肉撒上預先調味程度的鹽、胡椒，以及較多的紅椒粉，均勻地全面沾裹。

裹滿高筋麵粉。

＊雖然多蜜醬汁已經增添了濃度，但是配料的水分會稀釋醬汁。如果煮乾水分直到變成適度的濃度，肉會加熱過度，所以不要煮乾水分，改以麵粉補足濃稠感。

將奶油放入平底鍋中加熱融化，加熱到稍微上色，開始泡出氣泡之後，放入肉，以大火加熱。

不要太常翻動肉，將肉煎上色，當呈現半熟狀態時取出。

平底鍋不用洗，直接用來炒洋蔥和蘑菇。

＊這裡為了炒出甜味使水分濃縮，但要注意避免失去口感。

將6的肉和肉汁、油脂倒回7的鍋中。

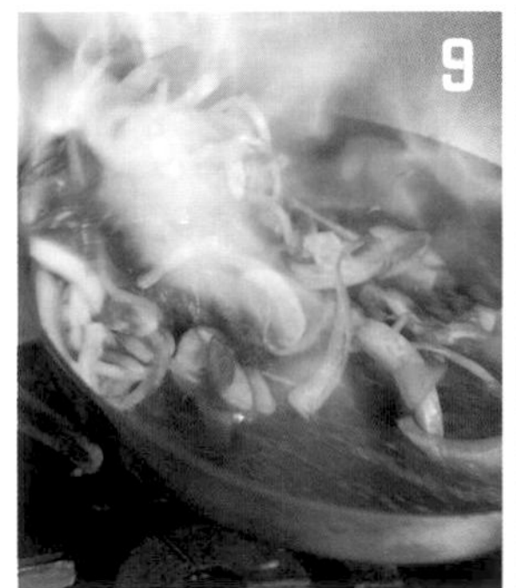

倒入干邑白蘭地，使酒精成分蒸發。待火焰完全消失之後加入馬德拉酒，然後以大火一口氣煮乾水分直到剩下半量。

＊火焰消失代表酒精已經完全蒸發了。

●完成

在鍋中加入多蜜醬汁，加熱溶化。

煮滾之後以畫圓的方式加入鮮奶油，然後關火。

＊為了好好利用鮮奶油的風味不要加熱過度。

完成。盛盤之後撒上荷蘭芹即可上桌。

高麗菜卷

在法式料理中有一道名為「高麗菜包肉（Chou Farci）」的料理。那是將整顆高麗菜用水煮過之後，剝下一片片的菜葉，在菜葉和菜葉之間塞入絞肉等，然後恢復成高麗菜原來的形狀燉煮而成的奧維涅地區鄉土料理（請參照拙作《蔬菜料理200》誠文堂新光社出版）。那道料理的分量的確太大了。以做出每份為1人份的高麗菜卷這點來看，在1片高麗菜葉中塞滿肉餡，然後放入醬汁中燉煮，在各方面都比較容易製作。
製作每份為1人份的高麗菜卷時，重點在於包捲菜葉的方法。詳細的作法請參考照片。以長時間燉煮將高麗菜卷煮軟，直到高麗菜葉快要煮爛為止，而只要學會即使燉煮到那個程度高麗菜葉也不會散開，依然保持形狀完整的包捲方法，之後只要試著更換醬汁，或是將肉餡換成海鮮的魚漿製品，就可以隨心所欲發展出很多變化。
煮汁方面，一般都是使用番茄類煮汁，但是當然也可以使用多蜜醬汁，或是使用煮乾水分2次的澄清湯做出輕盈的口感。

（容易製作的分量）

- 高麗菜 — 1個
- 鹽 — 適量
- 肉餡
  - 綜合絞肉 — 2kg
  - 全蛋 — 3個
  - 肉豆蔻粉 — 少量
  - 鹽 — 24g（12g/kg）
  - 黑胡椒 — 少量
  - A*（生麵包粉50g、牛奶50cc）
- 炒洋蔥（→42頁） — 尖尖1大匙
- 橄欖油漬大蒜（→42頁） — 1大匙
- 整顆番茄罐頭 — 400g
- 白酒 — 200cc
- 肉汁清湯（→27頁） — 200cc
- 月桂葉 — 3片

*將生麵包粉浸泡在牛奶中而成。

●肉餡

在攪拌盆中放入綜合絞肉、全蛋、肉豆蔻粉、鹽、黑胡椒、A，以攪拌勾攪拌。

充分攪拌，直到肉的纖維糾結，可以牽絲的程度。

●包餡

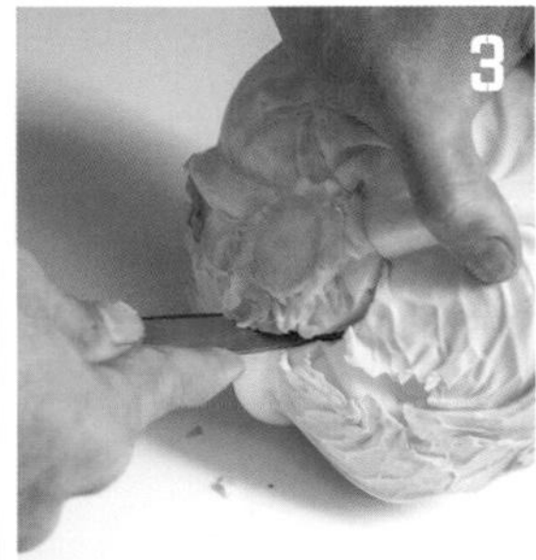

將小刀插入高麗菜心的周圍，呈圓錐形挖除菜心。

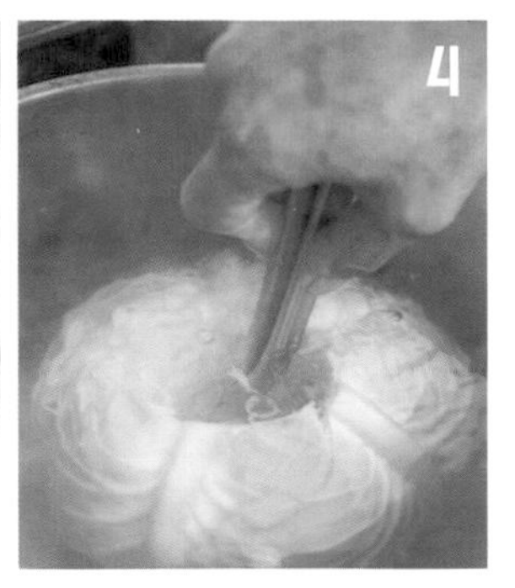

將熱水煮滾之後加鹽，然後將整顆高麗菜沉入滾水裡面。

＊壓住高麗菜它沉入水中，直到熱水進入菜葉之間，不再咕嚕咕嚕冒出氣泡為止。

將菜葉1片片剝下來，取出，朝下放置瀝乾水分。以布巾等夾住，好好地擦乾水分。

＊不需要把菜葉煮軟。只要柔軟度可以將肉餡包捲起來就OK了。

將高麗菜厚厚的葉脈削薄。內側朝上，放上70g的肉餡，包起來。

＊削掉的部分保留備用。

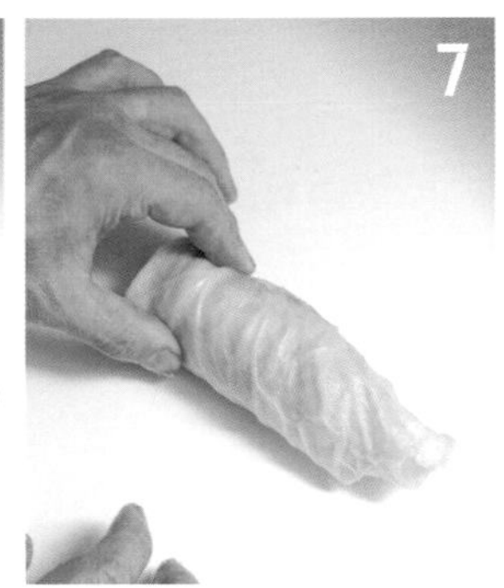

從近身處將菜葉捲了1卷之後，把左側的菜葉蓋上來，然後捲起來。

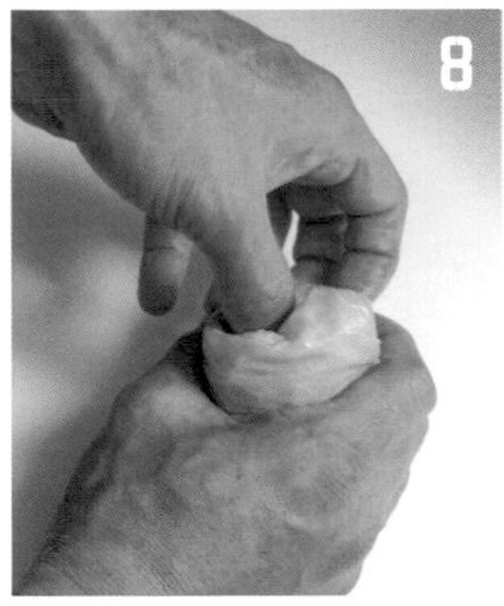

另一端的菜葉，用拇指壓入裡面。

＊像這樣捲起來就不會散開。

●燉煮

將炒洋蔥和橄欖油漬大蒜放入鍋中炒。

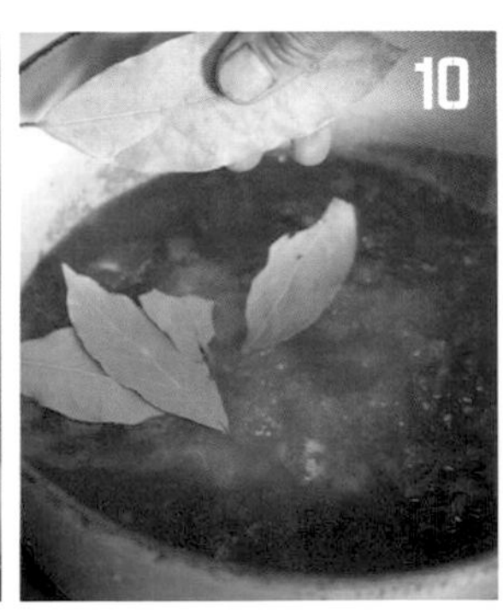

用手捏碎整顆番茄加入鍋中，然後加入白酒、肉汁清湯、月桂葉，煮滾。

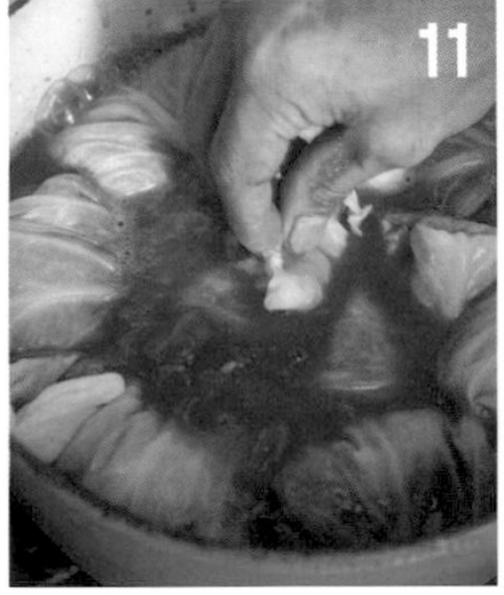

煮滾之後將高麗菜卷毫無空隙地塞滿在鍋中，空出來的部分以小片的菜葉或在6切下的葉脈等填滿。

＊塞得滿滿的，就能以很少的水分燉煮。

蓋上鍋蓋，以150℃的烤箱加熱，煮2小時之後，存放在長方形淺盆等容器中。要上菜時，先加熱，然後盛盤。

多蜜醬汁漢堡排

絞肉會有明顯的肉香。因此，如果使用牛肉100%的分量製作，很容易散發出牛肉的腥味，所以拌入豬肉似乎比較好。這個比例隨個人喜好而定，但一般認為大約以牛6：豬4的比例為其中一個標準。

說到漢堡排時，其中有一個關鍵詞就是「多汁感」，而創造出多汁感的是拌入絞肉中的脂肪，也就是水分。如果脂肪的比例多一點，用筷子分開漢堡排時，肉汁會從裡面溢出來，所以很多餐館會研發出獨門配方來製作漢堡排。在加工肉品的香腸單元中介紹過乳化的特性，請理解之後製作出自己想要的軟硬度和味道。

製作道地的多蜜醬汁，礙於設備方面、時間限制，不切實際，只好作罷。取而代之的是，以預設為若是法式料理店就會常備的小牛高湯為基底製作而成的多蜜醬汁（→35頁）。

多做一點備用的話，不只煎烤漢堡排，還可以應用在燉煮漢堡排或各種洋食的菜色上面。

肉餡（容易製作的分量）
- 綜合絞肉 — 2kg
- 全蛋 — 3個
- 肉豆蔻粉 — 少量
- 鹽 — 24g（12g/kg）
- 黑胡椒 — 少量
- A*（生麵包粉50g、牛奶50cc）

（1個份）
- 肉餡 — 180g
- 沙拉油 — 60cc
- 奶油（增添光澤和風味）— 20g

醬汁（2人份）
- 多蜜醬汁（→35頁）— 150cc
- 鮮奶油 — 15cc
- 奶油 — 30g

*將生麵包粉浸泡在牛奶中。

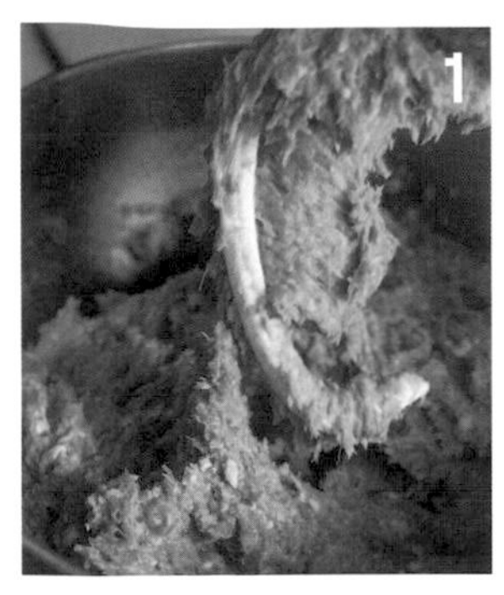

準備漢堡排的肉餡（與高麗菜卷的肉餡作法共通→261頁）。

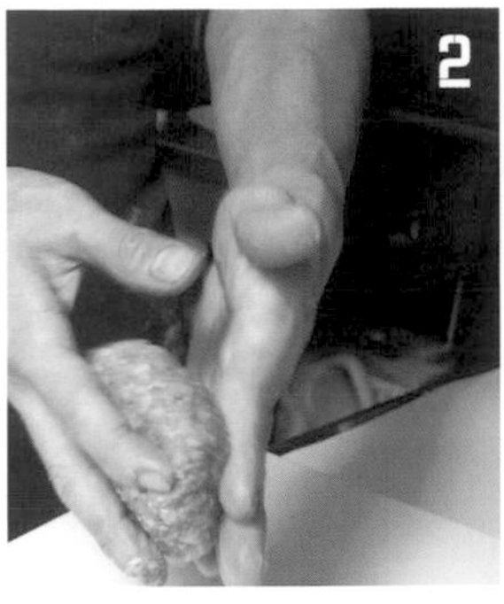

取出1個份的肉餡。以雙手的手掌拍擊，排出肉餡裡面的空氣。

＊在煎絞肉的時候，裡面的空氣會膨脹起來。將漢堡排做得很平滑，避免在表面造成縫隙或裂痕，在煎過之後就不容易裂開來。

按壓使肉餡的中心部分往下凹陷。

＊因為中心不容易煎熟，所以要做得比較薄。而且因為從周圍開始煎熟之後肉餡會收縮，使得正中央變高，所以一開始就先讓中心凹陷下去。

將沙拉油和奶油放入平底鍋中加熱融化，然後放入肉餡。

＊選用尺寸大小盡量不會讓各個肉餡之間有空隙的平底鍋。因為空隙部分溫度容易升高，所以肉餡的周圍便容易燒焦。

為了形成炸烤的狀態，使用大量的油，以小火煎肉餡，使肉餡均勻地上色。

煎出看起來很可口的焦色之後翻面。

＊不需要將表面煎硬。

兩面都煎出漂亮的焦色之後，從鍋中取出，移至附網架的長方形淺盆中。以250℃的烤箱加熱3分鐘之後取出，並利用餘溫加熱1分鐘。

●醬汁

將多蜜醬汁開火加熱，煮滾之後加入鮮奶油，再次煮滾。

加入固狀的奶油後關火，使奶油在醬汁中溶勻。

醬汁完成。

＊以醬汁燉煮7的漢堡排，就會變成燉煮漢堡排。

漢堡排盛盤，淋上醬汁。

如果想要
做出軟嫩多汁的
漢堡排……

增加綜合絞肉的脂肪吧！
加入澄清湯或
肉汁清湯！

歐姆蛋 佐多蜜醬汁

我很不擅長煎歐姆蛋。歐姆蛋在作法和味道方面大致上沒什麼不一樣，外觀很重要，也容易與他人比較。總之，我很不擅長在某件事上與他人一爭高下。儘管如此，在介紹洋食的時候是沒辦法避開歐姆蛋的。
本書中雖然沒怎麼介紹蛋料理，但是因為歐美國家沒有生食雞蛋的習慣，所以了解蛋的加熱狀況，就能更加深入理解蛋料理全體這點很重要。
蛋料理的本質是加熱溫度的理解。不是單純地將蛋打散之後捲起來就結束了，計算因對蛋的加熱而產生的餘溫之後，在蛋還有點生嫩（在熟度看來似乎恰到好處的前一個階段）的時候關火完成料理，這種感覺上的觀點很重要。
在廚房裡恰到好處的完成度，即使在很短的時間內送到客人面前，這段期間還是繼續在加熱，所以當客人享用的時候，歐姆蛋已經超過半熟，變成全熟的狀態當然也是有可能的。
將香料飯封在蛋裡面捲起來，這種類型的蛋包飯也是與歐姆蛋的操作方式相同。

（1人份）

- 全蛋 — 4個
- 鹽、砂糖 — 各2撮
- 白胡椒 — 少量
- 牛奶 — 50cc
- 奶油 — 25g

多蜜醬汁（→35頁）
— 60cc

將全蛋打入缽盆中。

加入鹽、砂糖、白胡椒、牛奶。

以打蛋器充分攪拌均勻，切斷蛋白的稠狀連結。

＊切斷蛋白的稠狀連結，直到順暢無阻。

將平底鍋加熱，鍋子變熱之後放入奶油。

＊將要用來盛裝的盤子放在一旁備用。

奶油融化之後倒入**3**的蛋液，以中火加熱直到蛋液快要變成褐色。

因為是從平底鍋的周圍開始加熱，所以用橡皮刮刀一邊剷下蛋液一邊攪拌。

下面開始煎熟之後，將蛋集中堆在平底鍋對向的那一半。

＊上面為尚未全熟的狀態。

用力敲擊平底鍋的握柄，利用對向的側面一點一點地將正反面翻面。

背面翻面之後的狀態。從這裡開始，繼續敲擊平底鍋的握柄，一點一點地調整歐姆蛋的形狀。

完成。上面要變成背面。

＊背面即使有接縫也沒關係。

●完成

將蛋盛入預先準備好的盤子中。利用平底鍋的側面，翻面之後盛盤。

將已經加熱的多蜜醬汁大量澆淋在歐姆蛋的上面。

＊也可以在多蜜醬汁裡面拌入鮮奶油和蘑菇等，在歐姆蛋上面澆淋番茄醬汁也很適合。

蝦仁焗烤通心麵

說起小時候偶爾的外食，就是在家庭餐廳用餐。在那裡品嚐蝦仁焗烤通心麵的回憶，即便有世代的差異，但應該不只是我個人的記憶。使用貝夏梅醬汁製作的料理是適合兒童的嗎？一點也不是，那是道地的法式料理。

說起來，正因為是使用奶油和麵粉炒成的油糊製作的醬汁，所以非常濃重。在古典的法式料理中，會在貝夏梅醬汁中拌入葛瑞爾乳酪和蛋黃，然後大量澆淋在上面做成焗烤料理。光是用想像的就覺得很沉重。會吃到貝夏梅醬汁的料理容易變得沉重，但是掌握配料和配料之間的媒介，將醬汁保留在最小限度，就能做出可以享用到毫不濃膩的奶油風味的料理。

因為是沒有酸味的醬汁，所以如果在配料的前置作業中加入白酒的酸味，或是採用番茄或番茄醬，就會變成現代風味的料理。

（容易製作的分量）
貝夏梅醬汁*（→36頁）
通心麵 — 100g
橄欖油 — 15cc
洋蔥（順著纖維切成薄片）— 150g
蘑菇（切成薄片）— 12個份
蝦仁 — 300g
白酒 — 80cc
鹽、白胡椒 — 各適量

*以奶油50g、高筋麵粉50g、牛奶500cc製作而成的貝夏梅醬汁，使用全量。

（1人份）
焗烤通心麵 — 250g
帕馬森乳酪 — 尖尖1大匙
葛瑞爾乳酪 — 尖尖1大匙
荷蘭芹（切成碎末）— 適量

首先製作貝夏梅醬汁，加入鹽、白胡椒之後充分攪拌均勻。為了避免醬汁的水分蒸發，上面覆蓋保鮮膜，緊貼著醬汁備用。

＊因為會在上面撒上乳酪，所以調味要減少分量。

通心麵以加了鹽的熱水煮過之後，瀝乾水分。全體沾裹橄欖油備用。

＊通心麵的前置作業可以先做到這個狀態。為了避免變乾，要放在冷藏室中保存。

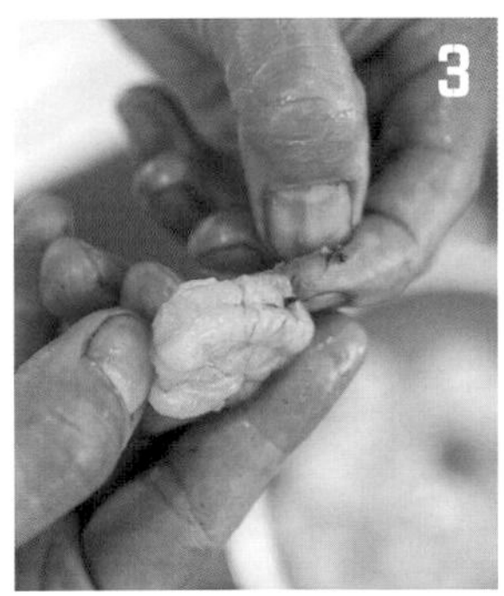

蝦仁挑除腸泥。

將洋蔥、蘑菇、蝦仁放入廣口鍋中，倒入白酒之後以中火加熱。

從配料中釋出了水分。

將釋出的水分收乾，使味道濃縮。

＊如果有水分殘留，貝夏梅醬汁會變稀。

將1的貝夏梅醬汁加熱，然後將2和6加入其中。關火之後充分攪拌均勻。

＊醬汁很濃稠就添加牛奶，很稀的話就稍微煮乾水分。

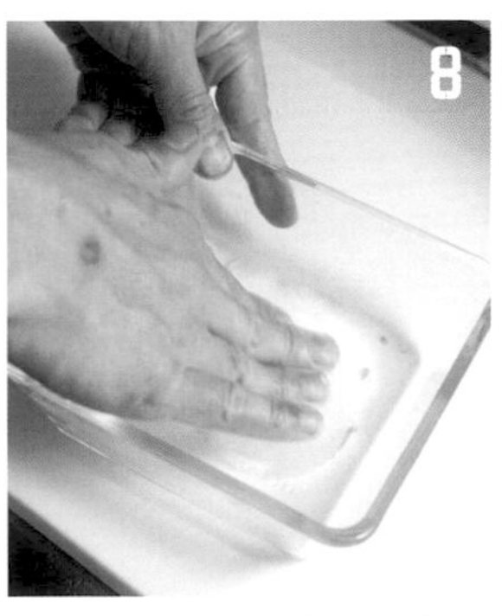

在焗烤盤的內側塗抹奶油（分量外）備用。

＊塗奶油是為了防止烤焦，也為了容易入口。

將7填滿8，然後撒上帕馬森乳酪和葛瑞爾乳酪。

＊在7還是熱騰騰的狀態時填裝在焗烤盤裡。因為一旦變涼了，還要花時間才會變熱，與此同時表面會烘烤過度，因而變硬。

以200℃的烤箱加熱10分鐘烤上色。撒上荷蘭芹之後端上桌。

焗烤洋蔥湯

所謂完美的料理，並非變成沒有要添加的東西，而是無法削減任何東西的狀態，不是嗎？
將琥珀色的洋蔥中加入肉汁清湯，放上長棍麵包，撒上大量的乳酪之後烘烤，這種簡單的步驟是永遠不變的。
重點在於，畢竟這是仔細萃取出來的，有著豐富肉味的肉汁清湯。雖然洋蔥使味道多添了深度，但是如果肉汁清湯不美味，不管加入什麼東西都不會變得美味。高明地萃取出清澈的肉汁清湯，即使煮乾水分也不會散發出腥味，但是因為浮沫或油脂造成混濁的肉汁清湯，一旦煮乾水分，令人討厭的雜味就會變得很明顯。
正因為是簡單的料理，才是真實展現基本技術的料理。
也可以將第2次澄清湯稍微煮乾水分之後，用來取代肉汁清湯。

（1人份）
肉汁清湯（→27頁）
— 500cc
炒洋蔥（→42頁）
— 60g
鹽、胡椒 — 各適量
長棍麵包（切成薄片）
— 3片
葛瑞爾乳酪 — 2把

取用肉汁清湯，以大火煮乾水分直到剩下半量。

煮乾到剩下半量之後，加入炒洋蔥，煮滾。

以鹽、胡椒調味，將味道調淡一點。
＊因為上面還要放上大量的乳酪，所以味道要調淡一點。

倒入獅頭碗裡面。
＊使用底部寬、碗口小的湯碗就不容易變涼。肉汁清湯要趁熱倒進碗裡。

放上3片長棍麵包。
＊因為長棍麵包的粗細不一，所以使用的片數以能夠覆蓋全部液面為準。

在長棍麵包的上面盛放大量的葛瑞爾乳酪。

以250℃的烤箱加熱10分鐘，趁熱騰騰時端上桌。

香料飯

香料飯（pilaf）的定義是將配料和米炒過之後，再以高湯炊煮而成的料理。從印度到中東都很常見，在土耳其是被稱為抓飯（pilau）的庶民料理。從阿拉伯隨著種稻技術一起傳到西班牙的海鮮燉飯（paella），似乎也是相同的根源。

在日本，也許常將用冷飯和配料一起炒出來、像炒飯的東西稱為香料飯。既然如此，炒飯和香料飯的差別就很難看得出來，也失去了介紹的意義，所以本書介紹的是炊煮的類型。

要加入什麼配料都可以。海鮮和肉混在一起也沒關係，像塔布勒沙拉一樣放入水果乾也可以。炊煮完成的湯也可以搭配配料，雞肉、牛肉、海鮮、昆布、葡萄酒等，可以做出各式各樣的變化。光是考慮萃取配料的味道所產生的鮮味組合，也樂在其中。

雖然根據米的種類，最終倒入的液體量會有若干的差異，但是標準是米和液體同量或者是液體變多一點。米會充分吸收液體。即使液體變得稍多一點，如果加長燜飯的時間就會吸收進去，所以不需要緊張兮兮地擔心液體的量。

（4人份）
米 — 2杯
胡蘿蔔（1cm小丁）— 50g
洋蔥（1cm小丁）— 100g
西洋芹（1cm小丁）— 50g
奶油 — 30g
維也納香腸（切成圓片）— 70g
綜合海鮮 — 200g
鹽 — 適量
番紅花粉 — 挖耳勺2勺左右
白酒 — 80cc
肉汁清湯（→27頁）— 350cc
番茄醬 — 滿滿1大匙

荷蘭芹（切成碎末）— 適量
檸檬 — 適量

將維也納香腸、西洋芹、胡蘿蔔、洋蔥切碎備用。
＊蔬菜切成最後熟度能一致的大小。

將奶油放入鍋中加熱融化之後，放入1的配料一起炒。加入鹽，分量僅有預先調味的程度即可。
＊如果鍋底是平的，要使用形狀相符的木製煎匙。

將2炒軟之後，加入綜合海鮮一起炒。

綜合海鮮稍微加熱之後，放入米。
＊因為不想讓米產生黏性，所以不用洗米就加進鍋中。

待米粒沾裹奶油之後，加入番紅花粉、白酒、肉汁清湯、番茄醬攪拌，開大火加熱。

全體混拌均勻後，就不要再多加攪拌，蓋上鍋蓋，迅速煮滾。
＊攪拌過度米會產生黏性。

以將底部撈起的方式再度將全體大幅度地攪拌。

蓋上鍋蓋，以200℃的烤箱加熱16分鐘。

從烤箱取出之後，就這樣蓋著鍋蓋燜10分鐘。為了避免產生黏性，將全體大略混拌一下就可以盛盤。添加荷蘭芹和檸檬。

綜合沙拉

這是以前我研修的那家店的招牌料理。在反覆思考要如何使葉菜類蔬菜吃起來美味之後，所研發出來的料理。
雖然在油醋醬汁方面下工夫也是一種方法，但是將素材釋出的汁液沾滿蔬菜，可以在味道中多出分量感和深度。
主要的素材以海鮮類為佳。將貝類或甲殼類釋出的精華、海膽和鮭魚子等鮮味濃郁的素材加進沙拉裡面，當成配菜的沙拉就能搖身一變，成為主菜料理。
將鮮味濃郁的素材搭配苦味或澀味強烈的紫葉萵苣和菊苣、苦苣等，味道會變得層次分明，吃都吃不膩。

蝦 — 5尾
橄欖油、鹽、胡椒 — 各適量
紅蔥頭（切成碎末） — 30g
青椒（斜切成薄片） — 1個份
蘑菇（切成薄片） — 1個份
番茄 — 70g
綜合葉菜類蔬菜* — 適量
沙拉醬汁
鹽、白胡椒 — 各適量
雪莉酒醋 — 5cc
橄欖油 — 10cc

*選用水菜、芝麻菜等有咬勁的蔬菜。

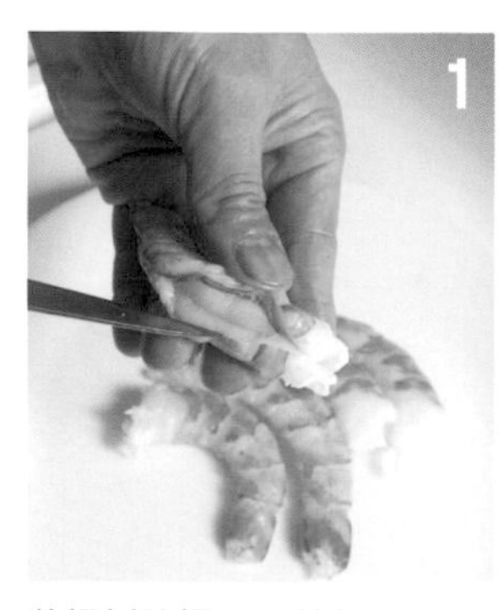

將蝦剝除蝦頭和外殼，用刀子在背側劃一刀，挑除腸泥。

＊在OGINO的綜合沙拉中一定會加入海鮮。海鮮的水分可替代沙拉醬汁。

將橄欖油均勻地分布在派盤中，擺放蝦之後再淋上橄欖油。撒上鹽、胡椒之後，以220℃的烤箱加熱2分鐘。

番茄快速地在已經沸騰的滾水中浸泡一下。

沖冷水就能順暢地剝下番茄的外皮。

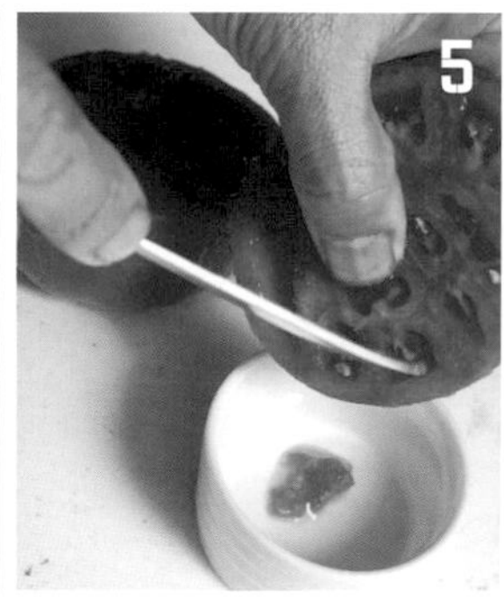

將番茄切成圓片之後，以湯匙柄等挖出籽，然後切成2～3mm的小丁。

其餘的紅蔥頭、蘑菇、青椒切成一致的大小，放入缽盆中。

將綜合葉菜類蔬菜、加熱到半熟的**2**的蝦，連同汁液加入**6**之中。

將沙拉醬汁的材料，依照鹽、白胡椒、雪莉酒醋、橄欖油的順序加入缽盆。

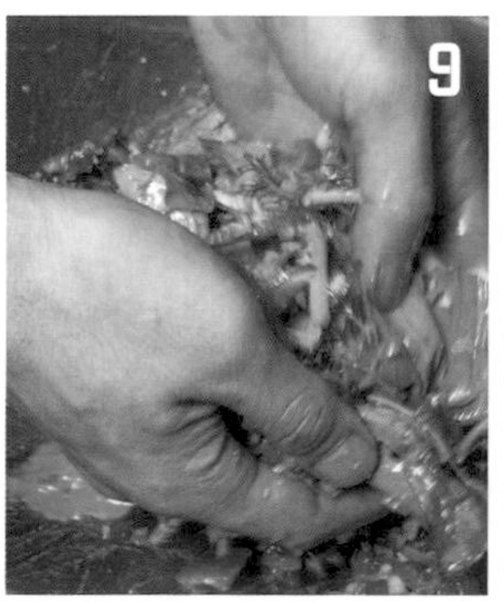

用手輕輕混拌全體。立刻盛盤之後端上桌。

＊充分攪拌使蝦的汁液和調味料乳化。

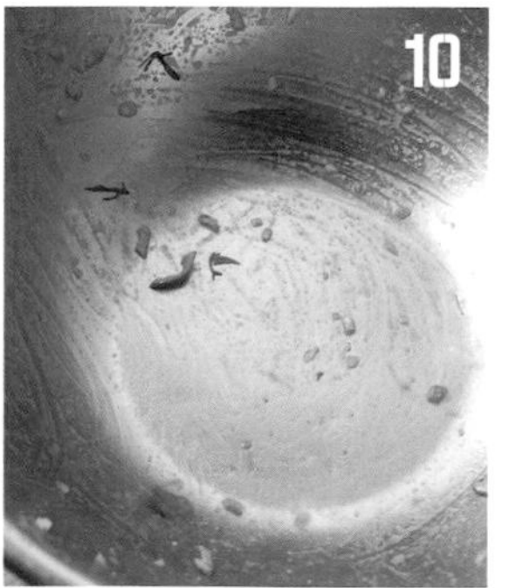

充分乳化至缽盆中沒有水分殘留。

＊現做很重要。在快要上菜之前製作完成。

甜點

放眼全世界，像法國這樣甜點和糕點類非常發達的飲食文化也非常罕見。那是因為他們在料理當中幾乎沒有使用砂糖，所以會在用餐結束時品嚐甜的食物，甜點這項飲食文化便由此競相發展起來。

在我們日本，和食當中使用了大量的砂糖，而且用餐時以碳水化合物的米作為主食，醣類一直獲得充分的補充。鄰國的中華料理也是如此。料理和甜點是一體的兩面。

對餐廳而言，餐點的最後收尾用的甜點，占有非常重要的地位。如果不能靠它抓住顧客的心，甚至會對全部的餐點都產生負面印象。反過來說，如果甜點好吃，就能夠給客人留下美好的印象。

不過，我們身為廚師的人，沒有必要去和甜點師傅競爭技術。我們競爭的領域終究是不一樣的。餐後點心和糕點應該完全分開來考慮。餐廳擁有一項最大的武器是以外帶為主的糕點店所沒有的，那就是客人會在1分鐘以內享用。只有在餐廳才吃得到以盤子盛裝為主的甜點。

具體來說，有以最少量的明膠凝固而成的果凍類、刻意以柔軟的配方製作的巧克力類、剛烤好的麵團類、在熱食中添加冷食製作而成的點心、剛做好的冰淇淋、非常易碎且容易受潮的糖果類等，可以享用的品項非常廣泛。

更進一步，如果能先確實學會一整套奶油霜或麵團類的基礎，再輔以加法原則，就能研發出只有廚師才做得出來的甜點。舉例來說，試著將不太常用來製作糕點的香藥草加入果凍或奶油霜中，或是試著在塔的內餡當中加入香料的風味。以廚師的觀點去發想，就能看見新的可能。

焦糖布丁

Crème caramel

雖然外觀平淡無奇，極其簡單，但是這道布丁也是未曾從菜單上消失的人氣甜點。

焦糖布丁的本質全在於加熱狀況。目標是希望能將隔水加熱的溫度和蛋奶液的溫度兩者的差距拉到最小，以慢慢加熱保持最起碼的硬度，做出入口即化的口感。

如果想在蛋奶液中添加紅茶或焙茶等的風味，只要在牛奶和鮮奶油沸騰的時候，加入茶葉或香料等煮出香氣，就能發展出更多的變化。

（65cc容量布丁杯12個份）

A
- 蛋黃 — 9個份
- 細砂糖 — 250g

B
- 牛奶 — 500cc
- 鮮奶油 — 500cc

焦糖醬汁
- 細砂糖 — 200g
- 水 — 20cc
- 黑蘭姆酒 — 40cc

●蛋奶液

將A的蛋黃以打蛋器打散後，加入細砂糖之後以打蛋器充分攪拌。

＊一旦攪拌不足，有時候加入滾燙的B之後，蛋液會凝固。

將B的牛奶和鮮奶油加在一起煮滾。

＊如果想加入香料，在這個時間點浸泡在牛奶和鮮奶油中。

將已經煮滾的2加入1之中，充分攪拌均勻。

以錐形過濾器過濾之後去除結塊。

＊為了去除沒有完全攪拌均勻的蛋黃。

撈除表面的氣泡。

●焦糖醬汁

將細砂糖和水加在一起，以大火加熱。煮滾之後，將火勢轉小一點。鍋緣的糖水開始變成褐色時，轉動鍋子使溫度下降，全體變得一致。

全體漸漸變成了褐色，但是不用擔心，就這樣讓醬汁稍微加深顏色。

＊若是給孩子吃的，顏色要淺一點；給成人吃而想要加點苦味的話，要充分使顏色變深。

煮成深褐色到這個程度之後，移離爐火，加入黑蘭姆酒後停止焦糖化反應。

●蒸烤

將布鋪在較深的長方形淺盆中，然後擺放布丁杯。趁熱將焦糖醬汁倒入布丁杯中。倒入的分量大約是看不見整個布丁杯底部的程度，然後放在冷藏室中冷卻。

＊焦糖醬汁變涼就會凝固，所以要趁熱倒進去。

將蛋奶液倒入布丁杯中直到接近上緣的程度。

＊將蛋奶液移入有嘴的水壺等容器中，會比較容易倒入布丁杯中。

長方形淺盆中倒入溫水，蓋上蓋子後以150℃的烤箱蒸烤50分鐘～1小時。

＊如果要立刻使用溫熱的蛋奶液的話，隔水加熱的熱水若能與蛋奶液的溫度相同，布丁就不易產生蜂窩狀孔洞。

●完成

布丁的表面凝固成會微微晃動的程度時從烤箱中取出，利用餘溫加熱。放在冷藏室中1個晚上，使味道穩定下來。

＊在臨近凝固但尚未凝固的時間點從烤箱中取出，利用餘溫就會加熱到剛好的程度。

咖啡風味白色奶凍

Blanc-manger parfumé au café

這是自從我開店以來就一直在供應的甜點。乍看之下只是普通的白色奶凍，但是一吃進嘴裡，就會感受到濃厚的咖啡香氣。
雖然不算是公開祕訣，但是訣竅就在於將咖啡豆的豆子直接浸泡在牛奶當中。從咖啡萃取出來的深黑色，要磨碎之後才會開始釋出。儘管如此，如果將焙煎過的黑亮咖啡豆浸泡在牛奶中，牛奶就會染上淡淡的顏色，與稍後加入的鮮奶油，色調有所不同。如果就這樣直接倒入模具中凝固的話，因為乳脂肪成分的差異，鮮奶油會浮在上面，牛奶會沉到下面，最後成為雙色調的奶凍。
為了做出純白的奶凍，要了解明膠的特性，將明膠液隔著冰水，使溫度下降至明膠開始凝固，產生黏稠感的溫度帶（11℃），在鮮奶油和牛奶混合均勻之後倒入模具中，然後急速冷卻。

（65cc容量布丁杯12個份）

A
- 咖啡豆 — 100g
- 牛奶 — 880cc

細砂糖 — 130g
明膠片 — 14g
鮮奶油 — 600cc

英式蛋奶醬* — 適量
牛奶 — 適量

*在牛奶1公升中加入香草莢醬1小匙，煮滾。在蛋黃12個份中加入細砂糖，研磨攪拌至顏色泛白，然後加入已經煮滾的牛奶。再度將蛋奶醬倒回鍋中，一邊攪拌一邊加熱至68℃，然後以錐形過濾器過濾到缽盆中，將缽盆墊著冰水迅速冷卻。

●牛奶的準備

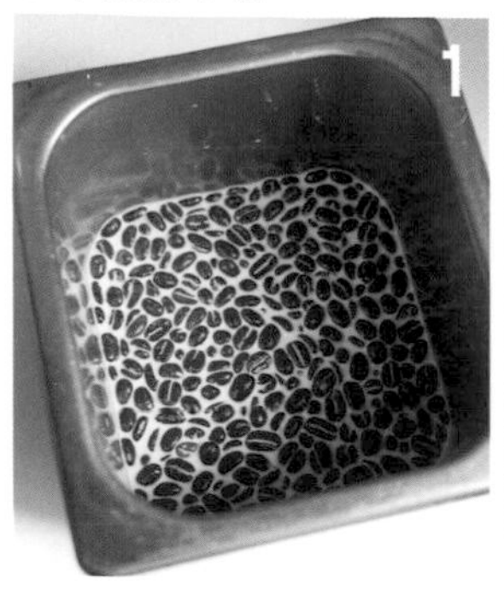

將A的咖啡豆浸泡在牛奶中，存放在冷藏室中2個晚上。

明膠片浸泡在冰水中，泡軟備用。

●白色奶凍

將1從冷藏室中取出之後以2層網篩過濾。

加入細砂糖之後以中火加熱，然後一邊以打蛋器攪拌一邊煮滾。

煮滾之後關火，加入已經用冰水泡軟的明膠片，使之溶解。

以網篩過濾之後，去除沒有完全溶解的明膠殘渣。

將缽盆的周圍隔著冰水急速冷卻，使牛奶的溫度下降到15℃。

＊為了要迅速通過容易造成食物中毒的危險溫度帶而進行急速冷卻。

在已經變涼的7的明膠液中加入冰涼的鮮奶油，充分攪拌均勻。加入鮮奶油之後變成12～13℃。

＊明膠液稍微增加一點濃度的話，鮮奶油會比較容易攪拌均勻。使濃度相符吧。

為避免布丁杯互相擦撞，在長方形淺盆中鋪上保鮮膜後才擺放空的布丁杯。

將8倒入布丁杯中，然後放在冷藏室中冷卻凝固。

＊放置1個晚上，使奶凍穩定下來。

從冷藏室中取出布丁杯，迅速地泡一下熱水，取下布丁杯之後盛盤。將英式蛋奶醬以同量的牛奶稀釋之後，倒入盤中。

糖漬桃子

Compote de pêches

桃子大致上可以分成白桃和黃桃這兩種，白桃主要是用來生食，黃桃似乎多半會經過加熱加工。

若是用來製作要將桃子加熱的甜點，成熟的狀態和加熱的控制變得很重要。如果是還沒成熟較硬的桃子就要加強加熱，而成熟的桃子，不經燉煮，只以熱糖漿醃漬即可。

要判別桃子的熟度，可以用手指按壓枝梗那側的果肉，依照按壓時的柔軟度來判斷。太硬的桃子，因為味道和香氣都不足，所以要在常溫中催熟，直到散發出甜甜的香氣，果實變軟為止。

將已經燙過熱水剝皮的桃子放入糖漿裡面，會散發出芬芳的香氣和呈現漂亮的顏色。將煮汁製作成凝凍添加在上面，或是與香藥草一起用果汁機攪拌都不錯。桃子不論是搭配紅酒或是白酒都很對味。在薄酒萊地區好像是以當地特產的紅酒來製作糖漬桃子。

製作糖漬桃子時，不是使用過熟的桃子，而是還帶著枝葉，稍微柔軟的桃子比較適合。

（16個份）

桃子 — 16個

糖漿

- 白酒 — 1.5公升
- 細砂糖 — 900g

桃子凝凍（容易製作的分量）

- 煮汁 — 1公升
- 明膠片 — 12～14g

羅勒（切成碎末）— 適量

● 燙熱水去皮

準備廣口鍋將熱水煮滾。熱水沸騰之後放入桃子。

＊因為要以同一個鍋子製作糖漬桃子，所以最好選用桃子不會重疊，也盡量沒有空隙這種大小的鍋子。

煮1分鐘之後取出桃子，放入冰水之中急速冷卻。已經煮熟的桃子在短時間內取出。

＊溫度急速下降，就會更容易剝皮。

將2的鍋子裡的熱水倒掉之後，將白酒和細砂糖一起放入鍋中。用手剝除桃子的皮，放入鍋中。桃子的果肉另外放置備用。

＊用煮汁萃取出皮的顏色，使煮汁染色。

● 烹煮

將3煮滾。煮滾之後將瓦斯噴槍的火焰靠近煮汁的表面，確認酒精已經完全蒸發。

＊如果沒有點火的話，酒精會一直蒸發。一旦酒精沒有蒸發的話，會產生發酵。

酒精蒸發之後，將3的桃子放入鍋中。

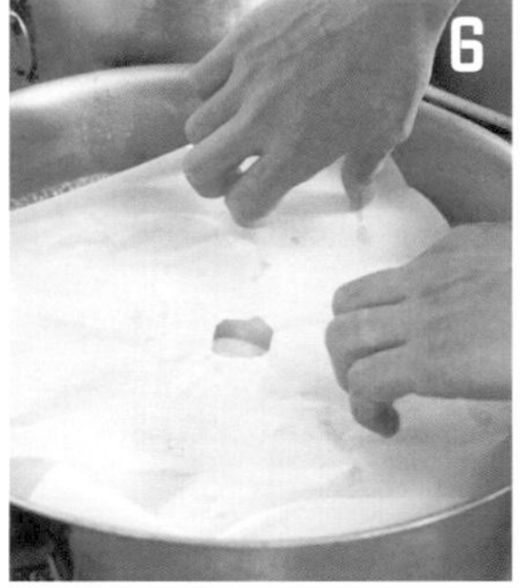

蓋上中央有開孔的落蓋，讓煮汁遍及全部的桃子。煮滾後以中火煮5分鐘。就這樣放涼，然後放在冷藏室中1個晚上。

＊沒有開孔落蓋會浮起來。

＊如果使用成熟的桃子製作，煮滾之後就要立刻關火。

已經放置1個晚上的桃子非常柔軟，所以用戴上手套的手移入容器中，將煮汁過濾加入之後，緊密地覆蓋保鮮膜，放在冷藏室中。先預留1公升的煮汁作為凝凍之用。

● 凝凍

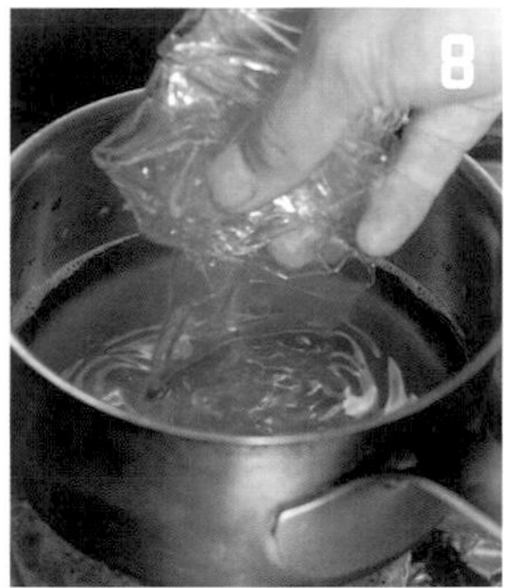

將煮汁的一部分加熱，再將已經以冰水泡軟的明膠片放入煮汁中溶解。

＊因為明膠具有溫度升高時比較容易溶解的特質，所以用冰溫泡軟。

將8過濾加入煮汁之中攪拌，然後放在冷藏室中冷卻凝固。

＊過濾是為了去除沒有完全溶解的明膠殘渣。

● 完成

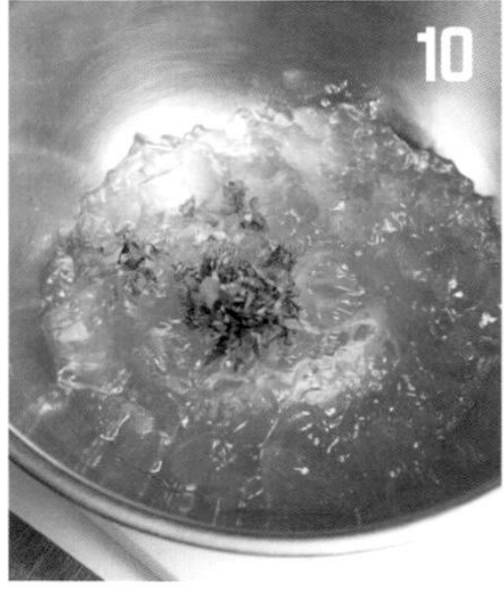

取部分凝凍放入缽盆中，大略弄碎之後，拌入荷蘭芹碎末。

＊因為容易變色，所以在要上桌之前才將荷蘭芹切碎。也可以使用薄荷。

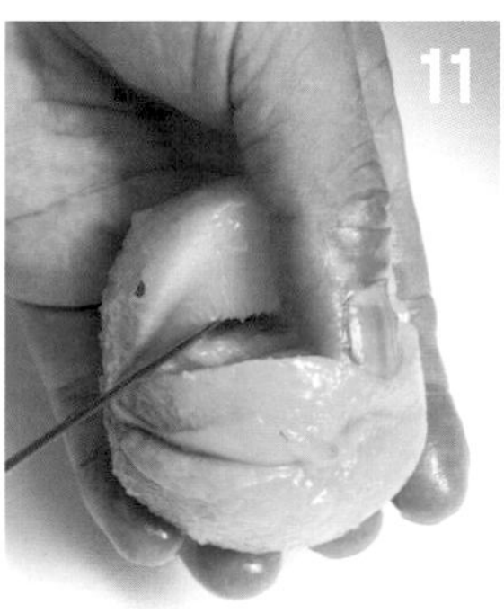

從桃子的紋路上下刀，分切成一口大小，沿著果核削下果肉，呈圓形盛盤。

澆淋凝凍後立刻端上桌。

薄烤蘋果派
附香草冰淇淋

Tarte fine aux pommes chaudes et sa glace à la vanille

與基本上以外帶為主的糕點店不同，正因為要在甜點製作完成後的3分鐘之內享用，才會是廚師必須一爭高下的領域。像是將熱食和冷食搭配在一起，或是讓客人享受剛烤好的酥脆口感，或是看準臨近凝固但尚未凝固的時間點等。

有一款名為長條蘋果派（Bande aux Pommes）的甜點，是在千層派皮上面排列蘋果薄片烘烤而成的古典蘋果糕點，而無論如何，蘋果釋出的水分都會使烤好的派皮變濕。而這裡介紹的這款甜點同樣也會吸收水分，但是中途將上下翻面，讓派皮充分加熱，就可以獲得舒服的口感。

放在剛烤好的蘋果派上面的香草冰淇淋，融化之後就會變成醬汁。紅玉蘋果的酸味、散發出奶油芬芳香氣的派皮，以及漸漸融化的香草冰淇淋，那渾然一體的美味程度，只有餐廳才能呈現出來。

（20cm四方形1塊份）

蘋果（紅玉）— 1.5個

千層派皮（→37頁）

— 1張（20cm方形、厚1mm）

卡士達醬（→287頁）

— 150g

奶油 — 15g

細砂糖 — 1小匙

香草冰淇淋 — 適量

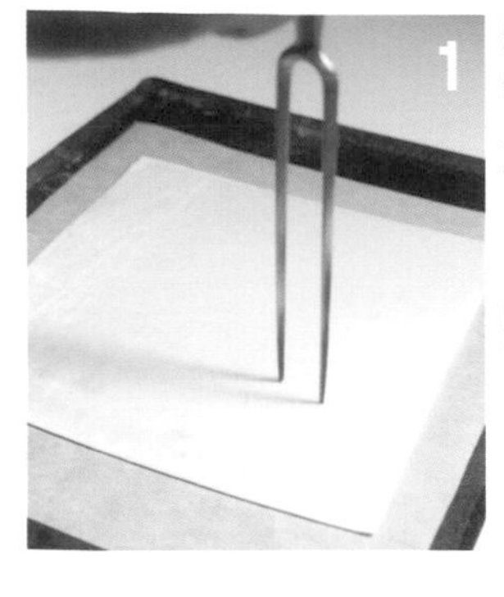

將2個烤盤重疊之後鋪上烘焙紙，然後放上千層派皮。用叉子在整張派皮上面戳洞（piquer）。

＊根據烤盤的數量可以調整烤箱下火的強度。不想要烤焦的時候，將幾個烤盤疊在一起即可。稍後要使用重疊的烤盤。

＊利用戳洞，可以防止加熱時派皮浮起來。

將卡士達醬塗滿派皮。

＊因為卡士達醬容易烤焦，為了避免超出稍後排列在上面的蘋果的範圍，所以4邊的周圍先預留5mm左右的空間。

蘋果縱切成一半，挖除果心，切成2mm厚的薄片。

每片蘋果有一半相疊，排滿一整面的派皮。

將奶油剝碎成小塊，散置在蘋果上面，然後均勻地撒滿細砂糖。

＊這是為了烤出看起來很可口的焦色。細砂糖如果散落在周圍，很容易烤焦，請注意。

以200℃的烤箱烘烤15分鐘。

取出烤盤之後，在蘋果派的上面覆蓋烘焙紙，再放上重疊的烤盤，然後上下翻過來。

取下一開始鋪在烤盤底部的烘焙紙，再將蘋果派以200℃的烤箱烘烤5分鐘。

＊多了這道工夫可以把蘋果派烤得脆脆的。

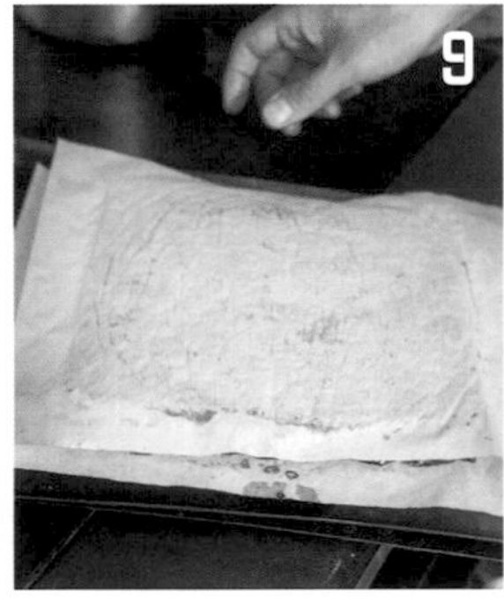

從烤箱取出之後，覆蓋剛才取下的烘焙紙和烤盤，上下翻過來。

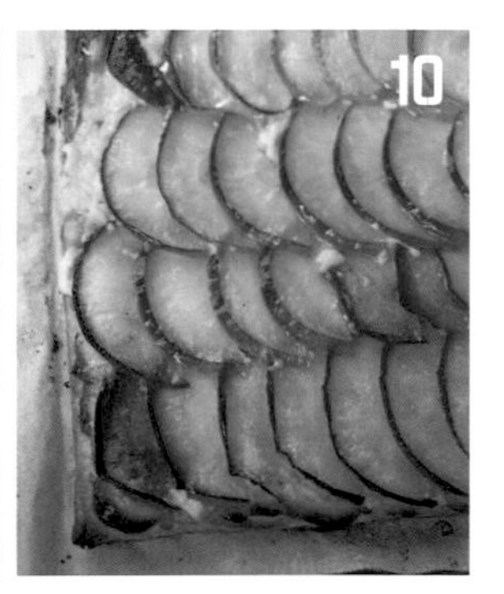

取下上面的烘焙紙。分切成1人份之後盛盤，以湯匙挖出香草冰淇淋，添加在上面。

栗子派

Marrons en croûte

當栗子開始上市時，一定會有許多客人詢問這道「OGINO」的招牌甜點。
我們店裡會集中準備一季用量的栗子，製作成澀皮煮之後，以真空包裝處理作為庫存備品。千層派皮是將料理或其他甜點剩餘的第2次派皮擀平之後使用。填入派皮裡面的是將杏仁奶油霜和法國生產的栗子泥等混合而成的栗子奶油霜。
雖然奶油霜沉甸甸的很有分量，但是因為是以剛烤好的狀態端上桌，所以口感很輕盈。而且香草冰淇淋因為溫度差異開始融化之後，會變成醇厚圓潤的醬汁，從外觀的分量比例看來，可以輕鬆地享用。熱騰騰的派搭配冷冰冰的冰淇淋是在餐廳才吃得到的甜點。

（容易製作的分量）

栗子奶油霜
- 杏仁奶油霜
  - 奶油 — 300g
  - 杏仁粉 — 300g
  - 糖粉 — 300g
  - 全蛋 — 6個
- 栗子泥 — 500g
- 黑蘭姆酒 — 30cc

鹹焦糖奶油醬
- 細砂糖 — 150g＋100g
- 有鹽奶油 — 80g
- 鮮奶油 — 500g

（1人份）

千層派皮（→37頁）
— 10×10cm方形1張
乳霜狀的奶油 — 適量
栗子奶油 — 60g
栗子澀皮煮 — 1.5個份

香草冰淇淋 — 適量
鹹焦糖奶油醬 — 適量

●栗子奶油霜

首先製作杏仁奶油霜。將杏仁粉、糖粉、稍微軟一點的奶油放入食物調理機中攪拌。奶油拌入粉類裡面就OK了。

加入全蛋攪拌後先取出備用。杏仁奶油霜完成。

＊以這個狀態密封之後存放在冷藏室中，可以保存3週。

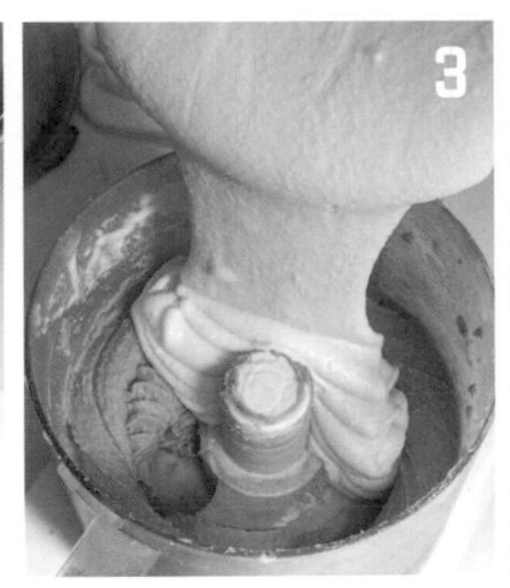

將栗子泥和黑蘭姆酒放入**2**已經清空的食物調理機中，攪拌至變得滑順，然後將**2**倒回食物調理機。

＊因為很容易結塊，所以要充分攪拌。

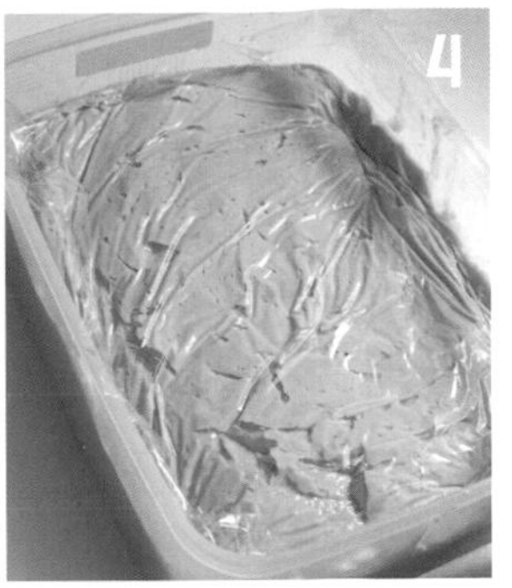

移入密封容器，將保鮮膜緊密地貼在栗子奶油霜上面，放入冷藏室中冷卻。

＊冷卻之後奶油會變得緊實，所以變得比較容易處理。保存在冷藏室中。

●包覆

以刷子將乳霜狀的奶油塗抹在小塔模具（底部內徑8cm、高2cm）中。

＊這是為了預防派皮緊黏在模具內。

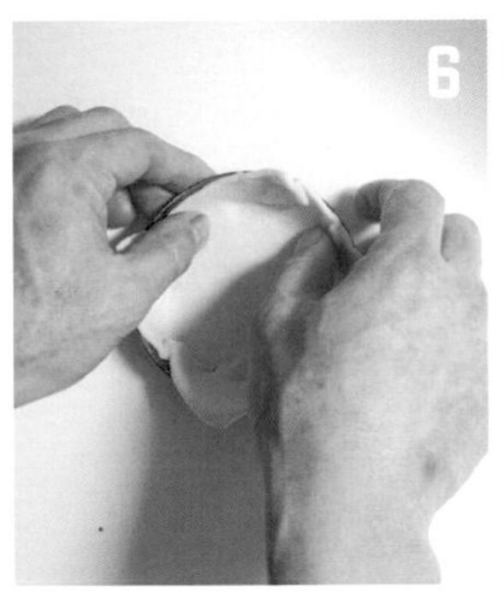

將千層派皮鋪進模具中。為了避免周圍的派皮浮起來，連模具的凹陷處都要不留空隙地鋪滿。

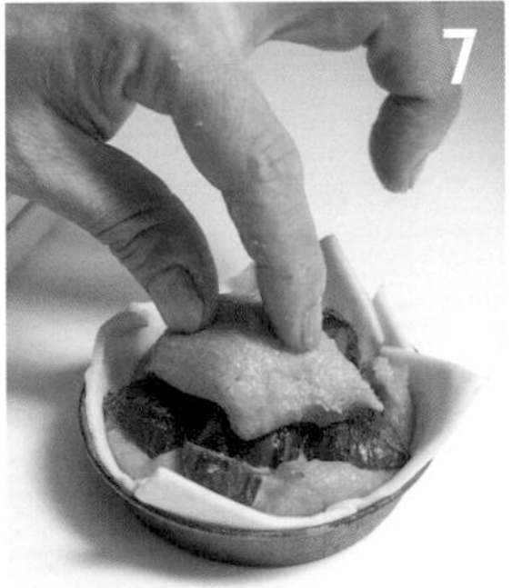

擠出栗子奶油霜50g，放上切成4等分的栗子澀皮煮，然後放上10g的栗子奶油霜。

將周圍的派皮往內摺向中心，以220℃的烤箱烘烤20分鐘。

●鹹焦糖奶油醬

將細砂糖放入鍋中開火加熱。

細砂糖融化後煮成褐色，開始冒出大氣泡。氣泡變小之後加入有鹽奶油，停止焦糖化的作業。

加入鮮奶油，煮滾之後將火勢轉小一點，煮乾水分直到變得濃稠。

增加濃度到可以附著在湯匙上的程度。如果甜度不夠就追加細砂糖100g。將冰淇淋放在派的上面，然後淋上鹹焦糖奶油醬。

草莓塔
Tarte aux fraises

甜塔皮是糕點專用的麵團。因為酥脆的口感很重要，所以盡可能不要攪拌就攏整成一團。因此，將材料以食物調理機迅速切拌，減少筋度的產生是重點所在。
擀平的作業請在低溫的環境（大理石、冷氣設備等）中進行。而且手粉請控制在最少的程度。手粉太多的話，會不容易烤上色，口感也會產生變化。擀平的技術進步之後，手粉的使用量就會減少，作業結束後沒有手粉殘留在大理石上。
根據填裝在塔皮裡面的東西（內餡）有沒有加熱，來判斷塔皮是否需要盲烤。如果是在杏仁奶油霜上面擺放水果之後烘烤，塔皮就不需要盲烤；而如果內餡是奶油霜，或是加了明膠的乳酪糊，就要將內餡倒入已經盲烤過的塔皮裡面。

（直徑24cm的塔模具1模份）
甜塔皮（→40頁）— 300g
手粉（高筋麵粉）— 適量
奶油霜
- 卡士達醬 — 500g
  - 牛奶 — 1公升
  - 香草莢醬 — 1小匙
  - 蛋黃 — 120g
  - 細砂糖 — 330g
  - 低筋麵粉 — 100g
- 奶油 — 300g
- 櫻桃酒 — 15cc

蛋黃 — 1個份
草莓 — 小70顆左右
糖粉 — 適量

●奶油霜

首先製作卡士達醬。在打散的蛋黃液中加入細砂糖後，以打蛋器研磨攪拌至顏色泛白為止。

＊為了即使加熱也不會把蛋黃煮熟，所以要研磨攪拌。

加入低筋麵粉，充分攪拌至變得滑順。

將香草莢醬加入牛奶中煮滾後，加入**2**之中攪拌。

將**3**過濾，倒入方才將牛奶煮滾的鍋子中，然後開火加熱。

＊為了除去結塊所以過濾。加熱後，容易煮焦的鍋底角落要以刮掉卡士達醬的方式攪拌。

卡士達醬變重之後，漸漸沒有黏性。加熱至咕嚕咕嚕沸騰為止。

＊煮滾之後變得很容易從鍋壁剝落。

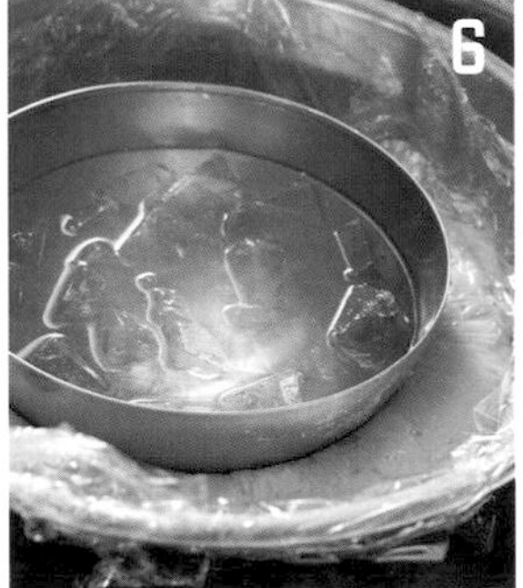

將鍋子的外側墊著冰水，卡士達醬上面也放裝冰水的缽盆。卡士達醬完成。

＊迅速通過最危險的溫度帶。

將奶油切成方塊，以攪拌棒高速攪拌至變得滑順。

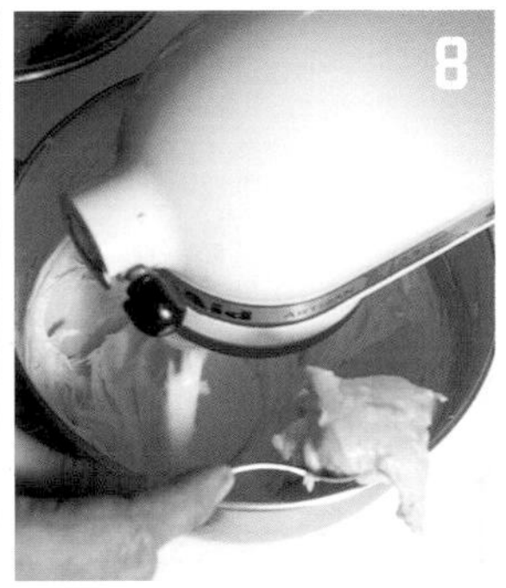

將**6**的卡士達醬500g分成數次加入，攪拌均勻。

＊逐次少量地加入，就不易油水分離。

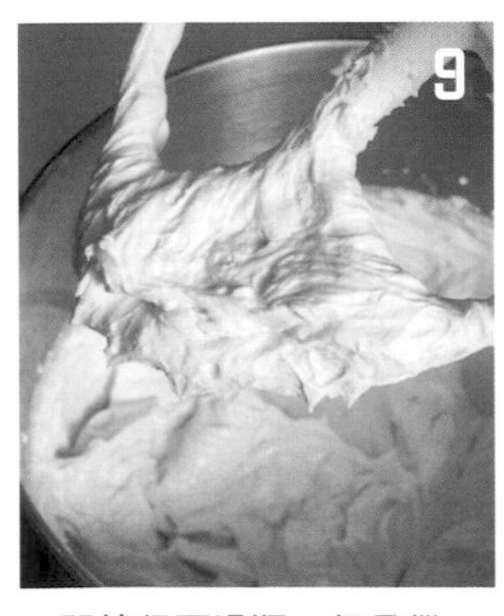

一開始很不滑順，但是繼續攪拌的話，就會漸漸呈現光澤。最後加入用來增添香氣的櫻桃酒攪拌。奶油霜完成。

●完成

在塗抹蛋黃之後經過盲烤的塔皮裡面，擠出一整面的奶油霜250g。

為了便於分切成塊，空出中央的位置，放置3顆草莓之後，從塔的外圍開始填滿草莓。

蓋上盤子或圓形的紙型，在周圍撒上糖粉。取下盤子之後分切成塊。

巧克力凍蛋糕

Terrine de chocolat

事實上，這是從失敗的經驗中誕生的甜點。
當初是作為濃厚的巧克力凍蛋糕，直接以冰涼的狀態提供，但是在營業時段沒有庫存了，所以急忙將冷凍保存的備品嘗試以微波爐解凍，但是因為加熱過度，蛋糕的中心爆漿融化。不過，這個口感非常棒，所以現在還是使用微波爐加熱，刻意以使中心軟化的狀態提供給客人。
與外帶的糕點不同的是，完成之後客人可以立刻享用，成為發揮餐廳甜點優勢的一款甜點。

（1公升容量的法式肉凍模具2模份）
調溫巧克力（甜味／細細切碎）— 600g
奶油（切小丁）— 600g
全蛋 — 8個
細砂糖 — 200g
低筋麵粉 — 100g
鮮奶油 — 160g

香緹鮮奶油* — 適量
*加入10%的細砂糖打發而成的鮮奶油。

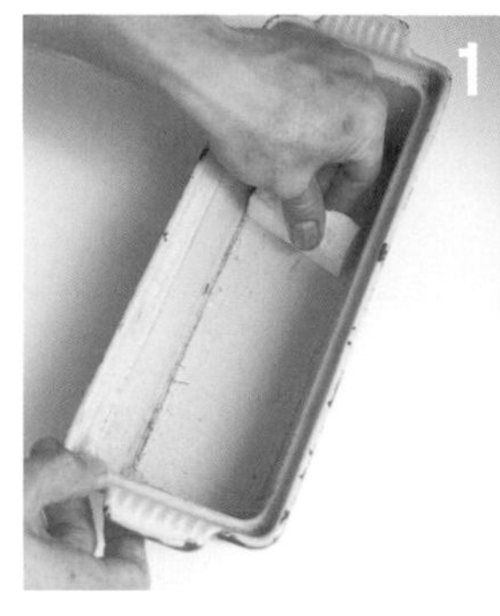

在法式肉凍模具的內側塗抹奶油（分量外）備用。

將調溫巧克力和奶油放入缽盆中，隔水加熱。

以打蛋器攪拌，使巧克力融化成滑順的液狀。
＊一邊以單手轉動缽盆，一邊以打蛋器攪拌。一旦溫度超過50℃，巧克力的成分就會產生變化開始油水分離，請注意。

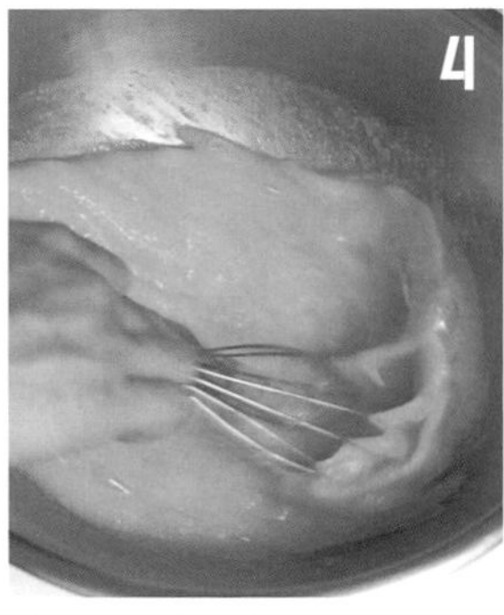

將全蛋和細砂糖放入另一個缽盆中，以打蛋器攪拌到細砂糖溶化即可。
＊不須攪拌到顏色泛白。

加入低筋麵粉，攪拌均勻。

將鮮奶油放入**3**之中，充分攪拌均勻。

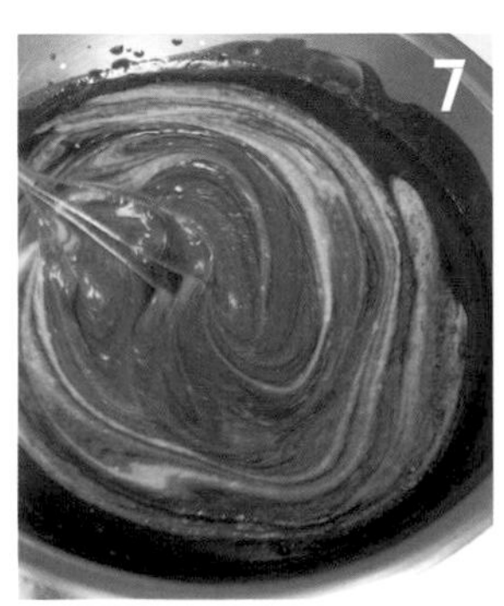

將**5**加進去攪拌。

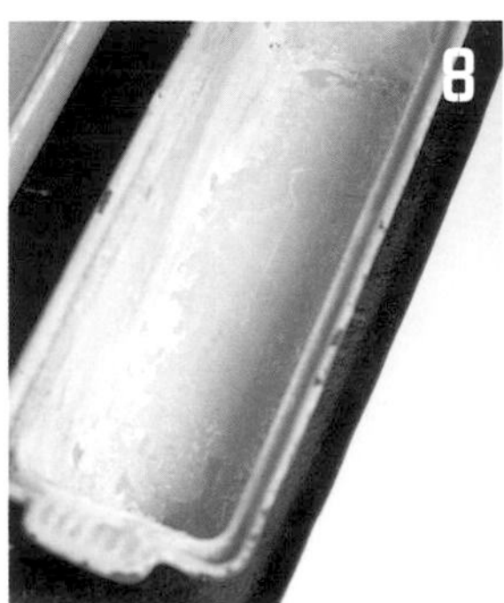

在法式肉凍模具的內側撒上高筋麵粉（分量外）。拍打模具使多餘的麵粉掉出來。

將**7**倒入模具中，以140℃的烤箱加熱40分鐘。

在常溫中放涼之後存放在冷藏室中。提供給客人時，先分切開來，以微波爐加熱30秒。附上香緹鮮奶油。
＊將保鮮膜緊貼在上面，可以保存3週。也可以冷凍。以真空包裝保存更好。

橙汁可麗餅

Crêpes Suzette

如果在保留柳橙的酸味和風味的同時，還擴展成豐潤的味道，與香草冰淇淋的搭配就會非常對味。
反過來說，如果酸味太突出的話，會造成味道很不協調。因此，必須好好地增加甜度，並且為了使加入的甜度有清爽的餘味，所以添加了利口酒的風味。
可麗餅的餅皮煎得稍厚一點，吸收了醬汁之後還是保持形狀。只先煎好會使用完畢的可麗餅皮，不夠的話，再當場追加補煎。先煎好之後放入冷藏庫備用的可麗餅皮，與剛煎好的餅皮像是不同的東西，味道變差了。
因為柳橙的果肉容易分散，所以在最後才加熱到溫熱的程度吧。

（容易製作的分量）

可麗餅餅皮

- 低筋麵粉 — 375g
- 奶油 — 75g
- 全蛋 — 10個
- 細砂糖 — 175g
- 牛奶 — 1.25公升

融化的奶油 — 適量

（1人份）

可麗餅餅皮 — 2片

柳橙醬汁

- 細砂糖 — 尖尖2大匙
- 柳橙汁 — 200cc
- 奶油 — 20g
- 君度橙酒 — 15cc
- 柳橙果肉（→41頁）— 3片

香草冰淇淋 — 適量

●可麗餅餅皮

將全蛋打散成蛋液，加入細砂糖之後以打蛋器研磨攪拌。

＊攪拌至細砂糖溶化即可。即使沒有攪拌至顏色泛白也沒關係。

加入牛奶後加入已經過篩的低筋麵粉攪拌均勻。

＊即使攪拌到某種程度上產生筋度也無妨，要充分地攪拌。

將奶油放入平底鍋中，開火加熱，加熱到變成榛果褐色。

＊為了增添芬芳的香氣。

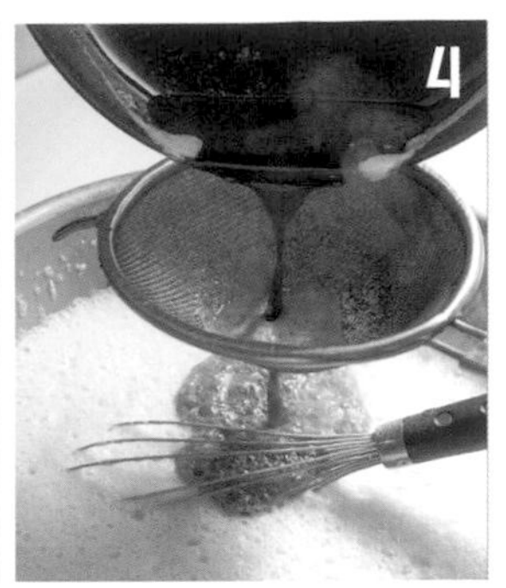

將**3**過濾，倒入**2**的缽盆中，攪拌均勻。

將麵糊過濾，再倒入容器中，靜置1個晚上。

＊麵糊穩定之後氣泡會消失。如果有氣泡的話就不能煎出漂亮的餅皮。

以刷子沾取融化的奶油塗抹在直徑21cm的平底鍋中加熱，將70cc的**5**倒入鍋中以小火煎。

＊倒入麵糊之後，先加熱到平底鍋滋滋作響為止。

待邊緣煎上色之後，掀開上方的邊緣，用抹刀放在餅皮上。

對著揭下的邊緣吹氣，將餅皮揭下後翻面。背面迅速煎過之後取出餅皮，疊放在盤中。

＊當天要使用的分量，當天煎好。把餅皮先疊放在一起，可以保持濕潤。覆蓋保鮮膜，存放在常溫中。

●完成

製作柳橙醬汁。將細砂糖尖尖1大匙放入不沾鍋，開火加熱，煮焦至如照片所示的程度。

倒入柳橙汁煮乾水分，再加入剩餘的細砂糖、奶油，繼續煮乾水分直到剩下一半。

將餅皮對摺成1/4後放入鍋中，把醬汁煮乾到剩下1/3後取出餅皮，盛盤。

將柳橙果肉和君度橙酒加入醬汁中，煮到酒精蒸發之後，將果肉盛在餅皮的上面，然後將煮汁煮成糖漿狀，淋在上面。添加香草冰淇淋。

作者介紹

荻野伸也（Shinya Ogino）

1978年出生於日本愛知縣。
2007年28歲時，於東京世田谷池尻開設「OGINO餐廳」。
2009年，將餐廳同樣遷往池尻。
在遷址的同時，也實現長久以來的心願，開始販售正宗的加工肉品。跨足日本全國的餐廳、咖啡館、熟食的食譜製作或經營諮詢。現在以「TABLE OGINO湘南」為發展據點。
興趣以鐵人三項、衝浪和登山等戶外活動居多，也從事狩獵或在自家菜園裡種菜。
主要著作有《運動主廚X營養師 高蛋白增肌料理》、《低烹、嫩煎、醃漬、酥炸、燉煮，主廚特製增肌減脂雞胸肉料理》、《肝醬和法式肉凍（合著）》、《油封料理和熟肉抹醬（合著）》、《派料理（合著）》（以上皆為柴田書店出版）、《法式肉類調理聖經》、《TABLE OGINO的蔬菜料理200道》、《水果入菜：OGINO餐廳四季水果創意料理》（以上皆為誠文堂新光社出版）、《TABLE OGINO的熟食沙拉》（世界文化社出版）等。此外，還參與NHK的電視節目演出、廣播節目演出，擔任服裝企業廣告模特兒等，多領域發展相當活躍。

TABLE OGINO湘南
神奈川縣藤澤市辻堂元町6丁目20-1
湘南T-SITE2號館1樓
tel. 0466-53-7756

FRANCE RYORI NO KIHON KOUZA MANABOU!
PRO NO JISSEN TECHNIQUE by Shinya Ogino

Originally published in Japan in 2019 by SHIBATA PUBLISHING CO., LTD.
Chinese translation rights arranged through TOHAN CORPORATION, TOKYO.

豐富食材×完整流程×極品料理
法式料理全技術

2021年8月1日初版第一刷發行
2022年6月15日初版第二刷發行

作　　者　荻野伸也
譯　　者　安珀
編　　輯　曾羽辰
美術編輯　竇元玉
發 行 人　南部裕
發 行 所　台灣東販股份有限公司
<地址>台北市南京東路4段130號2F-1
<電話>(02)2577-8878
<傳真>(02)2577-8896
<網址>www.tohan.com.tw
郵撥帳號　1405049-4
法律顧問　蕭雄淋律師
總 經 銷　聯合發行股份有限公司
<電話>(02)2917-8022

Printed in Taiwan

國家圖書館出版品預行編目資料

法式料理全技術：豐富食材X完整流程X極品料理/荻野伸也著；安珀譯. -- 初版. -- 臺北市：臺灣東販股份有限公司, 2021.08
292面；19×25.7公分
譯自：フランス料理の基本講座：学ぼう! プロの実戦テクニック

ISBN 978-626-304-750-1(平裝)

1.食譜 2.烹飪 3.法國

427.12　　110010554